Autoren

Dr. Volker Dorsch
Hartmut Rupprecht

SEYDLITZ Geographie 2

Gymnasium Hessen G8

Schroedel®

Tipps zur Arbeit mit diesem Buch

Kapitel

Alle Seiten eines **Kapitels** sind einheitlich gekennzeichnet.

GEO Praxis

GEO Projekt

Auf den Geo-Praxis- und Geo-Projekt-Seiten lernst du **Arbeitsmethoden** kennen, die dir das Sammeln, Ordnen und Auswerten von Informationen erleichtern sowie das Präsentieren deiner Arbeitsergebnisse ermöglichen. Dabei kannst du selbst aktiv werden.

GEO Wissen

Am Ende jedes (Teil-)Kapitels kannst du mithilfe der Geo-Wissen-Seiten dein **Wissen vertiefen** und **überprüfen**.

GEO Lexikon

Wichtige Grundbegriffe kannst du im **Geo-Lexikon** (S. 250–255) nachschlagen.

Ernst v. Seydlitz-Kurzbach (geb. in Tschöplau/Kreis Freystadt) lebte von 1784 bis 1849. Mit der Herausgabe des Lehrbuches „Leitfaden der Geographie" im Jahre 1824 begründete er das traditionsreiche Unterrichtswerk „Seydlitz".

Mit Beiträgen von: P. Amtsfeld, T. Bauer, H. Bütow, T. Dietersberger, A. Döringer, K. Eckinger, W. Englert, A. Gehrke, U. Gerhard, A. Gerlach, J. Göller, A. Hebel, R. Herzig, C. Hoenig, F. Kietz, A. Langbein, F.-P. Mager, W. Markert, J. Meißgeier, H.-M. Mingenbach, W. Mühlberger, H. Müller, L. E. Müller, W. Nicklaus, B. Ochsenwadel, H. Plass, K. H. Reinhardt, A. Sartiono, M. Schmidt, W. Schneider, W. Waldeck, K. Wehrs, I. Werb, J. Wetzel

Druck A¹ / Jahr 2008

Alle Drucke der Serie A sind im Unterricht parallel verwendbar, da bis auf die Behebung von Druckfehlern untereinander unverändert.

Titel: Janssen Kahlert Design & Kommunikation GmbH, Hannover (Foto: Südkorean. Containerschiff vor Seattle)
Redaktion: Michael Rieke, Manfred Eiblmaier
Herstellung: Rosita Ahrend
Satz: Manfred Eiblmaier, Ines Nové
Druck und Bindung: westermann druck GmbH, Zwickau

ISBN 978-3-507-52692-1

Online-Werkservice

Ergänzungsmaterialien zu den Seydlitz-Schülerbänden finden Sie regelmäßig im Online-Werkservice von Schroedel @ktuell unter: www.schroedel.de/schroedel-aktuell

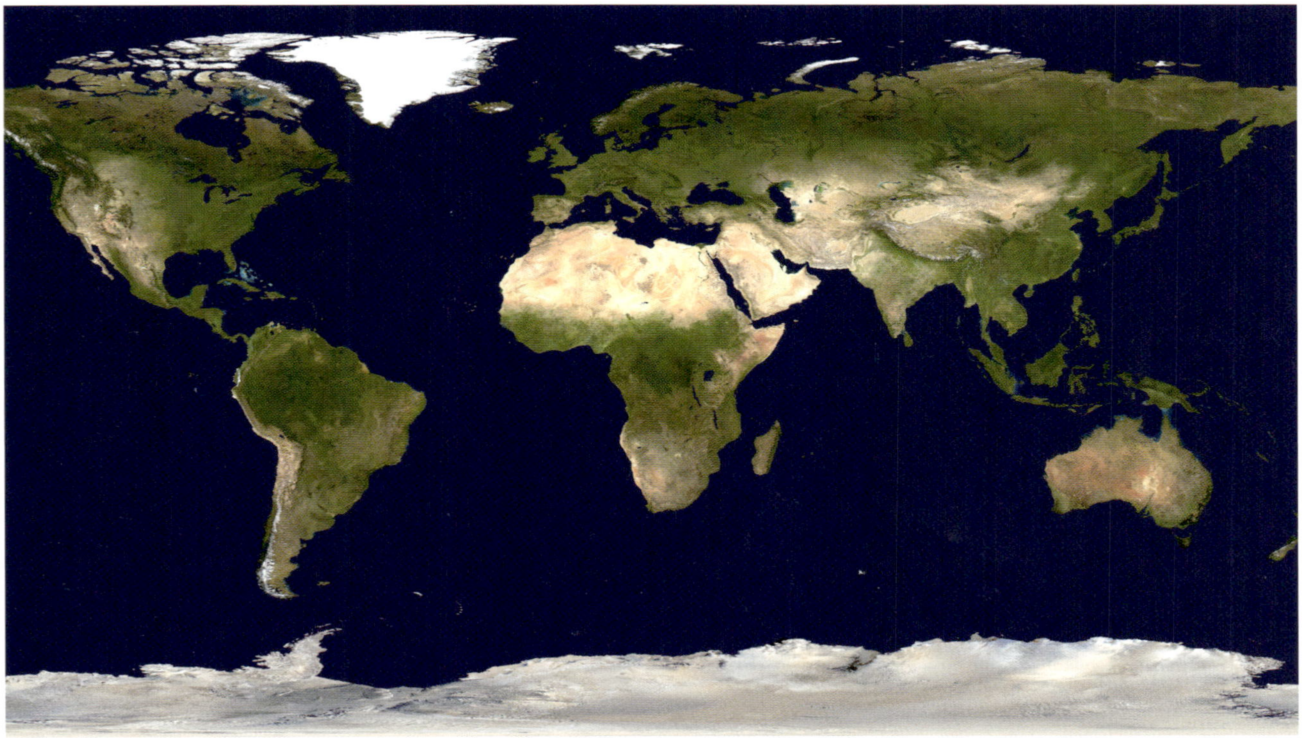

3.1: Die Erde bei Tag ...

3.2: ... und bei Nacht

Der Planet Erde

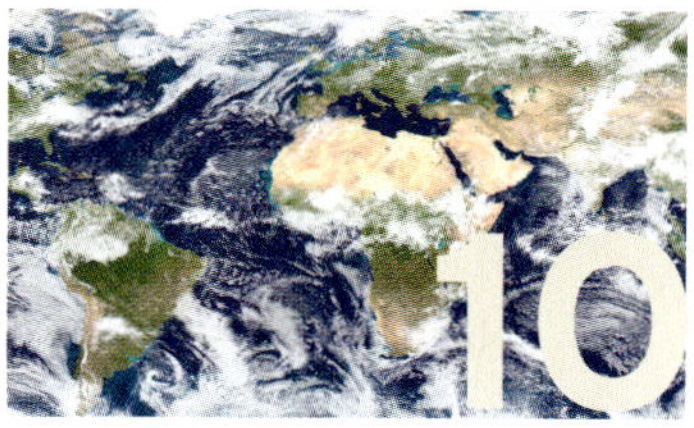

Relief der Erde

Eingriffe in den Naturhaushalt

Strukturwandel und Entwicklungschancen weltweit

Raumbeispiele

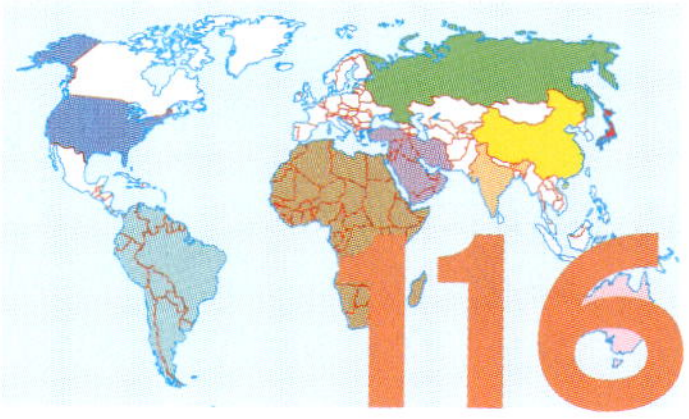

Das Rhein-Main-Gebiet

* fakultative Lehrplaninhalte

Für das selbstständige Arbeiten im Rahmen der fragengeleiteten Raumanalyse findet ihr für die folgenden geographischen Arbeitsweisen Anleitungen auf den Geo-Praxis-Seiten:

Die unterschiedlichen Aufgabenstellungen in deinem Erdkundebuch

Du wirst schon beim Durchblättern und dann später bei der Arbeit mit diesem Erdkundebuch feststellen, dass es zu jedem Themenbereich immer passende Arbeitsaufträge gibt. Damit du diese Arbeitsaufträge verstehen und selbstständig bearbeiten kannst, sollen sie an dieser Stelle kurz erklärt werden.

Um Aufgaben bearbeiten und lösen zu können, muss man zunächst über ein bestimmtes Wissen verfügen. Dieses Wissen kannst du mithilfe der Texte und Arbeitsmaterialien in diesem Buch erlangen. Später kannst du dieses Wissen auch auf dir noch unbekannte Fragestellungen und Probleme anwenden, indem du Zusammenhänge herstellst und miteinander vergleichst. Dabei kann es durchaus vorkommen, dass dir manche Sachverhalte merkwürdig erscheinen, die du dir eigentlich ganz anders vorgestellt hast. In diesem Fall solltest du versuchen, deine eigene Meinung zu formulieren, darüber nachdenken und sie überprüfen.

AUFGABEN

1. *Aufgaben, bei denen die Zahl grün ist, beziehen sich auf den Bereich Wissen.*
2. *Aufgaben mit roter Zahl stammen aus dem Bereich Erklärung und Anwendung.*
3. *Blaue Ziffern vor einer Aufgabe weisen auf den Bereich Urteilsfähigkeit hin.*

8.1: In der Gruppenarbeit lernt ihr, neues Wissen anzuwenden und zu argumentieren

8.2: Eine Wandzeitung ist eine mögliche Form einer Präsentation

Aufgaben und Arbeitsaufträge, die sich auf den Bereich **Wissen** beziehen, können folgendermaßen heißen:

- **Nennen** und **benennen** heißt, Sachverhalte zu erfassen und ohne weitere Erklärung aufzuzählen. Wenn du etwas über den Welthandel gelernt hast, kannst du zum Beispiel wichtige Handelsgüter nennen.
- **Wiedergeben, beschreiben** und **zusammenfassen** heißt, Sachverhalte, Texte oder andere Materialien auf Wesentliches zu reduzieren, ohne dabei den Sinn zu verändern.
- **Zeichnen / berechnen / messen etc.** heißt, genau diese Arbeitsanweisungen sorgfältig auszuführen.
- **Sich informieren / erkunden etc.** heißt, bisher unbekannte Sachverhalte zu entdecken. Informieren kannst du dich zum Beispiel über die Häufigkeit und die Auswirkungen von Erdbeben und Vulkanausbrüchen. Oft bietet sich das Internet (allerdings nicht ungeprüft) als Informationsquelle an.

Aufgaben und Arbeitsaufträge, die sich auf den Bereich **Erklärung und Anwendung** beziehen, können folgendermaßen heißen:

- **Ordnen / einordnen / zuordnen** heißt, die Informationen, die man aus einem oder mehreren Arbeitsmaterialien gewinnen kann, nach vorgegebenen Gesichtspunkten zusammenzustellen und in einen systematischen Zusammenhang einzufügen.
- **Charakterisieren** heißt, geographische Sachverhalte in ihrer Eigenart zu beschreiben und typische Merkmale zu kennzeichnen.
- **Darstellen / darlegen** heißt, einen Sachverhalt mithilfe von Materialkenntnissen und bekannten Deutungen zu beschreiben und zu erklären.
- **Analysieren** heißt, einen Raum / eine Region nach vorgegebenen Gliederungsmerkmalen zu untersuchen, wie zum Beispiel die Großlandschaften Südamerikas.
- **Erklären** heißt, einen Sachverhalt, über den du schon Kenntnisse erworben hast, so darzustellen, dass größere Zusammenhänge verständlich werden, zum Beispiel welcher Zusammenhang zwischen der Topographie Japans und seiner Bevölkerungsverteilung besteht.
- **Erläutern** heißt, Sachverhalte so darzustellen, dass Bedingungen, Ursachen und Gesetzmäßigkeiten verständlich werden. So kannst du zum Beispiel die Standortwahl eines Unternehmens für neue Produktionsanlagen vor dem Hintergrund der Globalisierung erläutern.
- **Vergleichen** heißt, zunächst zwei verschiedene Sachverhalte gegenüberzustellen, dabei Unterschiede und Gemeinsamkeiten herauszuarbeiten und ein Ergebnis zu formulieren.
- **Auswerten** heißt, ein vorgegebenes Material (Text, Grafik, Karte, Foto) meist unter einer bestimmten Fragestellung zu bearbeiten.

Aufgaben und Arbeitsaufträge, die sich auf den Bereich **Urteilsfähigkeit** beziehen, können folgendermaßen heißen:

- **Beurteilen** heißt, im Anschluss an die Bearbeitung eines Themas / Arbeitsmaterials auf der Grundlage der erworbenen Kenntnisse eine Aussage über die Richtigkeit, Wahrscheinlichkeit, Angemessenheit bzw. Anwendbarkeit eines Sachverhaltes zu machen. So kannst du zum Beispiel die Auswirkungen der chinesischen Bevölkerungspolitik beurteilen, ohne deine persönliche Meinung zur Ein-Kind-Politik der chinesischen Regierung einzubringen.
- **Stellung nehmen / bewerten / kommentieren** heißt, zu einem Sachverhalt bzw. einer Behauptung eine eigene Meinung zu äußern und diese angemessen zu begründen. Wenn du zum Beispiel die Entwicklung der Bevölkerung in China bewerten sollst, dann ist deine eigene (begründete) Meinung zur Ein-Kind-Politik der chinesischen Regierung wichtig.
- **Erörtern** heißt, einen Sachverhalt oder eine vorgegebene Aussage von unterschiedlichen Positionen aus zu sehen, das Für und Wider abwägend zu betrachten und zu einer abschließenden Einschätzung zu kommen. So kannst du zum Beispiel die Situation im Sahel aus der Sicht verschiedener dort lebender Personen betrachten, deren Aussagen bewerten und abschließend einschätzen, ob die Dürren im Sahel von Menschen verursacht oder natürlichen Ursprungs sind.
- **Entwickeln** heißt, Vorschläge, Einschätzungen oder Maßnahmen darzulegen, die zu einer inhaltlich weiterführenden und zukunftsorientierten Betrachtung führen. So kannst du zum Beispiel Lösungen bei gegensätzlichen Interessen von Bauvorhaben, wie der Bebauung des Offenbacher Hafens, entwickeln.
- **Überprüfen** heißt, verschiedene Ansichten miteinander zu vergleichen und deren Richtigkeit abzuwägen. Dabei sollte deine eigene begründete Meinung deutlich werden.
- **Formulieren / verfassen** heißt, Aufgabenstellungen zu bearbeiten (u. a. Entwerfen von Szenarien oder anderen medialen Produkten sowie das Entwickeln von eigenen Handlungsvorschlägen und Modellen).

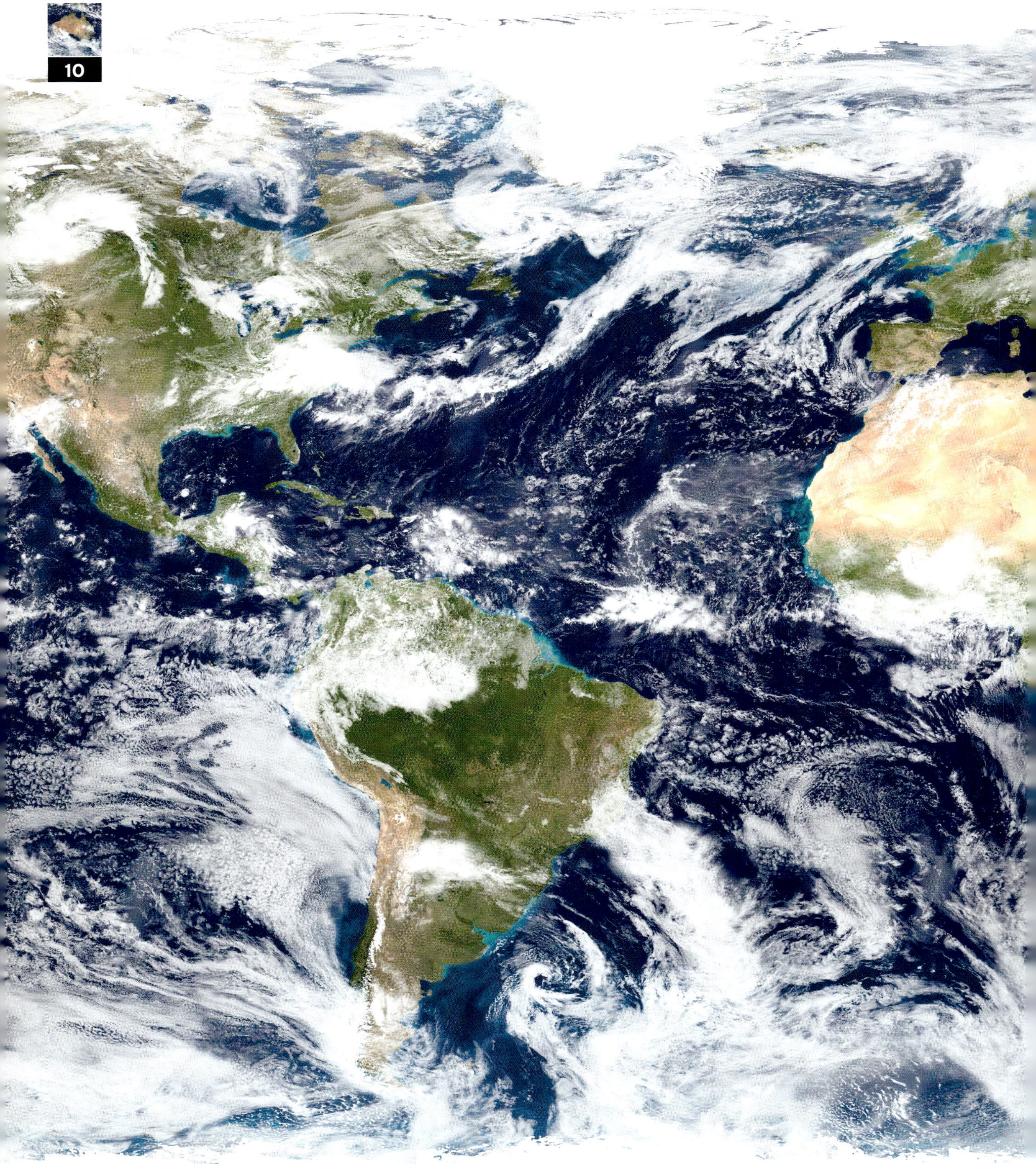

Der Planet

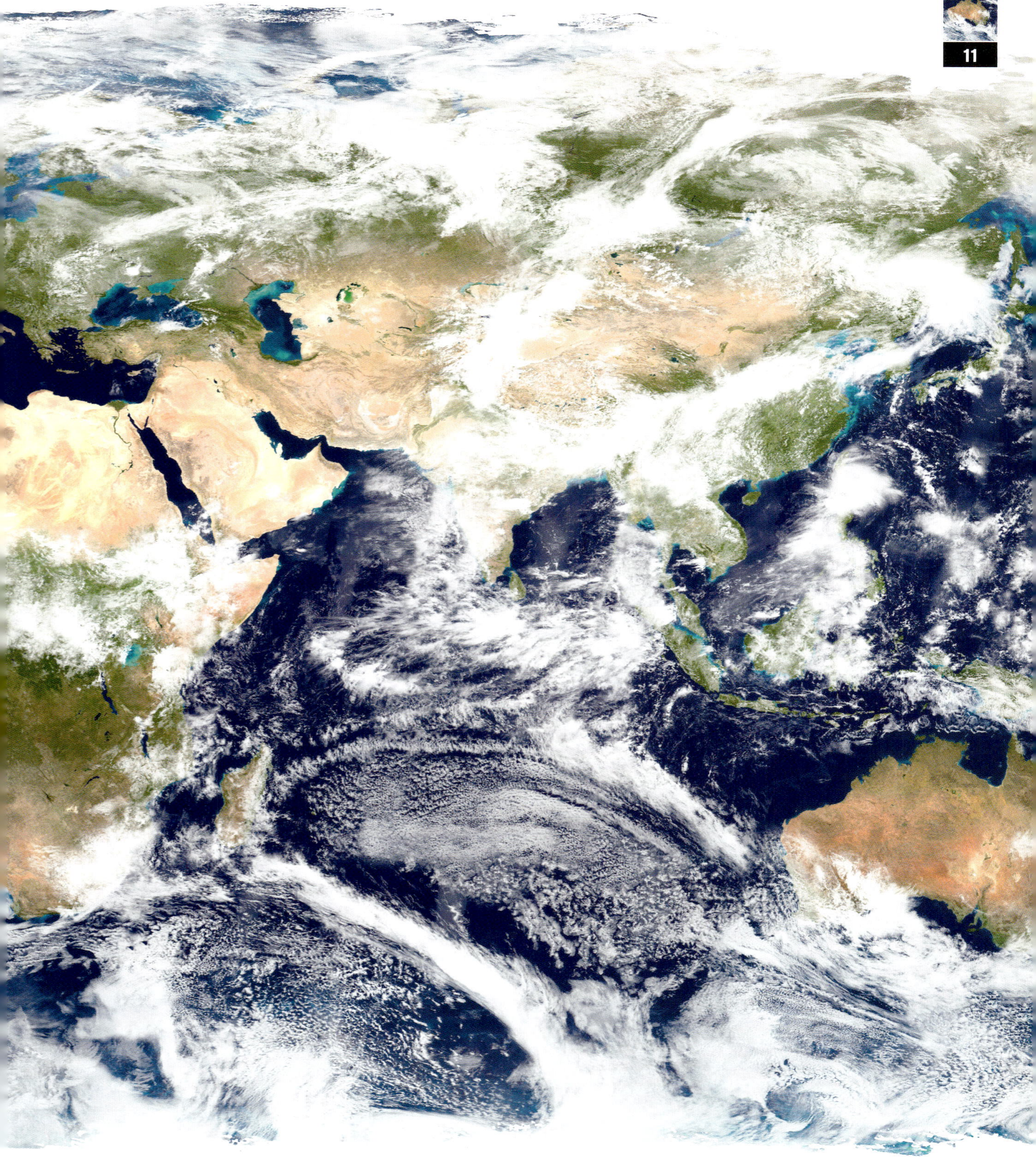

Erde

Satellitenbild der Erde

Die Erde – Teil unseres Sonnensystems

Sonne, Mond und Sterne – alles dreht sich um die Erde? Im Mittelalter glaubten die Menschen, dass die Erde im Mittelpunkt des Weltalls stehe. Doch der Astronom (Stern- und Himmelskundler) Nikolaus Kopernikus (1473–1543) erkannte den Irrtum. Durch die Beobachtung und Berechnung der Sternenbahnen fand er heraus, dass nicht die Erde, sondern die Sonne der Mittelpunkt unseres Sonnensystems ist.

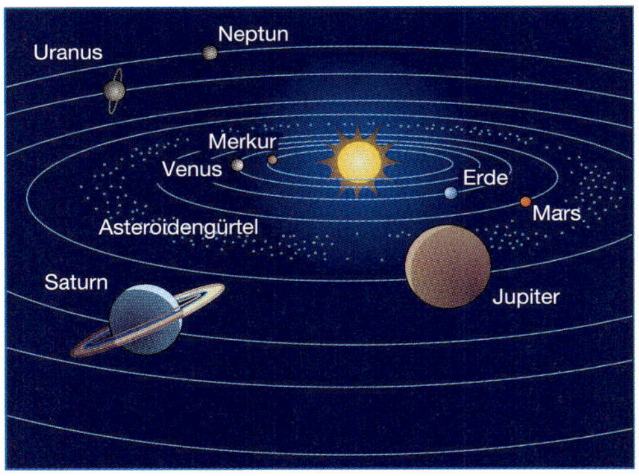

12.3: Bewegung der Planeten um die Sonne

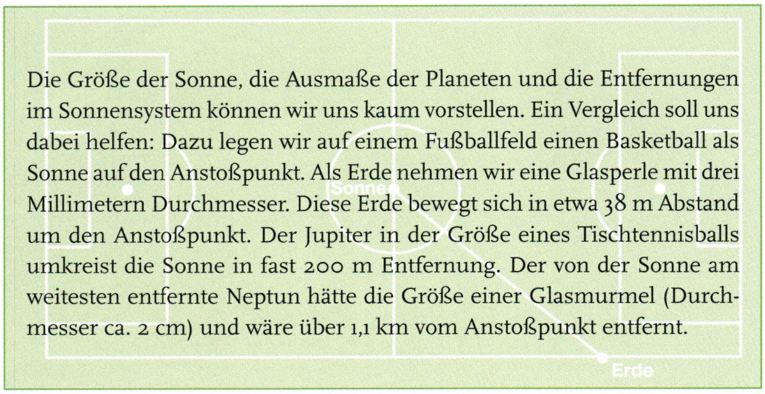

Die Größe der Sonne, die Ausmaße der Planeten und die Entfernungen im Sonnensystem können wir uns kaum vorstellen. Ein Vergleich soll uns dabei helfen: Dazu legen wir auf einem Fußballfeld einen Basketball als Sonne auf den Anstoßpunkt. Als Erde nehmen wir eine Glasperle mit drei Millimetern Durchmesser. Diese Erde bewegt sich in etwa 38 m Abstand um den Anstoßpunkt. Der Jupiter in der Größe eines Tischtennisballs umkreist die Sonne in fast 200 m Entfernung. Der von der Sonne am weitesten entfernte Neptun hätte die Größe einer Glasmurmel (Durchmesser ca. 2 cm) und wäre über 1,1 km vom Anstoßpunkt entfernt.

12.1: Größenverhältnisse in unserem Sonnensystem

Unser Sonnensystem

Die Sonne, die Planeten, deren Monde und kleine Himmelskörper wie Asteroiden, Kometen und Meteoriten bilden zusammen unser Sonnensystem. Neben der Erde umkreisen noch acht weitere Planeten die Sonne, die als Stern im Zentrum unseres Sonnensystems steht. Dabei bewegen sich die Planeten auf einer bestimmten Ebene um die Sonne herum (Abb. 12.3). Im Gegensatz zur Sonne leuchten die Planeten nicht selbst. Sie können nur das Licht der Sonne reflektieren und werden so sichtbar.

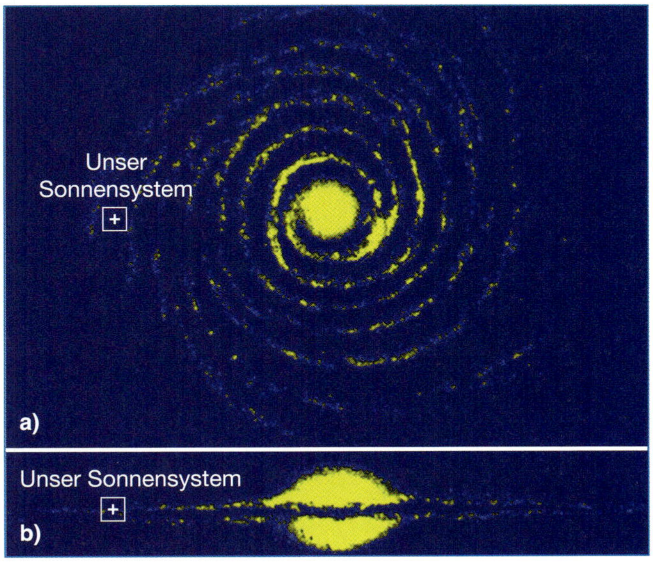

12.2: Zeichnung des Milchstraßensystems: Unser Sonnensystem liegt in den Außenbezirken (Draufsicht und Seitenansicht).

Unsere Galaxie

Zusammen mit Milliarden anderer Sonnen ist unser Sonnensystem Teil einer Galaxie, der sogenannten „Milchstraße“. Sie ist ein spiralförmiges, stark abgeplattetes Gebilde aus Sternen, Gas und Staub, das etwa der Form eines Diskus entspricht (Abb. 12.2).

Der Durchmesser der Galaxie beträgt maximal 100 000 Lichtjahre, das heißt, das Licht benötigt 100 000 Jahre, um die gesamte Galaxie zu durchqueren. Zum Vergleich: Für die Strecke Sonne – Erde benötigt das Licht, das 300 000 km in einer Sekunde zurücklegt, gerade einmal acht Minuten.

Aber auch die sternenreiche Milchstraße bildet nur einen winzig kleinen Teil des Weltraumes, der auch als Weltall, Kosmos oder Universum bezeichnet wird. Aufgrund der unvorstellbaren Größe und Ausdehnung des Weltraumes können dessen Geheimnisse nur in ganz kleinen Schritten enträtselt werden.

13.1: Die totale Sonnenfinsternis vom 11. August 1999 wird von der Erde aus beobachtet (A). Der Mond erscheint als schwarzer Fleck vor der Sonne (B).

13.2: „Erdaufgang" (vom Mond aus gesehen)

Alle Planeten in unserem Sonnensystem erhalten von der Sonne Licht und Wärme. Aber es gibt keinen anderen Planeten in unserem Sonnensystem, auf dem es Lebewesen gibt. Woran liegt das?

- Nur die Erdbahn hat eine solche Entfernung von der Sonne, dass es auf der Erde Wärme und Licht in der Menge gibt, sodass sich vielfältiges Leben entwickeln kann.
- Unsere Erde erscheint vom Weltall aus in blauer Farbe. Ein großer Teil der Erdoberfläche ist von Wasser bedeckt. Menschen, Tiere und Pflanzen können nur dort leben, wo ausreichend Wasser vorhanden ist. Auf der Erde kommt Wasser nicht nur in den Ozeanen vor, sondern auch in Flüssen und Seen, als Eis im Bereich der Gletscher, im Untergrund in Form des Grundwassers und in der Lufthülle (Atmosphäre) in Form von Wasserdampf und Wolken.
- Die Atmosphäre der Erde enthält aber auch Sauerstoff. Er wird zum Atmen gebraucht. Außerdem gibt es in der Atmosphäre in größerer Höhe eine Schutzschicht, die uns vor der lebensgefährlichen Ultraviolettstrahlung der Sonne schützt. Diese Schutzschicht aus Ozon bildet sich aus dem Sauerstoff.
- Unsere Erdatmosphäre kann mithilfe verschiedener Gase die Wärme des Sonnenlichts wie in einem Treibhaus einfangen und die Erde so vor einer zu starken Abkühlung bewahren. Außerdem verglühen in ihr kleinere Meteoriten und können so keinen Schaden anrichten.
- Im Gegensatz zur Erde haben viele Planeten in unserem Sonnensystem keine feste Oberfläche und bestehen nur aus kalten Gasen.

13.3: Warum gibt es Leben auf der Erde?

AUFGABEN

1. *Sammle Informationen zu den einzelnen Planeten des Sonnensystems und erstelle, wie für die Erde vorgegeben, weitere Steckbriefe. Die Informationen findest du z.B. in Fachbüchern, Lexika und im Internet.*
2. *Beschreibe mithilfe der Abb. 13.1 die Stellung von Mond, Erde und Sonne bei einer totalen Sonnenfinsternis. Hinweis: Die drei genannten Himmelskörper liegen dabei auf einer geraden Linie. In welcher Reihenfolge sind sie auf dieser Geraden angeordnet?*
3. *Erläutere, warum die Lufthülle der Erde so wichtig für die Lebewesen ist (Abb. 13.3).*
4. *Legt gemeinsam eine Wandzeitung zum Thema „Unser Sonnensystem" an.*
5. *Die eindrucksvollste Art, sich über den Sternenhimmel und unser Sonnensystem zu informieren, ist der Besuch eines Planetariums. In vielen Städten bieten Planetarien und Sternwarten Vorführungen oder öffentliche Führungen an. Sucht die Adressen von Planetarien in eurer Nähe z.B. im Internet und fügt diese Adressenliste der Wandzeitung bei.*

Steckbrief der Erde
Durchmesser am Äquator: 12 756 km
Umlaufzeit um die Sonne (Erdrevolution):
365 Tage, 5 Stunden, 48 Minuten, 46 Sekunden = 1 Jahr
Mittlere Entfernung von der Sonne: 149 Mio. km
Dauer einer Drehung um die eigene Achse (Erdrotation):
23 Stunden, 56 Minuten, 4 Sekunden = 1 Tag
Anzahl der Monde: 1

14.1: Nacht und Tag auf der Erde

Die Drehung der Erde

„Liebe Zuschauer,
die Spiele der Australian Open beginnen um 14.00 Uhr Ortszeit in Melbourne. Wir werden das Endspiel direkt übertragen."
„Super", ruft Jan, „dieses Spiel darf ich nicht verpassen. Gleich nach dem Mittagessen hab ich dafür noch Zeit." „Daraus wird wohl nichts werden", antwortet seine Mutter, „um 5.00 Uhr morgens beginnt die Übertragung und da liegst du noch im Bett und später musst du in die Schule." „Ich denke, das Spiel beginnt um 14.00 Uhr und nicht um 5.00 Uhr!" „14.00 Uhr in Australien, aber nicht bei uns", antwortet Jans Mutter.
Das Problem der verschiedenen Uhrzeiten geht Jan nicht aus dem Kopf. Nachdem er sich im Internet kundig gemacht hatte, weiß er jetzt Bescheid.

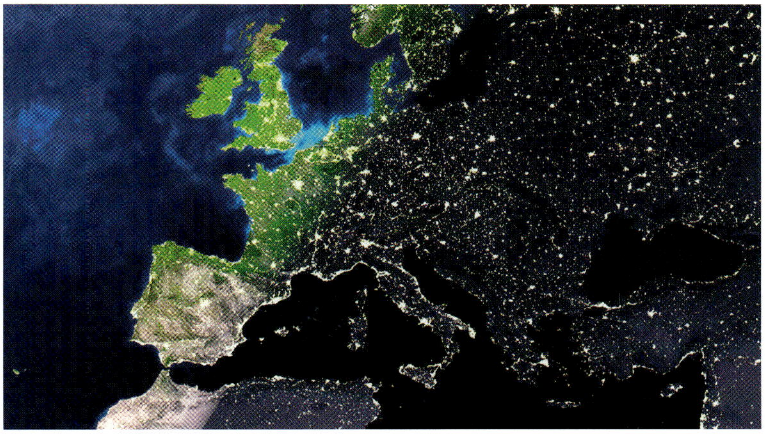

14.2: Tag und Nacht in Europa

Die Erde dreht sich in 24 Stunden von Westen nach Osten um ihre Achse. Diese Drehung nennt man Erdrotation. Die Sonne bescheint dabei immer nur eine Hälfte der Erdkugel, dort ist Tag. Die andere Hälfte liegt von der Sonne abgewandt im Schatten, dort ist Nacht. Durch die Drehung der Erde werden immer andere Teile der Erdkugel beleuchtet. Für den Beobachter auf der Erde sieht es jedoch so aus, als ob sich die Sonne am Himmel bewegt. Sie geht (scheinbar) im Osten auf, steht mittags an ihrem höchsten Punkt im Süden und geht abends im Westen unter. In Wirklichkeit bewegt sich aber durch die Erddrehung unser Standort auf die Sonne zu. Wir haben das Gefühl, die Sonne würde über dem Horizont aufsteigen. Ähnlich ist es am Abend, wenn sich unser Standort von der Sonne abwendet. Dann „versinkt" die Sonne unter dem Horizont.
Für Orte auf der Erde, die östlich von unserem Standpunkt liegen, beginnt der Tag früher, an Orten, die westlich von uns liegen, geht die Sonne später auf. An verschiedenen Orten der Erde sind also zur gleichen Zeit verschiedene Tageszeiten. Wenn die Menschen in San Francisco (USA) Silvesterpartys feiern, sitzt man in Frankfurt bereits beim Neujahrsfrühstück.
Eigentlich müsste jeder Ort genau dann Mittag, also 12.00 Uhr, haben, wenn die Sonne ihren täglichen Höchststand erreicht hat. Wegen der internationalen Verflechtung von Handel, Verkehr und Nachrichtenübermittlung wäre ein solches System mit genauen Ortszeiten praktisch undurchführbar. Man hat sich deshalb 1920 auf eine Ordnung mit Zonenzeiten geeinigt. Alle Orte innerhalb einer Zeitzone schreiben danach die gleiche Zeit. Der Zeitunterschied von Zone zu Zone beträgt genau eine Stunde. Für Deutschland gilt die Mitteleuropäische Zeit (MEZ).

AUFGABEN

1. *Wodurch wird der Wechsel von Tag und Nacht auf der Erde verursacht?*
2. *Was wäre, wenn die Erde sich nicht um ihre Achse drehen würde? Erläutere die zu erwartenden Auswirkungen.*
3. *Einen Eindruck von der Verteilung von Tag und Nacht auf der Erde findest du im Internet unter: www.fourmilab.ch/earthview/vplanet.html unter „Map of the Earth". Beschreibe, wo gerade Tag und wo Nacht ist.*

GEO Praxis — Wir experimentieren – Planet Erde

Wir arbeiten mit dem Tellurium

Wie sich die Erde und der Mond um die Sonne drehen, könnt ihr mit einem kleinen Modellversuch selbst nachstellen, falls es an eurer Schule ein astronomisches Gerät mit diesen drei Himmelskörpern gibt, ein sogenanntes Tellurium. Falls euch kein Tellurium zur Verfügung steht, könnt ihr zu dritt mit einer hellen Taschenlampe als Sonne, einem Erdglobus und einem Tischtennisball als Mond die Bewegungen der Himmelskörper mit ein wenig Fantasie ebenfalls darstellen. Versucht es einmal, es macht Spaß.

15.1: Arbeit mit dem Tellurium

15.3: Arbeit mit den Globus

Wir arbeiten mit dem Globus

Stellt einen Globus für alle gut sichtbar auf einen Tisch. Dunkelt den Raum ganz ab. Beleuchtet nun den Globus mit einer „künstlichen" Sonne (starke Taschenlampe, Dia- oder Tageslichtprojektor). Dreht jetzt die Erdkugel des Globus. In welche Richtung müsst ihr drehen? Beobachtet genau, wie sich die von der Sonne beschienenen bzw. abgewandten Bereiche verändern. So könnt ihr die Entstehung von Tag und Nacht klären.

15.4: Erdumdrehung

Wir beobachten die Strahlungsverhältnisse auf der Erde

Experiment 1: Befestigt an beiden Polarkreisen auf einem Globus je einen Klebepunkt. Bestrahlt den Globus von der Seite mit einem Overheadprojektor und achtet beim Drehen auf die Beleuchtung der Punkte.

Experiment 2: Mit einer starken Taschenlampe werden verschiedene geographische Breitenkreise eines Globus aus geringer Entfernung waagrecht angeleuchtet. Achtet auf die Größe der jeweils beschienenen Fläche.

Protokolliert eure Beobachtungen und wertet sie aus.

15.2: Arbeit mit Globus und Taschenlampe

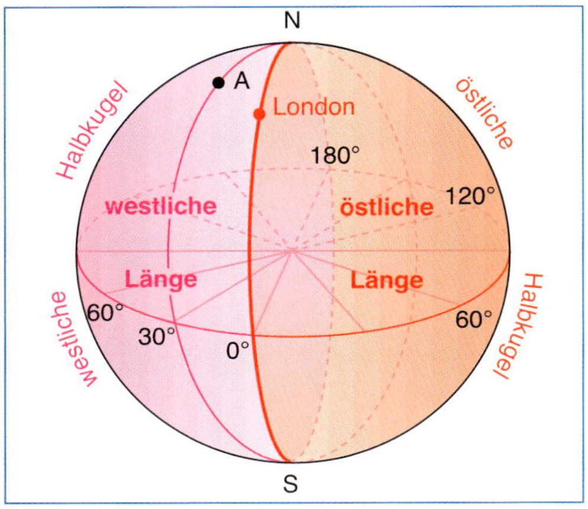

16.1: Die Längenkreise

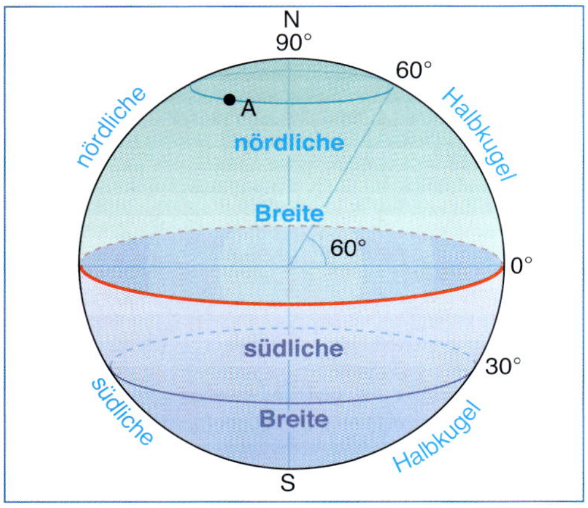

16.2: Die Breitenkreise

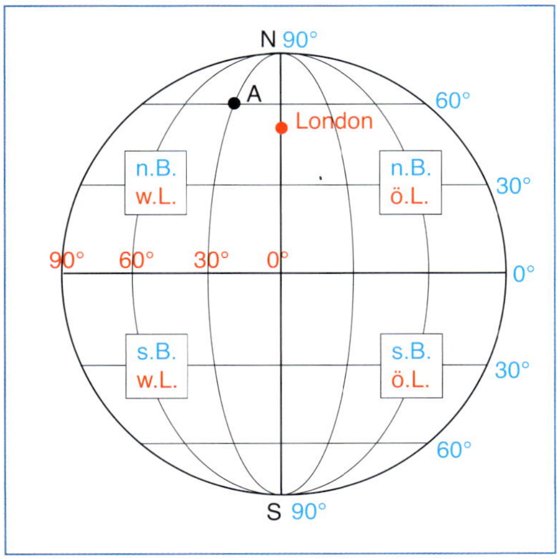

16.3: Das Gradnetz

Orientierung auf der Erde

Wir lernen im Geographieunterricht die Natur und das Leben der Menschen in den verschiedensten Räumen kennen. Dazu ist es natürlich notwendig, genau zu wissen, wo diese liegen. Wir müssen also auf unserer Erde die Lage eines Gebietes oder eines Ortes genau bestimmen können. Wir orientieren uns. Das Wort orientieren (lat.: oriens – der Osten) bedeutet eigentlich: den Osten suchen. Wir verstehen darunter: die Lage eines Ortes genau angeben. Das ist aber auf der Erde gar nicht so einfach, da sie eine Kugel ist. Wer hat schon einmal versucht, auf einer Kugel Anfang und Ende zu finden?
Deshalb wurde für die Erde ein Orientierungssystem eingeführt. Aufgrund seines Aussehens wird diese Orientierungshilfe Gradnetz genannt (Abb. 16.3).

Die Längenkreise

Wir wissen, dass sich die Erde dreht. Aber in welche Richtung? Natürlich kennst du sofort die Antwort: Die Erde dreht sich nach Osten, denn dort geht jeden Tag die Sonne auf.
Und worum dreht sie sich? Ein Rad dreht sich um eine Achse – aber die Erde? Sie dreht sich ebenfalls um eine Achse. Diese ist nicht sichtbar. Es ist eine gedachte Achse. Die Stellen, wo diese vorgestellte Achse aus der Erdkugel herausschauen würde, nennen wir Pole.
Durch Nord- und Südpol verlaufen Kreislinien – die Längenkreise. Ihr Abstand zueinander ist unterschiedlich. In Richtung der Pole wird er immer kleiner. In den Polen schneiden sich alle Längenkreise.
Ein halber Längenkreis wird in der Geographie Meridian genannt (lat. meridian – Mittagslinie). Er verläuft vom Nord- zum Südpol. Stellen wir die Erde auf einem Blatt Papier dar (verebnete Darstellung), ergibt sich ein Kreis. Da ein Kreis in 360 Grad unterteilt wird, zählt man auch 360 Meridiane (Abb. 16.1). Weil alle Meridiane gleich lang sind, musste einer festgelegt werden, bei dem die Zählung beginnt (Nullmeridian). 1911 einigte man sich auf den Meridian, der durch die damalige Sternwarte von Greenwich (Stadtteil Londons) geht, als Nullmeridian (0°). Von ihm aus werden 180 Meridiane in westlicher und 180 Meridiane in östlicher Richtung gezählt.
Der Ort A (Abb 16.1) liegt auf dem 30. Meridian westlich vom Nullmeridian. Wir sagen: 30° westlicher Länge (w. L.).

Die Breitenkreise

Senkrecht zu den Längenkreisen laufen die Breitenkreise. Damit verlaufen sie rechtwinklig zur Erdachse. Die Breitenkreise sind unterschiedlich lang. Beim längsten – dem Äquator – beginnt ihre Zählung. Da der Winkel vom Äquator zum Nord- bzw. Südpol 90° beträgt (Abb. 16.2), werden jeweils 90 Breitenkreise nach Norden und Süden gezählt. Dadurch unterscheiden wir eine nördliche und eine südliche Halbkugel (Abb. 16.2).
Der Ort A liegt auf der Nordhalbkugel 60° vom Äquator entfernt. Wir sagen: 60° nördlicher Breite (n. B.).
Im Gegensatz zu den Längenkreisen verlaufen die Breitenkreise alle parallel zueinander. Damit bleibt der Abstand zwischen zwei Breitenkreisen stets gleich groß. Er beträgt 111 Kilometer.

Das Gradnetz auf Karten

Da wir meistens mit Karten arbeiten, wird dieses Gradnetz vom Globus auf die Karten übertragen. Dabei muss es gewissermaßen in eine Ebene gepresst werden. Das führt zu Verzerrungen. Wir erkennen das auf den Atlaskarten. Besonders fällt uns das auf Karten auf, die die gesamte Erde zeigen.
Das kannst du mit einer Apfelsine probieren: Zeichne ein Gradnetz auf die Apfelsine und schäle diese danach vorsichtig. Lege nun die Schale so auf ein Blatt Papier, dass es eine verebnete Darstellung ergibt. Du siehst, wie sich das Gradnetz verzerrt.
Da diese Verzerrungen an den Rändern am größten sind, wirkt sich dies bei Weltkarten am stärksten bei den Polargebieten aus. Deshalb werden diese mitunter in gesonderten Karten dargestellt, die eine Draufsicht auf den Pol bieten. Hier ist also der Pol im Zentrum. Daher kann man auf solchen Karten gut die Breitenkreise als tatsächliche Kreise erkennen (Abb. 17.1).

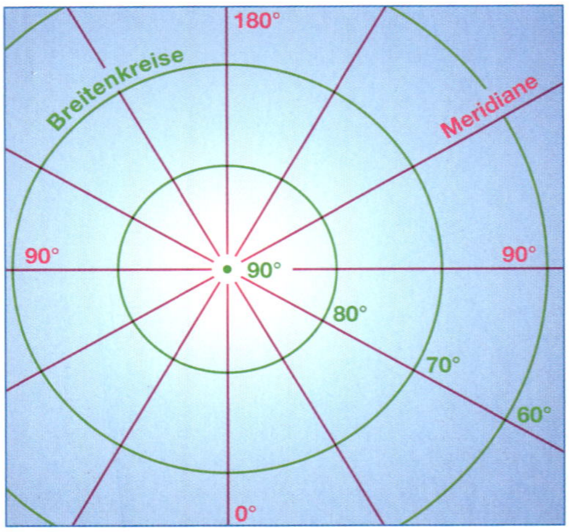

17.1: Blick auf das Polargebiet

AUFGABEN

1. *Beschreibe den Aufbau des Gradnetzes.*
2. *Vergleiche Längen- und Breitenkreise nach:*
   - *Verlauf zueinander und*
   - *Länge.*
3. *Vergleiche die Abb. 16.3 und 17.1 und erkläre die Unterschiede.*

GEO Praxis

Wir arbeiten mit dem Gradnetz

Oft stehen dir für einen Ort, dessen Lage du nicht kennst, nur seine Koordinaten zur Verfügung, z.B. 40° n. B., 116° ö. L.
40° n.B. heißt, wir suchen den Ort nördlich des Äquators, 116° ö. L. heißt, wir suchen den Ort östlich des Nullmeridians. Am Schnittpunkt von Breiten und Längenkreis liegt der gesuchte Ort. Im Beispiel ist es Peking.
Möchtest du umgekehrt die Koordinaten eines Ortes auf einer Karte bestimmen, helfen dir das Gradnetz einer Karte und die Arbeitsschritte in Abb. 17.2.

Arbeitsschritt	Beispiel Alexandria
Aufsuchen des Ortes auf einer Karte	• Abb. 17.3 und Atlas
Feststellen der Lage zum Äquator	• nördlich vom Äquator
Breitengrad ablesen	• 31°
Feststellen seiner Lage zum Nullmeridian	• östlich vom Nullmeridian
Längengrad ablesen	• 30°
Ergebnis formulieren	• 31° nördlicher Breite 30° östlicher Länge
Schreibe	• 31° n. B. / 30° ö. L.

17.2: Arbeitsschritte

17.3: Afrikas Lage im Gradnetz

Meistens liegt ein Ort nicht genau auf einem Breiten- oder Längengrad. Für eine genauere Beschreibung wird das Gradnetz in Minuten unterteilt. Dabei entspricht 1° genau 60 Minuten (60'). So bedeutet zum Beispiel die Angabe 5° 30' n. B., dass der gesuchte Ort genau in der Mitte zwischen dem fünften und sechsten nördlichen Breitengrad liegt.

17.4: Exakte Positionsbestimmung

Die Beleuchtungszonen der Erde

Grundlagen (▷ Abb. 18.1):

- Die Erde bewegt sich in einem Jahr um die Sonne (Erdrevolution).
- Dabei bleibt die Neigung der Erdachse, um die die Erde rotiert, mit $23\frac{1}{2}°$ stets gleich.
- Für jeden Ort auf der Erde ändern sich im Laufe eines Jahres die Einfallswinkel der Sonnenstrahlen und die verschiedenen Gebiete werden deshalb unterschiedlich beleuchtet.
- Dadurch ergibt sich auch eine unterschiedliche Erwärmung der einzelnen Gebiete.

Die Gebiete mit gleichen Beleuchtungsbedingungen verlaufen parallel (zonal) zu den Breitenkreisen, sie können deshalb als Beleuchtungsklimazonen bezeichnet werden. Weil die Erdachse um $23\frac{1}{2}°$ geneigt ist, kommt den Breitenkreisen $23\frac{1}{2}°$ n. Br. und $23\frac{1}{2}°$ s. Br. (nördlicher bzw. südlicher Wendekreis) sowie den Breitenkreisen $66\frac{1}{2}°$ n. Br. und $66\frac{1}{2}°$ s. Br. (nördlicher bzw. südlicher Polarkreis) besondere Bedeutung zu: Sie gliedern die Erde in die Polargebiete, die Tropen und die dazwischenliegenden Mittelbreiten (Abb. 19.1).

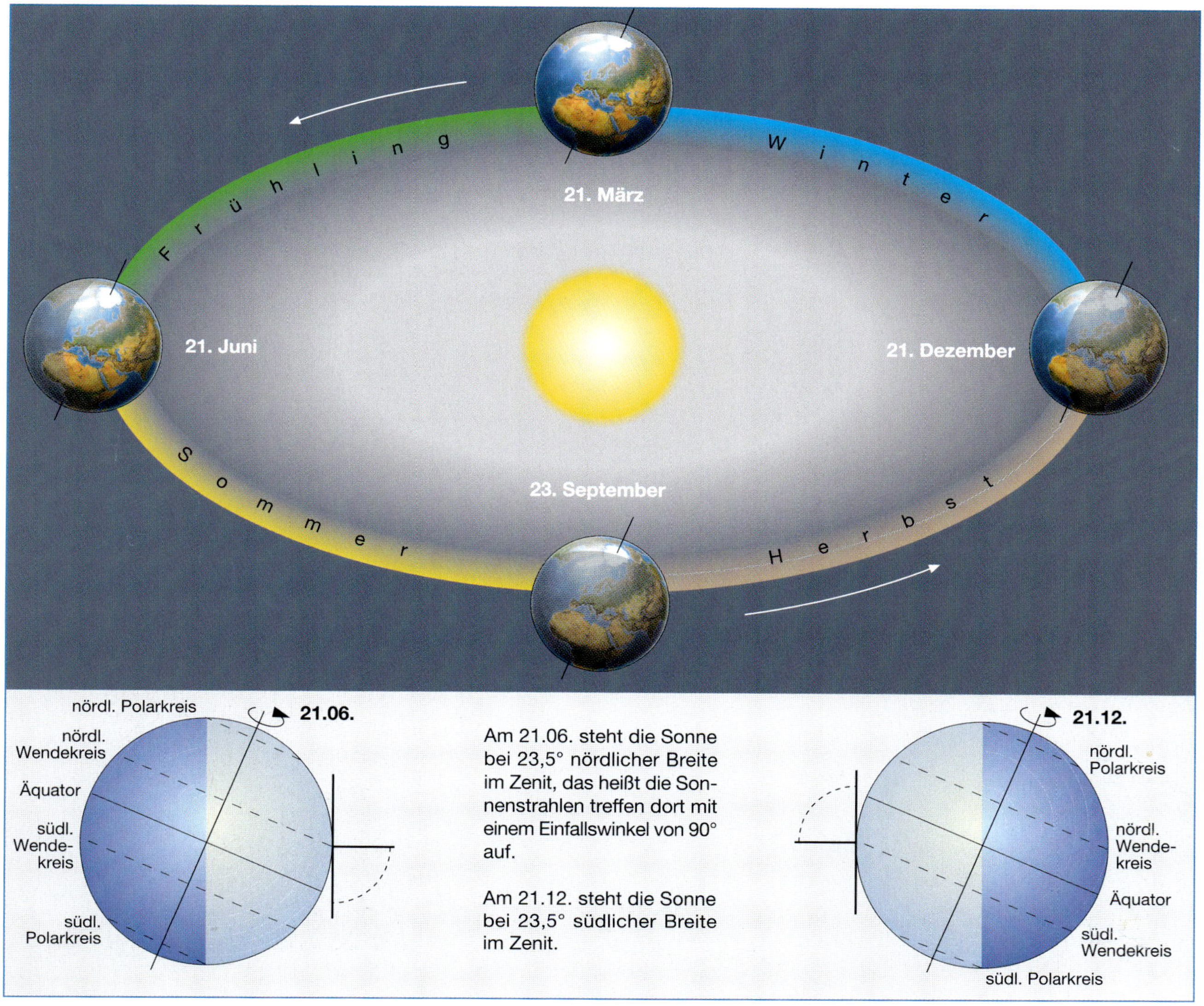

18.1: Jährlicher Umlauf der Erde um die Sonne (Erdrevolution) und Bestrahlung der Erde am 21. Juni und 21. Dezember

Polargebiete: Sie liegen nördlich bzw. südlich der jeweiligen Polarkreise und reichen bis zu den Polen. Die Sonne steht selbst im Sommer nicht sehr hoch über dem Horizont. Deshalb wird die Erdoberfläche auch nur wenig erwärmt. Zur Sommersonnenwende am 21. Juni geht die Sonne mindestens einmal nicht unter (Polartag) und zur Wintersonnenwende am 21. Dezember geht sie einmal nicht auf (Polarnacht). Mit Annäherung an die Pole verlängert sich die Dauer von Polartag und Polarnacht auf bis zu sechs Monate. Der Unterschied zwischen Sommer und Winter ist extrem.

Mittelbreiten: Sie erstrecken sich zwischen den Wendekreisen und den Polarkreisen. Auffallend sind die starken Schwankungen der Mittagssonnenhöhe und der Tages- und Nachtlängen während des Jahres. Dadurch werden die charakteristischen Jahreszeiten ausgebildet. Die Mittelbreiten werden bei 45° n. Br. und 45° s. Br. in die niederen Mittelbreiten (Subtropen) und die hohen Mittelbreiten unterteilt.

Tropen: Sie umfassen das Gebiet zwischen den Wendekreisen. Hier steht die Sonne immer hoch bis sehr hoch über dem Horizont, zweimal im Jahr senkrecht, d.h. im Zenit. Dadurch ist auch die Erwärmung sehr groß. Die Sonne geht sehr steil auf und wieder unter, deshalb ist die Dämmerung kurz. Die Tage sind das ganze Jahr über ungefähr gleich lang. Daher gibt es keine Jahreszeiten. Sinnvoll ist die Unterteilung der Tropen in die äquatornahen Bereiche (innere Tropen) bis etwa 10° n. Br. bzw. s. Br. und die äußeren Tropen.

19.1: Beleuchtungsklimazonen der Erde

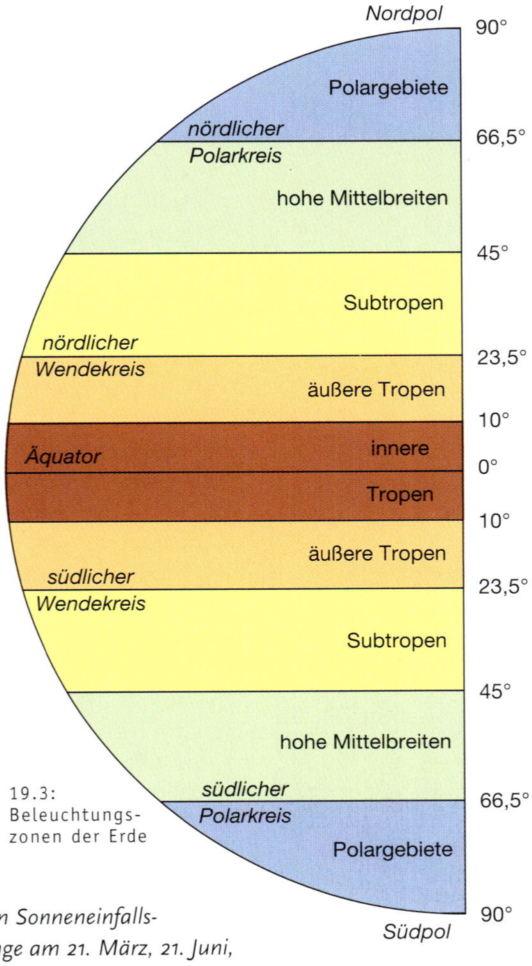

19.3: Beleuchtungszonen der Erde

AUFGABEN

1. *An welchen Tagen im Jahr bescheint die Sonne beide Erdhälften gleichmäßig (Abb. 18.1)?*
2. *An welchen Breitenkreisen steht die Sonne am 21. März, 21. Juni, 23. September und 21. Dezember senkrecht (Abb. 18.1, Abb. 19.2)?*
3. *Gib für den Äquator den Sonneneinfallswinkel und die Tageslänge am 21. März, 21. Juni, 23. September und 21. Dezember an (Abb. 19.2).*
4. *Warum werden Expeditionen in die Antarktis vorwiegend zwischen September und März unternommen?*

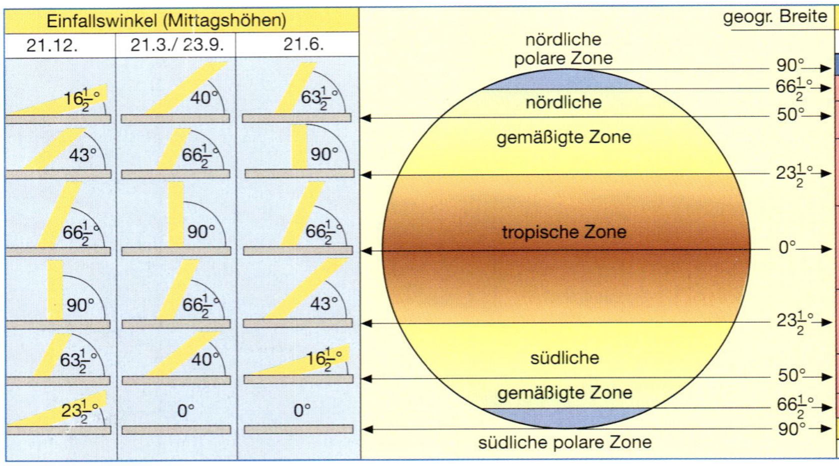

geogr. Breite	Tageslänge in Std. 21.3.	21.6.	23.9.	21.12.
90°		Polartag		Polarnacht
66½°	12	24	12	0
50°	12	16	12	8
23½°	12	13½	12	10½
0°	12	12	12	12
23½°	12	10½	12	13½
50°	12	8	12	16
66½°	12	0	12	24
90°		Polarnacht		Polartag

19.2: Temperaturzonen der Erde

Die Entstehung der Jahreszeiten

Durch die Bewegung der Erde um die Sonne, bei gleich bleibend schräger Erdachse, wird im Jahresverlauf einmal die Nordhalbkugel und einmal die Südhalbkugel mehr bestrahlt. So ändern sich für einen beliebigen Ort auf der Erde von Tag zu Tag die Einfallswinkel der Sonnenstrahlen. Je steiler die Strahlen auf die Erde treffen, umso größer ist die Erwärmung. Bei flachem Einfallswinkel verteilt sich die Strahlung auf eine größere Fläche, die Erwärmung wird dadurch geringer.

Die unterschiedlichen Temperaturverhältnisse während eines Jahres bezeichnen wir als Jahreszeiten. Weil die Veränderungen der Einfallswinkel der Sonne eine unterschiedliche Erwärmung verursachen, sprechen wir von thermischen, d. h. von der Temperatur geprägten Jahreszeiten.

In den Gebieten außerhalb der Tropen sind die thermischen Jahreszeiten besonders ausgeprägt (Abb. 20.1): Die Sommermonate sind deutlich wärmer als die Wintermonate. Im Klimadiagramm ist diese Jahrestemperaturschwankung gut an der Differenz zwischen der höchsten und der niedrigsten Monatsmitteltemperatur zu erkennen.

In den Tropen gibt es nur geringe Temperaturunterschiede zwischen den Monaten, die Jahrestemperaturschwankungen sind gering. In den inneren Tropen, bei ständig sehr hohem Sonnenstand und fast gleichen Tageslängen gibt es keine thermischen Jahreszeiten. In den äußeren Tropen wird der Jahresrhythmus durch den Wechsel von Regen- und Trockenzeiten bestimmt.

Auf der Südhalbkugel der Erde sind die Jahreszeiten „vertauscht“: Wenn es bei uns Sommer ist, herrscht dort Winter, Frühling bei uns bedeutet Herbst auf der Südhalbkugel.

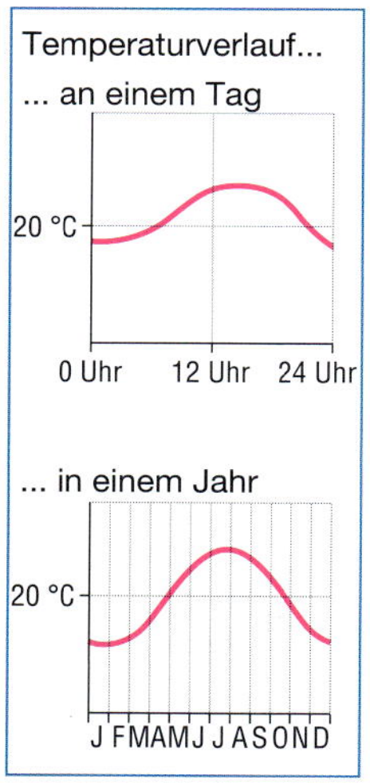

20.1: Jahreszeitenklima

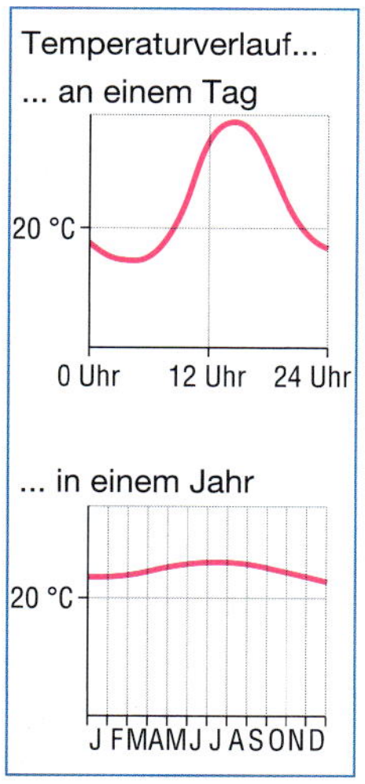

20.2: Tageszeitenklima

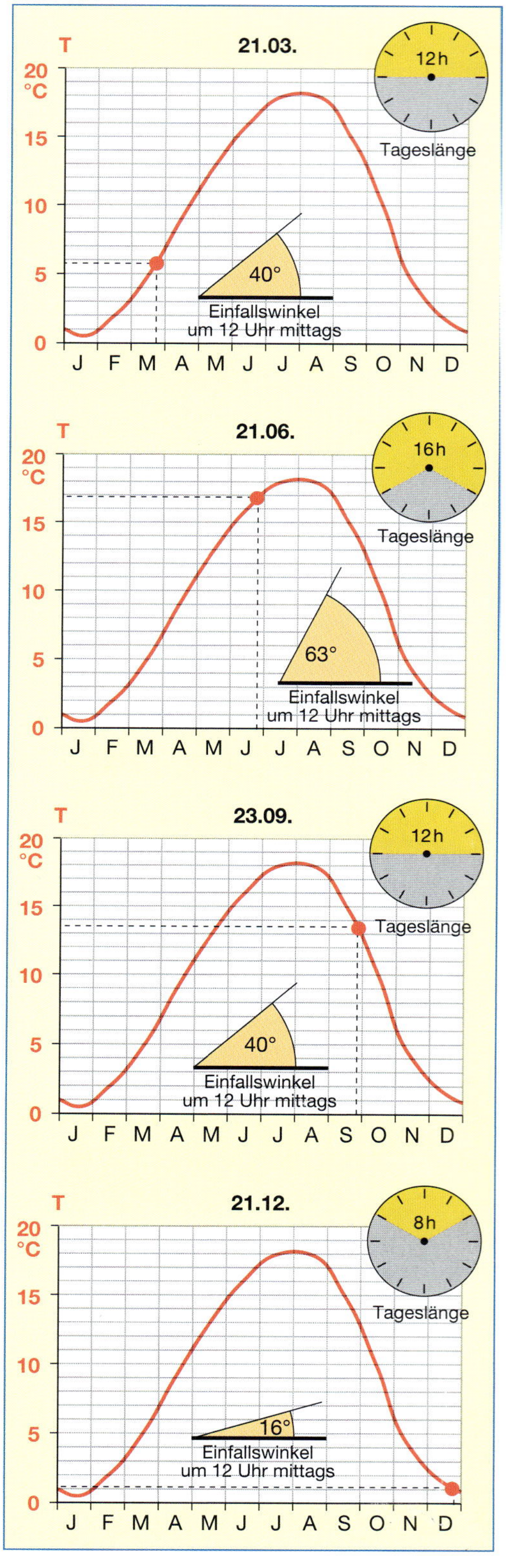

20.3: Jahreszeiten bei 50° n. Br.

AUFGABEN

1. *Beschreibe anhand der Fotos auf S. 21 und der Angaben in Abb. 20.3 die Unterschiede zwischen unseren Jahreszeiten.*
2. *Erkläre den Begriff „thermische Jahreszeit“.*
3. *Erläutere die Ursachen für die Entstehung von thermischen Jahreszeiten.*
4. *Stelle dir vor, die Erdachse stünde senkrecht. Welche Folgen hätte das?*

21.1: Frühling – Sommer – Herbst – Winter

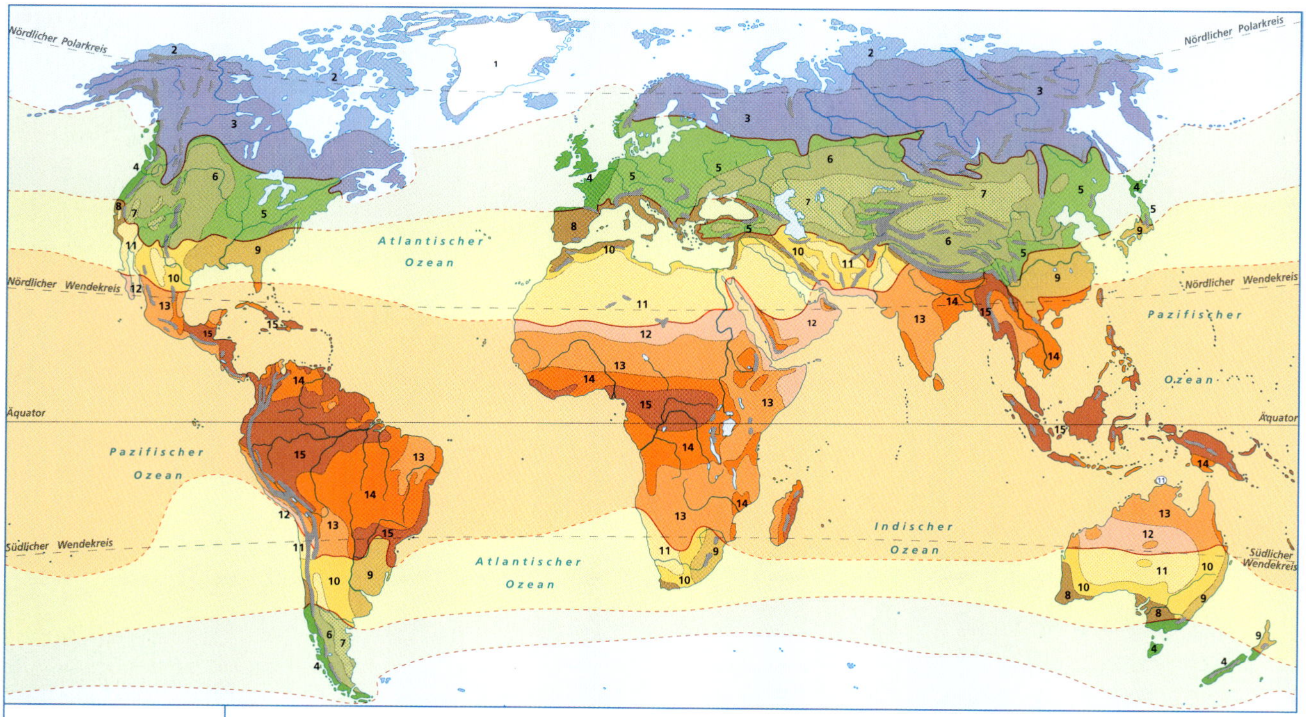

Kalte Zone
- 1 Eis
- 2 sehr kalte, lange Winter
- 3 kalte Winter

Gemäßigte Zone
- 4 milde Winter; kühle, feuchte Sommer (ozeanisches Klima)
- 5 kalte Winter; warme Sommer (kontinentales Klima)
- 6 kalte Winter; warme Sommer; geringe Niederschläge
- 7 kalte Winter; heiße Sommer; sehr geringe Niederschläge

Subtropische Zone
- 8 trockene Sommer, Winterregen
- 9 Niederschläge im Sommer
- 10 milde Winter, ganzjährig geringe Niederschläge
- 11 milde Winter, ganzjährig sehr geringe Niederschläge

Tropische Zone
- 12 ganzjährig sehr trocken
- 13 nur im Sommer Niederschläge
- 14 im Sommer feucht
- 15 ganzjährig hohe Niederschläge

Klimazonengrenze

Hochgebirge

0 1000 2000 km

22.1: Klimazonen der Erde

Klima- und Vegetationszonen der Erde

Auf der Erde verlaufen nur die Beleuchtungszonen genau parallel zu den Breitenkreisen als Gürtel um die Erde (▷ S. 20/21). Die unterschiedliche Erwärmung in diesen Zonen ist eine wesentliche Ursache dafür, dass das Klima auf der Erde sehr verschieden ist.

Die Karte der Klimazonen (Abb. 22.1) zeigt, dass diese in manchen Teilen der Erde ebenfalls annähernd parallel zu den Breitenkreisen verlaufen, in anderen Bereichen jedoch nicht. Für eine Gliederung in Klimazonen reicht eine Einteilung, die nur die Beleuchtungs- und Temperaturzonen berücksichtigt, also nicht aus. Besonders bei hohen Gebirgen und im Inneren der Kontinente weichen die Abgrenzungen der Klimazonen vom gürtelförmigen Verlauf ab.

Die Ursachen dafür sind:
- die Höhenlage,
- die Entfernung zum Meer,
- die Lage zu den Gebirgen,
- die vorherrschende Windrichtung,
- die Meeresströmungen.

Durch die Kombination vieler Gesetzmäßigkeiten ergeben sich die unterschiedlichen Klimazonen auf der Erde. Alle Gebiete einer Zone weisen ein ähnliches Klima auf. Klimaelemente, nach denen die Zonen charakterisiert werden, sind:
- Temperatur und Temperaturverlauf,
- Niederschlagsmenge,
- Niederschlagsverteilung,
- Verhältnis von Verdunstung und Niederschlag,
- Wechselwirkung von Klima und Pflanzenwelt.

Auf der Karte (Abb. 23.1) und auf dem Satellitenbild (▷ 3.1) kann man einheitliche Vegetationsgebiete erkennen, die sich ungefähr breitenkreisparallel über die Erde erstrecken. Die Abhängigkeit der Vegetationszonen von den Klimazonen ist offensichtlich.

Damit Pflanzen wachsen können, benötigen sie eine bestimmte Umgebungstemperatur und ausreichend Wasser. In den Außertropen liegt die Wachstumszeit im Sommerhalbjahr, in den Tropen ist ganzjähriges Wachstum möglich. Die

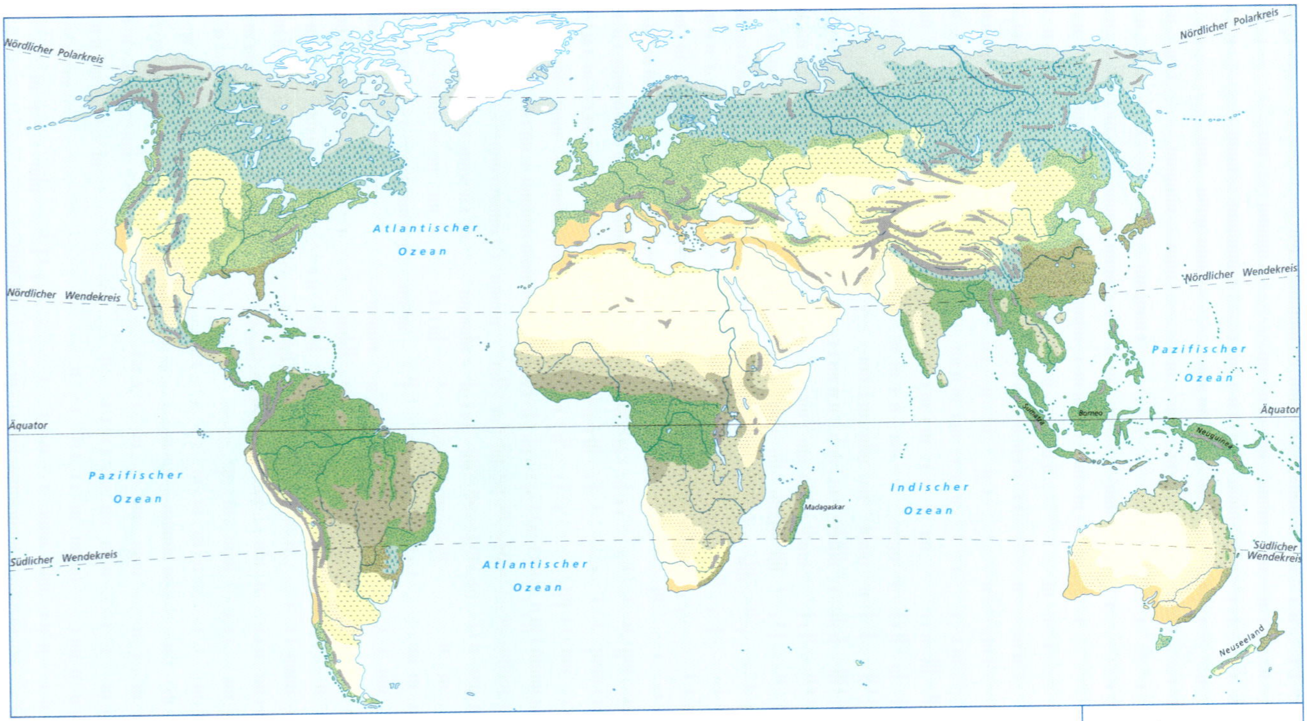

23.1: Vegetationszonen der Erde

Pflanzen haben einen unterschiedlichen Wärmebedarf:

- Moose und Flechten gibt es bereits, wenn an mehr als 55 Tagen eine Tagesmitteltemperatur über 0 °C herrscht.
- Nadelwald kann sich ausbreiten, wenn an mehr als 100 Tagen eine Tagesmitteltemperatur über 5 °C besteht.
- Laubwald kann wachsen, wenn eine Tagesmitteltemperatur von über 5 °C an mehr als 150 Tagen erreicht wird.
- Mediterrane Pflanzen sind oft frostempfindlich und gedeihen nur, wenn die Temperatur ganzjährig über 0 °C liegt.
- Tropische Pflanzen benötigen eine Monatsmitteltemperatur von über 18 °C.

Die Pflanzen können nur die Wassermenge nutzen, die sie über ihre Wurzeln aufnehmen können. Neben dem Niederschlag und der Verdunstung spielt deshalb auch die Bodenbeschaffenheit eine große Rolle. Weil die Pflanzen ständig Wasser benötigen, es aber nicht jeden Tag regnet, müssen sie ihren Bedarf aus dem im Boden gespeicherten Wasser decken. Für den Wasserhaushalt der Böden ist es von Bedeutung, ob der Regen als heftiger kurzer Starkregen oder als leichter Dauerregen fällt.

In allen Vegetationszonen haben die Menschen in den vergangenen Jahrhunderten die natürliche Umwelt mehr und mehr verändert, z. T. sogar völlig zerstört. So wurde z. B. durch die Landwirtschaft der größte Teil der Mischwaldzone in Ackerland umgewandelt, die tropischen Regenwälder und die borealen Nadelwälder werden durch Brandrodung und Raubbau immer stärker zerstört. Die großen Steppengebiete in Eurasien und Nordamerika werden mithilfe von künstlicher Bewässerung ackerbaulich genutzt und große Teile der Savannen Afrikas sind durch falsche Bewirtschaftung an die Wüste verloren gegangen.

AUFGABEN

1. *Nenne die Vegetationszonen der Nordhalbkugel, die sich spiegelbildlich vom Äquator zum Südpol wiederholen.*
2. *Begründe, warum die Landschaftszonen nicht immer parallel zu den Breitenkreisen verlaufen.*

24.1: Begriffe für die Auswertung eines Klimadiagramms:

Stufen der Monatsmitteltemperaturen:
über 30 °C: sehr heiß
25 bis 30 °C: heiß
20 bis 25 °C: sehr warm
15 bis 20 °C: warm
10 bis 15 °C: mäßig warm
5 bis 10 °C: mild
0 bis 5 °C: kühl
–5 bis 0 °C: mäßig kalt
–10 bis –5 °C: kalt
–15 bis –10 °C: sehr kalt
unter –15 °C: extrem kalt

Stufen der Jahresniederschläge:
< 200 mm: sehr gering
200 bis 400 mm: gering
400 bis 800 mm: mittel
800 bis 1500 mm: hoch
> 1500 mm: sehr hoch

www.klimadiagramme.de

Klima
der durchschnittliche Verlauf des Wettergeschehens in einem Gebiet gemessen über einen Zeitraum von mindestens 30 Jahren

GEO Praxis

Wir werten ein Klimadiagramm aus

In einem Klimadiagramm werden der durchschnittliche Temperaturverlauf und die durchschnittliche Niederschlagsmenge für jeden Monat in Form von Kurven festgehalten. Der durchschnittliche Klimaverlauf kann somit schnell erfasst und ausgewertet werden. Die Tagesschwankungen von Temperatur und Niederschlag sowie seltene Ereignisse wie Hitze-, Kälte-, Regen- oder Dürreperioden werden in den Klimadiagrammen allerdings nicht erfasst. Anhand eines Klimadiagramms lässt sich erkennen, ob die Wachstumsbedingungen aus klimatischer Sicht gut oder schlecht sind.

So werten wir ein Klimadiagramm aus:

- Lies zuerst den Namen und die Höhe der Station ab. Suche die Station im Atlas, nimm die Gradangaben zu Hilfe.
- Lies die Jahresmitteltemperatur ab. Ermittle den kältesten Monat (Temperaturminimum) und den wärmsten Monat (Temperaturmaximum).
- Berechne den Temperaturunterschied zwischen dem kältesten und dem wärmsten Monat. Diese Differenz bezeichnet man auch als Jahresschwankung oder Amplitude.
- Lies die Summe des Jahresniederschlags ab. Ermittle den Monat mit dem geringsten Niederschlag (Niederschlagsminimum) und den Monat mit dem höchsten Niederschlag (Niederschlagsmaximum). Zähle die ariden und die humiden Monate.
- Beschreibe den Jahresverlauf der Temperaturkurve und den Jahresverlauf der Niederschlagskurve. Verlaufen die Kurven eher gleichmäßig oder gibt es starke Schwankungen?
- Welche Auswirkungen hat das Klima an diesem Ort für die natürliche Vegetation?

1. Werte das Klimadiagramm von Niamey aus (Abb. 24.2).
2. Ordne die Station Niamey einer Klimazone und einer Vegetationszone zu.

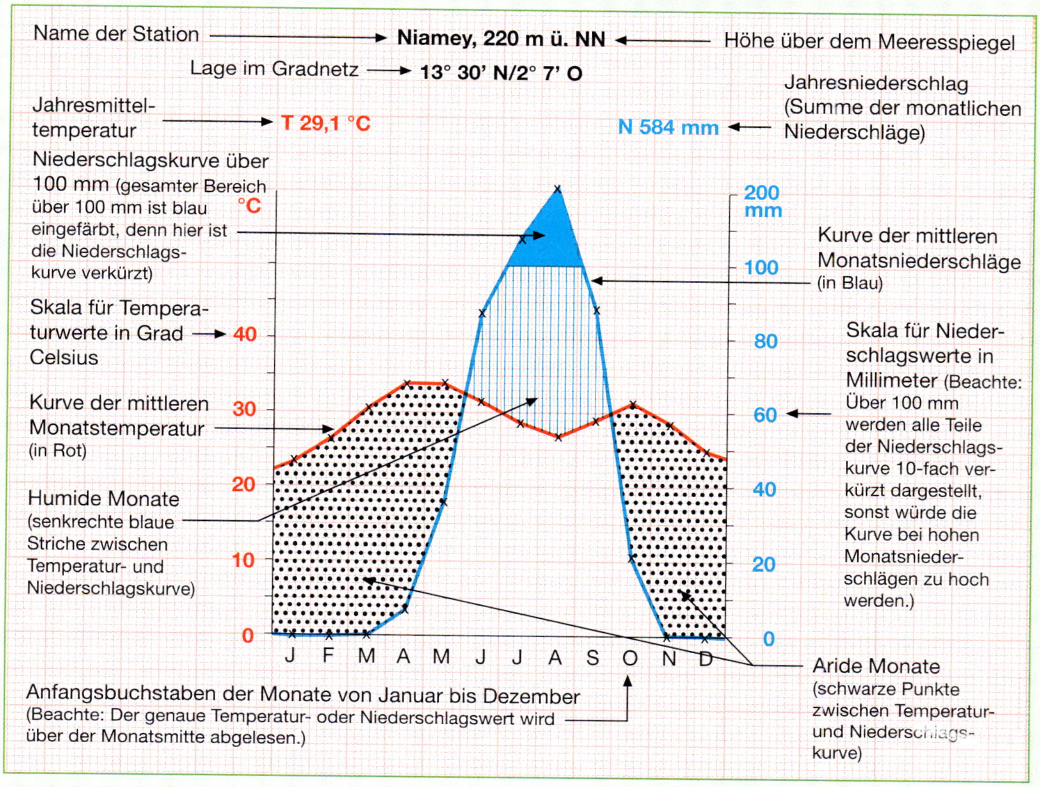

24.2: Welche Informationen enthält ein Klimadiagramm?

Spitzenleistungen aus der Welt-Wetterküche

Küchenchef Petrus empfiehlt heute unser 3-Sterne-Spitzenmenü aus besten regionalen Wetterzutaten!

① **Höchste je gemessene Temperatur der Welt:** 58 °C in Al Aziziyah (Libyen)

② **Tiefste je gemessene Temperatur der Welt:** –91,5 °C in Wostok (Antarktis)

③ **Höchste gemessene Temperatur der Meeresoberfläche:** 35,6 °C am Persischen Golf

④ **Regen-Weltrekord in einem Monat:** 9300 mm (1861), in zwölf Monaten 26 461 mm (August 1860 bis Juli 1861) in Cherrapunji (Indien)

⑤ **Größter Unterschied zwischen höchster und tiefster je gemessener Temperatur:** 106,7 °C in Werchojansk (Russland)

⑥ **Längste jährliche Sonnenscheindauer:** 4300 Stunden in der libyschen Sahara

⑦ 242 Tage mit **Gewitter im Jahresdurchschnitt**, in Kampala (Uganda)

⑧ 120 Tage **Nebel im Jahresdurchschnitt** in Grand Banks (Neufundland)

⑨ **Schneefallrekord in einer Saison:** 25,4 m (1955/56) an der Paradise Ranger Station, Washington (USA)

⑩ **Schwerstes Hagelkorn der Welt:** 1,9 kg in Kasachstan

⑪ **Höchste am Boden gemessene Windgeschwindigkeit:** 416 km/h am 12. April 1934, am Mt. Washington in New Hampshire (USA)

⑫ 14 **aufeinanderfolgende Jahre ohne Regen** in Iquique (Chile)

⑬ Durchschnittlich 325 Tage **Regen im Jahr** in Bahia Felix, Patagonien (Chile)

⑭ Weltrekord der **durchschnittlichen jährlichen Regenmenge**: 11 684 mm am Mt. Waialeale, Hawaii (USA)

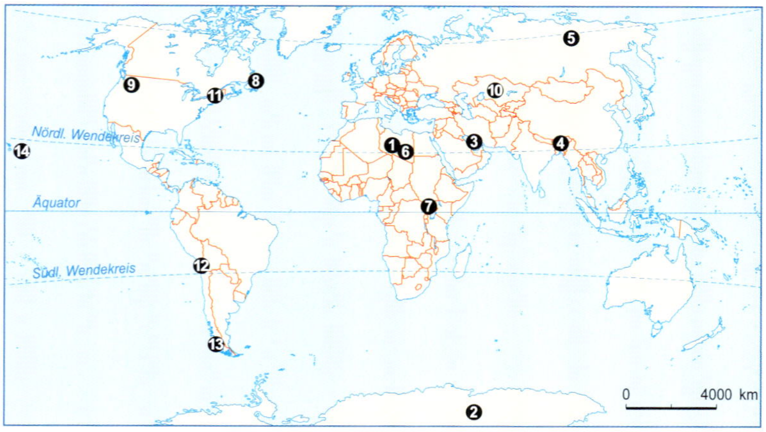

25.1: Lage der Rekorde

25.2: Iquique – fast immer trocken

25.3: Mt. Waialeale, Hawaii – fast immer Regen

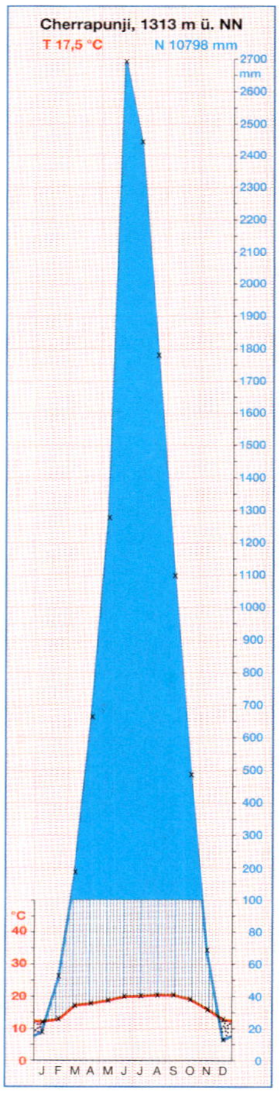

25.4: Klimadiagramm von Cherrapunji (Indien)

AUFGABEN

1 *Erläutere die unterschiedlichen Angaben zum Jahresniederschlag in Cherrapunji (Indien) bei den Klimarekorden ④ und in Abb. 25.4.*

2 *Suche weitere Klimarekorde im Internet, zum Beispiel unter www.dwd.de.*

Die Landschaftszonen der Erde

Das Bild einer Landschaft wird vor allem von ihrer Vegetation geprägt. Da die Klimate vom Äquator zu den Polen grundlegende Unterschiede aufweisen, zeigt auch die Naturlandschaft eine entsprechende Gliederung in den Vegetationszonen. Gebiete mit gleichen oder ähnlichen Pflanzen und an diesen Lebensraum angepassten Tieren werden zu Landschaftszonen zusammengefasst. Die Übergänge zwischen den einzelnen Zonen sind dabei fließend.

– 80°

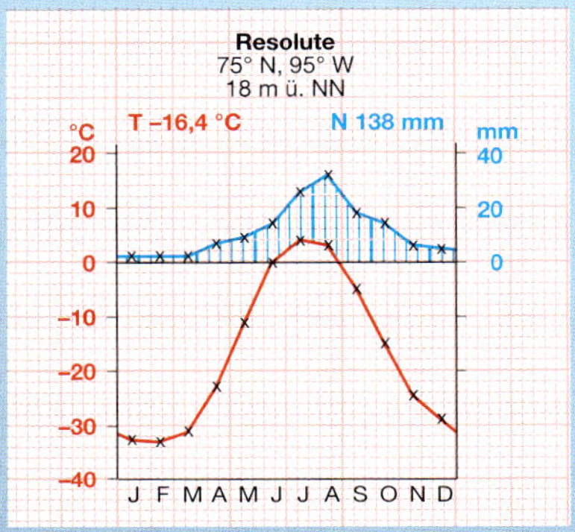

– 70°

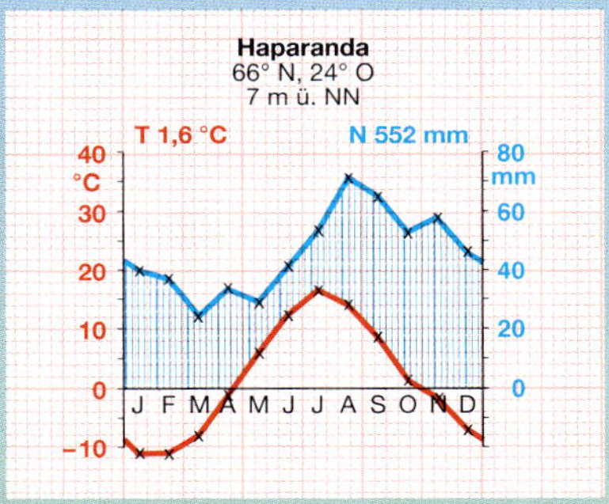

– 60°

– 50°

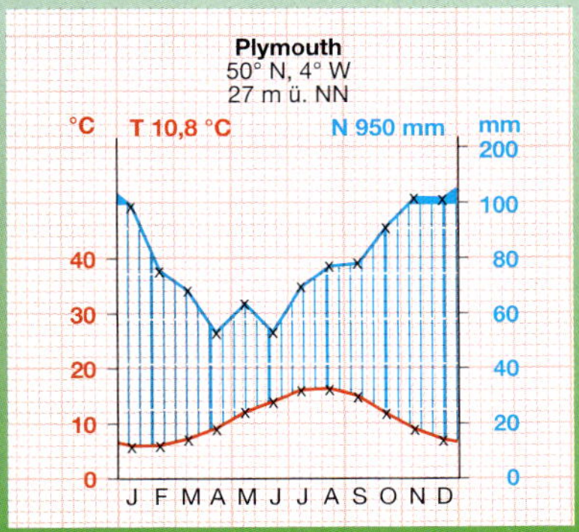

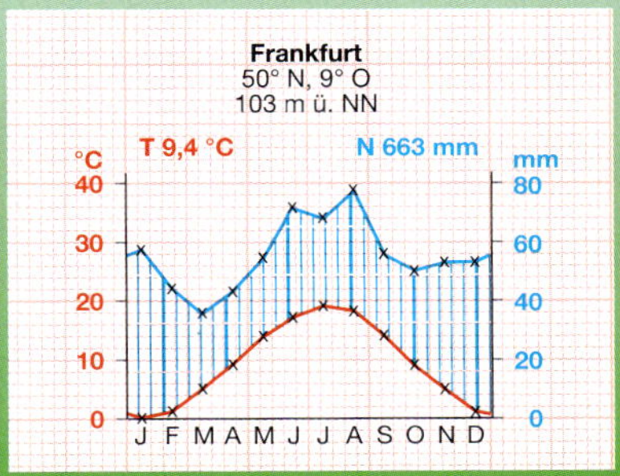

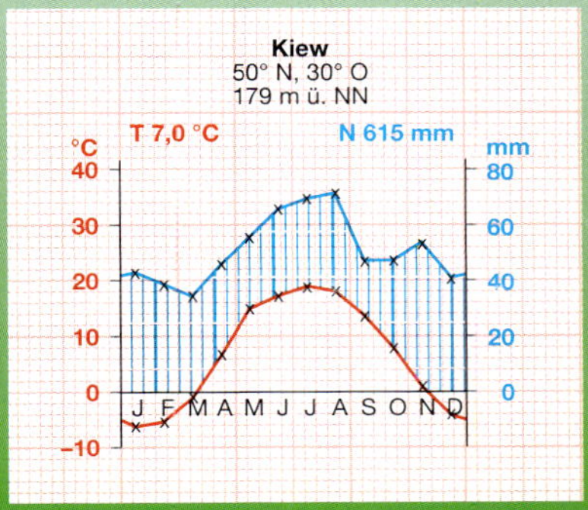

Die kalten Zonen in den Polargebieten reichen von den **polaren Eiswüsten** über die baumlose **Tundra** bis hin zum **nördlichen (borealen) Nadelwald**. Die Eis- und Schneemassen der polaren Eiswüste und der ständig gefrorene Boden lassen keinen Pflanzenwuchs zu. Weiter südlich in der Tundra überzieht eine Vegetation aus Flechten, Moosen, Zwergbirken und Weiden den im Sommer oberflächlich aufgetauten Boden. Die lichten Wälder des borealen Nadelwalds erstrecken sich quer über die Kontinente Amerika und Asien. Lärchen, Kiefern und Fichten sind die bestimmenden Baumarten, die riesige Flächen bedecken. Am südlichen Rand des Nadelwaldes ist im Vergleich zur Tundra vereinzelt Ackerbau möglich.
In der gemäßigten Zone der Mittelbreiten bedecken die **sommergrünen Laub- und Mischwälder** nur noch geringe Flächenanteile ihres ursprünglichen Verbreitungsgebiets. Der größte Teil ist vom Menschen in Kulturland umgewandelt worden. Nur wenige Laubbaumarten wie Eichen, Buchen, Linden und Ahorn beherrschen die Wälder. Im Inneren der Kontinente erstrecken sich die **Steppengebiete** der gemäßigten und subtropischen Zone. Es sind weite baum- und strauchlose Grasfluren. Die Steppengräser, Stauden und Kräuter, die im Frühjahr mit farbenfroher Blüte das Land überziehen, verdorren in der sommerlichen Trockenheit und lassen das Land graugelb erscheinen. Viele Steppengebiete dienen als Viehweide oder sind mithilfe künstlicher Bewässerung in die produktivsten Ackergebiete der Erde umgewandelt worden.

AUFGABE

Arbeitet zu zweit und legt die Seiten 26/27 und 28/29 eurer Bücher passend zusammen.

a) Beschreibt mithilfe der Materialien die einzelnen Landschaftszonen der Erde.

b) Legt eine Tabelle an, in der ihr die Merkmale der einzelnen Zonen eintragt. Unterscheidet zwischen Abgrenzung, Klima, Vegetation, Tieren und Nutzungsmöglichkeiten.

c) Erstellt ein Plakat zu den Landschaftszonen der Erde.

– 40°

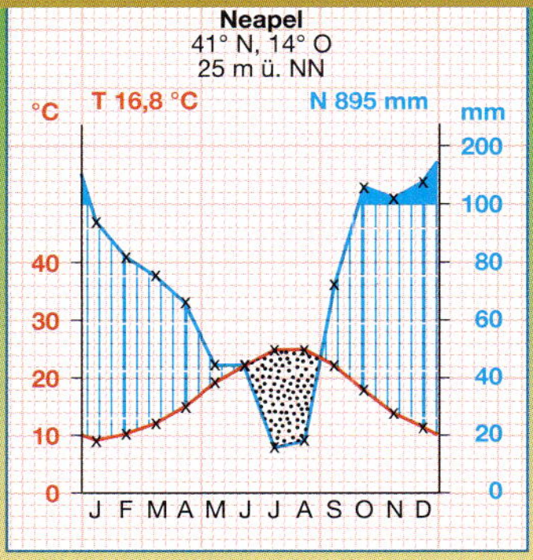

– 30°

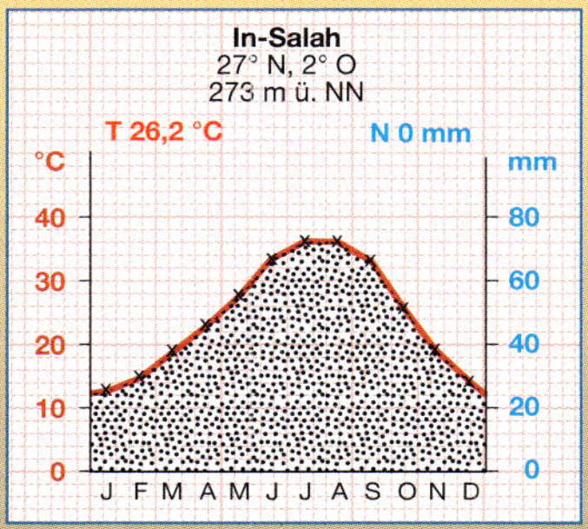

– 20°

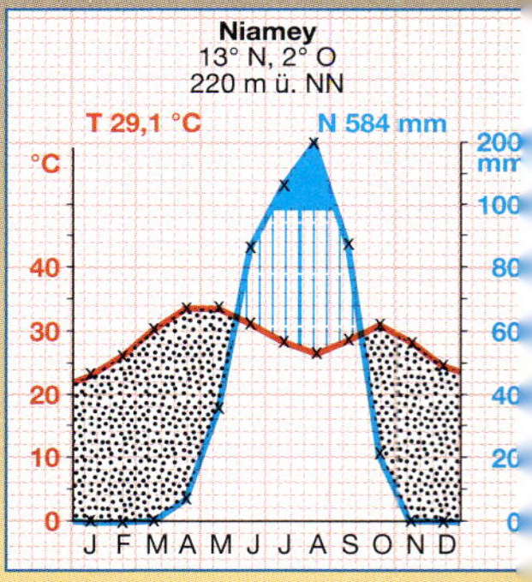

– 10°

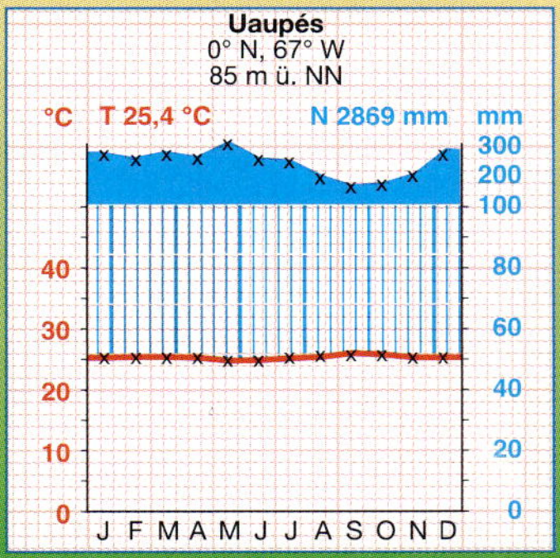

– Äquator

In den Subtropenregionen an den Westseiten der Kontinente findet man die **immergrünen Hartlaubwälder**. Die Vegetation der Winterregengebiete ist an die sommerliche Trockenheit angepasst. Bestimmende Bäume dieser Wälder sind Stein- und Korkeichen, Pinien, Zypressen und Lorbeer. Ihre Blätter sind klein, hart-ledrig, wachsüberzogen oder behaart. Im europäischen Mittelmeerraum, dem ehemals größten Hartlaubwaldgebiet, sind die Wälder seit der Antike zum großen Teil abgeholzt oder durch Waldbrände vernichtet worden. Ziegen und Schafe fressen das nachwachsende Grün der Sträucher immer wieder ab. So entstand häufig ein Dickicht von dornigen Sträuchern, die **Macchie**. Die Winterregengebiete sind durch die Bewässerung zu Gemüse- und Obstgärten geworden. Weizen, Oliven, Wein und Zitrusfrüchte dominieren beim Anbau.

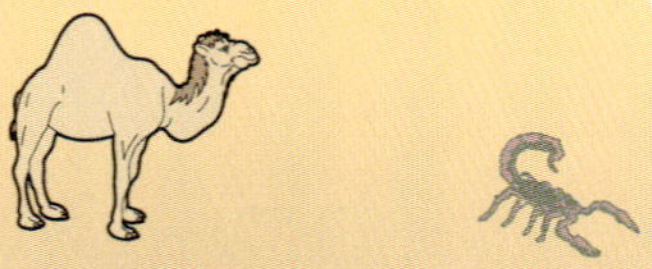

Die **Halbwüsten und Wüsten** haben nur eine äußerst geringe bis gar keine Vegetation. In der Halbwüste wachsen weit verstreut Büschelgräser, Dornbüsche und Zwergsträucher. Auch in der Vollwüste können nach einem äußerst seltenen Regen Pflanzen, die in einer jahrelangen Trockenruhe überdauert haben, zum Leben erwachen.

Die **Savannen** sind Grasfluren in den sommerfeuchten Tropen. Nur vereinzelt gibt es Bäume. Die Einteilung in Dorn-, Trocken- und Feuchtsavanne ist vom Niederschlag abhängig.
In der **Dornsavanne** gedeihen lediglich niedrige Büsche mit zu Dornen umgebildeten Blättern. Die niedrigen Gräser wachsen nur büschelweise.
In der **Trockensavanne** wächst in der Regenzeit hohes Gras, vereinzelt findet man Laub werfende Bäume. Typisch sind die Schirmakazie und der Affenbrotbaum (Baobab). In diesem Raum ist Landwirtschaft möglich. Es werden Hirse, Gerste und Mais sowie Erdnüsse und Baumwolle angebaut.
Die **Feuchtsavanne** mit ihrem bis zu 6 m hohen Elefantengras und einem z.T. dichten Baumbestand ist ein wichtiger Lebens- und Wirtschaftsraum in den Tropen. Hohe Niederschläge ermöglichen zwei Ernten pro Jahr. Hirse, Mais, Maniok und Batate, Zuckerrohr, Bananen und Ananas sind die wichtigsten Anbauprodukte. Durch Abholzung der Baumbestände und Überweidung ist der Landschaftsgürtel der Savannen durch das Vordringen der Wüste (Desertifikation) stark gefährdet.

Der **tropische Regenwald** bildet noch immer das größte geschlossene Waldgebiet der Erde. Nirgendwo sonst gibt es eine solche Artenvielfalt. Der Wald baut sich in Stockwerken auf. Das dichte Kronendach wird von über 60 m hohen Urwaldriesen überragt. Die Pflanzen dort sind auf tropische Temperaturen und hohe Niederschläge angewiesen. Der Regenwald wird zunehmend durch Wanderfeldbau, Plantagen und die Holzwirtschaft genutzt. Dabei ist dieser Lebensraum extrem gefährdet. Brandrodung und Abholzung haben bereits Tausende von Quadratkilometern unwiederbringlich zerstört.

30.1: Was hat ein Feuerwehrfahrzeug mit GIS zu tun?

GEO Praxis — Wir arbeiten mit einem GIS

Was ist GIS?

Die Abkürzung GIS steht für:
Geographisches
Informations-
System.

Obwohl die drei Begriffe „Geographie", „Information" und „System" keine Schwierigkeit darstellen, ist eine Erklärung von GIS notwendig.

30.3: Bestandteile eines GIS

Zusammen ergeben die in Abb. 30.3 dargestellten Bestandteile folgendermaßen das GIS: Die riesige Datenmenge kann nur mithilfe des Computers und geeigneter Softwareprogramme (Abb. 30.2) sinnvoll bewältigt werden. Die zu bearbeitenden Daten haben Raumbezug. Das bedeutet, dass die Daten nur im Zusammenhang mit dem dazugehörigen Ort sinnvoll sind, z. B. Klimadaten wie die Jahresdurchschnittstemperatur. Der Raumbezug macht das GIS „geographisch". Der Benutzer muss den Umgang mit den Daten, der Software und der Hardware sicher beherrschen, um mithilfe des GIS Antworten auf die von ihm gestellten Fragen zu finden. Typische Arbeitsschritte bei der Arbeit mit GIS sind das Erfassen der Daten und ihre Verwaltung, die Datenanalyse und die Visualisierung der Ergebnisse. Unter Visualisierung versteht man das Darstellen der Ergebnisse auf dem Bildschirm oder als Ausdruck.

30.2: In der Arbeitswelt eingesetzte GIS-Programme:
ArcView
Idrisi
SmallWorld
Erdas Imagine
Sicad

GIS in der Praxis

In der Praxis ist GIS nahezu unbegrenzt einsetzbar. Die folgenden zufällig ausgewählten Praxisbeispiele zeigen die Vielfalt:

- Tourenvorschläge für Stadttouristen,
- die flächenspezifische Aussaat von Winterweizen,
- Trinkwasserschutz in der Landwirtschaft,
- Altlastenprogramme,
- die Erstellung von Lärmschutzkarten,
- die Ermittlung des optimalen Standortes für Windkraftanlagen,
- der Feuerwehreinsatz in Gebäuden usw.

Da es schwierig ist, sich vorzustellen, wie das GIS eingesetzt wird, soll dies bei der Feuerwehreinsatzplanung deutlich gemacht werden.
Die Berufsfeuerwehr nutzt Einsatzpläne für öffentliche Gebäude und Firmen, um im Notfall schnell helfen zu können. Diese Pläne enthalten Karten des Einsatzgebietes, Luftbilder der Gebäude, Pläne mit den Rettungswegen sowie Detailangaben über die Raumnutzung und die Wasserversorgung. Typische Fragen bei der Verwendung der Einsatzpläne sind:

- Welche Räume sind gefährdet?
- Welche Rettungswege gibt es?
- Wo muss die Löschwasserversorgung eingerichtet werden?

Ohne ein GIS liegt der Einsatzplan nur in Papierform vor. Im GIS sind Straßen-, Etagen-, Hydrantenpläne, Luftbilder, Rettungswege, beim Einsatz wichtige verkehrsberuhigte Straßen usw. in einer Datenbank gespeichert. Das GIS ermöglicht die schnelle Suche von Hydranten, die Darstellung des zu evakuierenden Gebiets, und beim „Mausklick" auf ein Gebäude in der Karte lässt sich sofort Nutzung, Bauart, Geschosshöhe oder auch der Dachtyp abrufen. Auf diese Art macht GIS es möglich, dass schnell geholfen werden kann.
(Quelle: ArcView GIS, GIS-Arbeitsbuch, Liebig/Schaller [Hrsg.], Wichmann, S. 58–71)

- Wir lernen die Grundprinzipien kennen

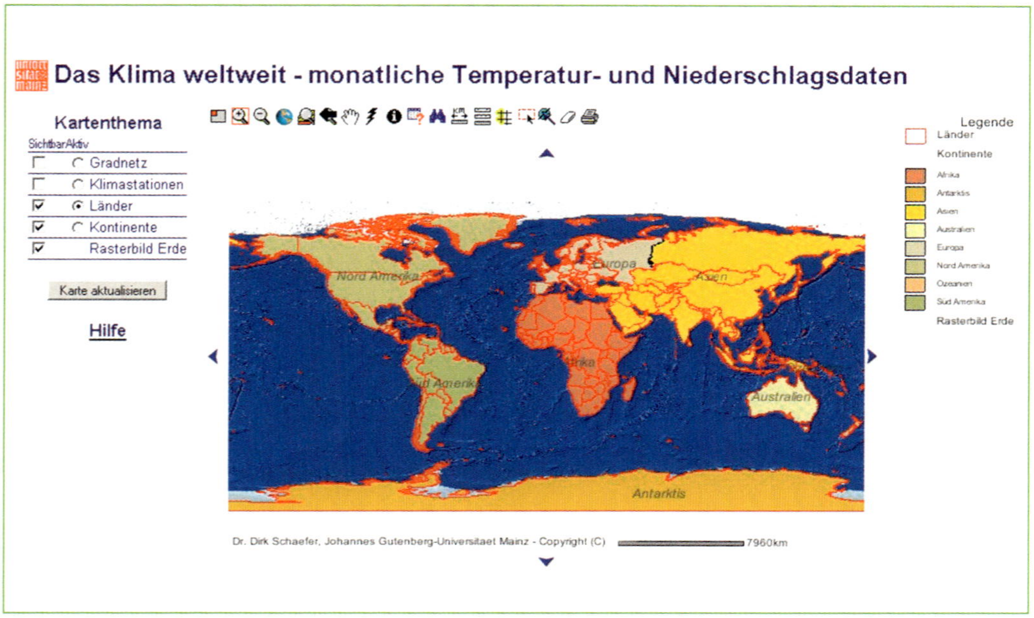

31.1: Sichtbar sind die Themen „Länder“, „Kontinente“ und „Rasterbild Erde“. Aktiv ist das Thema „Länder“.

Unter www.diercke.de findest du das GIS unter GeoTools → Web-GIS → WebGIS-Dienst Klima weltweit oder unter www.webgis-schule.de → "Themen"

Leicht zugänglich sind GIS-Programme im Internet. Anhand eines solchen WebGIS lassen sich der Aufbau und die Funktionsweise eines GIS sehr gut kennenlernen. Mache folgende Einführung am Computer mit.

Kartenthemen sichtbar machen

Ein GIS besteht aus mehreren Kartenthemen, die übereinanderliegen. In unserem GIS gibt es die Themen „Gradnetz“, „Klimastationen“, „Länder“, „Kontinente“ und „Rasterbild Erde“. Der Benutzer entscheidet, welche Themen sichtbar sind, indem er bei diesen Themen die Spalte „sichtbar“ anklickt und die Karte per Mausklick aktualisieren lässt.

Aufgabe: Mache die Kartenthemen „Klimastationen“, „Länder“, „Kontinente“ und „Rasterbild Erde“ sichtbar und beschreibe die Verteilung der Klimastationen auf der Erde.

Kartenthemen aktiv machen

Ein Thema aktiv zu machen bedeutet, festzulegen, auf welches Thema sich die folgenden Eingaben beziehen.

Aufgabe: Mache die Themen „Länder“ und „Kontinente“ sichtbar und das Thema „Länder“ aktiv (Abb. 31.1). Hole dir mit der Maus das Werkzeug „Identifizieren“ und identifiziere per Mausklick auf der Karte die Länder „Kanada“, „Ägypten“ und „Brasilien“. Du erhältst in diesem Beispiel mit „identifizieren“ Informationen zu den Ländern, weil „Länder“ das aktive Thema ist.

Übung: Wie hoch ist die Jahresdurchschnittstemperatur und der Gesamtniederschlag in Berlin-Dahlem?
Verwende die Werkzeuge „Rein-Zoomen“ und „Raus-Zoomen“.

Hinweis: Achte darauf, welche Themen sichtbar bzw. aktiv sind.

GEO Praxis — Wir arbeiten mit einem GIS

Unter www.diercke.de findest du das GIS unter GeoTools → Web-GIS → WebGIS-Dienst Klima weltweit oder unter www.webgis-schule.de → "Themen"

Um die Jahresdurchschnittstemperatur und die Gesamtniederschläge von Berlin-Dahlem (▷ Übung S. 31) oder auch einer anderen Klimastation zu finden, geht man folgendermaßen vor:

Mache folgende Themen sichtbar: „Klimastationen", „Länder" und „Rasterbild Erde". Das aktive Thema ist „Klimastationen".

Suche durchführen

Rufe das Werkzeug „Suchen" auf, gib den Namen der Klimastation ein (z. B. Berlin-Dahlem) und starte die Suche. Das Suchergebnis erscheint als gelber Punkt auf der Karte (verwende ggf. die Zoom-Funktion). Klicke mit dem Werkzeug „Hot-Link" auf den gelben Punkt. Es erscheint das Klimadiagramm mit den gesuchten Angaben.

Suche von Klimastationen, die bestimmte Kriterien erfüllen

Mit einem GIS ist es auch möglich, Kriterien vorzugeben und zu überprüfen, welche Klimastationen diesen Kriterien entsprechen. Beispielsweise lassen sich alle Klimastationen herausfinden, deren Jahresniederschlag 0 mm beträgt. Hierfür verwendet man den „Abfragemanager":
Rufe den „Abfragemanager" auf und wähle als Variable „N Jahr" aus. Der logische Operator ist „=" und der Wert ist „0". Klicke auf „Abfrage bilden" und dann auf „Ausführen" (Abb. 32.1).
Als Ergebnis liefert das GIS eine Weltkarte, auf der die Klimastationen mit einem Jahresniederschlag von 0 mm als gelber Punkt erscheinen. Mit den Werkzeugen „Identifizieren" und „Hot-Link" sind weitere Informationen wie Name der Station, Höhenlage, Temperaturwerte usw. abrufbar.

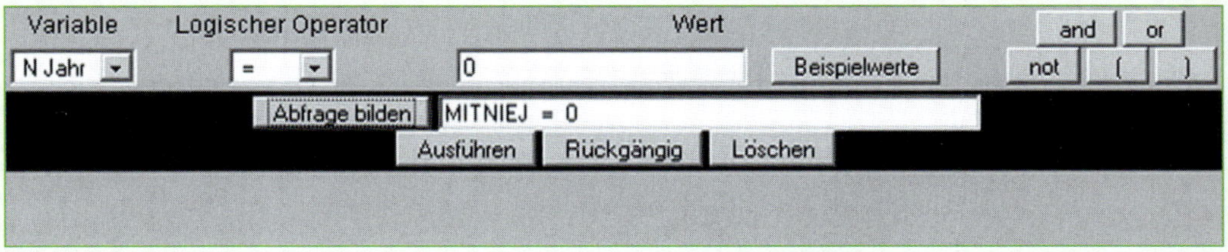

32.1: Abfragemanager

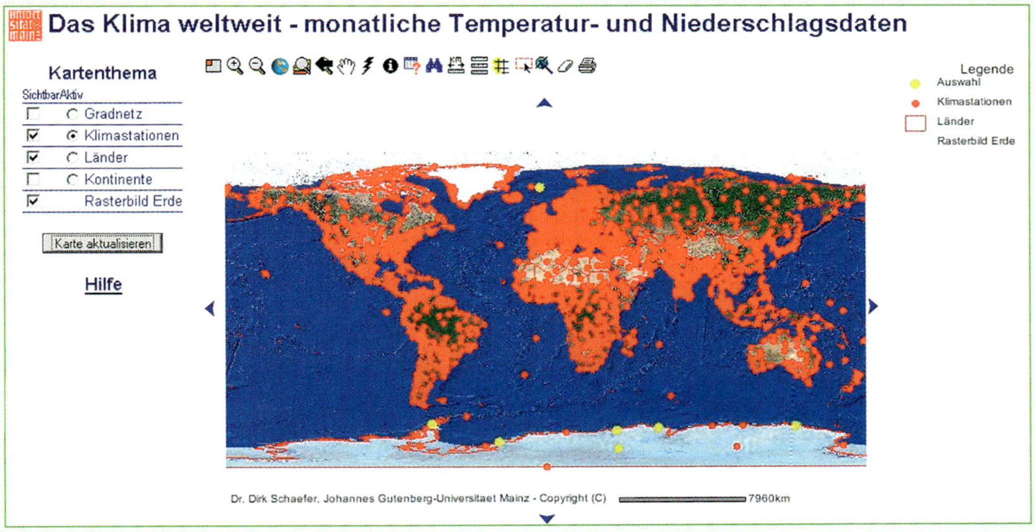

32.2: Klimastationen mit 0 mm Niederschlag: Erkläre das überraschende Ergebnis.

- Wir untersuchen klimatische Zusammenhänge

Mit GIS ist es auch möglich, schwierigen Sachverhalten auf den Grund zu gehen. Finde mithilfe des GIS heraus, in welchen Breiten die Klimastationen liegen, die im Monat Juli eine Monatsdurchschnittstemperatur von > 27 °C haben. Führe dieselbe Abfrage für die Monate Oktober, Januar und April durch. Abbildung 33.1 gibt Hinweise für die Durchführung. Erkläre den Zusammenhang zwischen den vier Ergebniskarten.

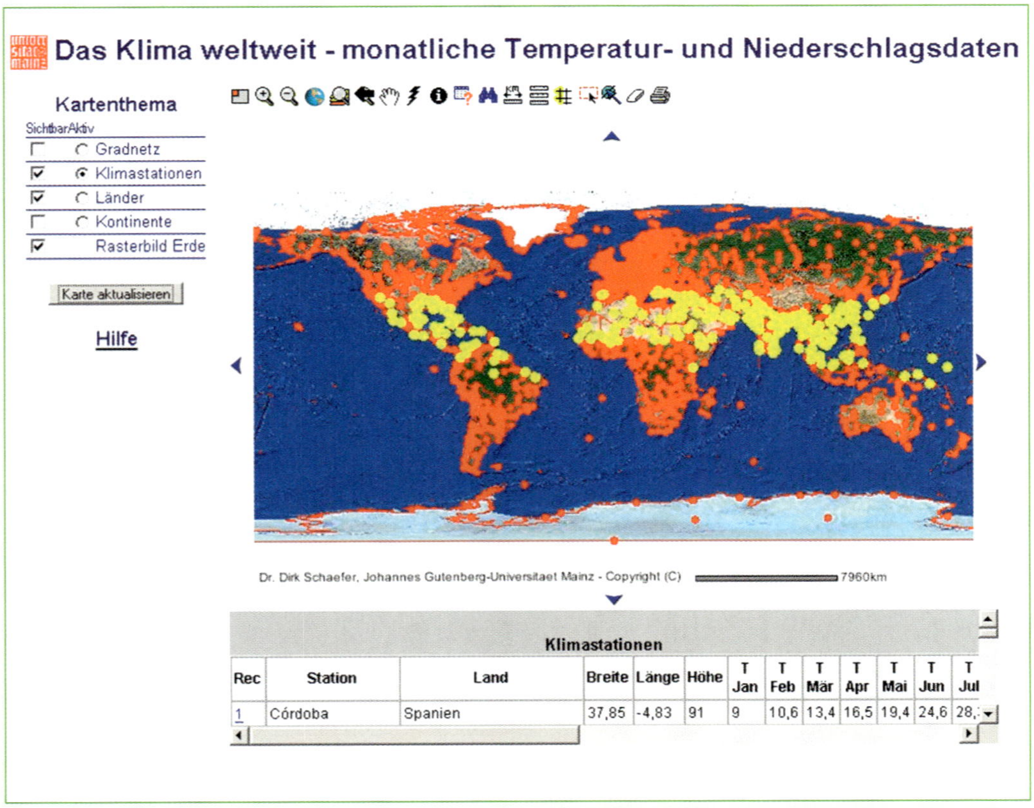

33.1: Klimastationen mit einer monatlichen Durchschnittstemperatur > 27 °C im Monat August

1. In welchen Klimazonen liegen Stationen mit einem Jahresniederschlag von < 50 mm bzw. von > 3000 mm?
2. Finde die Stationen, deren Monatsdurchschnittstemperatur im Februar < –15 °C ist.
3. Wo liegen Stationen, deren geringste Monatsdurchschnittstemperatur 25 °C beträgt? (Hinweis: Gib im Abfragemanager ein: „Temperatur Februar > 25", klicke dann im Abfragemanager auf „Abfrage bilden" und dann auf „and". Bilde anschließend die Abfrage „Temperatur im August > 25", klicke jetzt auf „Abfrage bilden" und auf „Ausführen".)
4. Wo liegen Stationen, die im Jahr zwischen 500 mm und 1000 mm Niederschlag erhalten und gleichzeitig eine durchschnittliche Jahrestemperatur von > 20 °C haben? (Tipp: Benutze „and" zweimal.)
5. Erstelle weitere Aufgaben für deine Mitschüler, die diese mit GIS lösen können.

GEO Wissen — Planet Erde

34.1: Unser Sonnensystem

1. Gib die acht Planeten des Sonnensystems der Reihenfolge nach an. Beginne mit dem Planeten, der der Sonne am nächsten ist. Folgender Merksatz hilft dir dabei: „Mein Vater erklärt mir jeden Sonntag unseren Nachthimmel."
2. Es gibt nicht nur Planeten und Sterne, sondern auch andere Himmelskörper. Was sind Kometen, Meteore, Planetoiden (Asteroiden) und Meteoriten? Informiere dich mithilfe von Astronomiebüchern, Lexika oder des Internets.
3. Wie heißen die Orte, die in Abb. 34.4 gesucht werden? Benutze deinen Atlas.
   Hinweis: Suche die Gradnetzangaben zunächst auf einer Weltkarte und verwende dann eine genauere Karte.
4. Welche Aussagen in Abb. 34.5 sind richtig und welche falsch? Die Buchstaben der richtigen Antworten ergeben von oben nach unten ein Lösungswort.
5. Welche sechs Städte werden in Abb. 34.2 gesucht?
6. Was versteht man unter der „Datumsgrenze"? In welcher Richtung hat das Schiff von Käpt'n Blaubär die Datumsgrenze überquert (Abb. 34.3)? Von West nach Ost oder von Ost nach West?

1. 25° N/ 121° O
2. 0° -/ 78° W
3. 40° N/ 33° O
4. 5° N/-- 4° W
5. 6° -S/107° O
6. 42° N/ 87° W

34.2: Koordinaten von sechs großen Städten

1. 30° s. Br./110° w. L. (Treffpunkt aller Hasen im Frühling)
2. 66° n. Br./120° w. L. (Badeplatz von „Meister Petz")
3. 0°/160° w. L. (Aufenthaltsort des Christkinds)
4. 8° s. Br./40° ö. L. (Tagungsort einer Verbrecherorganisation)
5. 58° n. Br./102° w. L. (Urlaubsort der Weihnachtsschlittenmotoren)
6. 33°30′ n. Br./139° ö. L. (Parkplatz für heiße Feuerstühle)
7. 23° s. Br./15° ö. L. (Badebucht für Moby Dick)

34.4 Rätsel zum Gradnetz

1.	Der Äquator teilt die Erdkugel in eine westliche und eine östliche Halbkugel.	O
2.	Die Abstände zweier benachbarter Breitenkreise voneinander sind überall gleich groß.	K
3.	Alle Linien des Gradnetzes sind Kreise. (Dabei gelten Punkte als Kreise!)	A
4.	Der Äquator entspricht dem Breitenkreis 0 °.	R
5.	Die Entfernung zweier Längenkreise voneinander ist am Äquator am kleinsten.	N
6.	Alle Längenkreise verlaufen durch die Pole.	T
7.	Der Nullmeridian teilt die Erde in eine nördliche und südliche Halbkugel.	U
8.	Es gibt insgesamt 360 Meridiane.	E
9.	Der Äquator ist der größte Breitenkreis.	N
10.	Auf der Südhalbkugel zählt man 180 Breitenkreise.	S

34.5: Richtige und falsche Aussagen zum Gradnetz

34.3: Käpt'n Blaubär an der Datumsgrenze

GEO Wissen — Klimazonen und Klimadiagramme

1. Die Klimadiagramme (Abb. 35.1) und die Stationsangaben (Abb. 35.4) sind durcheinandergeraten. Versuche zunächst den Klimadiagrammen die richtigen Koordinaten (Abb. 35.3) zuzuordnen. Berücksichtige dabei alle Angaben. Vielleicht kennst du auch einige Städte (Abb. 35.4), das wird dir die Aufgabe erleichtern.
   Welche Diagramme kannst du ohne Atlas zuordnen? Nutze diesen erst in einem zweiten Schritt. Begründe deine Entscheidungen und überprüfe dein Ergebnis.
2. Ordne nun die Klimastationen einer der folgenden Klimazonen zu:
   - kalte Zone mit einer Jahresmitteltemperatur um oder unter 0 °C (Gletscher und polares Meereis – Frostschutzzone – Tundra – borealer Nadelwald/Taiga)
   - gemäßigte Zone mit einer Jahresmitteltemperatur um ca. 8 °C (ozeanisches bzw. kontinentales Klima, Steppe bzw. Wüste der gemäßigten Zone)
   - Subtropen mit einer Jahresmitteltemperatur um ca. 18 °C (winterfeuchtes mediterranes Klima mit mehr als fünf humiden Monaten – winterfeuchtes, subtropisches Steppenklima mit weniger als fünf humiden Monaten – subtropische Wüste, immerfeuchtes bzw. sommerfeuchtes Subtropenklima)
   - Tropen mit einer Jahresmitteltemperatur um ca. 25 °C (tropischer Regenwald – Feuchtsavanne – Trockensavanne – Dornsavanne – tropische Wüste)

35.2

1)	5° 15′ N T 27,0 °C	3° 56′ W N 2144 mm	7 m
2)	30° 8′ N T 21,7 °C	31° 34′ O N 24 mm	95 m
3)	71° 18′ N T −13,3 °C	156° 47′ W N 110 mm	7 m
4)	48° 27′ N T 11,8 °C	4° 25′ W N 1126 mm	45 m

35.3: Koordinaten der Stationen

3. Wenn du die Klimadiagramme den Koordinaten richtig zugeordnet hast, ergeben die Buchstaben der Diagramme in der Reihenfolge 1 bis 4 ein Lösungswort.
4. Ordne das Foto (Abb. 35.2) einer Klimazone und, wenn möglich, einem Klimadiagramm zu. Erläutere anhand des Diagramms die Auswirkungen des Klimas auf das tägliche Leben der Menschen. Finde eine passende Bildunterschrift.

Hinweis: Auf dieser Seite lernst du eine weit verbreitete Darstellungsform von Klimadiagrammen kennen, in der die monatlichen Niederschlagssummen nicht als Kurve, sondern in Form von Säulen dargestellt sind.

35.4: Klimastationen
Abidjan
Barrow
Brest
Kairo

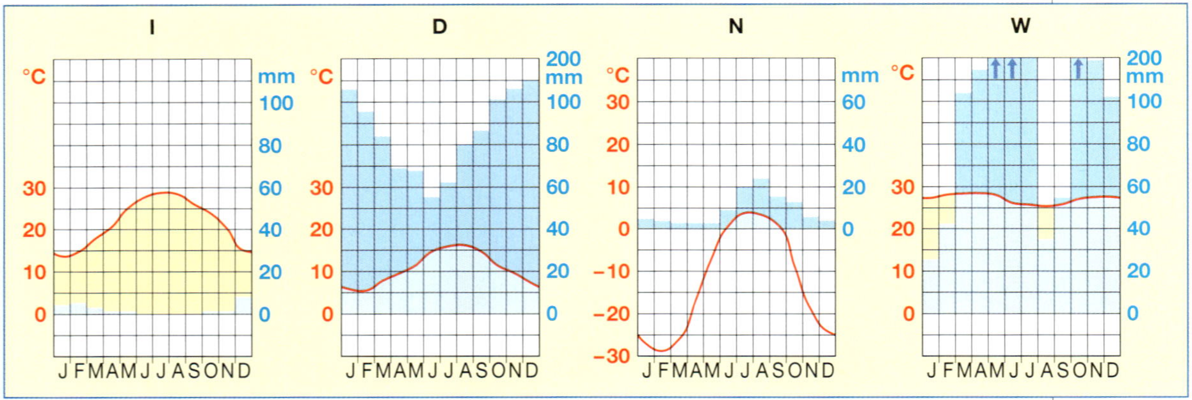

35.1: Klimadiagramme

GROENLAND
BAIE DE BAFFIN
ILE DE BAFFIN
SPITZBERG
MER DE BARENTS
ISLANDE
Reykjavik
BAIE D'HUDSON
LABRADOR
AMÉRIQUE DU NORD
LES GRANDS LACS
Montréal
New York
Washington
TERRE-NEUVE
GRANDS BANCS
DORSALE DE REYKJANES
DORSALE MÉDIO-ATLANTIQUE NORD
PLAINE ABYSSALE DE SOHM
PLAINE ABYSSALE HATTERAS
PLAINE ABYSSALE DE NARES
FOSSE DE PORTO-RICO
MER DU NORD
SCANDINAVIE
Oslo
Stockholm
Helsinki
Leningrad
Moscou
Copenhague
Dublin
Londres
Amsterdam
Berlin
Varsovie
Paris
Prague
Vienne
Berne
Belgrade
Bucarest
Madrid
Lisbonne
Rome
Athènes
Ankara
EUROPE
MONTS OURAL
MER CASPIENNE
Téhéran
Bagdad
Damas
Jérusalem
Le Caire
Tripoli
Rabat
MONTS ATLAS
SAHARA
HOGGAR
TIBESTI
DÉSERT DE LIBYE
PÉNINSULE ARABIQUE
Rhyad
Dakar
Niamey
LAC TCHAD
Fort Lamy
Khartoum
Addis-Abeba
Lagos
Accra
Douala
AFRIQUE
GRAND RIFT AFRICAIN
LAC VICTORIA
Nairobi
KILIMANDJARO
Dar-es-Salam
Kinshasa
Luanda
Lusaka
Salisbury
Pretoria
Le Cap
DÉSERT DE KALAHARI
PLAINE ABYSSALE DE GAMBIE
PLAINE ABYSSALE DE DEMERARA
PLAINE ABYSSALE DE PERNAMBOUC
PLAINE ABYSSALE DE L'ANGOLA
CANYON DU CONGO
Caracas
Panama
Bogota
Quito
L'AMAZONE
AMÉRIQUE DU SUD
MATO GROSSO
Brasilia
Lima
La Paz
Rio de Janeiro
Santiago
Buenos-Aires
DES ANDES
PATAGONIE
PLAINE ABYSSALE D'ARGENTINE
PLATEAU CONTINENTAL
DORSALE DU CHILI
ILES FALKLAND
PLAINE ABYSSALE DE BELLINGSHAUSEN
PLAINE ABYSSALE DE WEDDELL
PÉNINSULE ANTARCTIQUE
TERRE D'ENDERBY
PLAINE ABYSSALE D'ENDERBY
MADAGASCAR

Relief der

Erde

Reliefkarte der Kontinente und des Meesesbodens

Unruhige Erde

38.1: Der Boden kann durch ein Erdbeben aufreißen (Island)

38.2: Auswirkungen des Erdbebens in Kaschmir 2005

Wir leben auf einem unruhigen Planeten: Circa 240 000-mal bebt die Erde pro Jahr. Viele dieser Erdbeben sind so schwach, dass man sie kaum spürt. Doch auch starke Beben ereignen sich etwa alle drei Tage.
Die Medien berichten nur über schwere Erdbebenereignisse, bei denen viele Opfer und große Zerstörungen zu beklagen sind. Dies ist abhängig von der Bevölkerungsdichte des Raumes, dem Untergrund, der Tiefe des Erdbebenherdes und der Bauweise der Gebäude im Bebengebiet.

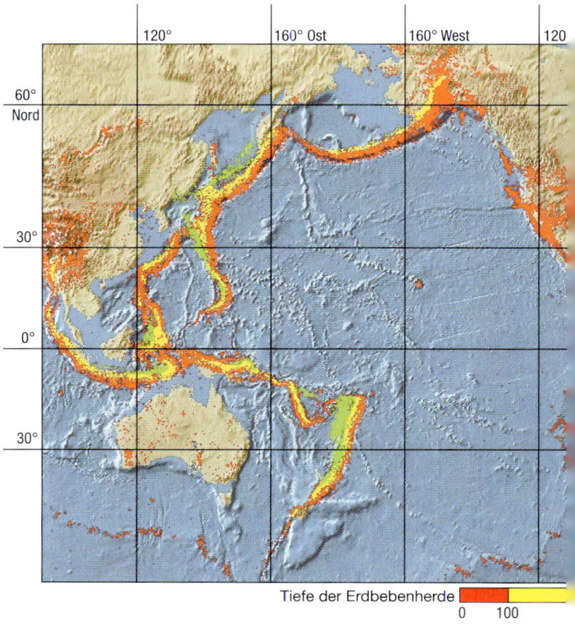

38.3: Verteilung und Tiefenlage der Erdbebenherde

Im Jahr 2005 ereignete sich in Kaschmir, dem Grenzgebiet zwischen Pakistan und Indien, das schwerste Erdbeben Südasiens seit rund 100 Jahren. Schätzungsweise 84 000 Menschen kamen ums Leben. Zahlreiche Dörfer wurden dem Erdboden gleichgemacht. Die extremen Zerstörungen wurden auch dadurch verursacht, dass die wenigsten Häuser so stabil gebaut waren, dass sie den häufigen Beben in dieser Region standhalten konnten.
Gesetzliche Vorschriften für erdbebensicheres Bauen fehlen selbst für öffentliche Gebäude wie zum Beispiel Schulen noch immer.

Vulkane kommen in den gleichen Regionen vor wie Erdbeben. Häufig gehen einem Ausbruch eine Reihe von Beben voraus, aber nicht jedes Erdbeben wird auch von einem Vulkanausbruch begleitet.
Etwa 500 aktive „Feuerspucker“ findet man auf der Erde. Dabei können nicht nur die glühenden Ströme aus Lava den Menschen gefährlich werden, auch Asche- und Glutwolken sowie Schlammströme richten gewaltige Schäden an.

Bis zum Jahr 1991 war man der Ansicht, dass der Vulkan Pinatubo auf den Philippinen erloschen war. Dann ereignete sich der gewaltigste Ausbruch des 20. Jahrhunderts. Die Anzahl der Opfer blieb mit circa 875 Menschen im Vergleich zu anderen Ausbrüchen gering, da Zehntausende Einwohner aufgrund der rechtzeitigen Warnungen evakuiert werden konnten. Die meisten Menschen kamen durch einstürzende Dächer, die unter den Aschelasten nachgaben, ums Leben.
Auf der ganzen Welt waren die Auswirkungen des Ausbruchs spürbar. Durch Asche in der Atmosphäre, welche die Sonneneinstrahlung auf der Erdoberfläche verminderte, sank beispielsweise die Temperatur während der nächsten Monate um durchschnittlich 0,5 °C.

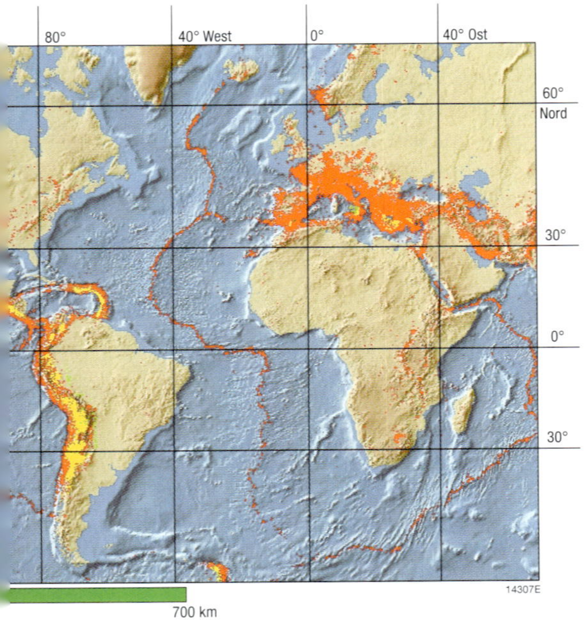

39.1: Die Aschewolke des Pinatubo (Philippinen)

AUFGABEN

1. *Beschreibe die Verteilung der Erdbeben und Vulkane auf der Erdoberfläche.*
2. *Informiere dich im Internet über weitere Erdbeben und Vulkanausbrüche, die Naturkatastrophen auslösten. Erstelle einen Steckbrief (Name, Lage, Zeit, Besonderheiten, Anzahl der Opfer, weitere Folgen).*

39.2: Durch Asche und Schlamm zerstörte Ortschaft (Philippinen)

Aufbau und Veränderungen des Erdkörpers

Schalenaufbau der Erde

Mit Bohrungen sind wir kaum in der Lage, Kenntnisse über den Schalenaufbau der Erde zu gewinnen. Von 1983 bis 1994 wurde in Windischeschenbach in der Oberpfalz die Bohrstelle des Kontinentalen Tiefbohrprogramms (KTB) betrieben. Sie erreichte eine Tiefe von 9,1 km, musste dann eingestellt werden, da die Temperatur von 260 °C ein Weiterbohren unmöglich machte. Der Mittelpunkt der Erde liegt aber in 6350 km Tiefe.
Der Wissenschaftsbereich der Geophysik beschäftigt sich mit dem Schalenaufbau der Erde. Wissenschaftler haben festgestellt, dass sich Erdbebenwellen in verschiedenen Stoffen unterschiedlich schnell fortbewegen, beim Übergang von einem Substrat in ein anderes gebrochen oder reflektiert werden können. Diese Erkenntnisse gewähren uns einen tieferen Einblick in das Erdinnere (Abb. 40.1). Die Erdkruste ist sehr dünn. Sie ist im Bereich der Kontinente bis etwa 60 km mächtig, unter den Ozeanen aber nur ca. 5 km. Die Erdkruste und Teile des oberen Erdmantels bilden eine feste äußere Hülle. Sie wird als Lithosphäre (Gesteinshülle) bezeichnet (Abb. 40.3).
Unter der Lithosphäre befindet sich in bis zu 400 km Tiefe die Asthenosphäre (Fließzone), sie besteht aus einer unter hohem Druck stehenden zähplastischen Gesteinsmasse (Magma). Druck und Temperatur steigen mit zunehmender Tiefe an. Der innere Erdkern ist fest.

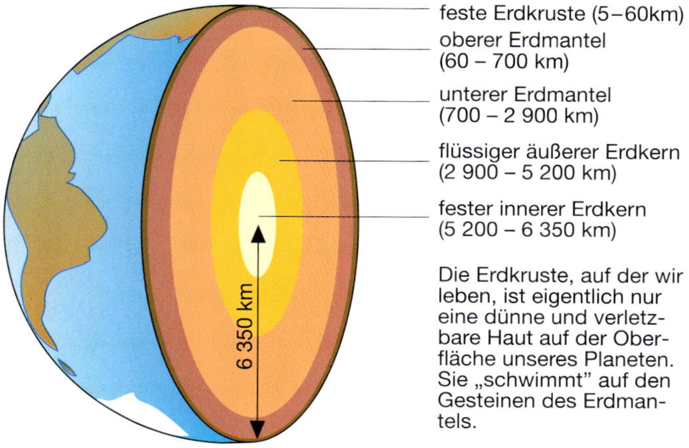

40.1: Schalenaufbau der Erde

40.2: Alfred Wegener

Kontinentaldrift und Plattentektonik

Alfred Wegener (1880–1930) wird heute als Vater der Plattentektonik bezeichnet (Abb. 40.2). Er veröffentlichte 1912 seine Theorie der Kontinentalverschiebung. Da die Kontinente mehr oder weniger passgenau, wie ein Puzzle, zusammengelegt werden können, sagte er, dass die heutigen Kontinente einst eine zusammenhängende Landmasse (Urkontinent Pangäa) gebildet haben. Diese zerbrach später und die Kontinente bewegten sich auseinander (Kontinentaldrift, Abb. 41.1). Für seine Vermutungen führte er verschiedene Belege auf (Abb. 41.3):

- Ähnlichkeiten im Alter und Aufbau der Gesteine an der Westküste Afrikas und an der Ostküste Südamerikas;
- gleichartige Tier- und Pflanzenfossilienfunde in Südamerika und Afrika;
- Steinkohlefunde in der Antarktis, die unter diesen klimatischen Bedingungen nicht entstehen konnten.

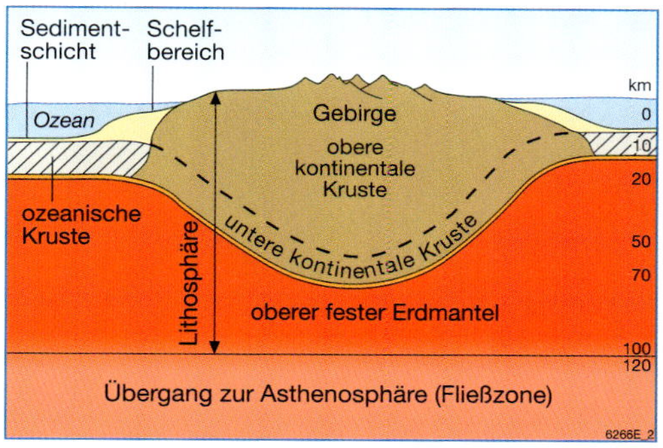

40.3: Lithosphäre und Asthenosphäre

Da Wegener die Ursachen für die Drift der Kontinente nicht erklären konnte, war seine Theorie lange Zeit umstritten. Erst in den 60er-Jahren des 20. Jahrhunderts fanden seine Auffassungen Anklang. Geowissenschaftliche Untersuchungen ergaben, dass die Erde, ähnlich einem Fußball, aus einzelnen Teilen, den Platten, besteht. Diese bewegen sich auf der Asthenosphäre. Den sogenannten „Motor in der Tiefe" stellen die Konvektionsströme (Abb. 41.2) in der Asthenosphäre dar. Alle damit verbundenen Bewegungen und Vorgänge werden unter der Theorie der Plattentektonik zusammengefasst.

Folgen dieser Bewegungen sind das Entstehen von Grabenbrüchen, neuen Ozeanen, Gebirgen oder Tiefseegräben. Für uns sichtbare Folgen sind Vulkanismus, Erd- und Seebeben.

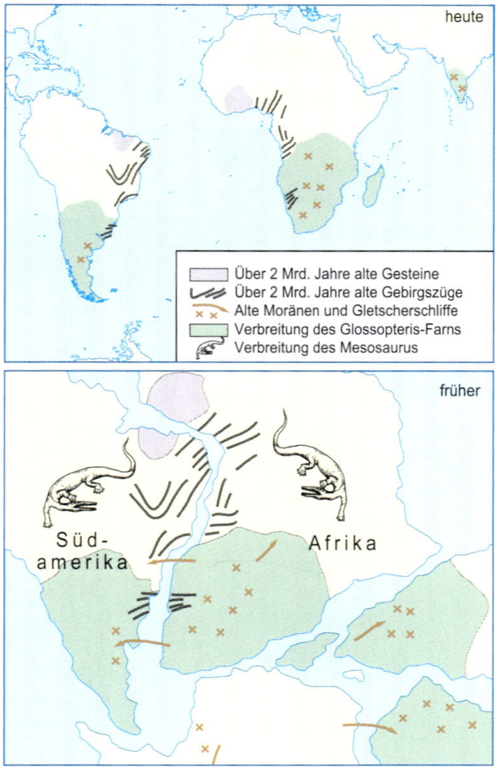

41.3: Wegeners Belege für die Kontinentalverschiebung

AUFGABEN

1. *Beschreibe den Schalenaufbau der Erde (Abb. 40.1).*
2. *Nenne Fakten, die Alfred Wegener zum Beleg seiner Theorie anführte.*
3. *Beschreibe die Funktionsweise des „Motors in der Tiefe" (Abb. 41.2).*

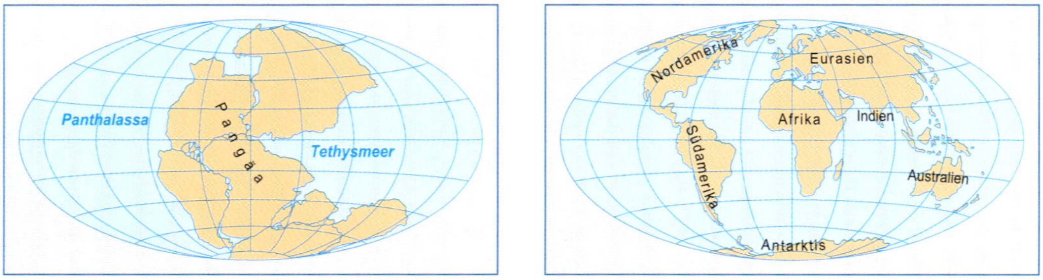

41.1: Verteilung des Festlandes vor 200 Mio. Jahren und heute

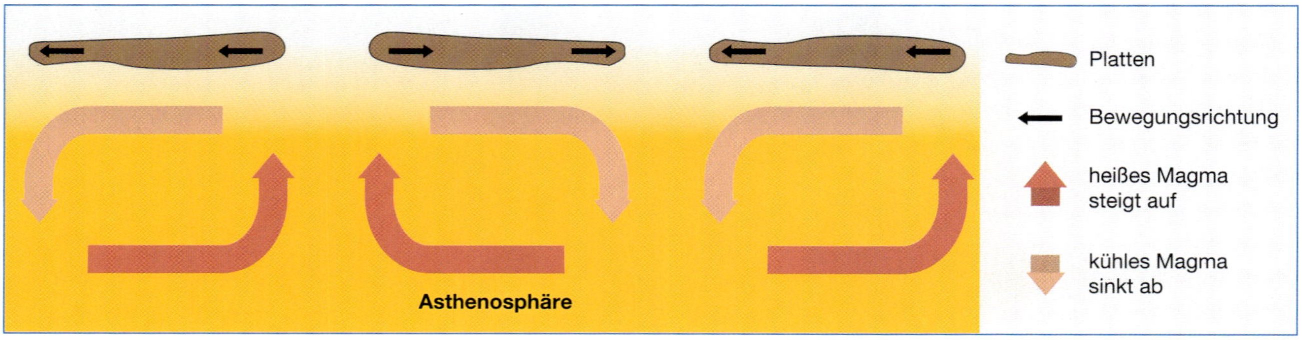

41.2: Konvektionsströme der Asthenosphäre

Lithosphärenplatten in Bewegung

Abb. 42.1 zeigt die Gliederung der Erde in Platten. Wir unterscheiden kontinentale (z. B. Afrikanische Platte) und ozeanische Platten (z. B. Pazifische Platte). Die Platten bewegen sich auf der Fließzone. Der Motor dafür sind die Konvektionsströme in der Fließzone (Abb. 42.2). Diese erzeugen unterschiedliche Bewegungsarten:

Zwei Platten bewegen sich voneinander weg

An der Nahtstelle zweier sich voneinander entfernender Platten reißt die Kruste auf. Dadurch entstehen Gräben, wie beispielsweise im Atlantischen Ozean. Bei Untersuchungen des Meeresbodens entdeckten Wissenschaftler Erhebungen,

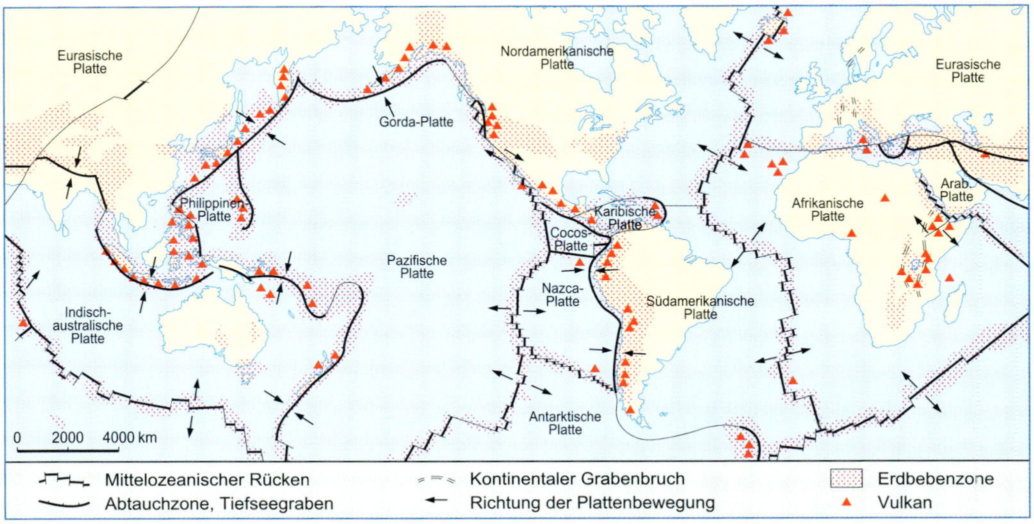

42.1: Plattentektonik und ihre Erscheinungen

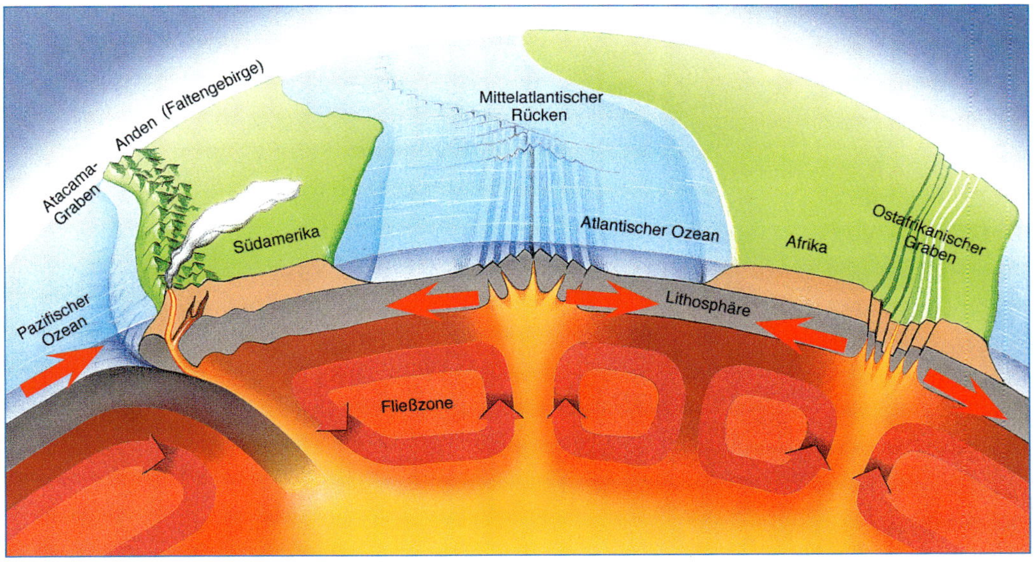

42.2: Schnitt vom Pazifischen Ozean bis zum Indischen Ozean

die sich als lang gestreckte untermeerische Gebirge (weltweit etwa 70 000 km lang) durch die Ozeane ziehen (▷ S. 36/37). Ein Beispiel dafür ist der Mittelozeanische Rücken im Atlantik. Gesteinsuntersuchungen ergaben, dass der Ozeanboden relativ jung ist. Jedoch nimmt das Alter der Gesteine mit zunehmender Entfernung von der Mitte des Rückens zu den Seiten hin zu (Abb. 43.1).

Erklären lässt sich das so: Im Bereich der mittelozeanischen Rücken steigt heiße glutflüssige Gesteinsschmelze auf. Die Lithosphäre wird dadurch aufgewölbt, sie zerreißt und es entstehen lang gestreckte Grabenbrüche, die als Rift Valley bezeichnet werden. An dieser „Risswunde" tritt Lava aus und bildet beidseitig neuen Meeresboden. Diese Prozesse dauern seit Millionen von Jahren an. Afrika und Südamerika, Europa und Nordamerika bewegen sich voneinander weg. Der Atlantische Ozean wächst.

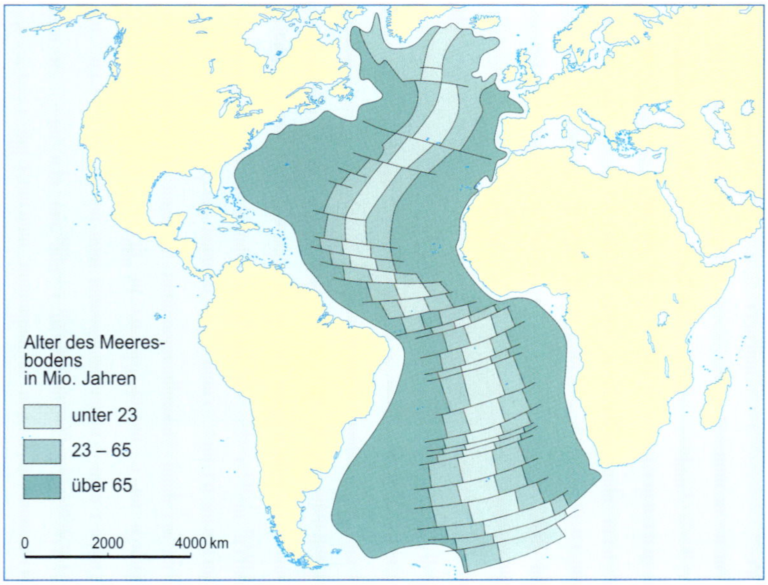

43.1: Alter des Meeresbodens im Atlantik

An den heutigen Oberflächenformen lassen sich unterschiedliche Phasen des Auseinanderdriftens der Platten studieren. So stellt der Oberrheingrabenbruch den Beginn des Aufreißens der Lithosphäre dar. Hier bildet sich auf einem Kontinent ein Grabenbruch, der sich vom Mittelmeer bis nach Oslo erstreckt. Eine weitere Entwicklungsetappe stellt das Zentral- und Ostafrikanische Grabenbruchsystem dar (Abb. 43.2). Die am tiefsten gelegenen Teile des Systems sind von Seen ausgefüllt, wie z. B. vom Tanganjikasee.

Am weitesten fortgeschritten ist der Vorgang am Roten Meer. Zwischen Afrika und der Arabischen Halbinsel entstand ein weit geöffneter Grabenbruch, der sich in Millionen von Jahren zu einem Ozean entwickeln konnte.

Zwei Platten bewegen sich aufeinander zu

An der Grenze zwischen zwei sich aufeinander zubewegenden Platten taucht entweder ein Plattenrand unter den anderen ab, wie z. B. die Nazca-Platte unter die Südamerikanische Platte, oder sie „verschweißen" sich unter hohem Druck miteinander wie die Indisch-australische und die Eurasische Platte. Bewegen sich eine ozeanische und eine kontinentale Platte aufeinander zu, taucht die ozeanische unter die kontinentale ab, weil sie schwerer ist.

Beim Abtauchen wird die Kruste in große Tiefen gedrückt und bei steigendem Druck und hoher Temperatur aufgeschmolzen. Dieser Bereich wird als Subduktionszone (Verschluckungszone) bezeichnet. Im Abtauchbereich entstehen Tiefseegräben (Abb. 44.2). Hier finden wir die tiefste gemessene Stelle der Erde. Dies ist die Witjastiefe mit 11 022 m. Sie befindet sich im Marianengraben, im westlichen Pazifik.

Die Senken vor den Kontinentalblöcken werden von einmündenden Flüssen mit Sedimenten, aber auch durch Skelette abgestorbener Meerestiere aufgefüllt. Die horizontalen Plattenbewegungen bewirken, dass diese Ablagerungen unter dem starken Druck gefaltet werden. In der Folge heben sich Inselketten heraus, sie bilden das Grundgerüst der Japanischen Inseln.

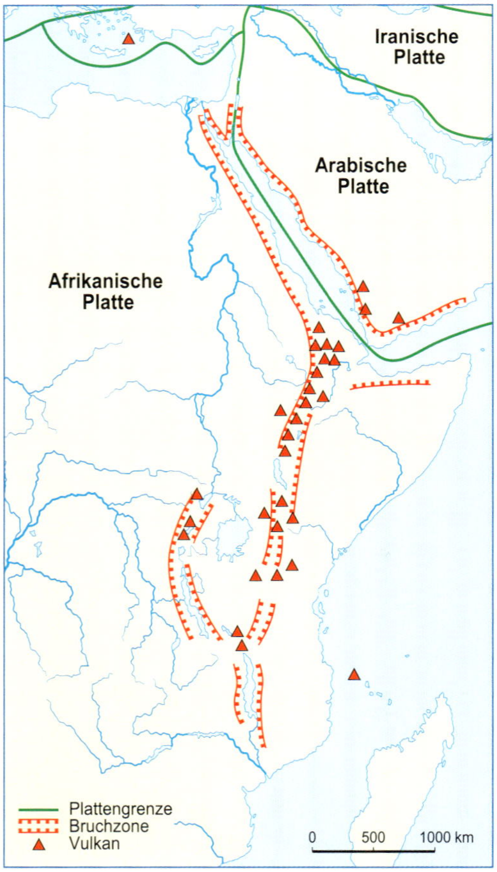

43.2: Grabenbruchsystem in Afrika und Westasien

44.1: In den Anden

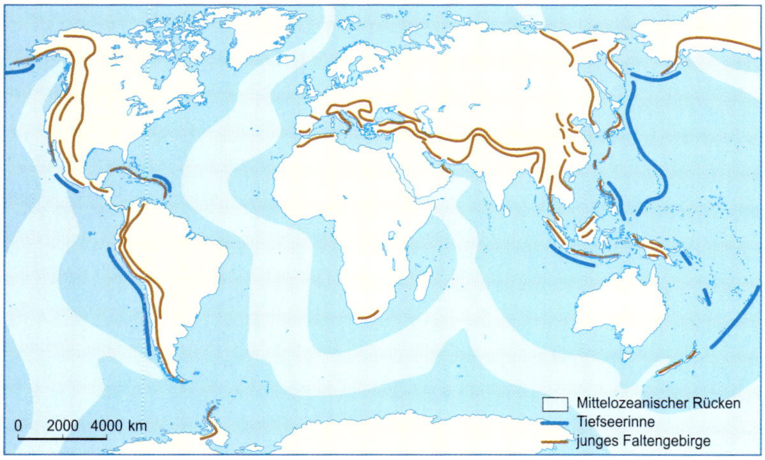

44.2: Folgen der Plattenbewegungen

44.3: San-Andreas-Störung (Kalifornien)

Gleichzeitig treten Vulkanismus und Erdbeben auf (Abb. 45.1).
Das ständige Aufschmelzen ozeanischer Krustenteile und der andauernde Druck auf die kontinentale Platte führen dazu, dass sich gewaltige Faltengebirge emporheben. Ein Beispiel dafür sind die Anden Südamerikas (Abb. 44.1).
Das höchste Gebirge der Erde, der Himalaya, aber auch die Alpen sind ebenfalls bei der Kollision zweier Platten entstanden. Jedoch trafen hier zwei kontinentale Platten aufeinander.
Im Bereich des Atlasgebirges und der Alpen sind die Afrikanische und Eurasische Platte fest miteinander verschweißt worden. Das Himalayagebirge entstand durch das Aufeinandertreffen der Indisch-australischen und der Eurasischen Platte. Alle Gebirge des Eurasischen Faltengebirgsgürtels entstanden auf diese Weise.

Zwei Platten gleiten aneinander vorbei

Dieser Vorgang wird als Scherung bezeichnet. Dabei kann es vorkommen, dass sich die Platten ineinander verhaken. Somit entstehen Spannungen in der Erdkruste. Erdbeben sind die Folge, wenn sich diese Spannungen plötzlich lösen. Diese Prozesse spielen sich zum Beispiel zwischen der Nordamerikanischen und Pazifischen Platte ab (Abb. 42.1, 44.3).

AUFGABEN

1. *Nenne vier große und vier kleine Platten der Erde (Abb. 42.1).*
2. *Beschreibe das Entstehen eines Ozeans in seinen Phasen, beziehe in deine Ausführungen folgende Begriffe mit ein: Oberrheingrabenbruch, Ost- und Zentralafrikanisches Grabenbruchsystem, Rotes Meer, Atlantik.*
3. *Erläutere mithilfe der Abb. 43.1 das unterschiedliche Alter des Meeresbodens.*
4. *Erkläre die drei Arten der Plattenbewegungen.*
5. *Arbeite mit der Abb. 10.1 und nenne für jede Art der Plattenbewegungen zwei Beispiele.*
6. *Erläutere die Entstehung der Japanischen Inseln und der Anden.*
7. *Trage Gemeinsamkeiten und Unterschiede zwischen der Entstehung des Himalaya und der Anden zusammen.*

45.4: Gefaltete Gesteinsschichten

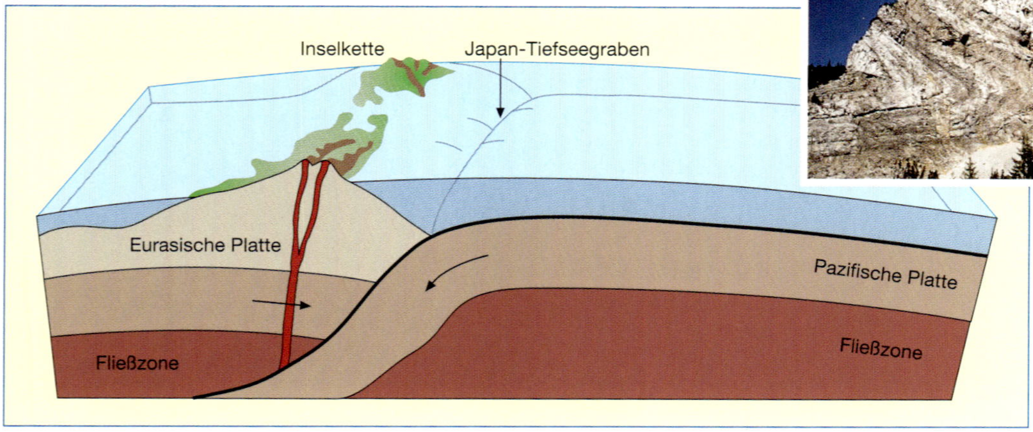

45.1: Entstehung der Japanischen Inseln

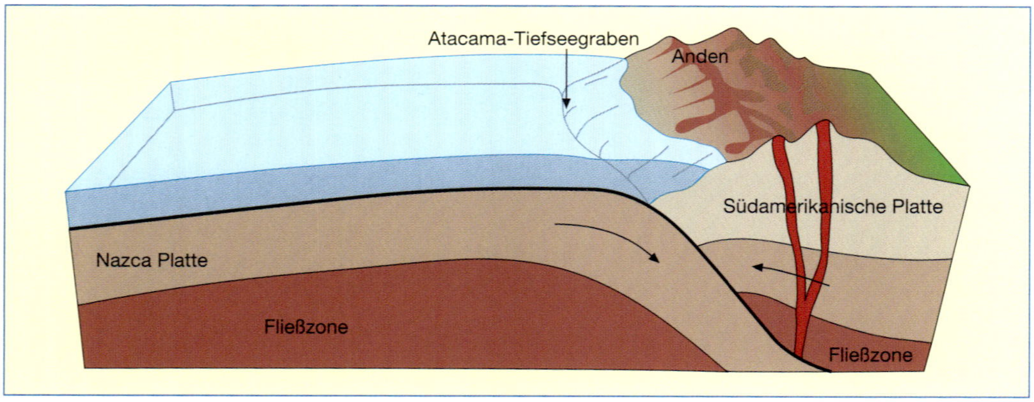

45.2: Entstehung der Anden

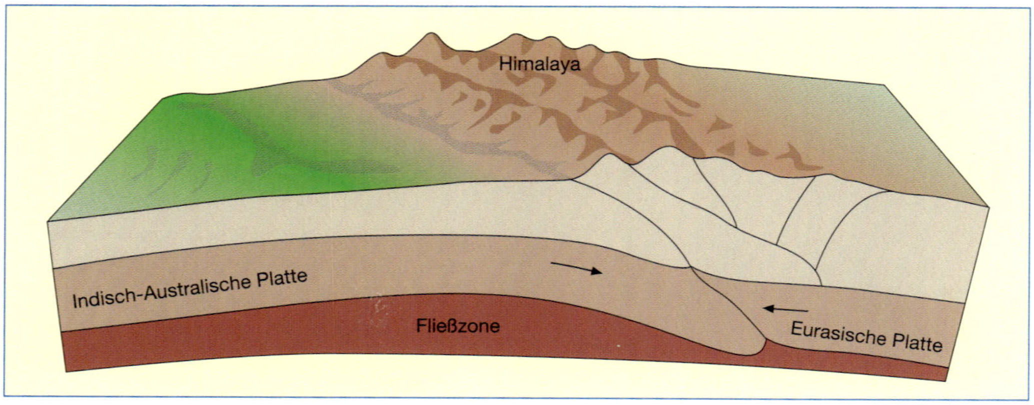

45.3: Entstehung des Himalaya

GEO Praxis | Wir experimentieren – Relief der Erde

Der „Motor in der Tiefe"

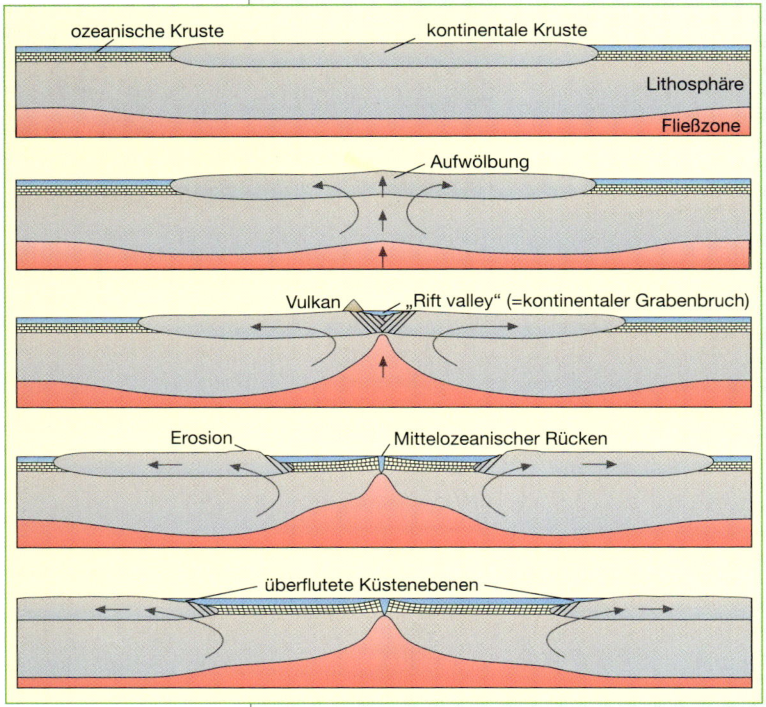

46.1: Neubildung eines Ozeans

Für die Darstellung der Konvektionsströme und der daraus resultierenden Plattenbewegungen benötigst du folgende Hilfsmittel:

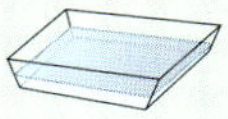
Glaswanne

einige Krümel Kaliumpermanganat

eine Energiequelle (Gasflamme oder Teelicht)

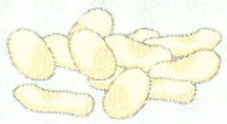
kleine Styroporplättchen

Versuchsdurchführung:
Fülle die Glaswanne zur Hälfte mit Wasser. Stelle sie dann über die Energiequelle. Gib ein paar Krümel Kaliumpermanganat ins Wasser und lege die Styroporplättchen als Kontinente auf die Wasseroberfläche. Durch die Erwärmung des Wassers löst sich das Kaliumpermanganat auf und färbt es rot. Jetzt kannst du genau beobachten, wie das warme Wasser aufsteigt, die Konvektionswalzen sichtbar werden und sich damit die Kontinente auf der Asthenosphäre verschieben.

46.2: Faltengebirge in den Alpen

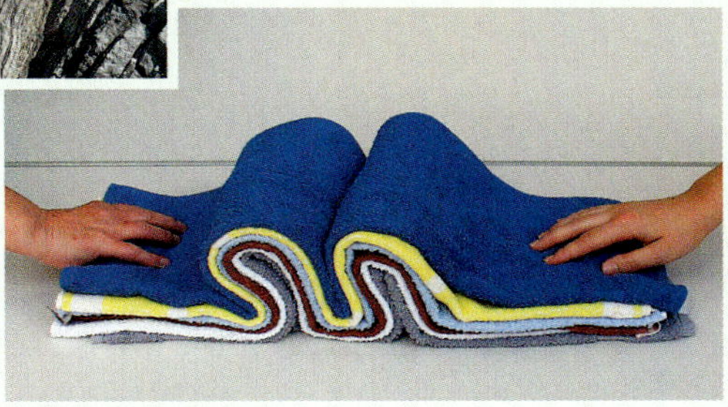
46.3: Versuch „Faltengebirge"

Bildung von Faltengebirgen

In den Alpen lassen sich stellenweise Gesteinsschichten erkennen, die gefaltet wurden und sich durch anhaltenden Druck übereinanderschoben. Ein solches Faltengebirge kannst du mit einfachen Hilfsmitteln selbst entstehen lassen.
Lege dazu fünf verschiedenfarbige Handtücher doppelt übereinander. Deine beiden Hände links und rechts vom Stapel symbolisieren die sich aufeinander zubewegenden Platten. Schiebe nun beide Hände aufeinander zu. Du kannst beobachten, wie sich zuerst Falten und später sogar Deckenüberschiebungen bilden.

Die San-Andreas-Störung

Die Erdkruste ist durchschnittlich 60 km dick. Es ist kaum vorstellbar, dass sich riesige Spannungen entwickeln, wenn die Platten ganz langsam aneinander vorbeidriften, dabei verhaken und sich diese Spannungen ganz plötzlich entladen. Auch dies kannst du in einem einfachen Versuch nachvollziehen.
Hilfsmittel: ein ca. 20 cm dicker Styroporblock, einige Häuschen, ein Messer

Versuchsdurchführung:
Halbiere den Styroporblock diagonal. Stelle in den Bereich der Schnittlinie einige Häuschen. Schiebe nun die beiden Blöcke in entgegengesetzter Richtung aneinander vorbei.
Notiere, was passiert, wenn du die Nordamerikanische und die Pazifische Platte aneinander vorbeigleiten lässt: a) langsam, b) schnell, c) unter seitlichem Druck.

47.1: Horizontalverschiebung an der San-Andreas-Störung (Orangenplantage in Kalifornien)

47.2: Versuch zur Verschiebung von Erdplatten

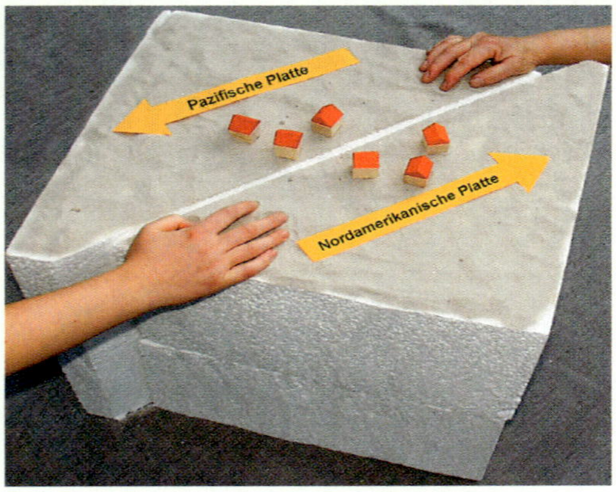

Vulkanismus – Folge der Plattenbewegungen

Du kannst Vulkanologe werden!
Hilfsmittel:
- feuchter Sand
- ein Luftballon
- eine Luftpumpe mit Schlauch oder eine Luftmatratzenpumpe
- etwas Mehl

Versuchsdurchführung:
Fülle das Mehl in den Luftballon. Verbinde dann den Schlauch der Luftpumpe mit dem Ballon. Die Verbindung muss dicht sein! Pumpe nun den Ballon leicht auf, sodass du ihn mithilfe von etwas Sand hinstellen kannst. Mit dem restlichen Sand forme einen Vulkankegel. Der Ballon wird nun solange mit Luft aufgepumpt, bis er platzt. Beobachte genau, was passiert! Beschreibe, was sich bis zum Platzen des Ballons, der Eruption des Vulkans, verändert hat.

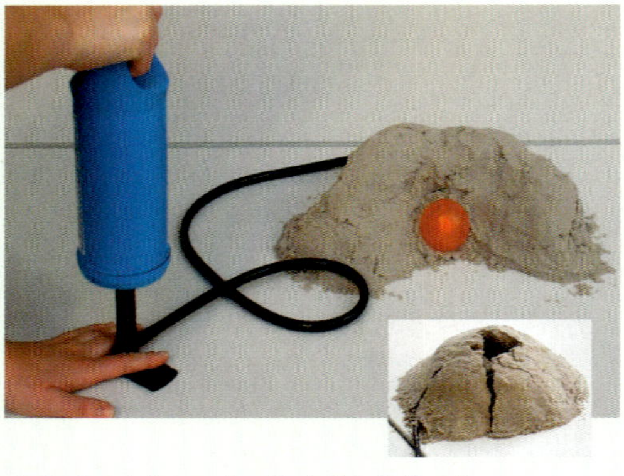

47.3: Herstellung des Modells „Vulkan“

47.4: Nach der Durchführung des Experiments

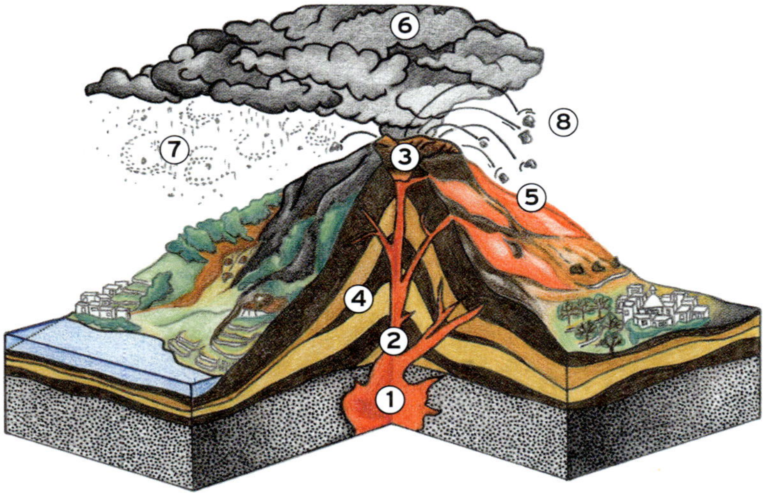

Begriffe zum Blockbild:
a: ältere Ascheschicht
b: Gas-/Rauchwolke
c: Krater
d: Lapilli und Asche
e: Lavastrom
f: Magmakammer
g: Schlot
h: vulkanische Bomben

48.1: Schnitt durch einen Schichtvulkan

www.swisseduc.ch/stromboli
Vulkane der Welt

Ätna – größter Feuerspucker Europas

Die Sizilianer nennen „ihren" Ätna Mongibello – den Berg der Berge. Mit derzeit ca. 3340 m Höhe ist er der höchste Vulkan Europas und thront majestätisch über der Mittelmeerinsel. Die Umfahrung der 110 km an seiner Basis dauert mindestens drei Stunden. Der Ätna zählt zu den aktivsten Vulkanen der Erde. Seine Rauchwolken im Gipfelbereich zeugen von ständiger Aktivität; der Vulkan lässt „Dampf ab" und das verhindert Schlimmeres.

48.2: Der Ätna bei Nacht

Ab und zu sind heftige Explosionen kilometerweit zu hören, schwarzer Ascheregen bedeckt weite Teile Siziliens und glühende Lavaströme wälzen sich bergab. Den Menschen am Fuße des Vulkans wird klar, dass sie auf einem Pulverfass zu Hause sind. Rücksichtslos verschlingt die Lava alles, was ihr im Weg steht. In den letzten Jahren gab es viele Zerstörungen und Tausende Obdachlose.

Früher galt der Ätna als gutmütiger Vulkan, denn er kündigte größere Ausbrüche bereits Tage zuvor durch immer heftigere Erdbeben an. Seit den spektakulären Ereignissen in den Jahren 2001 und 2002 glauben viele Wissenschaftler, dass der Ätna dabei ist, sich in ein gefährliches „Monster" zu verwandeln.

Der Ätna ist ein Schichtvulkan. Je nach Ausbruchsphase wirft er Aschen aus oder es treten Lavaströme aus. Diese wechselhafte Tätigkeit ist für die Kegelform des Berges verantwortlich. Eigentliche Ursache dafür sind jedoch die Änderungen des Drucks, der Temperatur und der chemischen Zusammensetzung des Magmas, der glutflüssigen Gesteinsschmelze aus dem Erdinnern. Das Magma steigt im Schlot wie in einem Kamin nach oben. Dabei sammeln sich die in der Schmelze enthaltenen Gase an der Oberfläche und sorgen bei Überdruck, einer schäumenden Sprudelflasche vergleichbar, für einen Ausbruch, eine Eruption. An der Ausbruchsstelle bildet sich ein Krater als kesselförmige Vertiefung. Bei großen Schichtvulkanen, wie dem Ätna, entstehen außer dem Hauptkrater zahlreiche Nebenkrater an den Flanken des Vulkans.

Besonders gasreiches Magma führt zu heftigen Explosionen, wobei die Lava als große Blöcke, Bomben, kleine Lapilli oder Asche in die Luft geschleudert wird. Die gröberen vulkanischen Förderprodukte bleiben dabei in Kraternähe liegen; die Asche fliegt oft Hunderte von Kilometern weit.

AUFGABEN

1. *Ordne den Ziffern des Blockbildes (Abb. 48.1) die richtigen Begriffe zu.*
2. *Erkläre die Entstehung eines Schichtvulkans.*

GEO Praxis — Wir werten ein Luftbild aus

Luftbilder erfassen das räumliche Muster einer Landschaft aus der Vogelperspektive. Somit zeigen sie auf einem meist großen Raumausschnitt die Natur und deren Veränderung durch die Eingriffe des Menschen.

Das Schrägluftbild der Vulkaninsel Stromboli (Abb. 49.1) lässt die dreidimensionale Form des Vulkankegels erkennen. Ein Senkrechtluftbild dagegen würde sich der Darstellung einer Karte annähern. Luftbilder werden nach folgenden Schritten ausgewertet:

1. Bildorientierung
Mithilfe einer Karte wird der abgebildete Raum bestimmt und die Himmelsrichtungen auf dem Bild werden festgelegt. Eventuell kann je nach Schatten der Sonnenstand und somit die Tageszeit der Aufnahme genauer bestimmt werden.

2. Bildbeschreibung
Das Bild wird in Teilräume untergliedert, die genauer beschrieben werden. So unterscheidet man beispielsweise Siedlungen von landwirtschaftlich genutzten Räumen, Wiesen, Wäldern, vegetationslosen Gebieten, Verkehrswegen und landschaftlichen Besonderheiten. Die Teilräume werden benannt (z.B. Strandabschnitt im Vordergrund, Gipfelregion) und können beim Vergleich mit einer Karte mit ihren Eigennamen angesprochen werden (z.B. San Vincenzo, Vancori-Gipfel).

3. Erstellen einer Kartenskizze
Alle erkennbaren Umrisse und wichtigen Orientierungshilfen werden auf ein Transparentpapier bzw. eine Folie übertragen und so genau wie möglich bezeichnet.

4. Bilderklärung
Mithilfe thematischer Karten, Sachbücher oder dem Internet werden weitere Informationen gesammelt, um die Erscheinungen auf dem Bild bzw. deren Entstehung oder Veränderungen zu erklären. Stromboli ist die nordöstlichste der Liparischen Inseln.

5. Bildbewertung
Neben der Bildqualität können auch die Perspektive und der Informationsgehalt des Luftbildes bewertet werden. Somit werden die Grenzen der Bildinformation deutlich. Manchmal können auch die dargestellten Sachverhalte als positiv oder negativ bewertet werden.

49.1: Schrägluftbild von Stromboli

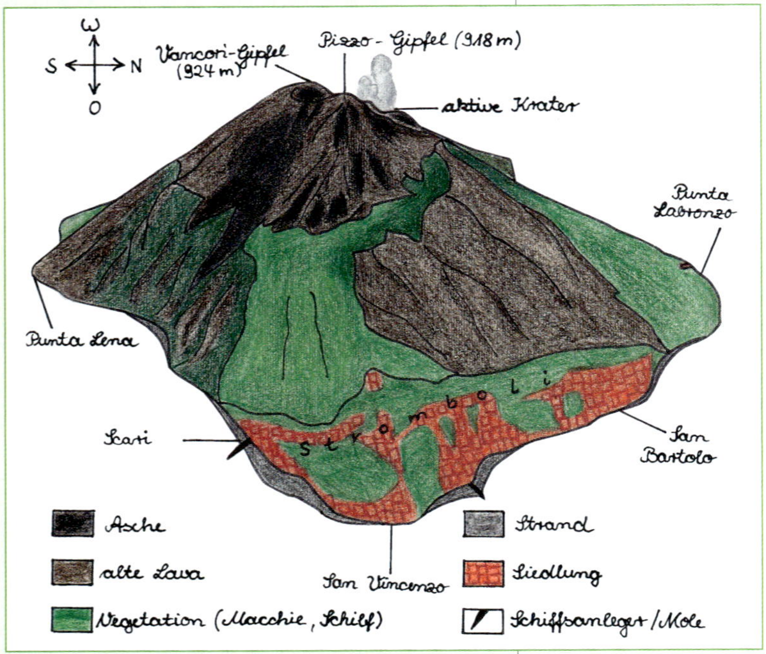

49.2: Kartenskizze zum Schrägluftbild von Stromboli

Werte selbst das Schrägluftbild vom Vesuv (Abb. 65.2) aus und erstelle eine Kartenskizze.

50.1: Tsunami an der Küste Malaysias (26.12.04)

50.2: Küstenlinie von Banda Aceh (Sumatra) am 23.06.04

50.3 Küstenlinie von Banda Aceh am 28.12.04

Tsunamis – die langen Arme ferner Beben

Am Morgen des 26.12.2004 ereigneten sich im Indischen Ozean 250 km vor der Küste Sumatras mehrere Seebeben mit einer Magnitude von bis zu 9 auf der Richterskala. Zerstörerisch waren jedoch nicht die Beben selbst, sondern eine Reihe von Tsunamis. Diese Flutwellen durchquerten den Indischen Ozean mit einer Geschwindigkeit von bis zu 800 km/h – so schnell wie ein Düsenflugzeug. Sie verwüsteten die Küstenbereiche und forderten schätzungsweise 240 000 Menschenleben. Etwa 1,7 Mio. Menschen wurden obdachlos. Am stärksten betroffen war Indonesien mit ca. 165 000 Opfern, gefolgt von Sri Lanka, Indien und Thailand. Auch in Somalia an der ostafrikanischen Küste kamen sechs Stunden nach dem stärksten Beben noch 298 Menschen ums Leben.

„Wir haben unglaubliches Glück gehabt, da wir mit einem Boot draußen beim Tauchen waren. Auf dem Meer haben wir nichts gemerkt, nur die Wellen kamen aus einer Richtung, die ungewöhnlich ist. Über Funk erhielten wir eine Warnmeldung, dass es ein Erdbeben und Überschwemmungen durch mehrere Tsunamis gegeben hatte. Wir sollten nicht tauchen und vorerst auf dem Meer bleiben. Stunden später kam das Okay zur Rückfahrt. Als wir in Küstennähe waren, sahen wir immer mehr Treibgut im schlammigen Wasser – Bäume, Hausteile, halb gesunkene Boote, tote Tiere und auch Leichen. In Khao Lak war es noch schlimmer. Alles war verwüstet, die Häuser einfach weg, überall Schutt, kaputte Boote und Autos, Tote und schreiende Verletzte. Die Überlebenden suchten verzweifelt nach ihren Angehörigen. Man hat uns dann in eine Notunterkunft nach Phuket evakuiert, wegen der steigenden Seuchengefahr. Augenzeugen erzählten uns, dass das Meer sich zuerst ganz weit zurückgezogen hatte. Dann kamen nacheinander mehrere Flutwellen, die höchsten etwa zwölf Meter hoch. Es ist ein Wunder, dass uns nichts passiert ist und wir ausgerechnet an diesem Tag nicht am Strand waren."

50.4: Ein deutscher Urlauber in Thailand berichtet

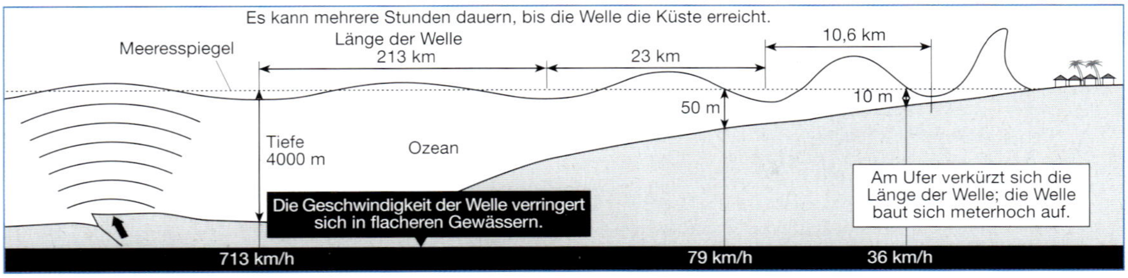

51.1: Entstehung eines Tsunamis

Tsunamis entstehen meist durch starke untermeerische Erdbeben, aber auch durch Vulkanausbrüche, Hangrutschungen im Meer oder Meteoriteneinschläge. Besonders betroffen sind die Küstenbereiche entlang des zirkumpazifischen „Ring of Fire", einem Vulkan- und Erdbebengürtel rings um den Pazifik, der vor allem Japan, die Philippinen, sowie Nord- und Südamerika durch Seebeben und Tsunamis bedroht.

Vor Sumatra befindet sich der Sundagraben, eine Tiefseerinne, an der die indisch-australische Platte mit einer Geschwindigkeit von circa sieben Zentimetern pro Jahr und einem Eintauchwinkel von elf Grad unter die Eurasische Platte abtaucht. Diese Abwärtsbewegung erzeugt Spannungen im Gestein, die sich über Jahrzehnte oder Jahrhunderte aufbauen können und sich dann ruckartig entladen.

Vor Sumatra schnellte der Meeresboden während des Hauptbebens zunächst auf einer Länge von 500 Kilometern um 5 bis 30 Meter nach oben. Zahlreiche Nachbeben der darauffolgenden Tage weiteten diese Bruchzone auf 1000 Kilometer aus. Die gesamte Eurasische Platte wurde um einen Zentimeter emporgehoben und um zwei Zentimeter nach Norden verschoben, bevor sie nach wenigen Minuten wieder in ihre ursprüngliche Lage zurücksank. 15 kleinere Inseln in der Nähe des Epizentrums versanken im Meer, andere wurden um bis zu 15 Meter verschoben. Die gewaltige Energie von 2 Trillionen Joule (das entspricht der Energie von 32 000 Atombomben des Hiroshima-Typs) übertrug sich auf das Meerwasser des Indischen Ozeans.

Während durch den Wind erzeugte Wellen nur die obersten Meter der Wasseroberfläche bewegen, wird bei einem Seebeben die gesamte Wassersäule erfasst. Es entsteht eine Serie aufeinanderfolgender Wellen. Erst bei Annäherung an eine Küste verkürzen sich die Wellenberge durch das Ansteigen des Meeresgrundes (Abb. 51.1). Die Wassermassen türmen sich vor allem in flachen Buchten meterhoch auf. Augenzeugen berichteten nach dem Seebeben vor Sumatra von Wellenhöhen bis zu 20 Metern. Flache Küstenbereiche können kilometerweit landeinwärts überflutet werden. Die Bezeichnung „Tsunami" ist japanisch und bedeutet so viel wie „große Welle im Hafen". Sie beschreibt damit die Entfaltung der Zerstörungskraft im Küstenbereich sehr gut.

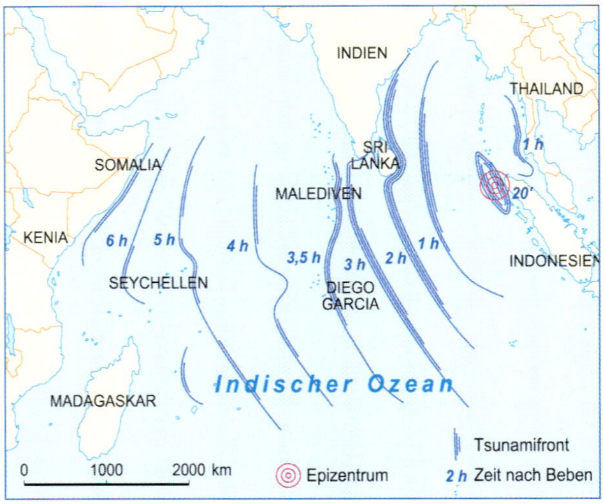

51.2: Ausbreitung der Tsunamis nach dem Erdbeben von Sumatra

AUFGABEN

1. *Erkläre die Entstehung von Tsunamis.*
2. *Informiere dich im Internet über unmittelbare und langfristige Folgen der Tsunamikatastrophe 2004 sowie über Hilfsmaßnahmen und Frühwarnsysteme.*

Grollende Rheinschiene

Keine 15 Sekunden hat das Beben gedauert, aber jedem, der es gespürt hat, wird es wie eine Ewigkeit vorgekommen sein. Überall auf der „Rheinschiene“ – wie die Geologen sagen – gingen am Montagmorgen um 3.20 Uhr die Lichter an. Überall liefen erschreckt Menschen auf die Straße oder schalteten ihre Radiogeräte an. Bald schon hatte jemand herausgefunden, dass es das stärkste Beben seit 250 Jahren in dieser Gegend war. Keiner hatte das Beben erwartet, die hochsensiblen Geräte in den Seismographischen Instituten hatten keine Signale aufgefangen, nur ein Herr Stratmann, der sich später im Radio äußern wird, dieser Herr Stratmann sah, wie sein Vogel Beo „nicht mehr richtig tickte“. Das Zentrum des Bebens lag im deutsch-niederländischen Grenzgebiet um Heinsberg.
(Süddeutsche Zeitung, 14. April 1992)

52.1: Zeitungsmeldung

52.4: Bildmontage: Eruption im Laacher-See-Gebiet (Montage der Pinatubo-Eruptionssäule vom 15. Juni 1991 in ein derzeitiges Landschaftsbild des Laacher-See-Gebiets)

52.2: Richterskala
Die Richterskala ermöglicht eine Beurteilung der Erdbebenstärke. Der angegebene Wert gilt als Maß für die Bodenbewegung. Jeder Zahlenschritt auf der Richterskala bedeutet dabei eine Verzehnfachung der freigesetzten Energie. Ein Beben der Stärke 6 ist daher 1000-mal stärker als eines der Stärke 3. Gebäudeschäden treten etwa ab Stärke 5 auf. Die bisher stärksten beobachteten Beben hatten einen Wert von 9.

Magnitude (Richterskala)	jährl. Durchschnitt
> 8,0	<1
7,0 – 7,9	10–20
6,0 – 6,9	100–200
5,0 – 5,9	800–1000
4,0 – 4,9	6000–10 000
3,0 – 3,9	50 000–100 000
2,0 – 2,9	<300 000
1,0 – 1,9	<700 000

52.3: Erdbebenhäufigkeit (weltweit)

Erdbeben und Vulkanismus in Deutschland

Am 13. April 1992 schreckten viele Menschen im Rheinland, in Belgien und den Niederlanden aus dem Schlaf. Ein Erdbeben! Die Bilanz: 58 Verletzte, davon 31 in Deutschland, und 50 Mio. Euro Gebäudeschäden. Obwohl das Erdbeben eine Stärke von 5,5 bis 5,8 auf der Richterskala (Abb.52.2) erreichte, hielten sich die Schäden in Grenzen (Abb. 52.1).

Der Ausgangspunkt eines Erdbebens, der Erdbebenherd (Hypozentrum), liegt zumeist 5 bis 50 Kilometer unter der Erdoberfläche. Von dort aus breiten sich die Erschütterungen nach allen Richtungen aus. Wir sprechen von Erdbebenwellen. Die Erdoberfläche über dem Erdbebenherd wird am stärksten erschüttert. Man nennt diesen Bereich Erdbebenzentrum oder Epizentrum. In den letzten 250 Jahren ereigneten sich in Deutschland über 150 Erdbeben mit einer Stärke von mehr als 3,5 auf der nach oben offenen Richterskala. Die Epizentren finden wir vor allem in Süd- und in Westdeutschland, entlang dem Rhein und in den westlichen Nachbarländern. Hier erstreckt sich ein Grabenbruch, der oberrheinische Graben. Entlang den Rändern dieses Grabens bewegen sich Erdplatten in entgegengesetzter Richtung aneinander vorbei. Dabei bauen sich Spannungen auf, die sich ruckartig entladen und die Platten gegeneinander verschieben.
Entlang dem Oberrheingraben kam es in der Vergangenheit auch zu vulkanischen Eruptionen.

Der Kaiserstuhl ist ein Beispiel für einen der längst erloschenen Vulkane in dieser Schwächezone der Erde (Abb. 53.1A). Auch die Vorkommen von Bims und Ergussgesteinen, wie z.B. Basalt, weisen auf früheren Vulkanismus hin (Abb. 53.1), wie z.B. am Vogelsberg, dem einst größten Vulkan Europas.
Das jüngste Vulkangebiet Mitteleuropas finden wir in der Eifel. Hier gab es vor 13000 Jahren schwache vulkanische Tätigkeiten. Diese führten zu explosiven Ausbrüchen vulkanischen Gases, die kreisrunde Trichter von maximal 2500 m Durchmesser hinterließen sowie einen Wall aus vulkanischer Asche und abgesprengtem Gestein aufwarfen. Die Trichter füllten sich mit Oberflächenwasser. Die so entstandenen Seen heißen Maare (Abb. 53.1B). Der Eifelvulkanismus ist bis heute nicht erloschen.

AUFGABEN

1. *Nenne erdbebengefährdete Gebiete in Deutschland (Abb. 53.1).*
2. *Erläutere, wie die Eifelmaare entstanden sind (Abb. 53.1B).*
3. *Beurteile die Gefährdung durch Erdbeben und Vulkanausbrüche in Deutschland.*

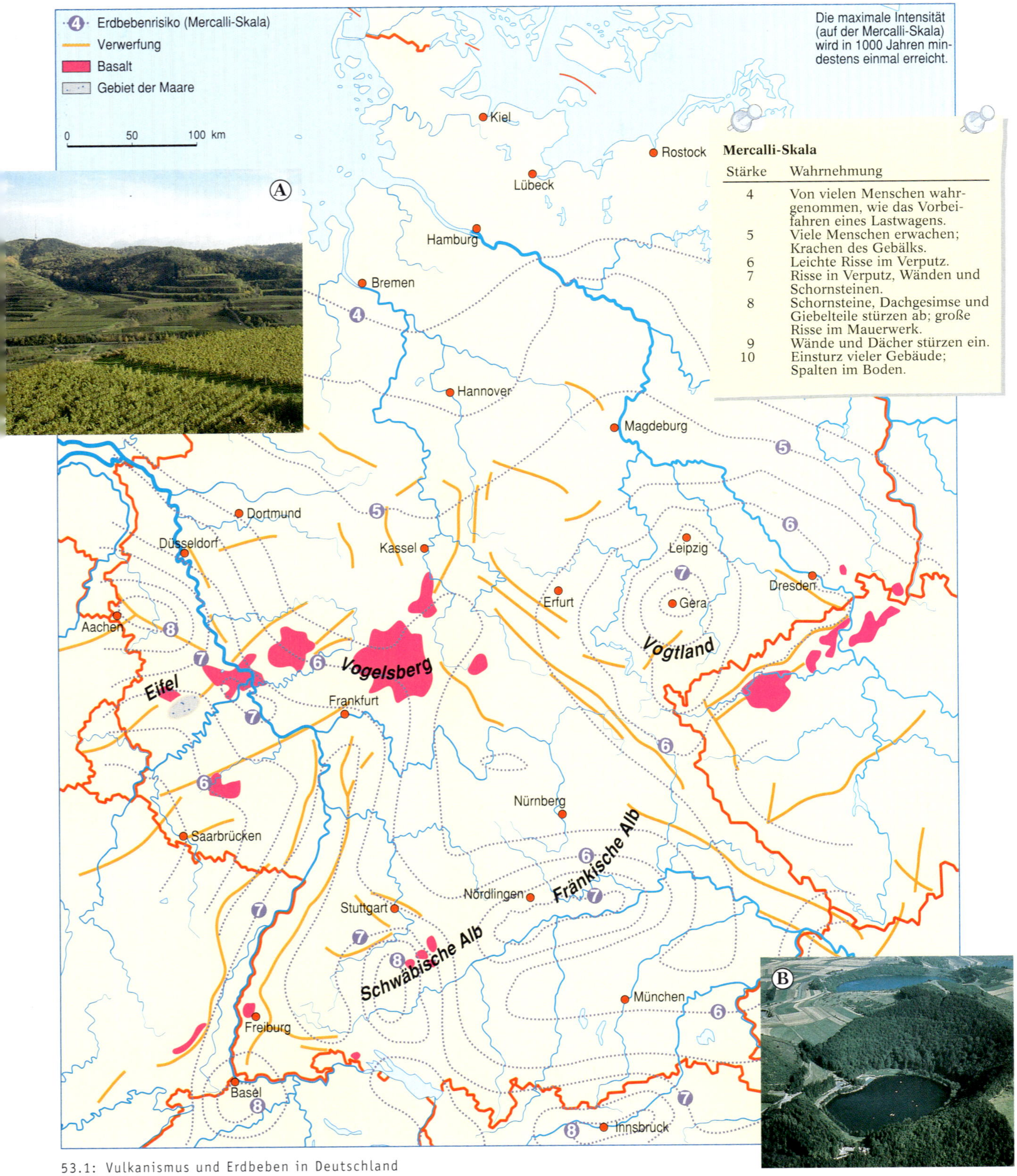

Mercalli-Skala

Stärke	Wahrnehmung
4	Von vielen Menschen wahrgenommen, wie das Vorbeifahren eines Lastwagens.
5	Viele Menschen erwachen; Krachen des Gebälks.
6	Leichte Risse im Verputz.
7	Risse in Verputz, Wänden und Schornsteinen.
8	Schornsteine, Dachgesimse und Giebelteile stürzen ab; große Risse im Mauerwerk.
9	Wände und Dächer stürzen ein.
10	Einsturz vieler Gebäude; Spalten im Boden.

53.1: Vulkanismus und Erdbeben in Deutschland

54.1: Fachbegriffe zum Kreislauf der Gesteine (Abb. 54.2)

Gesteine (Buchstaben A–F):

magmatisches Tiefengestein

Sediment

metamorphes Gestein

Magma (Gesteinsschmelze)

Sedimentgestein

magmatisches Ergussgestein

Vorgänge (Ziffern 1–8):

Erstarrung in der Erdkruste

Aufschmelzung

Verfestigung und Gesteinsbildung

Verwitterung und Abtragung

Erstarrung an der Erdoberfläche

Ablagerung

Umwandlung durch Druck- und Temperaturanstieg

Transport

Kreislauf der Gesteine

Die feste Erdkruste besteht aus Gestein. Es ist das Baumaterial der Landschaft und wird häufig von einer dicken Bodenschicht bedeckt. Manchmal liegt das Gestein auch direkt an der Oberfläche, zum Beispiel an Felswänden und Talhängen, in Steinbrüchen oder Baugruben. Stellen, an denen der Gesteinsuntergrund „aufgeschlossen", das heißt direkt sichtbar, ist, werden Aufschlüsse genannt. Hier kann man die Gesteine genauer untersuchen. Die einzelnen Bestandteile, aus denen alle Gesteine zusammengesetzt sind, nennt man Minerale. Sie liegen oft in Form von Kristallen vor.

Nach ihrer Entstehung unterscheidet man drei verschiedene Gesteinsarten:

- die magmatischen Gesteine
- die sedimentären Gesteine
- die metamorphen Gesteine.

Magmatische Gesteine (Erstarrungsgesteine) entstehen aus Magma. So nennt man die glutflüssige, mit Gasen angereicherte Gesteinsschmelze im Inneren der Erde. Gelangt das Magma durch Vulkanausbrüche an die Erdoberfläche, spricht man von Lava. Aus den erstarrten Lavaströmen entstehen die magmatischen Ergussgesteine. Durch die rasche Abkühlung können sich nur kleine Kristalle bilden, die mit dem bloßen Auge kaum zu erkennen sind. Ein typisches magmatisches Ergussgestein ist der Basalt, der manchmal in Säulenform erstarrt.

Wenn das Magma die Erdoberfläche nicht erreicht, erstarrt es in der Erdkruste. Auf diese Weise entstehen magmatische Tiefengesteine. Die langsame Erstarrung führt zur Ausbildung von großen Kristallen, wie zum Beispiel beim hell und dunkel gesprenkelten Granit.

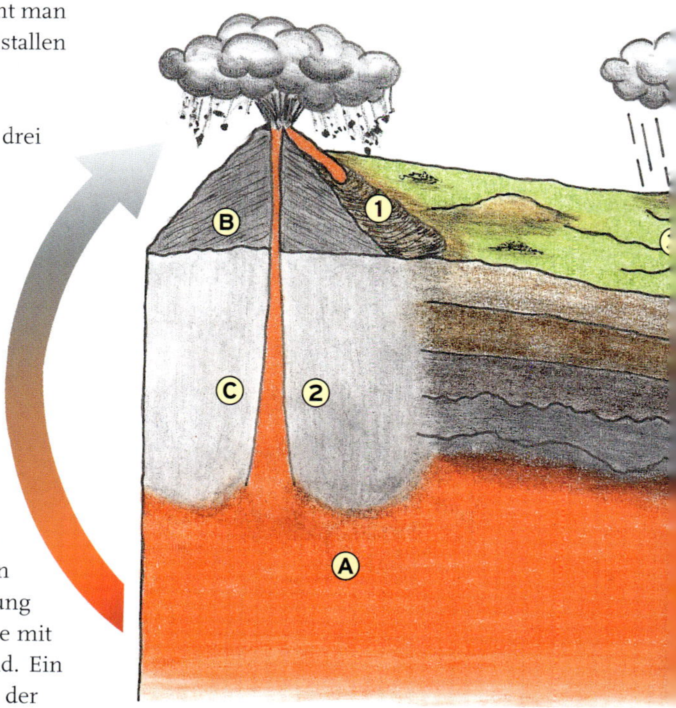

54.2: Kreislauf der Gesteine

An der Erdoberfläche sind die Gesteine Regen, Schnee, Wind, Frost und Hitze ausgesetzt. Durch die Verwitterung werden sie immer weiter zerkleinert, bis hin zu Sand und Ton. Dieses Material wird durch Wasser, Wind oder Eis abgetragen, transportiert und als Sediment im Meer abgelagert. Durch den Druck der oberen Sedimentschichten verfestigt sich das tiefer liegende Material zu Sedimentgestein (Ablagerungsgestein). Die Schichtung kann man häufig noch erkennen. Oft findet man in Sedimentgesteinen Fossilien (versteinerte Tier- und Pflanzenreste). Zu dieser Gesteinsart gehören zum Beispiel Kalkstein sowie der gelbe bis rötliche Sandstein.

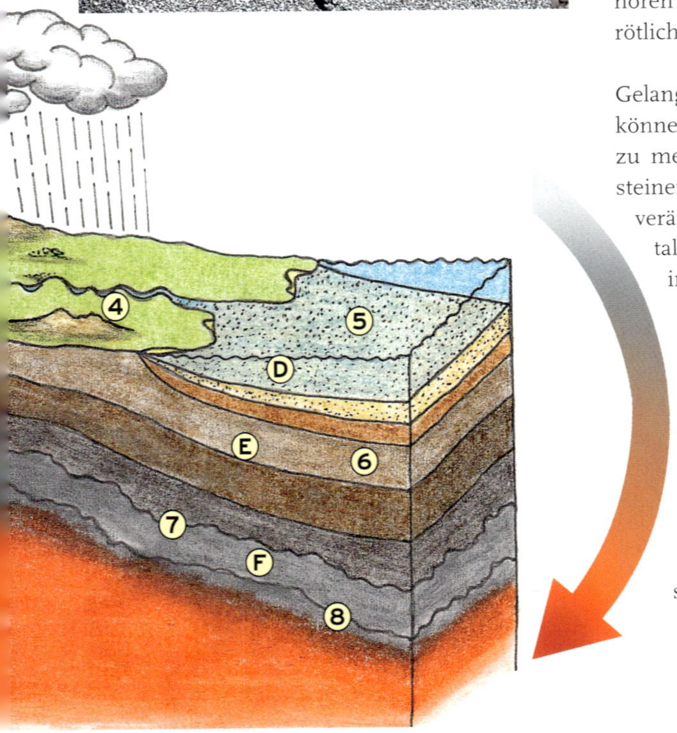

Gelangen die Gesteine in noch größere Tiefen, können sie durch Druck- und Temperaturanstieg zu metamorphen Gesteinen (Umwandlungsgesteinen) werden. Das Gestein bleibt zwar fest, verändert aber sein Aussehen. Es enthält Kristalle, diese sind jedoch verformt und häufig in Bändern angeordnet. Der Gneis ist ein typischer Vertreter dieser Gesteinsart. Bei etwa 900 °C werden die metamorphen Gesteine wieder zu Magma aufgeschmolzen. Der Kreislauf hat sich geschlossen.

Durch Hebungs- und Abtragungsvorgänge können die verschiedenen Gesteine wieder an die Erdoberfläche gelangen. Daher findet man oft unterschiedliche Gesteinsarten direkt nebeneinander.

AUFGABEN

1. *Ordne die Fachbegriffe in Abb. 54.1 den verschiedenen Buchstaben (= Gesteine) und Ziffern (= Vorgänge) in Abb. 54.2 zu.*
2. *Beschreibe die Reise eines Sandkorns von der Erdoberfläche bis ins heiße Erdinnere.*
3. *Bestimme, welche Gesteinsarten in den Aufschlüssen Abb. 54.2 A–D dargestellt sind.*

55.1: Aus dem Leben der Steine ...

GEO Praxis – Wir sammeln und bestimmen Gesteine

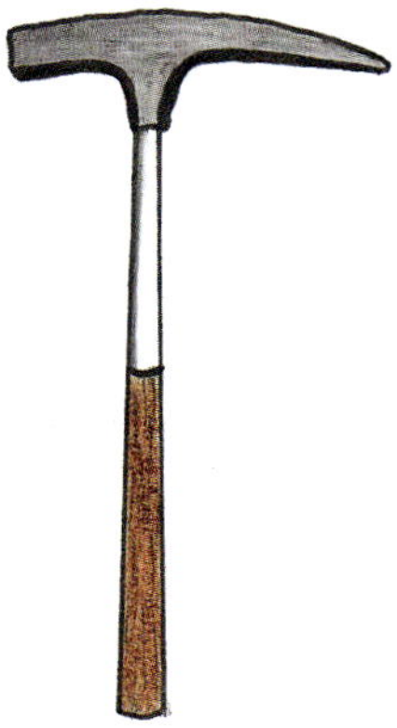

Geologenhammer

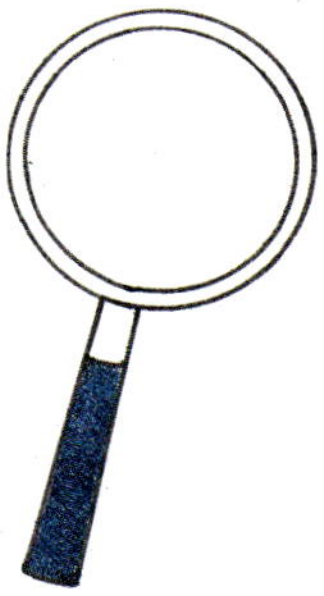

Lupe

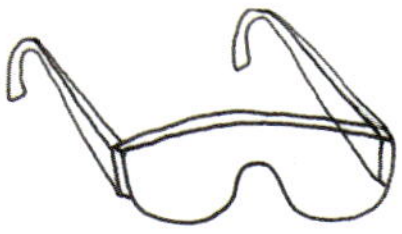

Schutzbrille

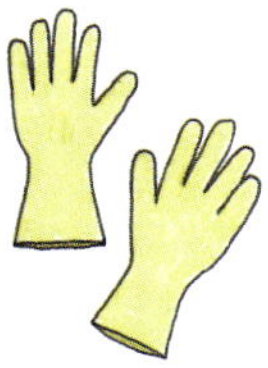

Schutzhandschuhe

verdünnte Salzsäure

56.1: Die Ausrüstung

Du hast bestimmt schon einmal schöne Steine von Ausflügen oder aus dem Urlaub mitgebracht. Wie kann man herausfinden, um welches Gestein es sich handelt? Bei der Gesteinsbestimmung ist es wichtig, dass du frisch abgeschlagene Handstücke (Abb. 57.1) verwendest. Sind die Steine zu lange der Verwitterung ausgesetzt, können sich ihre Merkmale verändern.

Mit einem Geologenhammer kannst du frische Bruchstücke des Gesteins abschlagen. Um deine Augen vor Splittern zu schützen, solltest du dabei unbedingt eine Schutzbrille tragen! Eine Lupe hilft dir, kleine Minerale des Gesteins zu erkennen. Mit ein paar Tropfen verdünnter Salzsäure kannst du nachweisen, ob das Gestein Kalk enthält. Es schäumt dann auf. Sei im Umgang mit der ätzenden Salzsäure vorsichtig, damit sie nicht auf die Haut oder in die Augen gelangt! Am besten trägst du Schutzhandschuhe und eine Schutzbrille.

56.2: Bei der Gesteinsbestimmung

Zunächst geht es darum, die Gesteinsart festzustellen:

Magmatische Tiefengesteine enthalten grobkörnige, miteinander verzahnte Kristalle verschiedener Form und Größe, die in unterschiedliche Richtungen zeigen.

Magmatische Ergussgesteine sind feinkörniger und besitzen weniger oder keine mit bloßem Auge erkennbaren Kristalle. Sie können blasige Hohlräume enthalten.

Sedimentgesteine setzen sich meistens aus gerundeten oder kantigen Körnern zusammen, die miteinander fest verbacken sind. Manchmal sind sie geschichtet oder können Fossilien (Versteinerungen) enthalten.

Metamorphe Gesteine sind deutlich gebändert. Die Minerale weisen in eine bestimmte Richtung.

1. Bestimme die auf S. 57 abgebildeten Handstücke (A–F) mithilfe der Tabelle 56.3 und ordne sie den Gesteinsarten zu.
2. Erstelle einen Steckbrief der Handstücke.
3. Lege eine Gesteinssammlung an. Name, Fundort und Funddatum der Steine solltest du notieren.
4. Viele alte Bauwerke in deiner Umgebung sind aus Gesteinen hergestellt, die in der Umgebung vorkommen. Schreibe Beispiele auf.

Merkmale des Gesteins	Granit	Basalt	Sandstein	Kalkstein	Marmor	Gneis
hell			[x]	x	x	
dunkel		x	[x]			
hell und dunkel	x					x
Kristalle (glitzern)	x				x	x
blasige Hohlräume		x				
verbackene runde Körnchen			x	x		
glatte Oberfläche				x		
raue Oberfläche	x	x	x		x	x
geschichtet			[x]	[x]		
gebändert/geschiefert					x	x
enthält Versteinerungen				[x]		
schäumt mit verdünnter Salzsäure				x	x	

56.3: Tabelle zur Gesteinsbestimmung (x = Merkmal trifft zu, [x] = Merkmal trifft manchmal zu)

57.1: Handstücke

GEO Praxis — Wir planen einen Museumsbesuch

Naturmuseum Senckenberg
Senckenberg-anlage 25
60325 Frankfurt a.M.
Tel.: (069) 7542-0
www.senckenberg.de

1. Wir informieren uns über Museen unseres Heimatraumes. Unter der Internetadresse www.museum.de findet ihr mit Sicherheit eine Übersicht über Museen in eurer Nähe.
2. Von ausgewählten Museen fordern wir zusätzliches Informationsmaterial an.
3. Wir vergleichen die Informationsmaterialien der einzelnen Museen mit den im Unterricht behandelten Themen.
4. Wir diskutieren untereinander und mit unserer Lehrerin bzw. unserem Lehrer, welches Museum am besten zu unseren Themenschwerpunkten passt.
5. Wir organisieren den Museumsbesuch, dabei gilt es Folgendes zu berücksichtigen:

- den Zeitpunkt des Besuches (Öffnungszeiten)
- An- und Abreise (Verkehrsmittel, Fahrtzeit)
- den Ablauf des Museumsbesuches (Führungen, Vorträge, Experimente, schriftliche Quellen)
- die Kosten (Fahr- und Eintrittspreis, Kosten für Verpflegung)
- die Nachbereitung (schriftliche Ausarbeitung, Dokumentation, Vorstellung der Ergebnisse)
- Die Planungen sollten in enger Zusammenarbeit mit dem Ansprechpartner des Museums erfolgen, der euch bestimmt weitere Anregungen geben kann.

58.2: Leitfaden für den Planung eines Museumsbesuchs

58.1: Johann Christian Senckenberg (1707 – 1772), Frankfurter Arzt und Mäzen, der Namensgeber des Museums

„Das Senckenbergmuseum ist eines der großen Naturkundemuseen in Deutschland und zeigt die heutige Vielfalt des Lebens (Biodiversität) und die Entwicklung der Lebewesen (Evolution) sowie die Verwandlung unserer Erde über Jahrmillionen hinweg. Neue Forschungsergebnisse aus allen Bereichen der Biologie, Paläontologie und Geologie werden vorgestellt." (Eigendarstellung)

Die Ausrichtung des Museums wird schon von außen deutlich. Vor dem Eingang sind wichtige Gesteine, welche die Erde maßgeblich mit aufbauen, wie z. B. Granit, Basalt oder Säulenbasalte zu sehen. Versteinerte Bäume und in Stein erhaltene Fußabdrücke von Dinosauriern berichten vom Leben in der Vorzeit. In den zahlreichen Ausstellungsräumen werden unter anderem fossile Pflanzen und Tiere, präparierte Säugetiere, Modelle zur Plattentektonik oder zum Aufbau unseres Sonnensystems ebenso gezeigt wie der Kreislauf der Gesteine und die einzelnen Stufen der Entwicklung des Menschen.

Mit dem Museum untrennbar verbunden ist die 1817 gegründete „Senckenbergische Naturforschende Gesellschaft in Frankfurt" (SNG), eine weltweit anerkannte Forschungseinrichtung, deren Arbeitsgebiete alle Teile der Erde betreffen; sogar ein eigenes Forschungsschiff besitzt sie. Mit der Johann-Wolfgang-Goethe-Universität in Frankfurt ist sie eng verzahnt.

Seit 1992 betreut die SNG mit ihrer dortigen Forschungsstation die Ausgrabungen in der Grube Messel. Hier führt sie eigene Grabungen durch, koordiniert sie die Grabungsaktivitäten anderer wissenschaftlicher Institute, sichtet, präpariert und wertet die Funde aus. Eine weitere Aufgabe ist die Ausbildung von Nachwuchskräften.

58.3: Eingang des Senckenberg-Museums

59.1: Die Grube Messel heute

Die Grube Messel

Die Grube Messel enthält ölhaltiges Schieferge-stein eines ehemaligen Sees. In der Vergangenheit wurde er zur Ölgewinnung abgebaut. Wegen Unrentabilität wurde der Abbau endgültig 1971 eingestellt. Entstanden ist die Grube durch vulkanische Aktivitäten vor knapp 50 Millionen Jahren im Tertiär. Aus dem Erdinneren aufsteigendes Magma kam mit Grundwasser in Kontakt. Die Folge war eine gewaltige Explosion, die einen Krater mit einem Durchmesser von etwa 1,5 Kilometern und einer Tiefe von 200-300 Metern hinterließ, ein sogenanntes Maar. Solche Maare sind heute noch in der Eifel zu finden. Der Krater füllte sich rasch mit Wasser und eingespültem Schlick. Im Gebiet von Messel herrschte damals ein tropisches Klima mit einer reichen Tier- und Pflanzenwelt, vergleichbar der, die wir heute im tropischen Regenwald vorfinden. Abgestorbene Pflanzen und ertrunkene oder verendete Tiere sanken auf den Grund des Sees ab und wurden von dem feinen Schlick bedeckt. Am Seegrund gab es keinen Sauerstoff und praktisch keine Wasserbewegung. Unter diesen Bedingungen entstanden im Laufe der Zeit Versteinerungen von höchster Qualität. An vielen Fundstellen auf der Erde findet man lediglich das Skelett ausgestorbener Tiere, hier in Messel sind Haare, Federn, Haut, Weichteile zu erkennen, oft kann sogar noch der Mageninhalt bestimmt werden. Dies erlaubt sehr genaue Rückschlüsse auf die damaligen Lebens- und Umweltbedingungen.

Der berühmteste Fund aus Messel ist das sogenannte Urpferdchen. Es hatte zwar nur die Größe eines Schäferhundes, von ihm stammen jedoch alle heutigen Pferde ab.
Die Bergung der Funde ist sehr aufwendig. Sie müssen sofort gesichert werden, denn der Ölschiefer zerfällt sofort, wenn er der Luft ausgesetzt wird. Die Ausgrabungen, an denen das Senckenbergmuseum maßgeblich beteiligt ist, werden sicherlich noch länger andauern, denn es ist erst ein kleiner Teil der Grube erforscht.
Die Fundstätte Messel ist weltweit so einzigartig, dass sie deswegen auch den besonderen Status eines Weltnaturerbes erhalten hat.

59.3: Prachtkäfer

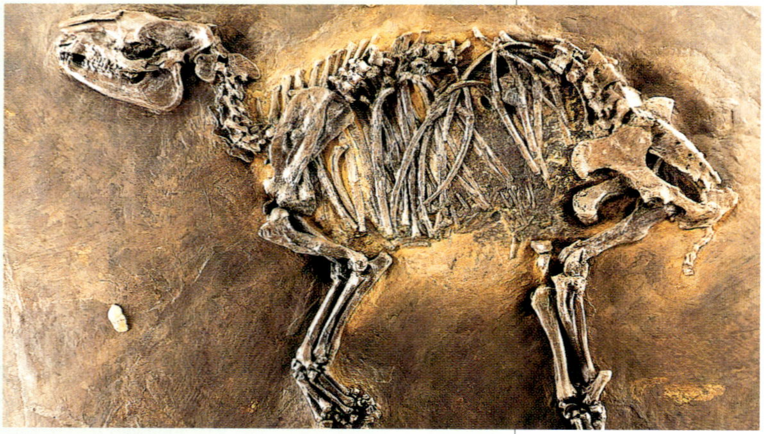

59.2: Das Urpferdchen

Ein Fluss bei der Arbeit

Gäbe es kein fließendes Wasser, sähe es auf der Erde aus wie auf dem Mond. Flüsse und Bäche sind in der Lage, die Landschaft zu formen, indem sie auf Gestein und Verwitterungsmaterial einwirken. Die Arbeit eines Flusses besteht dabei aus Erosion (Abtragung), Transport und Sedimentation (Ablagerung). Wie die Landschaft umgeformt wird, hängt von vielen Faktoren ab, z. B. von der Wassermenge, der Fließgeschwindigkeit und dem Untergrund. Ein Fluss lässt sich in Oberlauf, Mittellauf und Unterlauf gliedern. Diese Flussabschnitte weisen jeweils typische „Arbeiten" des Flusses sowie Talformen auf.

Flüsse, die im Gebirge entspringen, haben in ihrem Oberlauf meist eine hohe Fließgeschwindigkeit, da sie ein großes Gefälle (Höhenunterschied) überwinden müssen. In diesem Flussabschnitt ist das Flusstal vorwiegend als v-förmiges Kerbtal ausgebildet, weil sich der Fluss durch Tiefenerosion wie eine Säge in das Gestein einschneidet. Als „Sägezähne" dienen dabei die Gerölle (Steine im Flussbett), die der Fluss mitreißt und dabei abrundet und abschleift.

Tritt der Fluss aus dem Gebirge aus, so verringert sich seine Fließgeschwindigkeit durch das abnehmende Gefälle. Die Erosion nimmt ab und die Hauptarbeit des Flusses besteht im Transport von Material. Hier im Mittellauf setzt die Seitenerosion ein. Der Fluss „nagt" an den Ufern und transportiert das abgetragene Material ab. Die Täler verbreitern sich zu Sohlentälern mit steilen Talhängen und einer breiten, ebenen Talsohle. Der Fluss fließt hier häufig „verwildert" in vielen Fließrinnen oder schlangenlinienförmig in Mäandern.

60.1: Idealprofil eines Flusses

Die Mäander entstehen, wenn das Gefälle nur noch gering ist. Während in einem gerade verlaufenden Flusstal der Stromstrich (Linie der höchsten Fließgeschwindigkeit) in der Mitte des Flusses verläuft, pendelt er in den Mäandern zum außen liegenden Flussufer. Das Außenufer wird daher zu einem Steilufer mit Prallhang. Am Innenufer wird das transportierte Material abgelagert. Es entsteht ein flacher Gleithang.
Im Unterlauf findet kaum noch Erosion statt, es überwiegt die Sedimentation. Das abgelagerte Material bildet meist sanfte, weite Muldentäler. Auch hier fließt der Fluss häufig in Mäandern. Da die meisten Flüsse aber begradigt wurden, sieht man diese Flussschlingen nicht mehr häufig.

Mündet ein Fluss in einen See oder ins Meer, so wird seine Fließgeschwindigkeit abgebremst. Das mitgeführte Material lagert sich in einem Delta (Schwemmfächer) ab.

GEO Praxis

Wir untersuchen die Flussarbeit

Lege das notwendige Material (Abb. 61.1) bereit. Stelle eine Seite des Holzbrettes auf die Unterlage, sodass eine Holzrutsche entsteht. Schütte die Mischung aus Sand, Erde und Steinen auf das erhöhte Ende des Holzbrettes. Gieße langsam das Wasser aus der Gießkanne über den Haufen. Welches Material wird wo abgelagert? Zeichne und schreibe deine Beobachtungen auf und erkläre das Ergebnis.

61.1: Materialliste: Holzbrett (ca. 150 cm lang, 30 cm breit), Unterlage (ca. 10 cm hoch), Mischung aus Sand, Erde und kleinen Steinen, Gießkanne, Wasser

AUFGABEN

1. *Bestimme in Abb. 60.1 die Flussabschnitte Oberlauf, Mittellauf und Unterlauf.*
2. *Die Talformen in Abb. 61.2 sind durcheinandergeraten. Ordne sie den Flussabschnitten (Abb. 60.1) sowie den Fotos A bis D zu.*
3. *Erkläre die Entstehung der verschiedenen Talformen unter Verwendung der Begriffe Erosion, Transport und Sedimentation.*

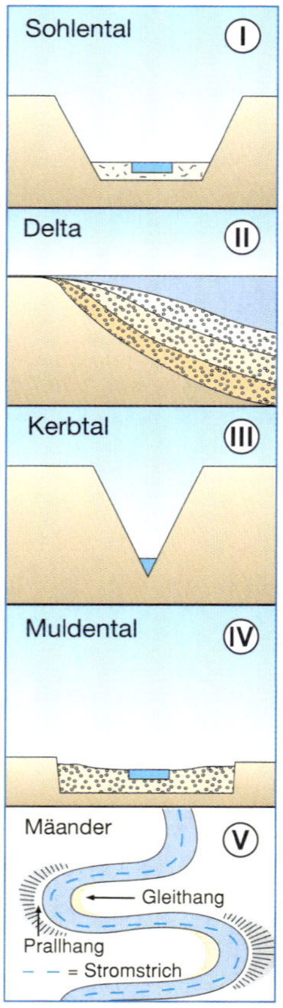

61.2: Talformen (I–IV) und Mäander

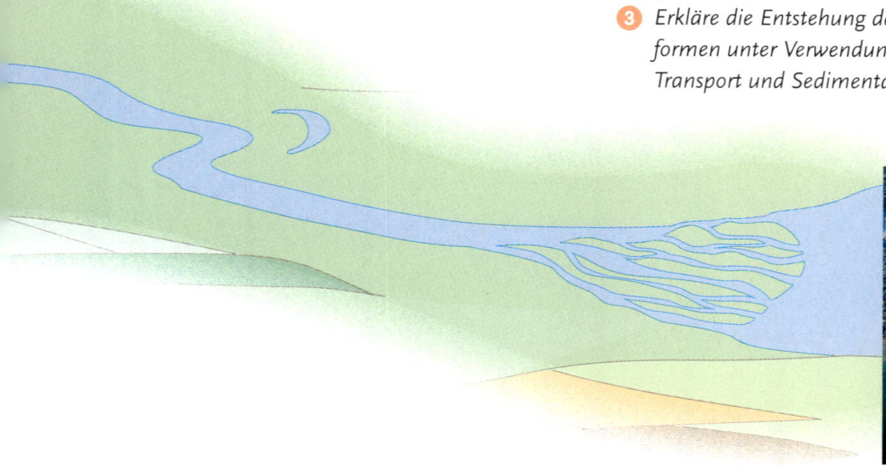

GEO Praxis — Wir messen die Fließgeschwindigkeit am Bach

62.1: Materialliste
Bandmaß oder ca. 20 Meter lange Schnur mit Knoten nach jeweils fünf Metern.
Ufermarkierungen: Fähnchen, Steine oder Stöcke
Schwimmkörper: z. B. Holzstückchen, selbst gebastelte Schiffchen, kleine aufblasbare Schwimmtiere
Messinstrumente: Stoppuhren oder Armbanduhren mit Stoppuhr
Kleidung: der Arbeit im Freien angepasst; z. B. Gummistiefel

Die Arbeit des fließenden Wassers hängt, wie wir bereits erfahren haben, in besonderem Maße von seiner Fließgeschwindigkeit ab. Diese nimmt, aufgrund des geringer werdenden Gefälles, im Normalfall vom Oberlauf zum Unterlauf immer mehr ab.

Der Mensch hat durch eine Vielzahl von Eingriffen den natürlichen Verlauf von Flüssen und Bächen verändert und dabei auch Einfluss auf die Fließgeschwindigkeit genommen. So hat er z. B. Teilstrecken begradigt, kanalisiert und die Ufer befestigt. Durch die Verkürzung der Flussstrecke erhöht sich die Fließgeschwindigkeit und damit die Tiefenerosion. Außerdem behindern der schnelle Abfluss und die künstlichen Befestigungen ein Versickern von Teilen des Fließgewässers, was zu einem Absinken des Grundwasserspiegels führt. Auch die Selbstreinigungskraft eines Gewässers nimmt ab, da z. B. die filternde Wirkung eines natürlichen Ufers fehlt.

Messung in unterschiedlichen Bachstrecken

Ihr könnt überprüfen, ob eine Begradigung zu einer Erhöhung der Fließgeschwindigkeit führt. Messt dazu die Fließgeschwindigkeit des Wassers in zwei möglichst hintereinanderliegenden, aber unterschiedlichen Bachabschnitten: einer natürlichen und einer künstlichen, begradigten Bachstrecke.
Tragt die Ergebnisse eurer Gruppenarbeit in ein Protokoll ein. Vergleicht anschließend die ermittelten Ergebnisse miteinander.

62.3: Schwimmkörper werden ins Wasser gesetzt

Versuchsanleitung

Zunächst messen wir am Ufer eine Messstrecke ab, z. B. 10 oder 20 Meter, und markieren Anfang und Ende dieser Strecke.
Beim Experiment arbeiten immer vier Schüler zusammen. Der eine setzt auf Zuruf den Schwimmkörper ins Wasser, der andere bedient die Stoppuhr, der nächste fischt den Schwimmkörper heraus.
Ein weiterer Schüler füllt das Messprotokoll aus, z. B.:
- Zeit (in Sekunden), die der Schwimmkörper für die Messstrecke benötigt,
- Fließgeschwindigkeit in Metern pro Sekunde (m/s).

Versuchsprotokoll

Gewässername: ____________________ Länge der Messstrecke in Metern: ____________

Gewässerabschnitt[1]:	Besonderheiten[2]:	Gemessene Zeit in Sekunden	Fließgeschwindigkeit in m/s

[1] z.B. Oberlauf = OL
Mittellauf = ML
Unterlauf = UL

[2] gerade Messstrecke (–)
gewundene Messstrecke, Mäander (≈)
Schwimmkörper eingesetzt:
– in Gewässermitte (M)
– in Ufernähe (U)

– bei Mäandern auch:
am Außenufer (A)
am Innenufer (I)
(bezogen auf nächste Windung flussabwärts)

62.2: Versuchsprotokoll

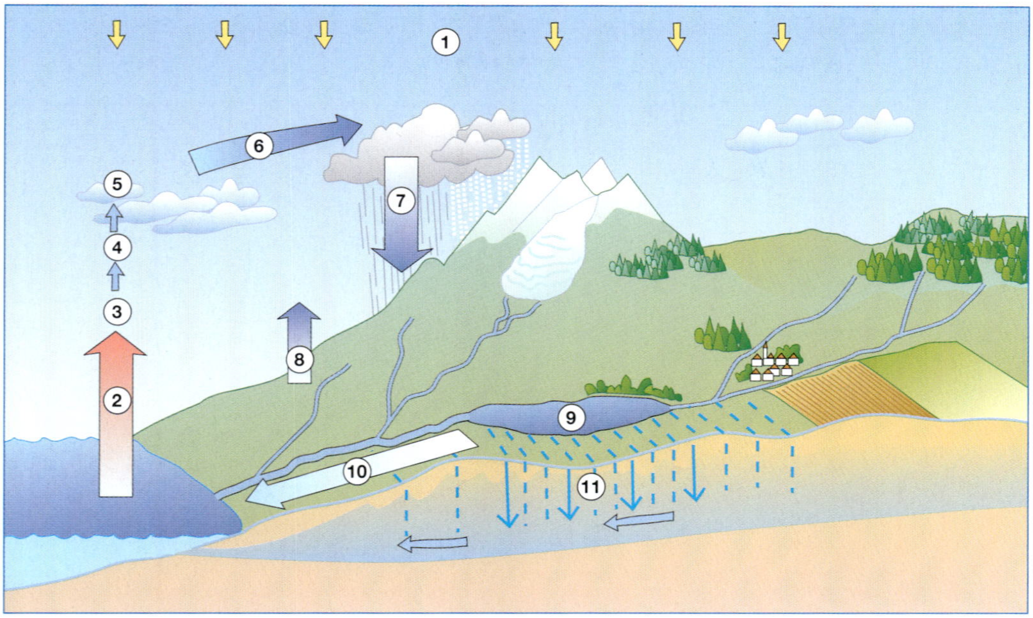

63.1: Der ?

63.3: Erklärungen zu Abb. 63.1

- **K** Kondensation von unsichtbarem Wasserdampf zu Wassertröpfchen (Wolken)
- **L** Niederschlag verdunstet z. T. wieder
- **W** Wärmestrahlung der Sonne
- **IS** große Wassertropfen fallen als Niederschlag (Regen, Schnee) zur Erde
- **ER** Abkühlung der Luft
- **A** Niederschlag sammelt sich z. T. in Seen
- **AS** Verdunstung des Wassers zu unsichtbarem Wasserdampf
- **RE** Wind transportiert die Wolken landeinwärts
- **F** Niederschlag versickert z. T. ins Grundwasser
- **S** Aufsteigen der erwärmten, wasserdampfhaltigen Luft
- **U** Niederschlag fließt in Bächen und Flüssen ins Meer zurück

Wasser – immer unterwegs

Wasser bedeckt in flüssiger Form etwa zwei Drittel der Erdoberfläche. Auf dem Festland tritt es in Form von Gewässern und im Boden als Grundwasser auf. Obwohl wir täglich eine große Menge Wasser brauchen, verändert sich die Gesamtwassermenge auf der Erde nicht.
Das Wasser kann sich jedoch an unterschiedlichen Orten befinden und verschiedene Zustände annehmen (Abb. 63.1 und 2).

AUFGABEN

1. *Ordne die Erklärungen aus Abb. 63.3 den Ziffern in Abb. 63.1 zu. Die Buchstaben vor den Erklärungen ergeben in der richtigen Reihenfolge ein Lösungswort, das dir den Fachbegriff für diese Prozesse liefert.*
2. *Beschreibe die unterschiedlichen „Gesichter des Wassers“ (Abb. 63.2). Welche Bedeutung hat das Wasser in den unterschiedlichen Formen für den Menschen?*

63.2: Wasser hat viele Gesichter

GEO Wissen — Relief der Erde

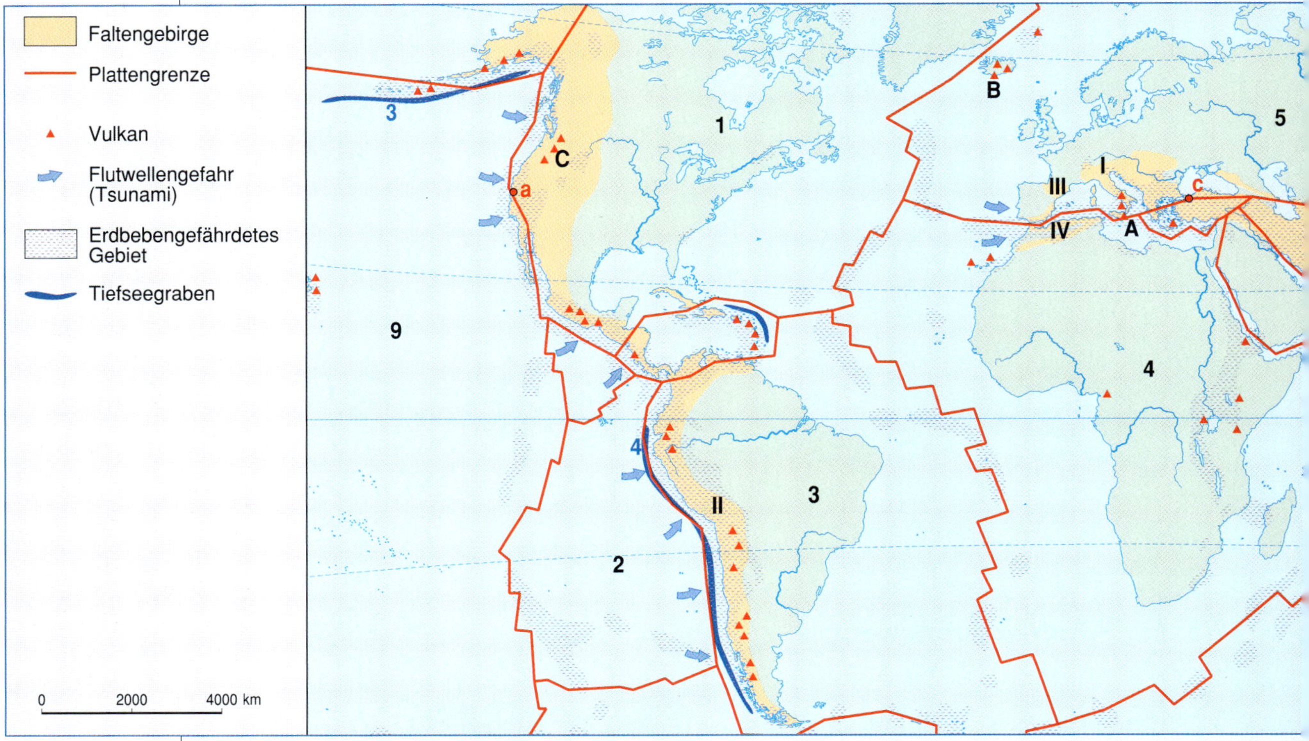

64.1: Schwächezonen der Erde

Ort	Jahr	Anzahl der Todesopfer
Tschangtschih (China)	1556	830 000
Kaukasus	1667	80 000
Catamp (Italien)	1693	60 000
Hokkaido (Japan)	1730	137 000
Lissabon (Portugal)	1755	60 000
San Francisco (USA)	1906	1000
Messina (Italien)	1908	83 000
Jokohama (Japan)	1923	143 000
Nanschan (China)	1927	200 000
Huaraz (Peru)	1970	67 000
Tangschan (China)	1976	240 000
Michoacán (Mexiko)	1985	10 000-30 000
Nord-Armenien	1988	55 000
Kobe (Japan)	1995	6400
Izmit (Türkei)	1999	14 000
Gujarat (Indien)	2001	20 000
Bam (Iran)	2003	41 000
Kaschmir (Pakistan/Indien)	2005	80 000
Sichuan (China)	2008	80 000

64.2: Erdbebenkatastrophen (Auswahl)

Ort	Jahr	Erscheinungen/ Verwüstungen
Vesuv (Italien)	79	Ascheregen und Schlammströme vernichten drei Städte
Krakatau (Sumatra)	1883	Vulkanexplosion: 33 km hohe Aschesäule, 30 m hohe Flutwelle
Mt. Pelée (Martinique)	1902	Glutwolke tötet 29 000 Menschen
Besjimianni (Kamtschatka)	1955	Ascheregen und -wolke lösen absolute Finsternis aus
Insel Heimaey (Island)	1973	Lava- und Aschestrom schaffen in 2 Tagen 215 m hohen Berg
Mt. St. Helens (USA)	1980	Glut- und Aschewolken verwüsten 600 km^2
Nevado del Ruiz (Kolumbien)	1985	Schlammlawine fordert 20 000 Opfer
Pinatubo (Philippinen)	1991 1992	Ascheregen und Schlammlawinen
Vatnajökul (Island)	1996 2000	Vulkanausbruch unter dem Gletscher, große Flutschäden
Mayon (Philippinen)	2000	Gas- und Aschewolke, 35 000 Menschen evakuiert
Popocatepetl (Mexiko)	2000 2007	Gas- und Aschewolke mit Evakuierung der Umgebung

64.3: Vulkanausbrüche (Auswahl)

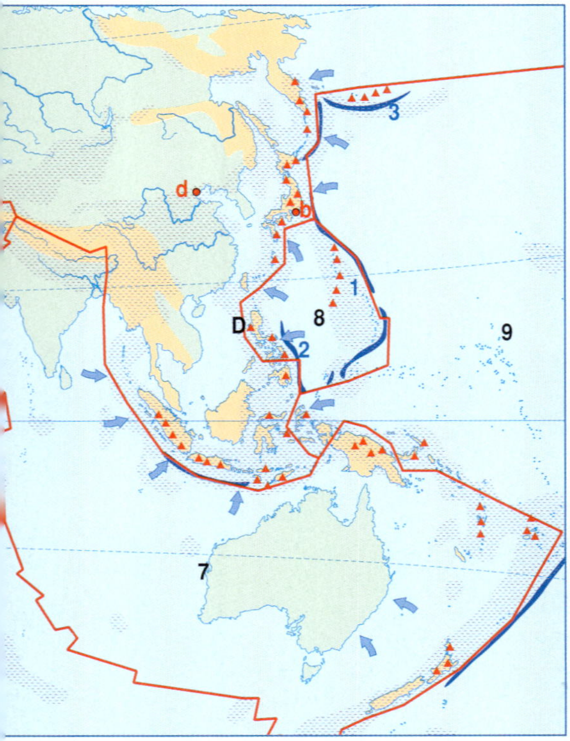

65.1: Ausbruch des Mount St. Helens

65.2: Vesuv

65.3: Erdbeben in Izmit

Schwächezonen der Erde

Die Ursachen für die Entstehung von Vulkanen, Erdbeben, Faltengebirgen, Tiefseegräben und Verwerfungen hast du bei der Behandlung der endogenen Kräfte (Kräfte, deren Energie aus dem Erdinneren stammt) kennengelernt. Nachfolgende Aufgaben kannst du mithilfe von Abb. 64.1 und mit deinem Atlas lösen.

1. Ordne die Vulkanausbrüche den Buchstaben A–D, die Erdbeben den Buchstaben a–d zu (Abb. 64.1, 64.2, 64.3).
2. Die römischen Ziffern I–IV, die Ziffern 1–8 und die blauen Ziffern 1–4 bezeichnen Faltengebirge, Platten bzw. Tiefseegräben. Benenne sie.
3. In welchen Bereichen der Meere treten gehäuft Vulkane / Erdbeben auf (Abb. 64.1)? Notiere.
4. Erkläre den Begriff Schwächezone.
5. Informiere dich über den Ausbruch des Mount St. Helens (Abb. 65.1), den Vesuv (Abb. 65.2) und das Erdbeben in Izmit (Abb. 65.3) im Internet.

Eingriffe in den Naturhaushalt

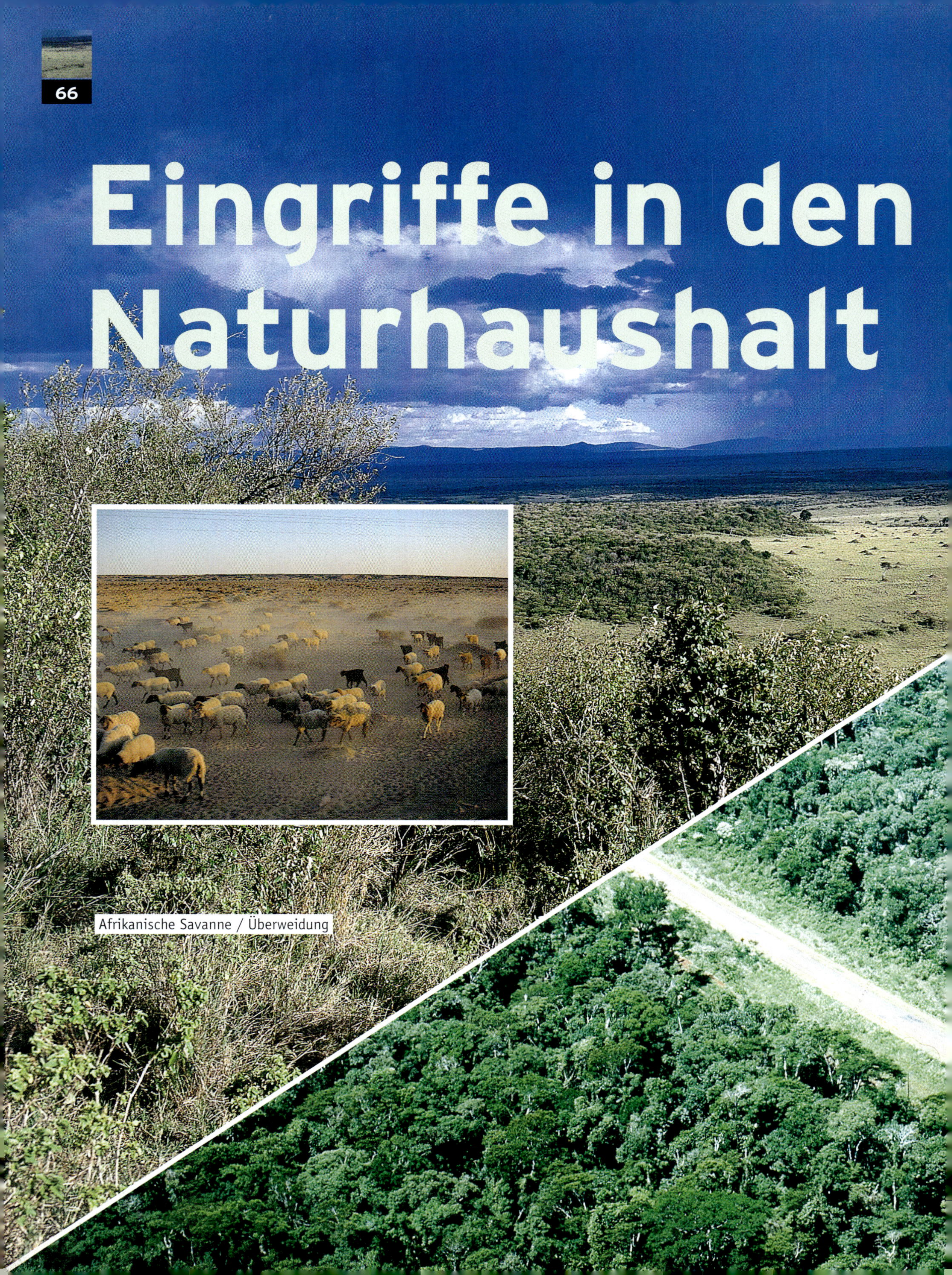

Afrikanische Savanne / Überweidung

Natürlicher tropischer Regenwald / Brandrodung

Auf der Jagd nach den „Großen Fünf"
1. Tag: Am Morgen fliegen Sie mit einem Twin Otter von unserem Privatflugfeld in die Maasai-Mara. Nach der Landung werden sie in das Mara Buffalo Camp gefahren, wo Sie Ihren gemütlichen Bungalow beziehen. In diesem ehemaligen Großwildjäger-Camp erleben Sie echte Buschatmosphäre. Jede Unterkunft hat eine eigene Warmwasserdusche und Toilette. Die Mahlzeiten werden als Barbecue serviert.
2. bis 6. Tag: Mit unseren komfortablen Geländewagen unternehmen Sie täglich ein bis zwei Foto-Pirschfahrten. Unsere Fahrer bringen Sie zu den „Großen Fünf": Elefant, Nashorn, Löwe, Büffel und Leopard. Sie erhalten Lunchpakete oder nehmen an einem „Picknick nach Großwildjägerart" teil.
7. Tag: Heute laden wir Sie zu einer Ballonsafari ein, der unbestrittene Höhepunkt ihrer Reise. Erleben Sie die Wanderung der Gnus, die zu Hunderttausenden die Savanne durchstreifen. Ein unvergessliches Naturerlebnis.
8. Tag: Nach einem interessanten Flug, vorbei am majestätischen Kilimandscharo, erreichen Sie am Nachmittag Nairobi.

68.1: Aus einem Reiseprospekt

Die Savannen – Mangel und Überfluss

Seit vielen Wochen ist kein Tropfen Regen gefallen. Unbarmherzig brennt die Sonne vom wolkenlosen Himmel. Das Thermometer zeigt Temperaturen von 35 bis 40 °C im Schatten. Der Boden ist heiß wie ein Backofen. Man ist geblendet, wenn man über das weite Land schaut. Die Luft flimmert über den Gräsern, die in der sengenden Glut verdorren. Die Bäume haben ihr Laub abgeworfen und sehen aus, als seien sie abgestorben. Immer heißer werden die Tage, immer mehr füllt sich die Luft mit Staub. Täglich ballen sich riesige Haufenwolken zusammen, zerstreuen sich aber wieder.
Fast schlagartig setzt ein gewaltiger Sturm ein und treibt Staub und Sand vor sich her. Bald prasselt der Regen, begleitet von lauten Donnerschlägen, mit solcher Gewalt hernieder, dass sich schon nach wenigen Minuten auf Wegen und Plätzen Wasserlachen bilden. Durch die eben noch trockenen Fluss- und Bachbetten wälzen sich schlammige Fluten. Die meisten Wege bestehen nur noch aus Morast, in den jeder Wagen einsinkt. Nun entladen sich fast jeden Nachmittag schwere Gewitter.
Schon nach wenigen Tagen sprießt das Gras; das Land überzieht sich mit frischem Grün. Auch die Bäume legen ein neues Blätterkleid an. Wie bei uns im Frühling blühen unzählige bunte Blumen, von Schmetterlingen und Käfern umschwirrt. Für die Bewohner der Savannen ist jetzt die Zeit gekommen, ihre Felder zu bestellen und Vorräte für die trockene Jahreszeit anzulegen.

68.2: Die „Großen Fünf"

Als **Savannen** bezeichnet man die offenen, meist sommergrünen Graslandschaften der wechselfeuchten Tropen. Sie sind von einzelnen Bäumen, Baumgruppen oder lichten Wäldern durchsetzt. Zu Beginn der Regenzeit entfaltet sich ein üppiges Pflanzenwachstum, doch während der Trockenzeit verlieren die Bäume ihr Laub und das Gras verdorrt. Man unterscheidet folgende Savannentypen:

In der **Feuchtsavanne** wachsen mehrere Meter hohe Gräser (Elefantengras bis 6 m hoch). Die Bäume stehen in kleinen Gruppen oder bilden einen hochwüchsigen, lichten Wald mit geringem Unterwuchs.

Die **Trockensavanne** ist geprägt durch weite Grasfluren und einzelne Bäume, die sich an die längere Trockenzeit angepasst haben: dornige Schirmakazien oder Wasser speichernde Affenbrotbäume.

In der **Dornsavanne** gibt es nur noch niedrige Büsche mit lederartigen oder zu Dornen umgebildeten Blättern. Gräser wachsen nur noch büschelweise, sodass der nackte Boden sichtbar wird.

In den afrikanischen Savannen leben über 40 Gras fressende Säugetierarten, von Kleinantilopen (ca. 4 kg) bis zu den Elefanten (ca. 4000 kg).

69.1: Aus einem Lexikon – Savannentypen

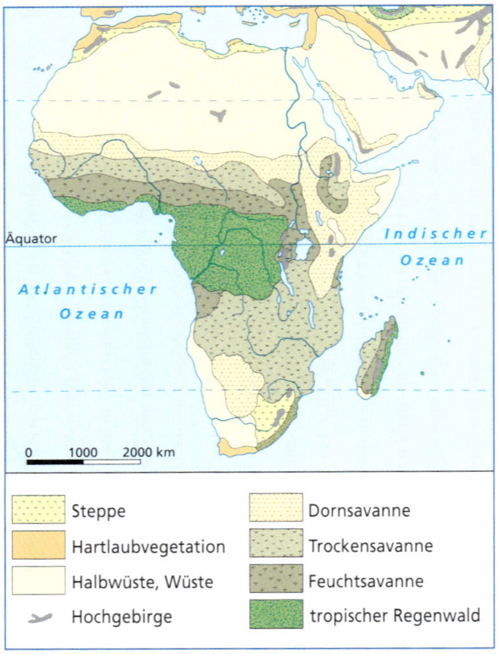

69.2: Vegetationszonen Afrikas

69.3: Savannen in Afrika

AUFGABEN

1. *Eine Safari durch die Savannen Afrikas gehört zu den Wunsch-Urlaubszielen vieler Menschen. Was macht diese Reise so attraktiv, aber auch so abenteuerlich? Sammle Informationen aus Reiseprospekten oder aus dem Internet.*
2. *Neben den „Großen Fünf“ („Big Five“) gibt es auch noch die „Kleinen Fünf“ („Little Five“). Welche Tiere sind gemeint? Die Antwort findest du unter der Webadresse www.serengeti.org.*
3. *Wie unterscheidet sich das „Savannenklima“ vom „Regenwaldklima“?*
4. *Beschreibe die Fotos 69.3 A – C und ordne sie den verschiedenen Savannentypen zu (Abb. 69.1). Begründe.*

70.1: Ausbreitung der Wüste im Sahel

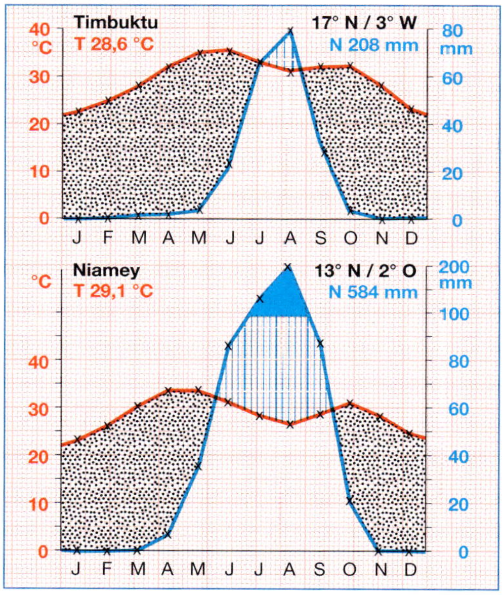

70.3: Klima im Sahel

Der Sahel – ein Risikoraum

Die Katastrophe hat einen Namen: Sahel, eine Zone am südlichen Rand der Sahara. Viele Hunderttausend Menschen sind dort in den letzten Jahrzehnten verhungert. 1973 berichteten Reporter zum ersten Mal von dem schrecklichen Elend. Inzwischen ist es still geworden um die Sahelzone. Doch das Sterben dort geht weiter.

„Sahel" ist ein arabisches Wort und bedeutet Ufer oder Küste. Für die Karawanen, die früher die Wüste durchquerten, mag die Vegetation der Savanne dasselbe bedeutet haben wie für den Seemann das rettende Ufer. Doch heute führt diese Bezeichnung in die Irre. Denn entlang des Südrandes der Sahara zieht sich vom Atlantik bis zum Roten Meer eine etwa 400 km breite Übergangszone, in der die Wüste immer stärker über ihr Ufer tritt, wo die Savanne zur Wüste wird.

Das Klima ist eine wesentliche Ursache für die andauernden Hungerkatastrophen und für die fortschreitende Wüstenbildung. Denn der Sahel ist von Natur aus ein sehr empfindlicher, risikobehafteter Raum (Abb. 71.1).

70.2: Lage und Ausdehnung der Sahelzone

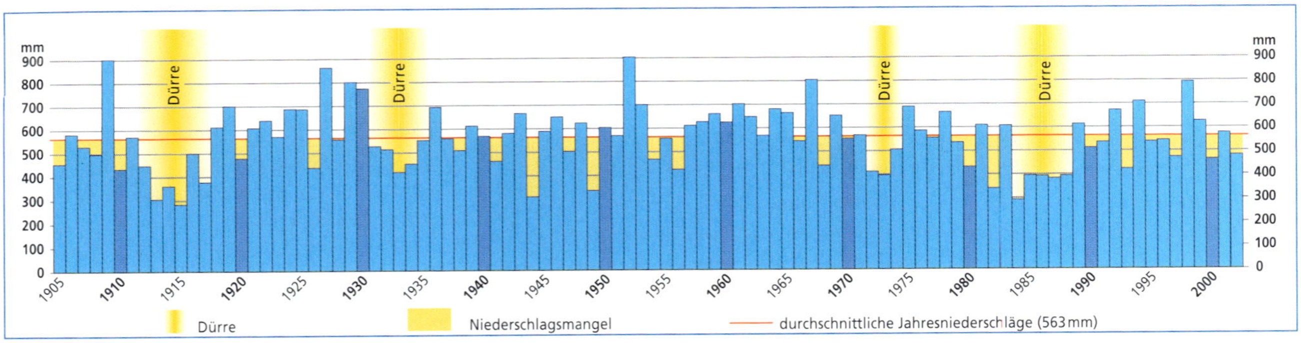

71.1: Jahresniederschläge im 20. Jahrhundert in Niamey (Niger)

Die Lebensbedingungen waren in der Sahelzone nie einfach, denn das Klima wird hier durch den jahreszeitlichen Wechsel von Feucht- und Trockenzeiten bestimmt (Abb. 70.3). Die nördliche Sahelgrenze wird durch die 100-mm-Jahresniederschlagsgrenze markiert, die Südgrenze durch Regenmengen von maximal 600 mm im Jahr. Häufig fallen die Niederschläge in der Regenzeit als sturzflutartige Regengüsse, die der Landwirtschaft verloren gehen, da die ausgetrockneten Böden das Wasser nicht aufnehmen können.
Ist der Sahel ein lebensfeindlicher Raum? Dem widerspricht, dass das Gebiet seit Langem genutzt wird. Die Sahelbewohner hatten sich diesen natürlichen Bedingungen angepasst. Sie lebten als Nomaden im Norden, wo sie der Regenzeit folgten. Im feuchteren Süden siedelten sesshafte Hackbauern. Erst in den letzten Jahrzehnten haben sich große Veränderungen abgespielt, die das Wirtschaftsleben sowie die Lebensweise stark beeinflusst haben. Der ohnehin sensible Naturraum geriet in „Stress"; der Mensch trug wesentlich zur Desertifikation, zur Wüstenbildung, bei.

AUFGABEN

1. *Charakterisiere das Klima der Sahelzone anhand der Abb. 70.3. Weshalb bringt schon ein „normales" Jahr Probleme für Nomaden und Hackbauern?*
2. *Die Sahelzone ist ein klimatischer Risikoraum. Erläutere dazu die Abb. 71.1.*
3. *Wie wirken sich die Naturfaktoren langjährige Austrocknung, ständiger Nordostwind und plötzliche Starkregen auf den Boden und die Vegetation aus? Zeichne ein einfaches Wirkungsgefüge zu diesen Zusammenhängen und erkläre den Begriff Desertifikation.*

71.2: In der Sahelzone

GEO Praxis – Wir werten Satellitenbilder aus: Beispiel Tschadsee

Satelliten haben ganz verschiedene Aufgaben: Sie übertragen Telefongespräche, steuern Navigationssysteme von Autos, helfen bei der Wettervorhersage oder halten den Zustand der Erdoberfläche zum Aufnahmezeitpunkt fest.

Satelliten empfangen das von der Erde reflektierte Sonnenlicht sowie Strahlen, die wir mit unserem Auge nicht sehen können. Die Daten werden mithilfe von Computerprogrammen zu Bildern weiterverarbeitet. Die Farben der Satellitenbilder entsprechen häufig nicht der Wirklichkeit, man spricht dann von Falschfarbenbildern.

So wertest du ein Satellitenbild aus:

1. Bestimme mit dem Atlas das dargestellte Gebiet, die Nordrichtung und den Maßstab.
2. Suche Merkmale, die du auch auf der Karte finden kannst, z. B. Küstenlinien, Flüsse, Verkehrswege, Städte usw.
3. Lege ein Transparentpapier oder eine Folie auf das Satellitenbild und erstelle eine Skizze (vgl. Abb. 72.1).
4. Vervollständige die Skizze mithilfe zusätzlicher Informationen (Bücher, Karten, Internet usw.) und benenne erkennbare Details.

Führe die Schritte 1–4 für die Abb. 73.1 und 2 durch.

Informationen zum Tschadsee

Der abflusslose Tschadsee ist mit einer Wassertiefe von 5–8 m sehr flach. Geringe Änderungen im Wasserstand haben daher große Auswirkungen auf die Größe des Sees. Obwohl der Tschadsee mit 1,5 Mio. km² ein sehr großes Einzugsgebiet hat, erhält er 90% seines Wassers vom Fluss Chari, dessen Wassermenge sich zwischen 1960 und heute etwa halbiert hat. Die Niederschlagsmenge beeinflusst direkt den Wasserstand des Sees und somit das Leben der Dorfbewohner, die vom Fischfang, von Viehzucht und dem Anbau von Reis, Mais, Zuckerohr oder Hirse leben. Die Veränderungen werden mit der Erderwärmung, der Abholzung und der Nutzung von Flusswasser für die Bewässerung erklärt. Der See könnte ganz verschwinden. Anhand von Fossilienfunden hat man herausgefunden, dass er in den letzten 1000 Jahren bereits mehrfach ausgetrocknet ist. Für die Menschen am See wäre dies eine Katastrophe.

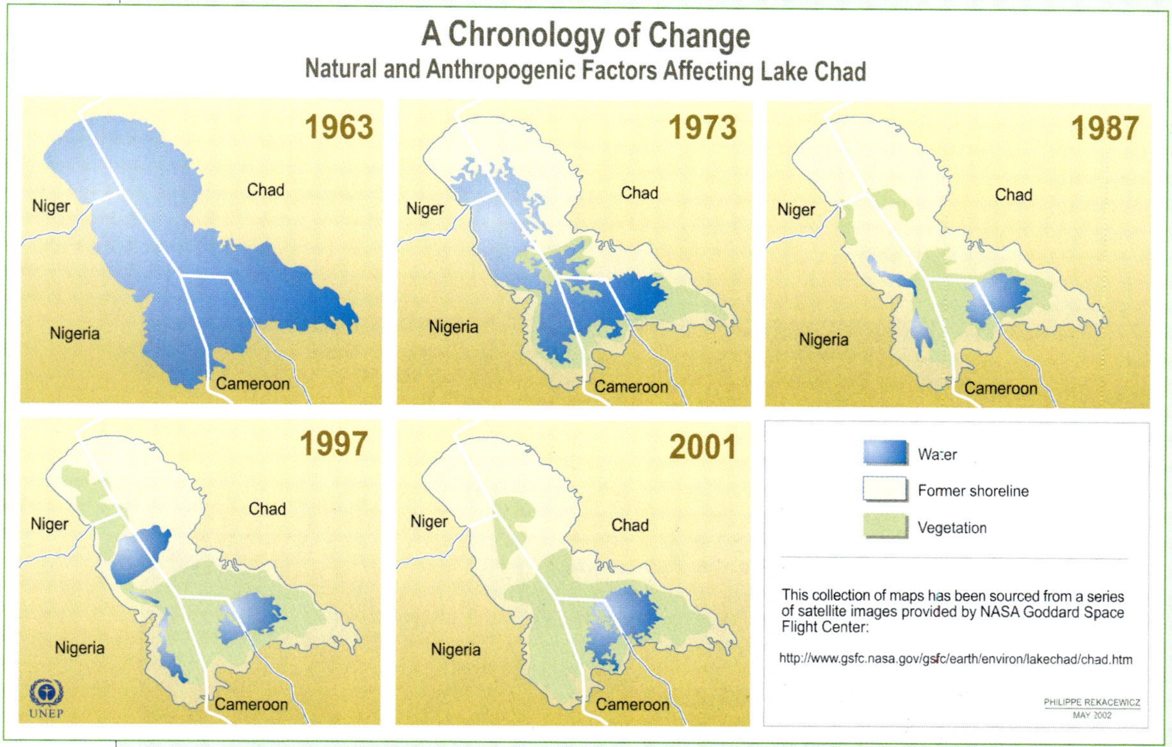

72.1: Zusätzliche Informationen aus dem Internet

73.1: Satellitenbild vom Tschadsee 1973

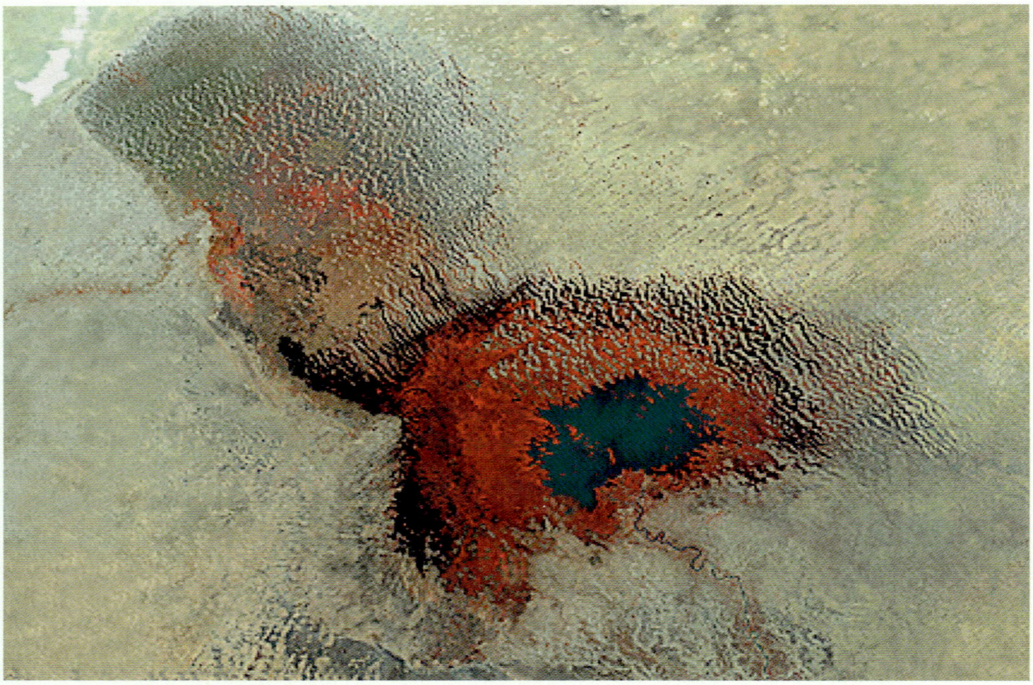

73.2: Satellitenbild vom Tschadsee 1987

Die „programmierte" Katastrophe

Ein Nomade aus dem Tschad:
„Ich besitze eine stattliche Viehherde – 20 Kamele, 30 Rinder, 30 Ziegen, 20 Schafe und 20 Esel. In den letzten Jahren hat es reichlich geregnet. So konnte ich meine Herde vergrößern. Gerne hätte ich noch mehr Kamele und Rinder; das verschafft mir Ansehen und Reichtum und größere Sicherheit während der Trockenzeit bei einer Dürreperiode.
Von Beruf bin ich Viehzüchter und Händler. Leider bekomme ich heute für meine Felle, Häute und Wolle nur noch halb so viel Hirse wie früher. Schon deswegen musste ich meine Herde vergrößern.
Wir leben hier in einer großen Sippe von 50 Familien mit fast 800 Stück Vieh. Tagsüber beaufsichtigen wir unsere Viehherden an den großen Brunnentrögen. In den letzten Jahren ist die Arbeit viel leichter geworden, denn die Regierung hat bis zu 100 m tiefe Brunnen mit Dieselpumpen bauen lassen. Sie liefern jetzt zu jeder gewünschten Zeit reichlich Wasser. So brauchen wir mit unseren Herden keine mühseligen langen Wanderungen mehr zu unternehmen und können in der Nähe der Brunnen bleiben. Trotzdem müssen wir in einigen Tagen weiter nach Süden, denn die Nahrung für die Tiere wird allmählich knapp. Bei aller Bequemlichkeit ist das Leben aber auch schwieriger geworden. Denn mit den Hirsebauern im Süden kommt es immer häufiger zu Auseinandersetzungen. Früher konnten wir das Vieh auf ihre abgeernteten Felder treiben. Heute lassen die Bauern kein Land mehr brachliegen. Im Gegenteil: Sie haben ihren Ackerbau noch weiter nach Norden ausgedehnt. Außerdem betreiben sie nun noch selber Viehzucht. Grund genug für Streit."

Ein Bauer aus dem Senegal:
„Ich habe miterlebt, wie französische Kolonialherren uns zwangen, den Hirseanbau aufzugeben und reine Exportkulturen wie Baumwolle und Erdnüsse anzubauen. Das führte dazu, dass auf dem Höhepunkt der Dürre noch Erdnüsse ausgeführt wurden, als wir schon am Verhungern waren. Für unsere damalige Regierung bedeutete der Export willkommene Einnahmen. Mit einem Teil des Geldes wurde dann Getreide eingeführt. Doch die Verkaufspreise für diese importierten Nahrungsmittel waren für die meisten von uns unerschwinglich."

Ein Regierungsbeamter aus Mali:
„Die Nomaden müssen endlich sesshaft gemacht werden: Sie bewegen sich ungebunden, sind bewaffnet, scheuen keinen Kleinkrieg um Weiden, kreuzen Grenzen nach Gutdünken, entziehen sich dem staatlichen Gesundheitsdienst, ebenso dem Schulbesuch. Auch zur Fleischversorgung der Städter tragen sie nichts bei. Dagegen entnehmen sie den Brunnen unkontrolliert das Wasser, vergrößern ständig ihre Herden. Und diese fressen dann das Land zur Wüste."

Ein Entwicklungshelfer aus dem Sudan:
„Unsere Zivilisation ist ungewollt ein Komplize der Wüste, seit Langem. Medizinische Fortschritte schufen den Bevölkerungsdruck. Der Traktor ermunterte zur Bearbeitung von ungeeigneten Böden in ungeeigneten Lagen. Die Tiermedizin ermöglichte große Herden. Der Brunnenbau wiegte die Hirten in falscher Sicherheit. Sie stockten ihre Bestände auf, sogar über die ökologisch, d. h. für die natürliche Tragfähigkeit des Bodens zulässige Zahl. Verwüstungsträchtig sind nicht nur die periodisch wiederkehrenden mageren Jahre, kritisch sind die fetten Jahre mit Niederschlägen über dem erwarteten Durchschnittswert. Dann schlagen Bauern und Hirten die Warnungen in den Wind. Die Bauern pflügen jenseits der erfahrungsmäßigen Anbaugrenze, die Hirten müssen mit überweideten Flächen vorlieb nehmen. So programmieren im Sahel die ‚fetten Jahre' bereits die Katastrophe!"

D

Ein Journalist aus Burkina Faso:
„Burkina Faso ist ein sehr armes Land. Morgens und abends, wenn es etwas kühler ist, ziehen Karawanen von Eselskarren am Straßenrand entlang. Sie bringen Feuerholz nach Wagadugu. Vor dreißig Jahren noch soll die Hügelkette im Norden von Burkina Faso von Wäldern bedeckt gewesen sein. Heute sind die Hänge kahl. Die Plünderung des Waldes, Buschfeuer zur Rodung neuer Felder und schließlich die Herden, die den kleinsten grünen Trieb abfressen, allen voran die Ziegen, haben sie nackt und braun werden lassen. Die Menschen hier haben auf Kosten ihrer Umwelt gelebt. Und jetzt gibt es nicht mehr genügend natürliche Ressourcen, um die wachsende Bevölkerung mit den überkommenen Anbaumethoden zu ernähren. Nur zu 80 % kann Burkina Faso seine Einwohner noch selbst ernähren, der Rest muss eingeführt werden."

E

AUFGABEN

1. *Lest die Texte A–E. Welche Veränderungen haben in der Sahelzone stattgefunden? Belege im Einzelnen. Welche Rolle spielt der Mensch?*
2. *Beschreibe die Entwicklung des Viehbestandes im Niger (Abb. 75.1).*
3. *Erkläre die Entwicklung des Viehbestandes im Niger (Abb. 75.1) mithilfe der Abb. 71.1.*
4. *Dürrekatastrophe im Sahel: Schicksal oder menschliches Verschulden? Erötere.*

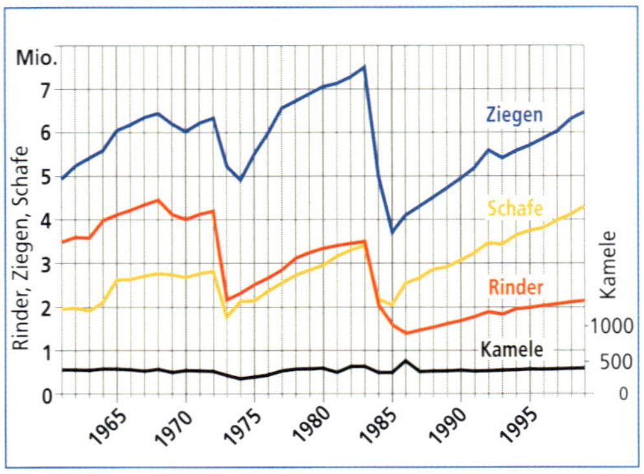

75.1: Viehbestand im Niger

75.2: Der Niger in Zahlen (Stand 2002):

Einwohner: 11,4 Mio.
Fläche: 127 Mio. ha
Erwerbstätigkeit: 88 % der Bevölkerung leben von der Landwirtschaft

Die „Zähne des Windes“

Wüstenheuschrecken (Schistocera gregaria) haben zwei „Gesichter“. Als Einzelgänger sind sie harmlose Grashüpfer. Eine innere „Wetterwarte“ signalisiert den Tieren, wenn es irgendwo geregnet hat. Dann strömen sie zu Tausenden zusammen und feiern „Massenhochzeit“. Ein Kleinschwarm ist entstanden. Nun ist alles anders an ihnen: Sie machen alles zur gleichen Zeit, sie paaren sich, sie legen zahllose Eier und marschieren fressend übers Land. Bei der Entwicklung zum flugfähigen Insekt streifen sie ihren zu eng gewordenen Panzer mehrmals ab. Nach der siebten und letzten Häutung werden sie flugfähig und starten mit den Winden, wobei sie Geschwindigkeiten von 16 km/h erreichen.

76.1: Wüstenheuschrecken

Im Senegal ist Ausnahmezustand. Für Fode Sarr, Direktor des Amtes für landwirtschaftliche Bodenplanung, ist das mit den Heuschrecken vor allem eine militärische Herausforderung. Und der Sieg ist eine Frage der Strategie. Also holt er einen Taschenrechner aus der Schublade, tippt die Fläche ein, auf die ihm der Gegner gestern Eier gelegt hat, dann die Anzahl der Tiere pro Quadratmeter. Heraus kommt eine Zahl, die er nicht aussprechen kann: 2250000000. Die Hälfte davon Weibchen, jedes von ihnen wird bis zu 80 Eier legen. Höchstens dreimal legt jedes Weibchen Eier. Fode sagt: „Deswegen sind sie so gefährlich, deswegen zerstören sie hier alles, weil sie sich in diesem Affentempo fortpflanzen, ein Millionenheer, das sich alle zwölf Wochen verzwanzigfacht.“ Dann lacht er (…) weil es so absurd ist. Gerade mal ein Flugzeug mit einem Motor aus dem Zweiten Weltkrieg haben sie jetzt im Land, mit dem sie den Feind bekämpfen können. „Die entscheidende Schlacht haben wir verloren“, sagt er. Jetzt sind sie überall und ihre Eier sind überall. Aber er hat nichts, keine Insektizide, kein Benzin, keine Fahrzeuge, keine Ausrüstung, nicht einmal genug Essen bekommen die Teams, die seit Wochen draußen sind und wenigstens versuchen, die Schwärme zu zählen.
Und dann ist da Mauretanien. Arm, groß, unüberschaubar. Mehr als 1,6 Millionen Hektar sind dort befallen, schätzt man. Aus Mauretanien trägt der Nordwind den Feind in den Senegal. Im August seien 205 Schwärme von dort gekommen, manche bis zu 15 km lang. Über Podor, ein kleines Nest an der Grenze zu Mauretanien, fliegen die meisten Schwärme ins Land (…)
Die Fahrt nach Podor ist eine Schlacht. Die ganze Straße ist voller Nachwuchs. Kilometerlang bewegt sich der Asphalt. Noch fliegen sie nicht, sondern drängen in großen Gruppen vorwärts. Schwarz sind die gerade geschlüpften Larven, grün die im zweiten Stadium, gefleckt die im dritten und vierten, gelb die im fünften. In der Luft die Elterngeneration, deren saftige Körper gegen die Windschutzscheibe knallen. (…) Und die Dörfer sind wie belagert. Ein fliegender Schwarm kommt, frisst und zieht am nächsten Morgen weiter, wenn ihn die Sonne aufgetankt hat. Der Wind treibt ihn wieder fort. Aber die Kinderbanden bleiben, stromern tage- und wochenlang an den Hütten der Bauern vorbei, rasen im Kreis um ihre Kochtöpfe und Betten, machen Strohhütten zu lebendigen Gebilden. Sie sind allgegenwärtig.
In den Weiten der Savanne trifft man auf Menschen vom Volk der Peulh. Viehhirten sind sie seit Generationen. Ihr Vieh, sagen sie, habe Durchfall, seit es Pflanzen voller Heuschrecken fressen muss. Dann bitten sie die Männer in ihren Jeeps um Säcke voller Gift. Es ist das Einzige, was die Plage aufhält. Aber die Männer haben nichts. Weiter vorne am Fluss zünden die Bauern Feuer an, machen Lärm, graben Löcher, in die die Larven fallen sollen. Doch die Larven marschieren an den Löchern vorbei. „Sie fressen uns den Reis weg, während er wächst“, sagen die Bauern, dann beten sie, weil jetzt nur noch Gott helfen kann.
Die Aussichtslosigkeit bemisst sich in Quadratkilometern: Ein Schwarm hat 40–80 Millionen Tiere pro km^2. Und ein km^2 ist nur ein Teil des Ganzen. Aber jeder dieser Teile frisst pro Tag so viel wie zehn Elefanten oder 25 Kamele oder 2500 Menschen. Und was noch schlimmer ist, diesmal kamen die Heuschrecken schon am Anfang der Regenzeit, nicht wie bei der letzten großen Plage 1988 am Ende. Eine Ernte wird es dieses Jahr nicht mehr geben.
(gekürzt nach: Im Lärm der achten Plage, Süddeutsche Zeitung, 17. 9. 2004)

76.2: Zeitungsbericht

AUFGABE

1. *Werte den Text aus: Erstelle eine Mindmap zum Problem, weshalb Heuschreckenschwärme für den Sahel eine zusätzliche Bedrohung darstellen.*

Im Kampf gegen den Sand

Der steigende Verbrauch an Holz im Sahel ist eine der Hauptursachen der Wüstenbildung. Viele Menschen sind mit dem Sammeln von Brennholz für den Eigenbedarf oder für den Verkauf beschäftigt. Mit jedem Kamel, Esel oder Lastwagen, die heute zu den Holzmärkten in die Sahelstädte kommen, rückt die Wüste ein Stückchen weiter vor. Experten haben die Nutzung von Sonnenenergie, z. B. beim Kochen, vorgeschlagen (Abb. 77.2). Doch das funktioniert nur sehr bedingt, denn der Tagesrhythmus der Einheimischen ist durch die Tageshitze so bestimmt, dass sie ihre Mahlzeiten abends zu sich nehmen. Zudem ist ein flächendeckender Einsatz heute noch zu teuer.
Wie kann wirkungsvoll, d. h. nachhaltig, geholfen werden? Langfristig können im Sahel nur Maßnahmen „greifen", wenn sie den regionalen Verhältnissen angepasst sind und von den Betroffenen auch angenommen werden.

77.1: Mindmap: Ursachen der Wüstenbildung (Desertifikation)

AUFGABEN

1. *Beschreibe das Beispiel für eine wirkungsvolle Maßnahme (Abb. 77.3 – 5). Erläutere das Problem, die durchgeführte Maßnahme und das Ergebnis.*
2. *Die Abb. 77.1 zeigt dir vom Menschen gemachte Ursachen der Wüstenbildung. Überlege dir für die einzelnen Ursachen sinnvolle Gegenmaßnahmen.*
3. *Welche der in Abb. 77.1 genannten Ursachen sind nach deiner Meinung besonders schwerwiegend. Begründe.*
4. *Erstelle aus der Mindmap (Abb. 77.1) ein einfaches Ursache-Wirkungs-Schema.*

77.2: Solarkocher – ein Beispiel für eine wirkungsvolle Maßnahme?

77.3: Problem – Erosion

77.4: Maßnahme – ?

77.5: Ergebnis – ?

78.1: Experiment 1

78.2: Materialliste

Experiment 1:
- flache Schale
- farbige Flüssigkeit (z. B. Limonade)
- Küchenpapier

Experiment 2 und 3:
- Glasschale
- Salz
- Teelöffel
- Erde
- Gießkanne
- Wasser
- Heizkörper (Wärmequelle)

78.3: Salzkrusten

GEO *Praxis*

Wir führen Experimente zur Bodenversalzung durch

Experiment 1: Halte ein aufgerolltes Küchenpapier in eine Schüssel mit einer farbigen Flüssigkeit. Was kannst du beobachten?

Experiment 2: Verteile zunächst einige Teelöffel Salz gleichmäßig auf den Grund einer Glasschale. Fülle anschließend ca. 5 cm Erde über das Salz und drücke diese an. Nun musst du den Boden so gründlich gießen, dass sich das Salz auflöst. Stelle den Behälter mit der nassen Erde in die pralle Sonne oder auf einen Heizkörper. Innerhalb von ca. 24 Stunden breitet sich an der Oberfläche ein weißer Niederschlag aus. Was ist passiert? Feuchte einen Finger an, streiche über die Ausblühungen und mache eine „Geschmacksprobe".

Experiment 3: Gieße nun wieder reichlich Wasser über die Erde, sodass sich die weißen Ausblühungen auflösen. Entferne vorsichtig das überschüssige Wasser, indem du es ausgießt. Wiederhole diesen Vorgang einige Male. Trockne die Erde erneut. Was kannst du feststellen?

78.4: Experiment 3

Versalzung in Trockenräumen

Falls Wasser zur Verfügung steht, wird dieses in den Trockengebieten zur Bewässerung von Feldern genutzt. Bei der Versickerung löst es Mineralsalze im Boden auf. Teilweise enthält auch das zugeführte Wasser bereits geringe Mengen Salz. Durch die hohe Lufttemperatur kann viel Wasser an der Erdoberfläche verdunsten. Der „Nachschub" an Bodenwasser steigt durch feine Risse und Spalten im Boden zur Erdoberfläche. Hier verdunstet das Wasser, die Salze bleiben zurück.
Mit der Zeit wird die wachsende Salzkonzentration der obersten Bodenschicht in Form von Salzkrusten sichtbar (Abb. 78.3).
Die meisten Pflanzen können kein Wasser aufnehmen, wenn der Salzgehalt im Boden höher ist als in den Wurzeln oder Leitungsbahnen der Pflanze selbst. Auf versalzten Flächen „verdursten" deshalb die Pflanzen trotz der Zufuhr von Wasser. Die ehemals fruchtbaren Felder sind zu toter Erde geworden.

Um bei Bodenversalzung Abhilfe zu schaffen, muss ein zusätzliches Entwässerungssystem gebaut werden, das die gelösten Salze wieder fortschwemmt (Abb. 78.5).

AUFGABEN

1. *Vergleiche die Beobachtungen zu deinen Experimenten mit realen Gegebenheiten.*
2. *„Keine Bewässerung ohne Entwässerung." Begründe diese Aussage.*

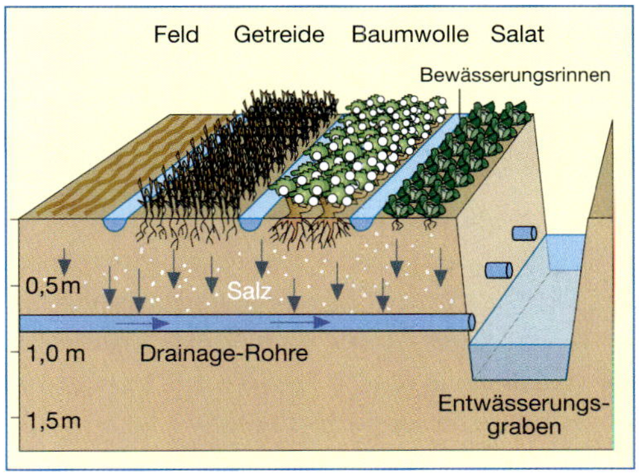

78.5: Be- und Entwässerung

GEO Wissen | Sahelzone

Die Sahelzone – ein komplexes Wirkungsgefüge

Die Sahelzone, der „Hungergürtel“ Afrikas, ist dir inzwischen vertraut. Auf dieser Seite kannst du deine Kenntnisse und dein Problembewusstsein überprüfen. In der Mindmap zur Sahelzone (Abb. 79.1) findest du alle Schlüsselbegriffe, die den „Hungergürtel“ Afrikas kennzeichnen. Sie sind in sechs Problemfeldern zusammengefasst.
Deine Aufgabe besteht darin, zu zeigen, dass die Schlüsselbegriffe der einzelnen Problemfelder auch untereinander eine Beziehung haben, z. B. ist die Zerstörung der natürlichen Vegetation auch eine Folge des Brennholzbedarfs.

Versuche nun, eine Auswahl von Schlüsselbegriffen in eine logische und optisch leicht erfassbare Form zu bringen. Trage die ausgewählten Schlüsselbegriffe entsprechend in dein Heft ein und verbinde sie mit Pfeilen, die auf eine Beziehung hinweisen. Hierdurch entsteht ein Netz von Ursachen und Folgen, das man Wirkungsgeflecht nennt.

Viele Probleme sind sehr komplex und können nicht mit einer einzigen Kette verdeutlicht werden. Benutze verschiedene Farben und unterschiedliche Strichstärken für deine Pfeile, um zusammengehörige Beziehungsfelder hervorzuheben. Je mehr Schlüsselbegriffe du in das Wirkungsgefüge aufnimmst, desto komplexer wird es.

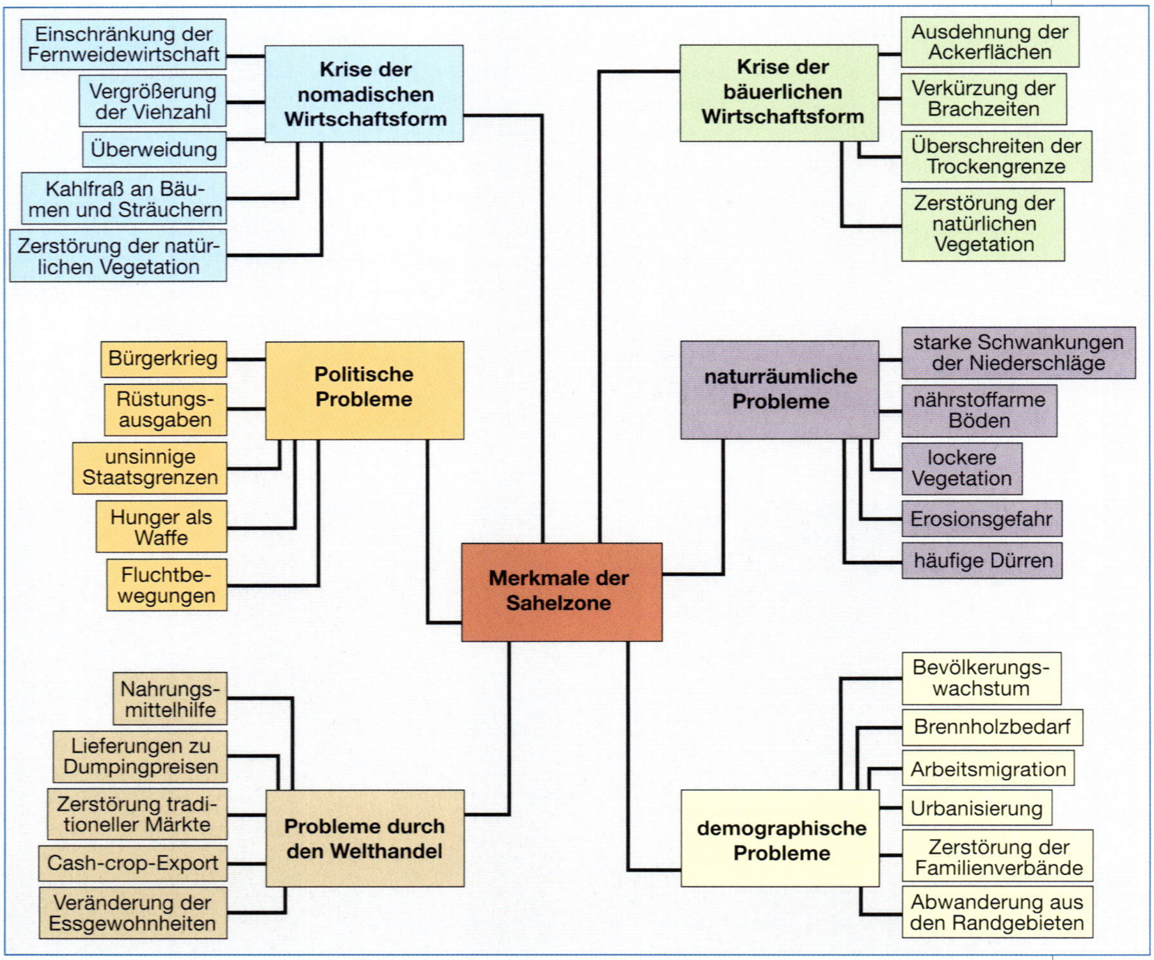

79.1: Mindmap zur Sahelzone

Ein Tag im tropischen Regenwald

- vorbeugende Impfungen nicht vergessen
- Mückenschutz, Desinfektionsmittel, evtl. Schlangenserum mitnehmen
- unbedingt Taschenlampe und Batterien einpacken
- luftige, nicht eng anliegende Kleidung aus atmungsaktivem, Schweiß aufsaugendem Baumwollgewebe
- nur langärmelige Hemden tragen
- möglichst breitkrempige Kopfbedeckung aufsetzen
- hochgeschlossene, dicksohlige, nicht zu knapp sitzende Stiefel anziehen
- nicht in freien Gewässern baden

80.1: Urwald-Tipps

Ein Forscher berichtet: „Am Morgen dampfen die Erde und das Pflanzendickicht unter den wärmenden Strahlen der Sonne. Die Luft ist so feucht, dass ich sie fast wie eine Flüssigkeit empfinde. Schon nach einer halben Stunde ist mein ganzer Körper schweißgebadet. Wind, der kühlen könnte, gelangt nicht ins Innere des Waldes. Die Luft steht. Gegen Mittag nimmt die Hitze rasch zu und es verstummen alle Vögel und Säugetiere. Schon in den Mittagsstunden zeigen sich weiße Wolkenballen am tiefblauen Himmel. Die Sonne verhüllt sich immer mehr, dann wird der ganze Himmel schwarz. Plötzlich sehe ich helle Blitze zucken, der Donner rollt, und ich höre, wie der Regen vierzig Meter über mir auf das Blätterdach prasselt. Eine ganze Zeit vergeht, bis das Wasser an den Stämmen herabläuft. Der modrige Boden wird zu knöcheltiefem Sumpf. Der Regen bringt keine Abkühlung. Im Gegenteil: Er transportiert die Hitze der tropischen Sonne vom Blätterdach ins Innere des Waldes, das wie eine Waschküche zu dampfen beginnt. Jetzt schreien und brüllen die Tiere wieder mit tausend Stimmen. Dieses Schauspiel wiederholt sich fast täglich, jahraus, jahrein."

Die durchschnittlichen Tagestemperaturen im tropischen Regenwald sind das ganze Jahr über fast gleich hoch. Das Wetter ändert sich zwar regelmäßig im Laufe eines Tages, aber Jahreszeiten, so wie wir sie kennen, gibt es dort nicht. Da die Temperaturunterschiede zwischen Tag und Nacht wesentlich höher sind als die Schwankungen der Jahrestemperatur, nennt man das Klima der inneren Tropen auch Tageszeitenklima.

Der Regenwald bietet fast alles, was für ein üppiges Pflanzenwachstum nötig ist: Kohlenstoffdioxid (aus der Luft), Wärme, Licht und Wasser. Nur rund ein Viertel des Niederschlags versickert im Boden des Regenwaldes und gelangt in die Flüsse, alles Übrige wird von den Wurzeln der Bäume aufgenommen, in den Stämmen nach oben transportiert und über die Spaltöffnungen in die Luft abgegeben. Über den Baumwipfeln kondensiert der hochsteigende Wasserdampf zu Wolken, die über ihnen auch wieder abregnen. Der Regenwald unterhält so seinen eigenen Wasserkreislauf.

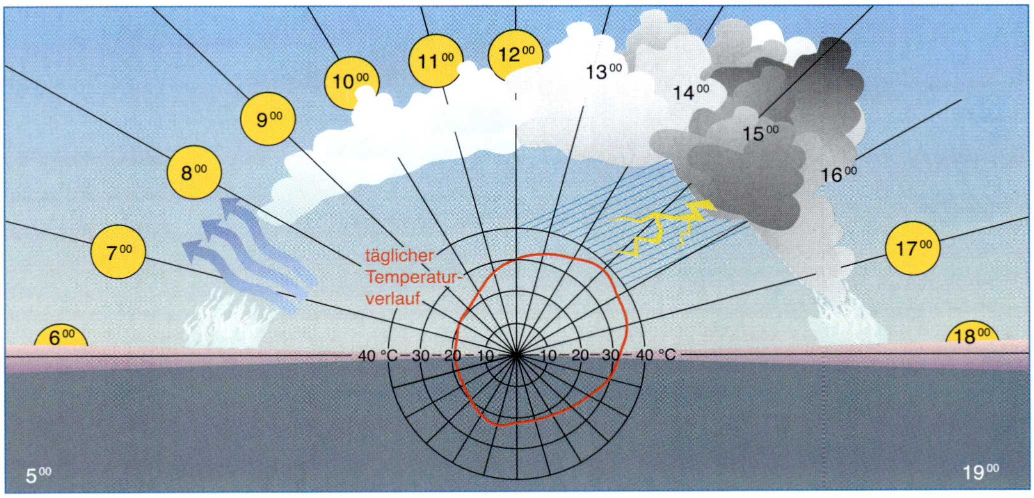

80.2: Ein Tropentag

AUFGABEN

1. Vergleiche den Wetterablauf im tropischen Regenwald mit dem bei uns (Abb. 80.2).
2. Erkläre den Satz: „Der Regenwald macht sich sein eigenes Klima.“
3. Bei uns spricht man von einem „Jahreszeitenklima“, in den immerfeuchten Tropen von einem „Tageszeitenklima“. Erkläre (Abb. 81.3).
4. Begründe die Urwald-Tipps aus einem Reiseführer (Abb. 80.1).

81.1: „Waschküche“ tropischer Regenwald

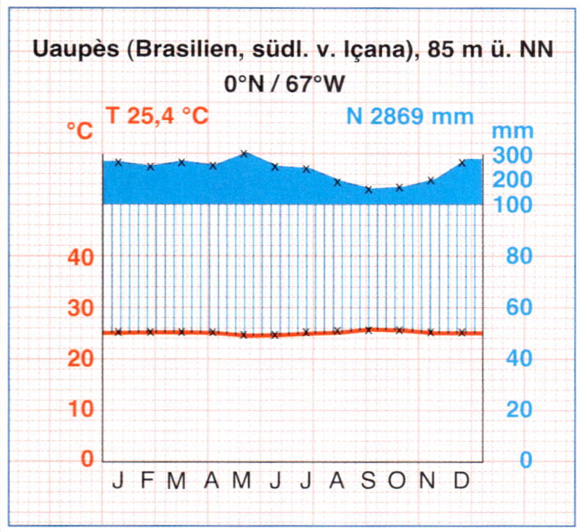

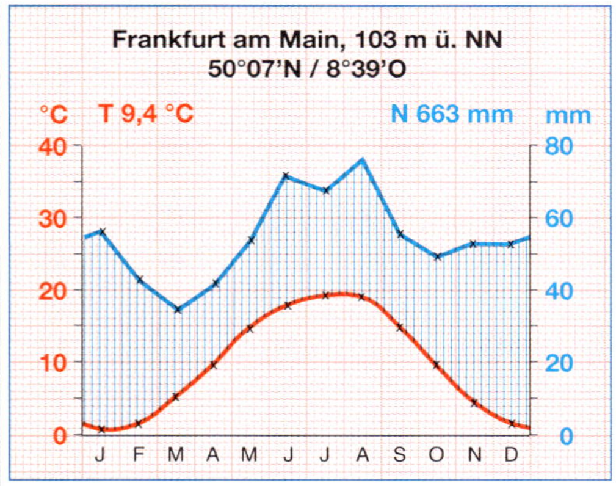

81.3: Klimadiagramme

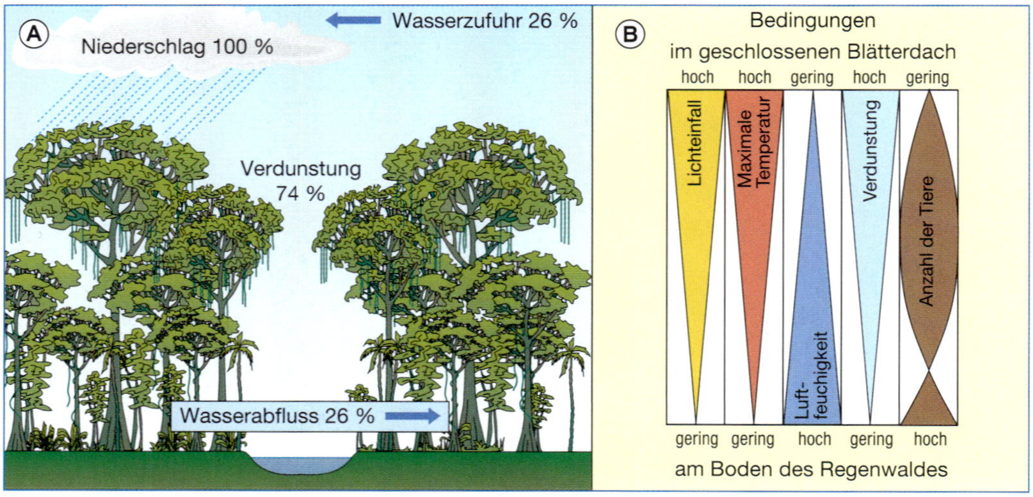

81.2:
A: Wasserkreislauf im tropischen Regenwald,
B: Veränderungen der klimatischen Bedingungen vom geschlossenen Blätterdach bis zum Boden des Regenwaldes

Überleben im tropischen Regenwald

82.1: Pygmäen – Menschen des Waldes

Pygmäen – die Menschen des Waldes

Die Pygmäen gelten als die frühesten Einwohner Zentralafrikas. Schon seit Jahrtausenden leben sie in den Regenwäldern von Kamerun, Kongo und Gabun. Die von Natur kleinwüchsigen Menschen werden nur ca. 1,40 m groß. Die Pygmäen leben in Großfamilien. Mindestens drei Familien bilden eine Sippe. Als Jäger und Sammler durchstreifen sie in kleinen Gruppen den Wald. Die Männer erlegen kleinere Tiere mit vergifteten Pfeilen, größere werden in Fallgruben gefangen. Bleibt der Jagderfolg aus, so ernähren sie sich von allem, was an Früchten, Wurzeln, Samen, Insekten und Schnecken gesammelt werden kann. Die Pygmäen leben nicht in festen Dörfern. Für die Nacht werden von den Frauen aus Zweigen und Blättern Rundhütten errichtet. Bei den ackerbauenden Bantu wird erjagtes Wild gegen Bananen und Knollenfrüchte eingetauscht. Von den Bantu werden die Pygmäen allerdings sehr schlecht behandelt, oftmals sogar vertrieben, um neue Ackerflächen zu gewinnen.

Der Reporter Uwe George, der längere Zeit bei den afrikanischen Ureinwohnern gelebt hat, war sehr erstaunt, wie freundlich und intelligent die Angehörigen dieses Volkes waren. „Die Pygmäen haben mehr Kenntnisse über den Wald als alle Naturwissenschaftler zusammengenommen“, stellte er bewundernd fest. „Sie haben sie, weil sie Bestandteil des Waldes sind. Sie selbst sind Wald.“

Seit einigen Jahren allerdings wird der Lebensraum der Waldmenschen mehr und mehr eingeengt, so sehr, dass es um das Überleben dieses Volkes geht. Vielen ist seine Lebensform ein Dorn im Auge, den Missionaren etwa, aber auch den Verantwortlichen in den Regierungen. Vor allem aber sind es die Holzfäller, die versuchen, die Pygmäen zu vertreiben oder bis zur Hilflosigkeit zu „zivilisieren“.

82.2: Zwei junge Pygmäen

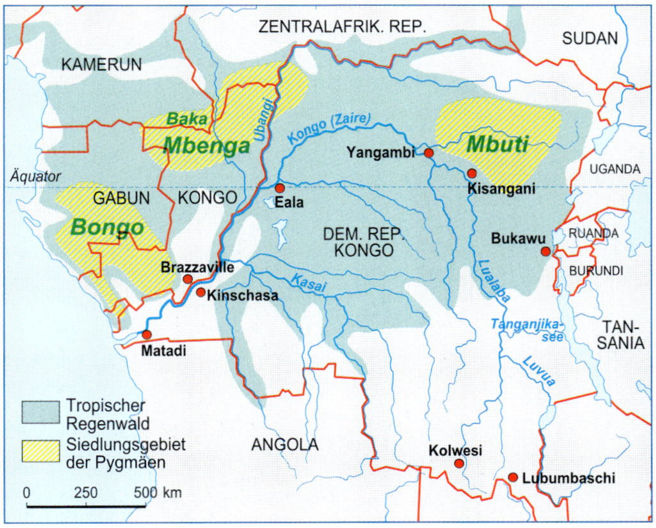

82.3: Siedlungsgebiet der Pygmäen

82.4: Europäischer Helfer und Pygmäe

Wandern, um zu überleben

Ackerbauern des tropischen Regenwaldes, wie z. B. die Bantu in Gabun, wohnen in kleinen Dörfern, die aus einzelnen Lehmhütten bestehen. Die Felder werden mit einfachen Hacken und Grabstöcken bearbeitet. Diese Form des Ackerbaus wird Hackbau genannt. Zunächst schlagen die Männer mit Buschmesser und Axt Sträucher und kleinere Bäume ab. Dann werden die größeren Bäume geringelt und so zum Absterben gebracht. Schließlich fällen sie möglichst viele Bäume. Nachdem das Holz dürr geworden ist, wird es zusammen mit dem geschlagenen Unterholz angezündet. Tagelang steht eine riesige Rauchsäule über dem Wald. Einige größere Bäume lassen die Bantu als Schattenspender für empfindliche Pflanzen stehen. Die bei der Brandrodung entstandene Asche wird gleichmäßig verteilt; sie düngt den Boden. Die Frauen bestellen die Felder. Den Boden lockern sie nur dort mit der Hacke, wo auch eine Pflanze eingesetzt wird.
Die Bantu bevorzugen eine gemischte Anbauweise. Oft kombinieren sie Mais mit Knollenfrüchten (Maniok, Taro, Bataten) und Mehlbananen. Nach der Ernte werden Erdnüsse und Zwiebeln angepflanzt. Tomaten, Auberginen und Yams ergänzen den Speiseplan. Die Bantu bauen nur das an, was sie auch selbst verbrauchen; sie sind Selbstversorger.
Schon nach zwei Jahren werden die Ernteerträge spürbar geringer. Von den Rändern her wuchert der Regenwald in die gerodete Fläche hinein. Bald müssen die Bantu das Feld aufgeben. Es bleibt brach liegen. Allmählich wächst wieder Wald nach. Inzwischen haben die Männer eine neue Fläche gerodet. Im Laufe der Jahre ist die gesamte Fläche um das Dorf herum bebaut worden. Wenn sich ein weiterer Anbau nicht mehr lohnt, muss die Familie ihre Siedlung verlassen und an anderer Stelle ein Haus bauen. Diese Art des Feldbaus, die in allen Regenwaldgebieten zu finden ist, bezeichnet man als Brandrodungswanderfeldbau.

83.1: Brandrodung

83.2: Hackbau

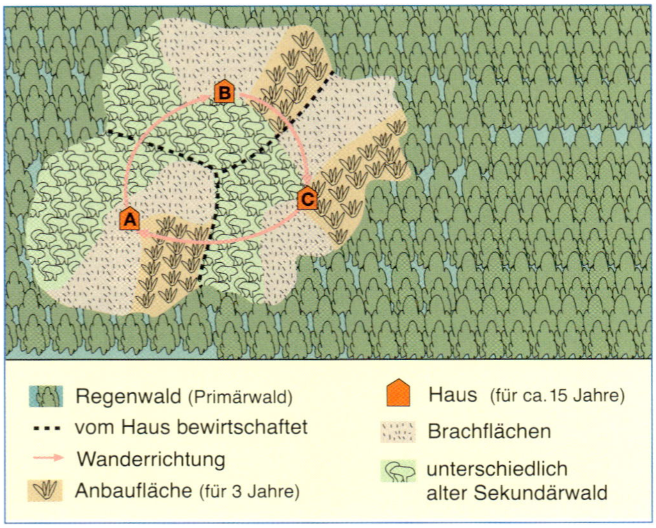

83.3: Wanderfeldbau mit Brandrodung

AUFGABEN

1. *Die Pygmäen sind in idealer Weise an das Leben im Regenwald angepasst. Begründe.*
2. *Die Bantu betreiben Wanderfeldbau mit Brandrodung. Beschreibe diese Wirtschaftsform. Warum sind die Bantu zum Wandern gezwungen?*
3. *Maniok, Taro und Bataten sind weit verbreitete Kulturpflanzen für die Selbstversorgung im Regenwald. Informiere dich über Aussehen, Anbau und Verarbeitung dieser Pflanzen (Lexikon, Internet) und berichte vor der Klasse.*

84.1: Mykorrhiza-Pilze (oberirdisch)

84.2: Erschöpfter Brandrodungsboden

Vielfalt trotz Mangel

Die Eingeborenen haben längst erkannt, dass der Ackerbau die Fruchtbarkeit des Bodens schnell verringert, während sie durch die natürliche Urwaldvegetation vergrößert wird. Deshalb überlassen sie ihre Anbauflächen nach wenigen Jahren der Nutzung wieder dem wilden Pflanzenwuchs. Die aufgegebenen Rodungsflächen werden vom Wald zurückerobert. Nach etwa 20 Jahren ist ein Sekundärwald entstanden. Er ist nicht so hoch, und die Zahl der Baumarten ist deutlich geringer als im ursprünglichen Primärwald. Es dauert über hundert Jahre, bis sich dieser Wald in seiner gesamten Artenvielfalt erneuert hat.

Infolge der hohen Temperaturen und der ständigen Feuchtigkeit sind die Gesteine des Untergrundes bis in große Tiefen zersetzt. Die Verwitterungsschicht kann unter einem Regenwald über 20 m betragen. Tonminerale, die kleinsten Abbauprodukte der Gesteine, sind die wichtigsten Lieferanten von neuen Pflanzennährstoffen. Zudem besitzen sie die Fähigkeit, Nährstoffteilchen (Mineralsalze) an sich zu binden und diese im Boden festzuhalten, wo sie dann bei Bedarf von den Pflanzenwurzeln aufgenommen werden. In den immerfeuchten Tropen aber fehlen diese wertvollen Tonminerale weitgehend.

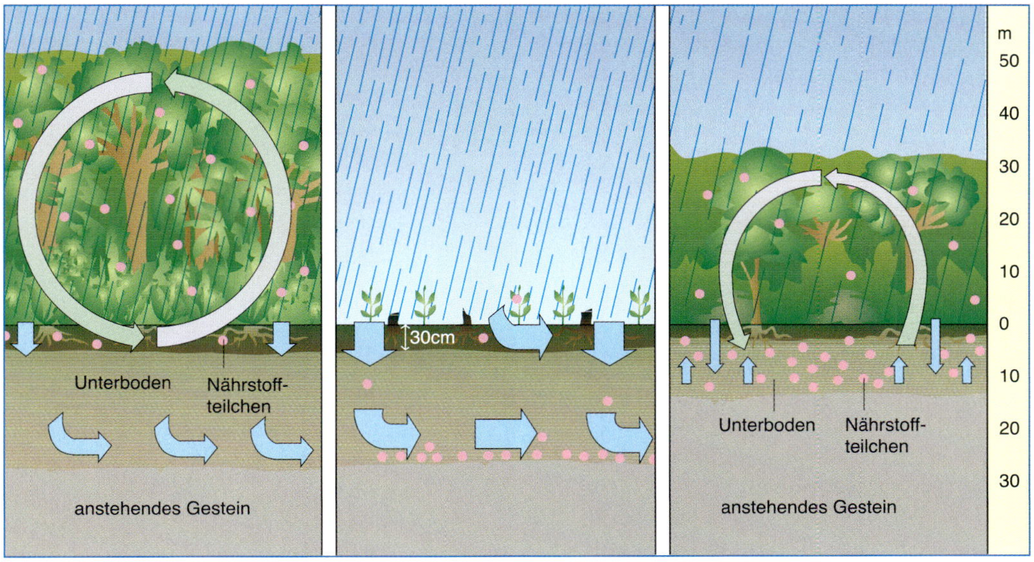

84.3: Nährstoffkreislauf in den immerfeuchten Tropen und in den gemäßigten Breiten

Bei der Vielzahl der Lebewesen müsste der Waldboden mit Rückständen verwesender Bäume oder mit Tierskeletten übersät sein. Doch der Boden ist wie leer gefegt, weil Termiten scharenweise über jeden gestürzten Baum herfallen und das Holz mit unglaublicher Schnelligkeit zersetzen. Der Reinigungsvorgang wird von den bodenbewohnenden Mykorrhiza-Pilzen vollendet, die mit den Pflanzenwurzeln in einer Art Lebensgemeinschaft leben. Die Pilzfäden umspinnen die Saugwürzelchen der Bäume und geben alle Nährstoffe, die sie den absterbenden Mitgliedern der Waldgemeinschaft entziehen, unmittelbar an die lebenden Pflanzen zurück. Die Wurzelpilze sind richtiggehende Nährstoff-Fallen. Die Nährstoffteilchen abgestorbener Pflanzen werden den lebenden Pflanzen somit rasch wieder zugeführt: Der Nährstoffkreislauf ist „kurzgeschlossen“. Von den Bäumen erhalten die Mykorrhiza-Pilze als Gegenleistung einen zuckerhaltigen Saft. Aber das so kraftstrotzend aussehende System ist anfällig. Wird der Wald geschlagen oder abgebrannt, so wird der Kreislauf an der entscheidenden Stelle aufgerissen.

85.2: Mykorrhiza-Pilze (Pilzfäden)

AUFGABEN

1. *Der Nährstoffkreislauf im tropischen Regenwald ist „kurzgeschlossen“. Erkläre.*
2. *Erläutere folgende Sätze:*
   a) Wird der Wald gerodet, so wird der Kreislauf an der entscheidenden Stelle aufgerissen.
   *b) Der tropische Regenwald wächst **auf**, aber nicht **aus** dem Boden.*
3. *Der Wanderfeldbau kann sowohl eine angepasste als auch eine zerstörerische Wirtschaftsform sein. Kläre diesen Widerspruch (Abb. 85.3).*
4. *Ordne folgende Begriffe den Buchstaben A oder B (Abb. 85.1) zu: Austrocknung – Biomasse – Bodenerosion – Stabilität des Ökosystems – Artenvielfalt – Feuergefahr – Nährstoffverluste.*

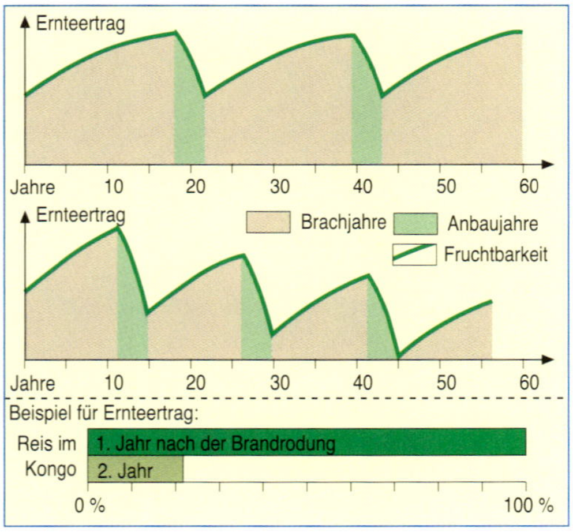

85.3: Brachedauer und Ernteerträge

Jahr	Bevölkerung in Mio.
1965	17,7
1975	23,9
1985	32,1
1995	44,4
2005	60,8

85.4: Bevölkerungsentwicklung in der Demokratischen Republik Kongo

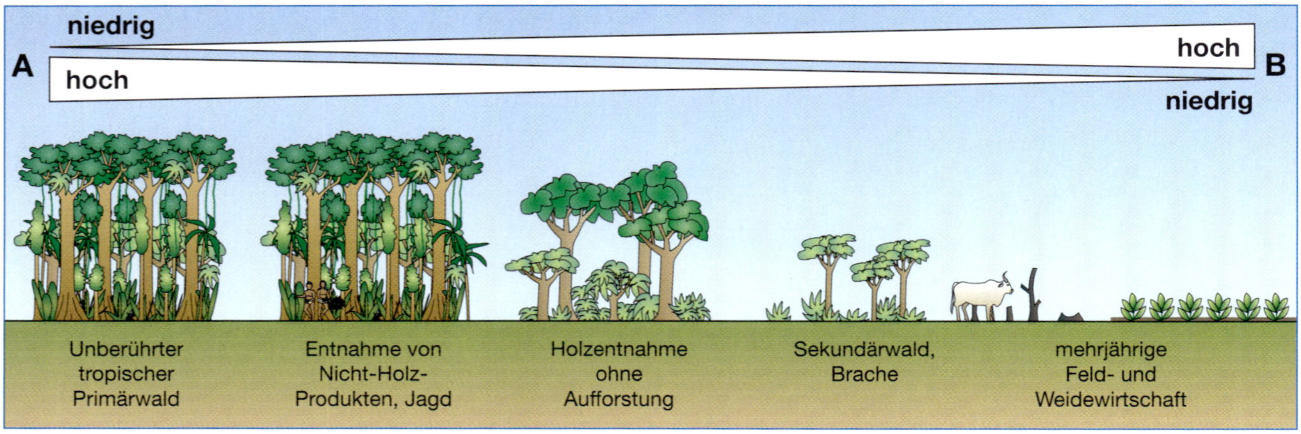

85.1: Veränderungen durch die Nutzung des tropischen Regenwaldes

GEO Praxis | Wir zeichnen Kreissektorendiagramme

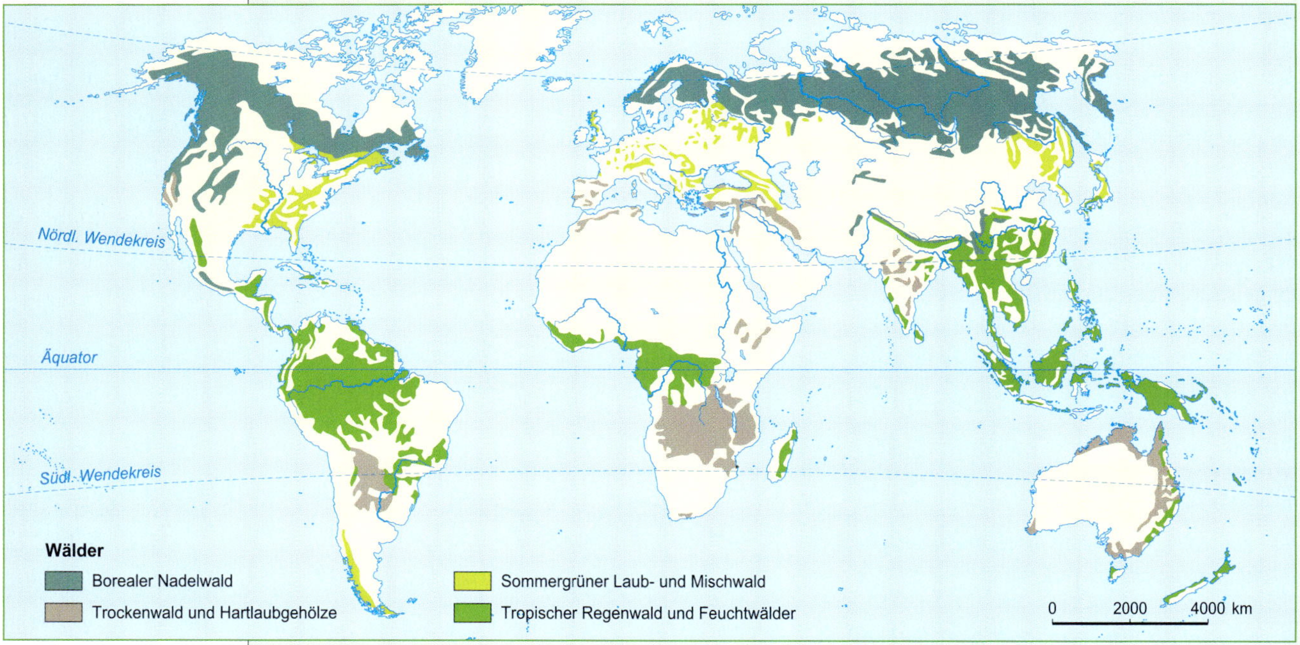

86.1: Die Wälder der Erde

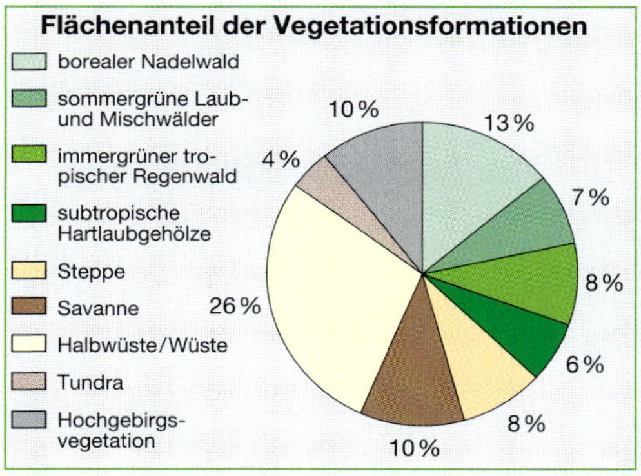

86.2: Vegetation der Erde

Region	Waldfläche 1990	Waldfläche 2005
Afrika	6994000	6354000
Asien	5745000	5716000
Europa (mit Russland)	9893000	10014000
Nord- u. Mittelamerika	7108000	7058000
Südamerika	8908000	8315000
Ozeanien	2125000	2063000
Welt	**40773000**	**39520000**

86.3: Waldflächenveränderungen nach Kontinenten (1990–2005), Angaben in km² (Quelle: FAO 2005)

Durch das schnelle Bevölkerungswachstum sind die Waldbestände auf der Erde ernsthaft bedroht, denn der Holzbedarf der Menschen steigt. Neben dem erhöhten Einschlag von Holz für die Bau-, Möbel- und Papierindustrie werden Waldflächen auch für andere Zwecke vernichtet. So müssen Wälder zum Beispiel Bau- und Verkehrsflächen weichen. Durch unsachgemäße Waldwirtschaft und klimatische Veränderungen haben Waldbrände und Sturmschäden zugenommen.

Um 1960 machten die tropischen Regenwälder noch etwa die Hälfte der gesamten Waldfläche der Erde aus, heute nur noch ein Viertel, und ihre Vernichtung schreitet rapide fort. Alle zwei Sekunden wird heute weltweit eine Fläche von ca. 7200 m² Regenwald vernichtet, das entspricht etwa der Größe eines Fußballfeldes. Dabei ist der Einschlag und Export von begehrtem Tropenholz nur eine der Ursachen und macht insgesamt nur ca. 15 % der Verluste aus. In vielen Gebieten der Erde ist Holz das einzige Brenn- und Heizmaterial. Außerdem werden Wälder für Siedler, Plantagen oder Viehweiden gerodet. Weltweit sind die Waldbestände bedroht, es lassen sich aber regionale Unterschiede feststellen (Abb. 86.3).

- die Entwicklung der Wälder der Erde

Wir zeichnen ein Kreisdiagramm

Bestimmt hast du auch schon einmal ein Kreis- oder „Tortendiagramm" ausgewertet. Wie bei einer Torte stellen die Kreissektoren (Kreisausschnitte) die einzelnen, allerdings unterschiedlich großen, „Tortenstücke" dar. Du kannst die jeweiligen Anteile am Ganzen auf Anhieb gut erkennen. Die folgende Anleitung zeigt dir, wie du ein Kreisdiagramm erstellen kannst.

Zum Zeichnen benötigst du ein Blatt Millimeterpapier oder kariertes Papier, ein Lineal, einen Zirkel, ein Geodreieck, einen Bleistift und Farbstifte. Zeichne mit dem Zirkel zunächst einen Kreis mit genügend großem Radius (z. B. 6 cm) und markiere den Kreismittelpunkt mit einem Kreuz.
Die 360°-Einteilung des Kreises entsprechen der Gesamtmenge, also 100 %. Dementsprechend sind 1 % der Gesamtmenge 3,6°, 5 % der Gesamtmenge 18° usw.
Die Größe der „Tortenstücke" erhältst du, indem du die Prozentanteile mit 3,6 multiplizierst. Um den Eintrag in die Skizze zu erleichtern, wird auf ganze Zahlen gerundet. Wenn keine Prozentzahlen angegeben sind, musst du sie berechnen.
Zeichne vom Kreismittelpunkt zum oberen Kreisrand den ersten Radius ein. Lege das Geodreieck an Mittelpunkt und Radius an und trage den ersten Winkel ein. Beginne mit dem größten Wert und setze die Einträge im Uhrzeigersinn in absteigender Folge fort.
Wähle für jeden Kreissektor eine eigene Farbe und trage die Werte ein. Erläutere das Kreisdiagramm durch eine Legende und füge eine Überschrift hinzu.

Zeichne mit den Werten aus Abb. 87.3 ein Kreissektorendiagramm. Berechne zunächst die Prozentanteile der einzelnen Länder und danach die Winkelgrößen.

Zeichne ein Kreissektorendiagramm, das die Anteile der einzelnen Waldtypen (borealer Nadelwald, sommergrüner Laub- und Mischwald, immergrüner tropischer Regenwald und subtropische Hartlaubgehölze) am gesamten Waldbestand der Erde zeigt (Abb. 86.2).

Region	Waldfläche 2005 (in km²)	Waldfläche 2005 in % der Weltwaldfläche	Grad im Kreisdiagramm
Afrika	6354000	16	58°
Asien	5716000	15	53°
Europa (mit Russland)	10014000	25	90°
Nord- und Mittelamerika	7058000	18	65°
Südamerika	8315000	21	76°
Ozeanien	2053000	5	18°
Welt	**39520000**	**100**	**360°**

87.1: Anteil der Kontinente an der weltweiten Waldfläche 2005

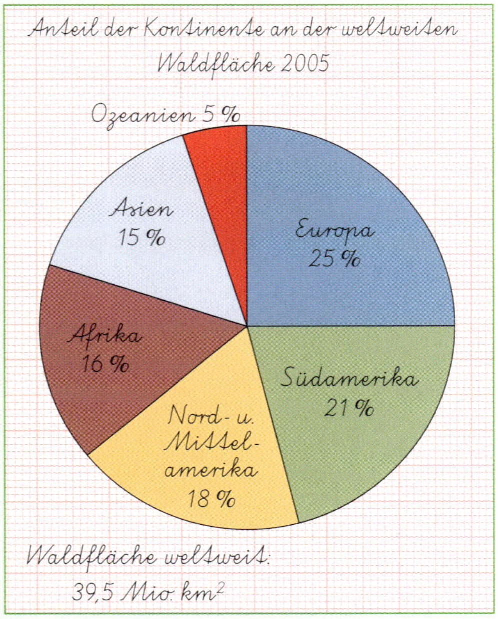

87.2: Kreissektorendiagramm

Land	vernichtete Waldfläche von 1990–2000 (in km²)
Brasilien	230900
Indonesien	131200
Sudan	95900
Sambia	85100
Mexiko	63100
Dem. Rep. Kongo	53200
Myanmar	51700
sonstige	228000
weltweit	**939100**

87.3: Die größten Waldvernichter der Erde

88.1: Materialliste:
- abschließbares Glasgefäß (Gurkenglas oder Einmachglas),
- Pflanzerde,
- Blähton (Hydrokultursubstrat) oder Tonscherben,
- etwas Holzkohle,
- Wasser

Pflanzen:
- Flinker Heinrich (Tradescantia),
- Schiefblatt (Begonia),
- Grünlilie (Clorophytum)

GEO Praxis – Wir führen Experimente zum Regenwald durch

Regenwald im Gurkenglas

Vielleicht warst du schon einmal in einem Tropenhaus, wie es sie in Zoos oder botanischen Gärten gibt. Dort versucht man ein Stück Regenwald nachzubilden und die Pflanzen unter tropischen Bedingungen wachsen zu lassen. Etwas Ähnliches kannst du selbst im Kleinen und stark vereinfacht nachbauen.
Besorge dir ein großes Glasgefäß mit verschließbarem Deckel. Es wird gründlich gewaschen und getrocknet. Der Boden des Gefäßes wird mit Blähton (Hydrokultursubstrat) etwa 3–4 cm hoch gefüllt, ersatzweise eignen sich auch klein gestoßene Scherben eines Blumentopfes. Dazu wird etwas Pflanzerde gegeben, sodass die Lücken zwischen den Blähtonkügelchen ausgefüllt sind.

88.3: Regenwald im Gurkenglas

Als Antischimmelmittel haben sich kleine Stückchen Holzkohle bewährt, die auf die Erde gegeben werden.
In die Pflanzenerde setzt man kleine Pflanzen, die für den tropischen Flaschengarten bestens geeignet und in jedem Pflanzenmarkt erhältlich sind (Abb. 88.1). Mit einem Wasserzerstäuber besprüht man die Pflanzen gründlich; dann schraubt man den Deckel auf das Glas und stellt es an einen Fensterplatz. Der Mini-Regenwald darf nicht den ganzen Tag in der prallen Sonne stehen. Der Platz sollte aber hell sein (Halbschatten) und möglichst in den Vormittagsstunden (zur Schulzeit) so viel direkte Sonne empfangen, dass der Wasserkreislauf gut in Gang kommt.
Das Wasser zirkuliert im geschlossenen Glasbehälter, es verdunstet aus dem Boden und den Blättern, kondensiert und schlägt sich an den Glaswänden nieder und sickert zurück in den Boden. Wenn sich zu viel Feuchtigkeit niederschlägt, nimmst du für eine Weile den Deckel vom Glas und lässt überschüssige Flüssigkeit verdunsten. Sollten sich überhaupt keine Tröpfchen an den Wänden absetzen, muss ein bisschen nachgewässert werden. Wenn Verdunstung und Niederschlag schließlich im Gleichgewicht sind, kannst du das Glas sich selbst überlassen.

Betrachte deinen Regenwald täglich morgens, mittags und abends und führe Protokoll.

88.2: Materialliste:
- eine große Bromelie im Topf,
- Gießkanne mit lauwarmem Wasser,
- Plastikwanne,
- Messbecher oder Messzylinder

88.4: Bromelien als Wasserspeicher

Bromelien als Wasserspeicher

Bromelien sind Bewohner des Regenwaldes. Ihre Blätter sind trichterförmig angeordnet. In diesem Blatttrichter fangen sie Regenwasser auf, das sie mit kleinen Saugschuppen aufnehmen.
Wie viel Wasser kann die mitgebrachte Bromelie aufnehmen? Schätze zusammen mit deinen Mitschülern und notiert eure Schätzungen auf Zetteln. Jetzt füllt ihr den Blattrichter randvoll mit lauwarmem Wasser. Zur Feststellung der tatsächlichen Wassermenge leerst du den Inhalt des Bromelientrichters in eine Plastikwanne. Von da gießt du das Wasser in einen Messbecher. Vergleicht das Ergebnis mit euren Schätzungen.

GEO Wissen — Tropischer Regenwald

1. Beschreibe, welche Merkmale des tropischen Regenwaldes im Text (Abb. 89.2) angesprochen werden.
2. Erläutere, welche möglichen Entwicklungen es bei der Nutzung tropischer Regenwälder gibt (Abb. 89.1).
3. Im Internet gibt es zahlreiche spannende Seiten zum tropischen Regenwald, die dir bei der Beantwortung folgender Fragen helfen:
   a) Nenne die Merkmale des Regenwaldes.
   b) Berichte über spezielle Anpassungen von Pflanzen und Tieren des Regenwaldes.
   c) Welche Völker leben im Regenwald? Beschreibe ihre Lebensweise und Gefährdung.
   d) Nenne und begründe Möglichkeiten zum Schutz der Regenwälder.

Ein Baum im Tropenwald

Tropenwälder sind wie Großstädte. Ein Tropenbaum ist ein gigantischer, gewachsener Wolkenkratzer. Auf allen Etagen ist er randvoll mit Wohnräumen, Wendeltreppen, Balkonen, Antennen, Speisekammern, Verstecken, Plätzen, Brücken, Tümpeln und Teichen. Alle Bewohner sind aufeinander und auf den Baumturm angewiesen, um zu überleben. Sie wachen, schlafen, jagen und begatten einander, krabbeln, flattern, fressen, knabbern, tarnen sich, äugen, säugen und schwimmen in und auf dem Baum, in seinen Hohlräumen und wassergefüllten Blattkelchen. Die Einwohner der Baumstadt heißen in unserer Sprache Ameisen, Eidechsen, Heuschrecken, Grillen, Pilze, Moose, Farne, Orchideen, Vögel, Frösche, Kröten, Affen, Lianen, Schlangen – und sie haben noch Tausende anderer Namen in Hunderten von anderen Sprachen.
Keine anderen Wesen der Erde, weder Schildkröten noch Blauwale, erreichen je das Alter von Urwaldbäumen. Greise unter den heute lebenden Baumriesen waren zu Kolumbus' Zeiten lichtgrüne Schösslinge.
Ein Baum im Tropenwald ist ein Gedächtnis der Natur. Er ist ein Dschungelbuch, eine Bibliothek, ein Archiv, ein Wunder.

89.2: Gigant im Tropenwald

www.econautix.de/
Klicke im Menüpunkt „Basics" das Stichwort „Regenwald" an.
www.faszination-regenwald.de
mit Regenwaldquiz!
www.umweltkids.de/
Klicke im Menüpunkt „Schwerpunkte" das Stichwort „Regenwald" an.
www.abenteuer-regenwald.de
mit Vorschlägen, was du für den Erhalt des Regenwalds tun kannst

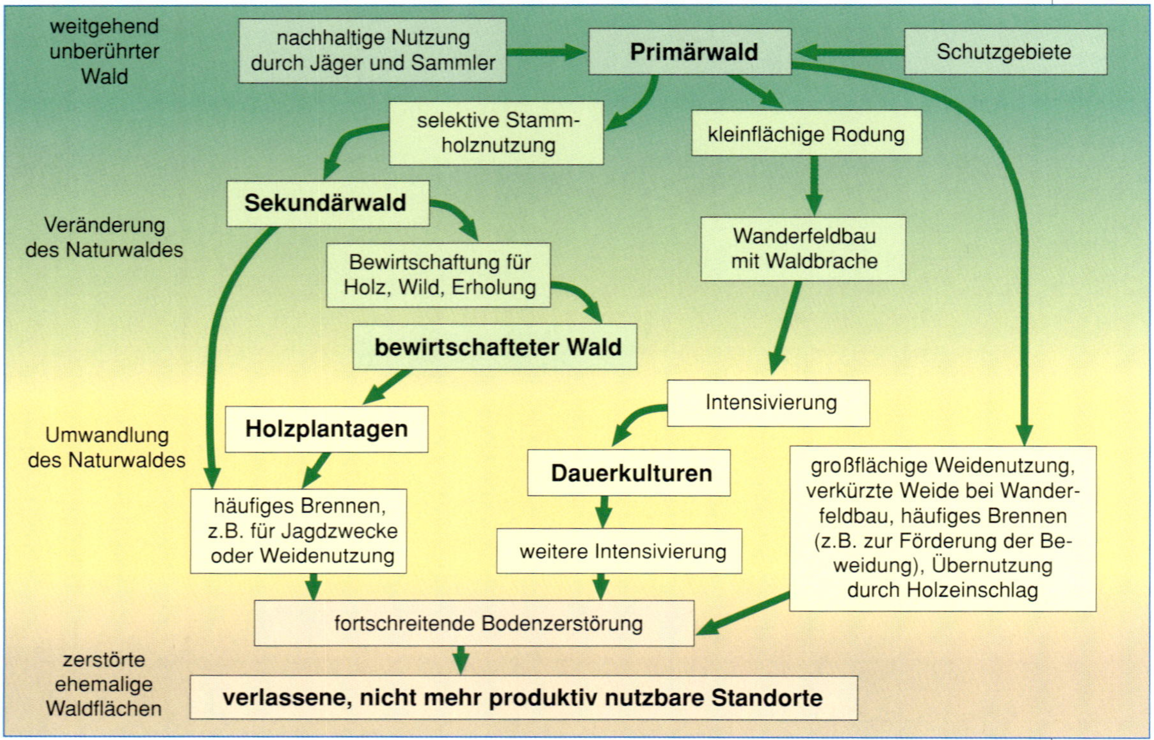

89.1: Nutzung des tropischen Regenwalds

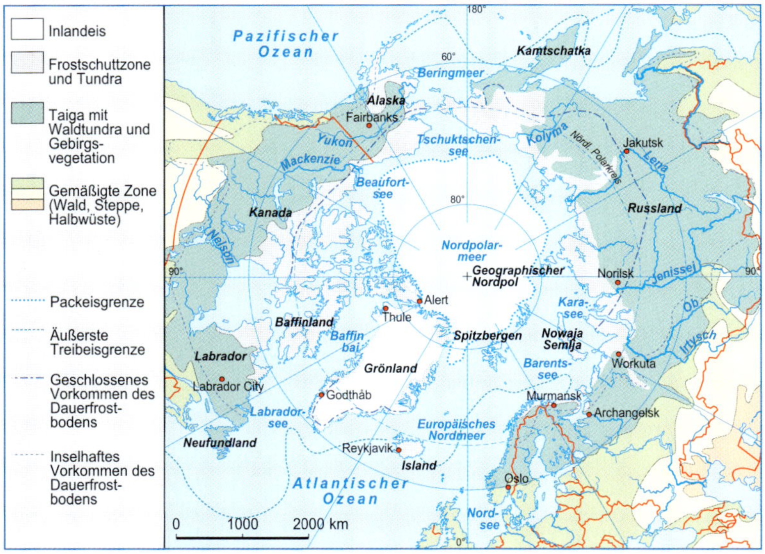

90.1: Arktis

Eisiges „Mittelmeer" und gefrorener Kontinent

Die Polarregionen der Erde scheinen nur auf den ersten Blick miteinander verwandt zu sein. Jenseits der Polarkreise gelegen, gibt es aufgrund einer zu kurzen sommerlichen Vegetationsperiode in den eisfreien Regionen der Arktis und Antarktis keinerlei Baumwuchs. Ansonsten wirkt sich das polare Klima aufgrund der verschiedenartigen Ausprägung der Nord- und Südpolarregion sehr unterschiedlich aus. Während das polnahe Kerngebiet der Arktis eine jahreszeitlich

Inlandeis: bis zu mehrere Kilometer mächtiges Gletschereis, das durch Verdichtung von Schnee entsteht
Pfannkucheneis: kreisförmige, 3 cm bis 3 m große Eistafeln mit wulstigen Rändern, die sich durch Gefrieren und Kollidieren der Eisplättchen im Meer bilden
Packeis: Eisschollen, die durch Wind und Strömung aufgetürmt aneinanderfrieren
Eisberge: von Gletschern an der Küste durch „Kalben" abgebrochene Eismassen, die im Meer nur zu ⅛ aus dem Wasser ragen
Schelfeis: mehrere Hundert Meter mächtige Eisplatten, die mit dem landwärts gelegenen Teil auf dem Meeresboden (Schelf) liegen und seewärts im Wasser schwimmen

90.2: Eis ist nicht gleich Eis

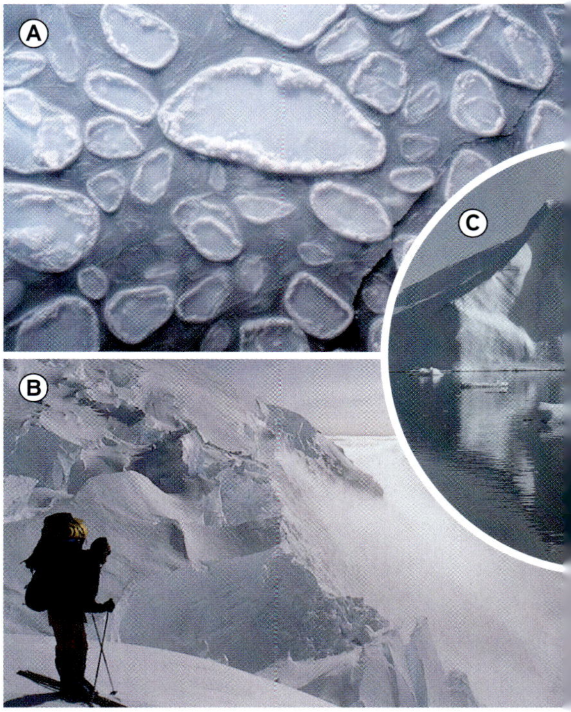

90.4: Erscheinungsformen des Eises

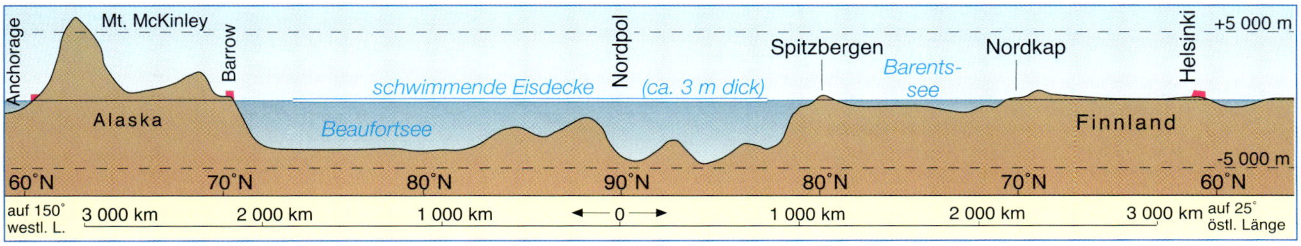

90.3: Profil durch die Arktis

unterschiedlich ausgedehnte Meereisdecke besitzt, ist die Antarktis ein eisbedeckter Kontinent. Nur zwei Prozent dieser Eiswüste sind eisfreie Oasen, die jedoch weder Landsäugetieren noch Ureinwohnern einen Lebensraum bieten.

AUFGABEN

1. *Ordne die Erscheinungsformen des Eises (Abb. 90.2 und 90.4 A–E) den jeweiligen Polarregionen zu.*
2. *Stelle die Unterschiede von Arktis und Antarktis in einer Tabelle einander gegenüber.*

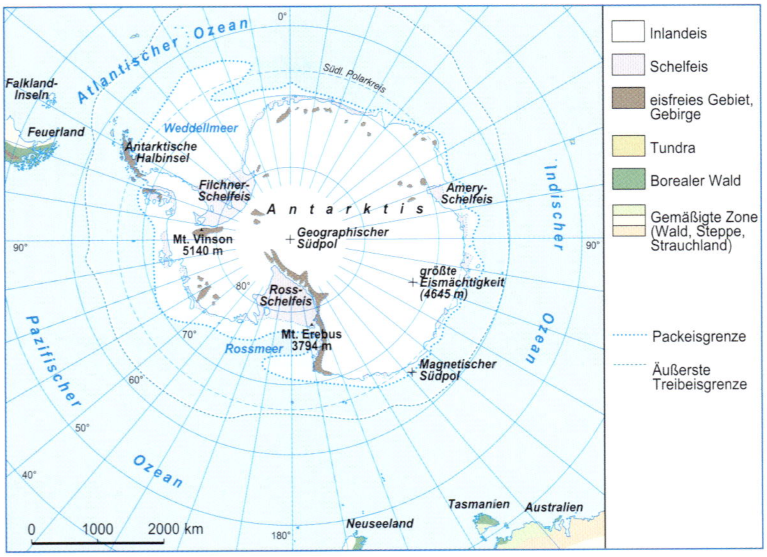

91.2: Antarktis

GEO Praxis

Wir machen Eis-Experimente

Klimaforscher behaupten, die Arktis sei in etwa 80 Jahren völlig eisfrei und auch die Antarktis schmelze im Rekordtempo. Welche Auswirkungen hat das auf den Meeresspiegel?

Experiment 1: Lege in ein Becherglas drei Eiswürfel und fülle mit Wasser bis auf 200 ml auf.

Experiment 2: Fülle in ein Becherglas 200 ml Wasser, halte ein schmales Brettchen (Lineal) schräg hinein und lasse darauf drei Eiswürfel ins Wasser gleiten.

Erläutere jeweils deine Beobachtungen und ordne die Versuche der jeweiligen Polarregion zu.

91.3: Materialliste:
- 2 Bechergläser
- 1 Lineal
- 6 Eiswürfel (möglichst gefärbt)
- Wasser

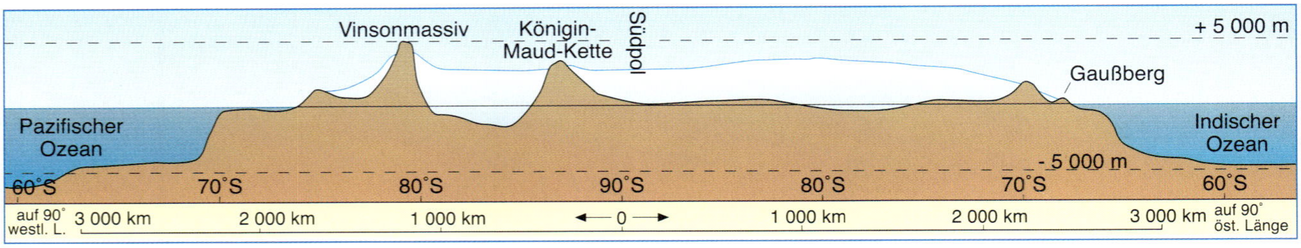

91.1: Profil durch die Antarktis

92.1: Iglu bei Nacht

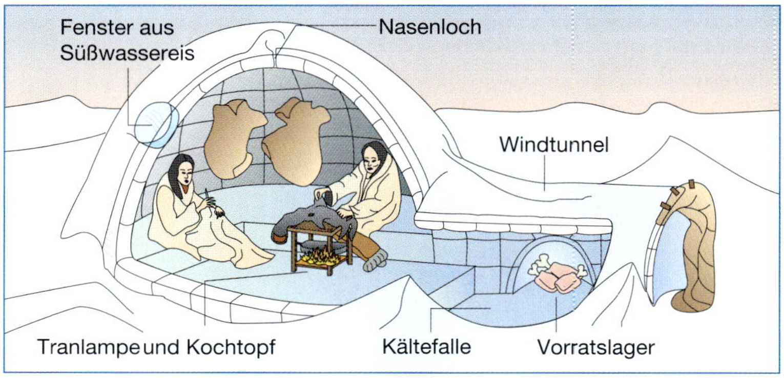

92.4: Iglu

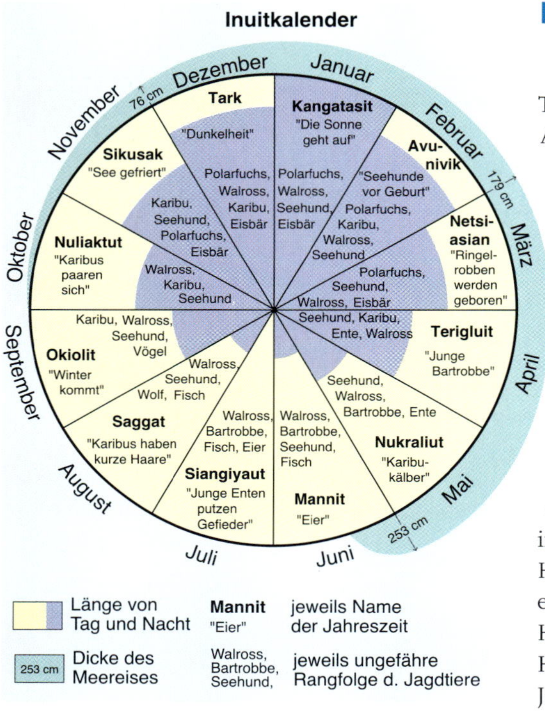

92.2: Inuitkalender

Inuit – zwischen Iglu und Internet

Trotz extremer Lebensbedingungen siedeln die Inuit seit Jahrtausenden in der Arktis. Der Eigenname dieser Ureinwohner bedeutet „Menschen“, die Bezeichnung „Eskimos“ wurde als Spottname von den indianischen Nachbarvölkern geprägt und bedeutet „Rohfleischesser“. Inuit-Großvater Loasie, der heute bei seinem Sohn in Tuktoyaktuk im Mackenzie-Delta lebt, erzählt: „Noch vor 50 Jahren waren wir Selbstversorger. Die Jagd nach Land- und Meerestieren war unsere Lebensgrundlage. Nach ihren jahreszeitlichen Wanderungen richteten wir unseren Wohnsitz. Dabei wohnten wir im Sommer in Zelten aus Fell, im Winter oft im Iglu. Sobald das Meereis trug, begann die Eislochjagd auf den Seehund. Stundenlang lauerten wir den Tieren am Atemloch auf. Wenn sie auftauchten, stachen wir blitzschnell zu. Bei unter –40 °C hätten wir das ohne unsere Fellkleidung niemals ausgehalten. Unser 5 kg schwerer Anorak mit einer doppelten Fellschicht diente uns dank des eingeschlossenen Luftpolsters beim Einbrechen ins Eis sogar als Schwimmweste.
Heute kaufen wir die wichtigsten Lebensmittel im Supermarkt, aber kein echter Inuit kann in seiner Freizeit auf das Jagdvergnügen verzichten. Die Harpune haben wir dabei zwar durch das Gewehr ersetzt und auch den Hundeschlitten gegen das Skidoo (Motorschlitten) ausgetauscht, doch das Jagdfieber ist geblieben.“

92.3: Auf Seehundjagd

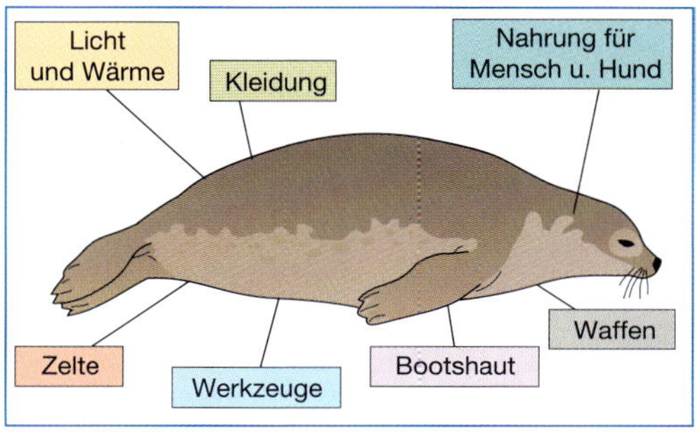

92.5: Der Seehund als Lebensgrundlage

93.1: Nyla

93.2: Moderne Inuitsiedlung

Tuktoyaktuk bedeutet „aussehen wie ein Karibu“ und ist heute eine Siedlung mit knapp 1000 Einwohnern. Nyla, eine 13-jährige Schülerin, schreibt ihrer Internetpartnerin in Deutschland: „Im Winter sind wir durch eine markierte Eispiste fast immer erreichbar, im Sommer dagegen nur per Flugzeug. Nur dann ist es möglich, eine neue ‚matchbox‘ zu montieren. Diese Fertighäuser aus Holz oder Wellblech werden in unserer vom Frost versiegelten Welt auf den sogenannten Dauerfrostboden aufgepfropft, sodass wir wie auf Stelzen wohnen. Zu Hause sprechen wir Inuktitut, die Sprache unserer Vorfahren. In der Schule ist sie seit einigen Jahren Unterrichtsfach, denn seit 1999 ist Nunavut, ‚unser Land‘, als selbstständiges Territorium anerkannt. Ohne Englisch hätten wir am Rande des Eismeeres jedoch keine Chance, denn auf die Arbeit im Ölcamp und im Tourismus sind wir angewiesen. Wer keine Arbeit findet, lebt vom Lachsfang, der Sozialfürsorge oder wird kriminell. Oft genug sind unsere vier Gefängniszellen ‚ausgebucht‘. Viele sind davon überzeugt, dass das Ende des traditionellen Nomadenlebens den meisten Inuit eher geschadet als genutzt hat. Ich möchte später einmal studieren und Inuitlehrerin werden.“

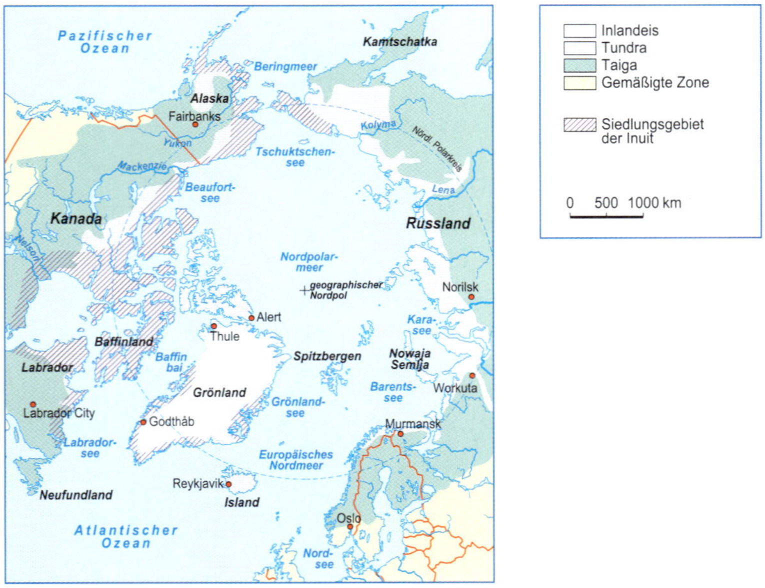

93.3: Lebensraum der Inuit

94.4: Müllkippe „Wildnis“

www.polarnet.ca/~netsilik/-6k
Netsilik School in Taloyoak
www.tu-dresden.de/sulfig/daf/kanada.htm
deutsches Internetprojekt mit Inuitschülern

AUFGABEN

1. *Vergleiche die Lebensweise der Inuit früher und heute in einer Tabelle.*
2. *Begründe, weshalb der Seehund früher die wichtigste Lebensgrundlage der Inuit war.*
3. *Recherchiere selbst über Inuit im Internet und versuche E-Mail-Kontakte zu entwickeln.*

25. März 1989
Tankerkatastrophe in Alaska
Anchorage. Der Supertanker „Exxon Valdez" ist gestern im Prince-William-Sound in Südalaska auf Grund gelaufen und leckgeschlagen. Millionen Liter Rohöl sind bereits ausgelaufen. Es droht die schlimmste Umweltkatastrophe in der amerikanischen Geschichte.

19. September 1994
Alaska Ölpest
Anchorage. Der Ölmulti Exxon Corporation soll den Geschädigten fünf Milliarden Dollar zahlen.

28. Januar 2000
Strenge Vorschriften in den USA
„Wir haben ein ausgezeichnetes Programm zur Verhütung von Ölunfällen entwickelt", sagt Michelle Brown von der Umweltbehörde in Alaska.

94.1: Die Katastrophe der „Exxon Valdez"

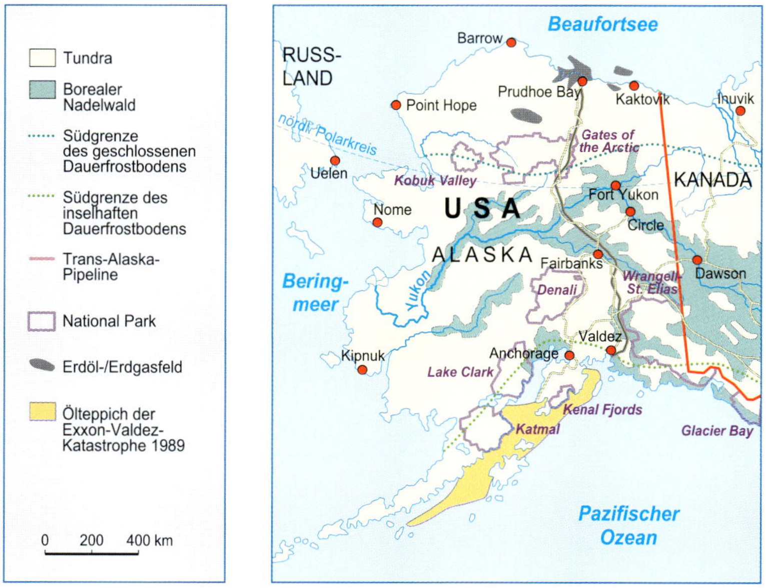

94.2: Öl aus Alaska

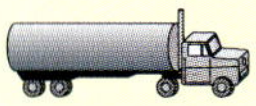
60 000 Tanklastwagen pro Tag auf einer 1200 km langen Straße mit 8 Fahrbahnen

63 Güterzüge mit je 100 Waggons, die pro Tag die Strecke zweimal befahren

235 Eisbrecher-Tanker mit einer Nutzlast von je 106 000 BRT pro Tag

94.3: Alternative Transportmodelle

Die Trans-Alaska-Pipeline – Öl um jeden Preis?

Noch heute muss Südalaska die Ölkatastrophe von 1989 teuer bezahlen. Tausenden Meeres- und Landorganismen hat es das Leben gekostet und die arktische Wildnis leidet noch immer an den Folgeschäden. Welchen Preis wird der Öldurst in Zukunft noch fordern?

Der Ölboom Alaskas begann, als 1968 über 80 °C heißes Erdöl als schwarze Fontäne aus einem 2500 m tiefen Bohrloch in der Eiswüste am Rande des Nordpolarmeeres schoss. Trotz härtester Arbeitsbedingungen, bei –60 °C in Dunkelheit im Winter und Stechmückenplagen im Sommer, kamen Tausende ins fast menschenleere Alaska, besessen vom Traum, schnell reich zu werden.
Bereits während der Planungsphase der Pipeline warnten amerikanische Umweltschützer vor einem Ölrausch in der Eiswüste. Sie befürchteten die endgültige Zerstörung des einzigartigen Naturraumes. Ihr anhaltender Protest und die Klagen der Ureinwohner bewirkten einen Baustopp, und erst 1974, unter dem Druck der arabischen Ölpreispolitik, gab es die Projektgenehmigung. Strikten Umweltschutzauflagen sowie den gerichtlich festgelegten Entschädigungen der Inuit und Indianer musste Folge geleistet werden.
Extreme Relief-, Boden- und Klimabedingungen erforderten eine spezielle Pipelinekonstruktion.

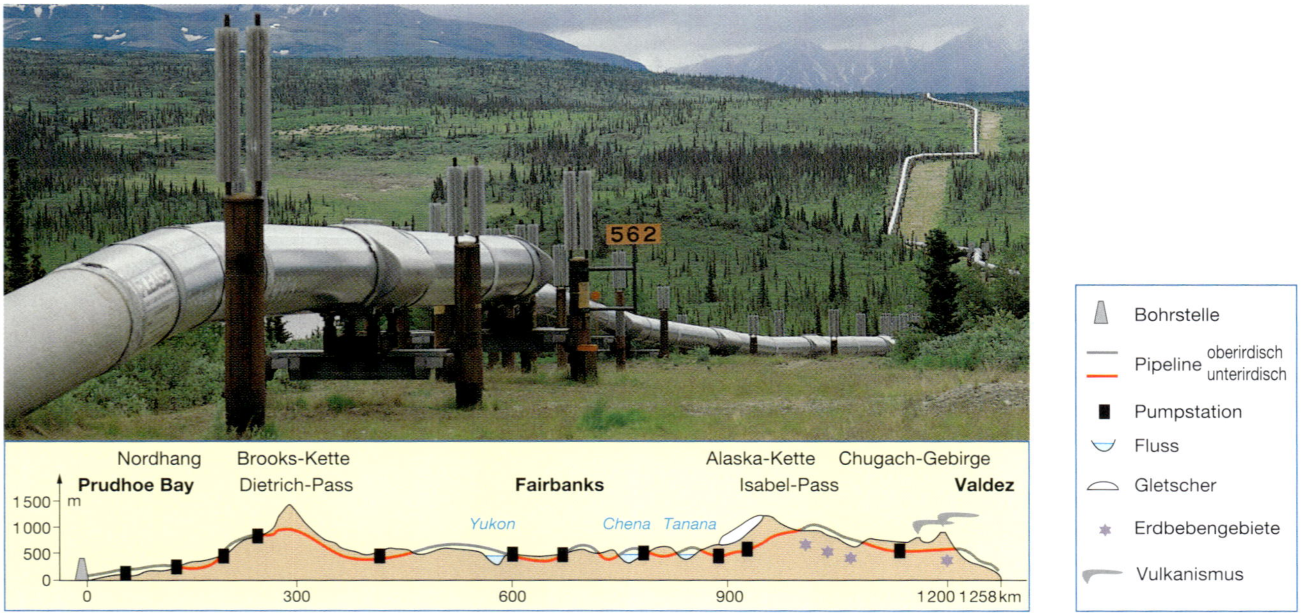

95.1: Die Trans-Alaska-Pipeline

Im anstehenden Gestein wurde sie unterirdisch verlegt. In der Region des Dauerfrostbodens war eine Konstruktion auf Stelzen notwendig, um ein Einsinken zu verhindern. Nur aus verkehrstechnischen Gründen musste hier die Pipeline an wenigen Stellen unterirdisch verlegt werden oder um den Wildwechsel der Karibus zu garantieren. In der Erdbebenzone zieht sich die „stählerne Boa“ im Zickzackkurs dahin und kann somit bis zu 6 m horizontale und 1,5 m hohe vertikale Verschiebungen auffangen. Im ganzjährig eisfreien Hafen von Valdez sorgt der Ölterminal für einen Rohölumschlag rund um die Uhr.
Das Ölfieber steigt nun seit fast 30 Jahren, doch keiner kann abschätzen, wann es zum Kollaps kommen wird.

Länge:		1258 km
Durchmesser:		122 cm
Trassenbreite:		17 m
Verlauf	– unterirdisch normal:	654 km
	– unterirdisch gekühlt:	11 km
	– auf Stelzen:	611 km
Öltemperatur	– zu Pipelinebeginn:	82 °C
	– am Pipelineende:	30 °C
Transportdauer bei 11,2 km/h:		4½ Tage
Inbetriebnahme:		20. Juni 1977
Transportmenge pro Tag:		100 000 Barrel*

95.2: Trans-Alaska-Pipeline in Zahlen

*1 Barrel = ca. 159 l Rohöl

AUFGABEN

1. *Das Projekt der Alaska-Pipeline war eine große Herausforderung für die Ingenieure und die Umweltschützer. Führt dazu eine Pro- und Kontra-Diskussion in Gruppen. Sammelt eure Argumente, tragt sie vor und fasst eure Ergebnisse in einer Mindmap zusammen.*
2. *Pipelinelecks und Tankerunglücke wiederholen sich. Erstelle je ein Ablaufschema möglicher Folgen.*

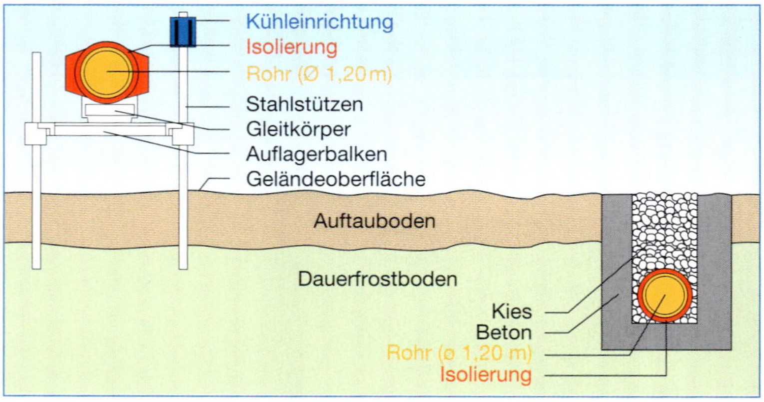

95.3: Pipelineverlegung im Dauerfrostboden

Strukturwandel und

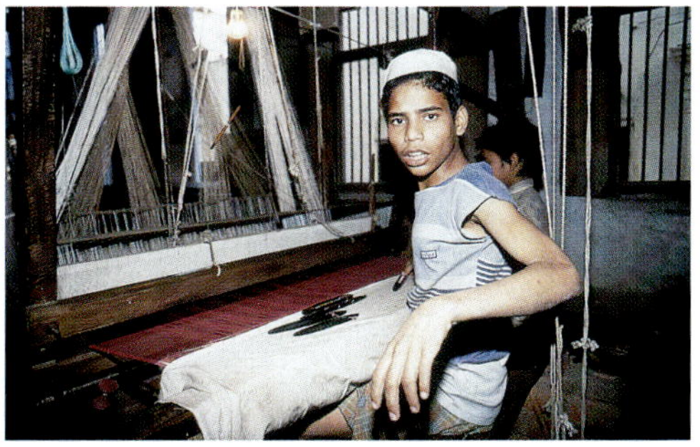

Entwicklungschancen weltweit

98.1: Zwei Familien – zwei Welten

Die Entwicklung der Weltbevölkerung

98.2: Stand der Weltbevölkerung

6 699 409 761 Menschen Menschen auf der Erde (am 14.05.2008, 15:01 Uhr). Die Weltbevölkerung wächst pro Minute um 155 Menschen und pro Tag um 220 651 Menschen. Informiere dich im Internet über den aktuellen Stand der Weltbevölkerung: *www.weltbevoelkerung.de/info-service/weltbevoelkerungsuhr.php*

Die Weltbevölkerung wuchs vor allem im 20. Jahrhundert in einem beispiellosen Tempo. Dabei hatte alles „ganz harmlos“ angefangen: Um Christi Geburt lebten etwa 170 Millionen Menschen auf der Erde. Auch in den folgenden ca. 1500 Jahren blieb die Waage zwischen der Zahl der Geburten und der Sterbefälle nahezu ausgeglichen. Doch seit Beginn des 19. Jahrhundert wächst die Weltbevölkerung mit immer größerer Geschwindigkeit. Dieses beschleunigte Wachstum wird als „Bevölkerungsexplosion“ bezeichnet.

Neben der Beschleunigung des Wachstums ist auch die Größe der Ausgangsbevölkerung ein wichtiges Maß zur Einschätzung der Bevölkerungsentwicklung. Denn wo bereits viele Menschen leben, ist der absolute Bevölkerungszuwachs auch höher. Erst das Zusammenwirken dieser beiden Faktoren erklärt die großen Bevölkerungszahlen von China und Indien.Ein weiteres Problem ist die räumliche Verteilung der Weltbevölkerung. Die Bevölkerungsdichte gibt an, wie viele Einwohner rechnerisch auf einem Quadratkilometer leben. Doch diese Zahl ist oftmals irreführend, denn die Bevölkerung ist nicht gleichmäßig auf die Fläche verteilt. Heute leben 75 Prozent der Menschheit auf einem Siebtel der Landfläche. Es ziehen immer mehr Menschen in die Städte, die oftmals auf mehrere Millionen Einwohner anwachsen. So ergibt sich ein eindrucksvolles Bild von „überbevölkerten“ und fast menschenleeren Räumen (▷ Abb. 3.2).

Im Wettlauf mit der Zeit – Ursachen der Bevölkerungsexplosion

Derzeit werden pro Minute 155 Babys geboren, nur drei davon in den Industrieländern. Hier stagniert also das Bevölkerungswachstum oder es ist sogar rückläufig. Die Bevölkerungsexplosion findet dagegen in den Entwicklungsländern statt. Der Schlüssel zum Verständnis dieses beschleunigten Wachstums ist die Wachstumsrate, die sich aus der Differenz von Geburten- und Sterberate ergibt.

Die Abb. 99.1 zeigt modellhaft den Zusammenhang von Sterbe- und Geburtenrate im Laufe der Entwicklung einer Bevölkerung. Sie durchläuft verschiedene Phasen: Wenn sich die medizinische Versorgung, die hygienischen Bedingungen und die Ernährungslage verbessern, sterben weniger Menschen, vor allem weniger Säuglinge und Kinder. Die Sterberate geht zurück. Die Wachstumsbeschleunigung kommt in Gang, wenn sich die Sterblichkeit bei zunächst noch gleichbleibender Geburtenrate verringert. Im

98.3: Historische Entwicklung der Weltbevölkerung und Prognose

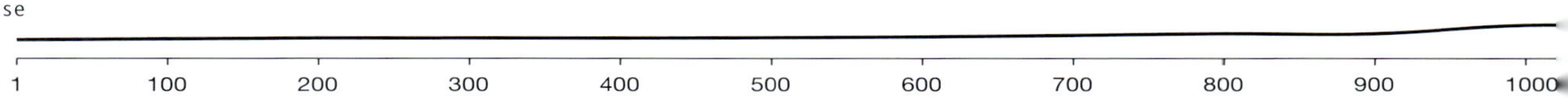

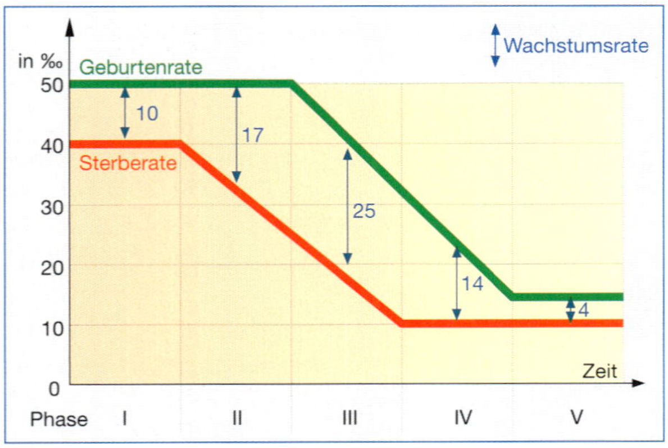

99.1: Bevölkerungsentwicklung in einem Industrieland (Begriffserklärungen s. S. 100)

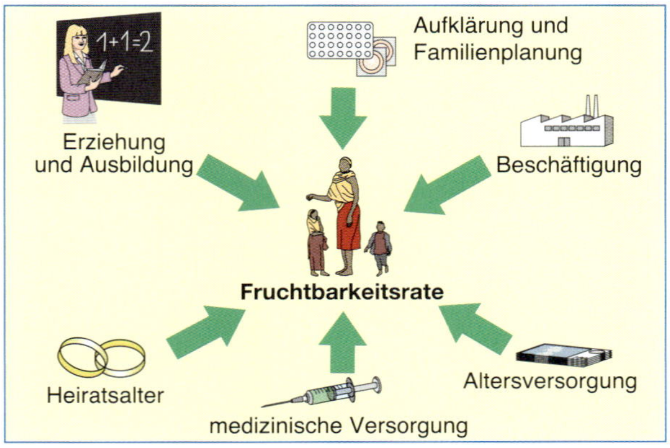

99.2: Einflüsse auf die Fruchtbarkeit (Begriffserklärung s. S. 100)

Gegensatz zu den Industrieländern sind die Wachstumsraten in den Entwicklungsländern immer noch hoch; sie sind eine Folge weiterhin hoher Geburtenraten. Die sogenannte Fruchtbarkeitsrate ist hierfür die Messgröße.

Warum aber gibt es in den am wenigsten entwickelten Ländern so viele Kinder? Die Gründe hierfür sind die Lebens- und Wertvorstellungen dieser Menschen, die in einem anderen kulturellen Umfeld und unter anderen wirtschaftlichen Bedingungen aufwachsen. Ändern sich diese Lebensbedingungen, so ändert sich die Fruchtbarkeitsrate (Abb. 99.2).

Für das zukünftige Wachstum einer Bevölkerung ist außerdem ihr Altersaufbau von entscheidender Bedeutung. Fast die Hälfte der heute in den Entwicklungsländern lebenden Menschen ist jünger als 20 Jahre. Gerade die Zahl der jungen Mädchen ist für das zukünftige Bevölkerungswachstum entscheidend, da diese innerhalb der nächsten drei Jahrzehnte im gebärfähigen Alter sein werden. Selbst wenn sie weniger Kinder zur Welt bringen als ihre Eltern, wird die Bevölkerung aufgrund ihrer großen Zahl jahrzehntelang noch weiterwachsen.

In dieser Altersgruppe schlummert also die „Zeitbombe“ für die zu erwartende Bevölkerungsexplosion. Sie ist damit die wichtigste Zielgruppe einer Erfolg versprechenden sexuellen Aufklärung.

AUFGABEN

1. *Beschreibe die Entwicklung der Weltbevölkerung (Abb. 98.3). Bestimme ausgehend vom Jahr 1804 die Zeiträume, in denen die Weltbevölkerung jeweils um eine Milliarde wuchs.*
2. *Arbeite mit dem Atlas:*
   a) Nenne Beispiele für dicht besiedelte und fast menschenleere Gebiete. Erkläre die Verteilung.
   b) Berechne den weltweiten Bevölkerungszuwachs während einer Schulstunde (Abb. 98.2).
3. *a) Beschreibe das Modell der Bevölkerungsentwicklung (Abb. 99.1) mit eigenen Worten.*
   b) Wie könnte das Modell aussehen, wenn es um eine Phase VI erweitert würde?
4. *Erkläre anhand der Abb. 99.1 und des Textes, wie die Bevölkerungsexplosion zustande kommt.*
5. *Weshalb spielt sich gerade in den armen Ländern die Bevölkerungsexplosion ab? Nutze zur Beantwortung Abb. 99.2.*
6. *Erkläre, was mit „Zwei Familien – zwei Welten“ in Abb. 98.1 gemeint ist.*

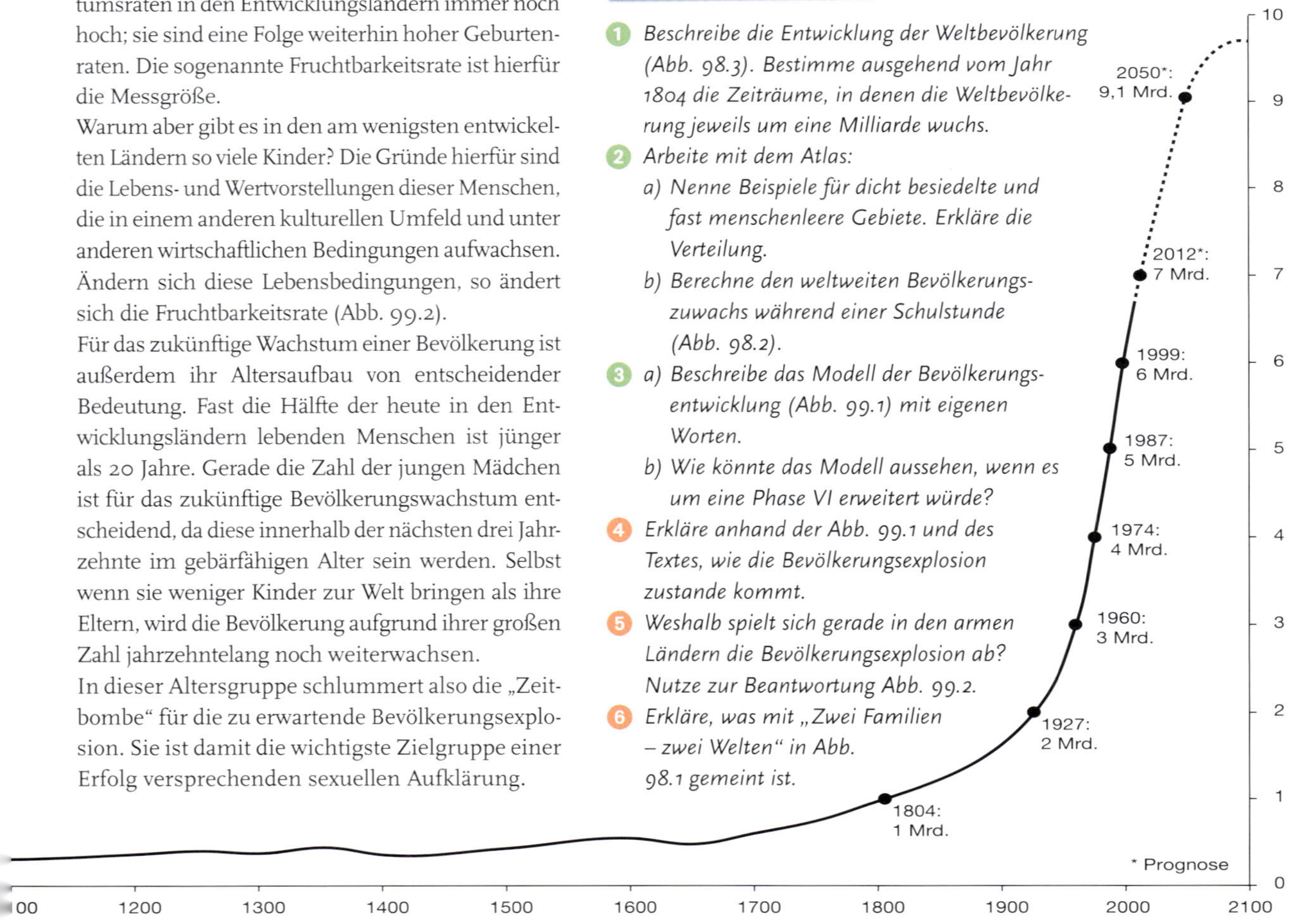

Geburtenrate
Zahl der Geburten pro 1000 Einwohner und Jahr
(z. B. 35 ‰ = 35 Geburten/1000 Einw.)

Sterberate
Zahl der Sterbefälle pro 1000 Einwohner und Jahr
(z. B. 10 ‰ = 10 Sterbefälle/1000 Einw.)

Wachstumsrate
natürlicher Bevölkerungszuwachs pro Jahr bezogen auf je 1000 Einwohner; ergibt sich aus der Differenz zw. Geburtenrate und Sterberate
(z. B. 25 ‰ = Wachstum von 25 Menschen/1000 Einw.)

Fruchtbarkeitsrate
durchschnittliche Anzahl der Lebendgeborenen pro Frau im gebärfähigen Alter (zw. 15-45 Jahren)

GEO Praxis | Wir arbeiten mit Bevölkerungspyramiden

Die Bevölkerungspyramide ist eine Darstellungsform, die den Altersaufbau einer Bevölkerung zu einem bestimmten Zeitpunkt auf einen Blick zeigt. Änderungen der Geburten- oder Sterberate, Zu- oder Abwanderungen wirken sich unmittelbar auf die Altersstruktur aus. Die Bevölkerungspyramide kann daher verschiedene Grundformen annehmen (Abb. 101.1).

Wir lesen eine Bevölkerungspyramide

Bevölkerungspyramiden zeigen eine Unterscheidung nach Geschlecht und Alter. Die waagerechte Zahlenleiste gibt in Prozentwerten oder absoluten Zahlen an, wie viele Menschen in einer Altersgruppe leben. Die senkrechte Achse gibt das Alter an. In der Regel werden je fünf Jahrgänge zu einer Altersgruppe zusammengefasst, genauere Bevölkerungspyramiden bilden jedoch jeden Jahrgang ab (Abb. 100.1).

Wir werten eine Bevölkerungspyramide aus

1. Wie viele Männer und Frauen lebten im Jahr 2000 im Alter von 15, 45 und 65 Jahren?
2. Wie groß war der Anteil der Frauen und Männer im Jahr 2000, die im Jahr 2050 genau 80 Jahre alt sein werden?
3. Vergleiche die Altersgruppen der 15-, 45-, und 65-Jährigen im Jahr 2000 mit denen von 2050. Warum wählt man gerade diese Altersgruppen?
4. Welches sind die stärksten Altersjahrgänge in der Pyramide von 2000 und 2050?
5. Welche Entwicklung ist in Abb. 100.1 mit gekennzeichnet?
6. Vergleiche die beiden Pyramiden aus den Jahren 2000 und 2050 miteinander: Wo liegen die stärksten Bevölkerungsveränderungen?
7. Welche Grundformen aus Abb. 101.1 lassen sich den Pyramiden von 2000 und 2050 zuordnen?
8. Bewerte die Entwicklung der Weltbevölkerung von 2000 bis 2050. Welche Erkenntnis lässt sich formulieren?

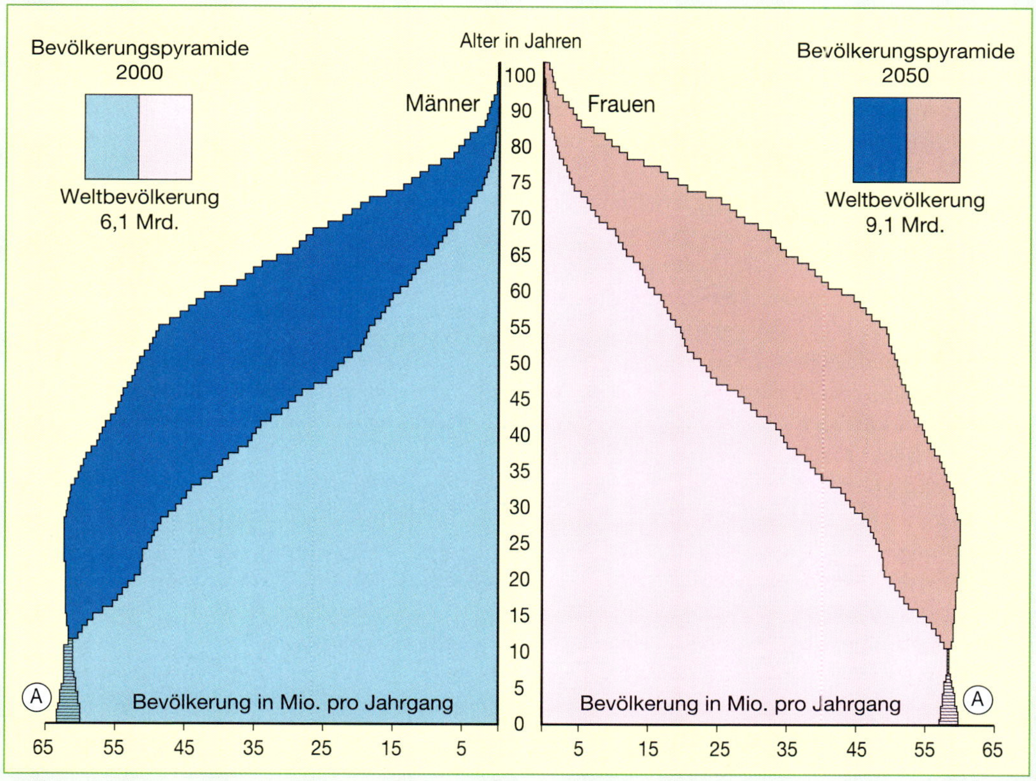

100.1: Weltbevölkerungspyramiden von 2000 und 2050

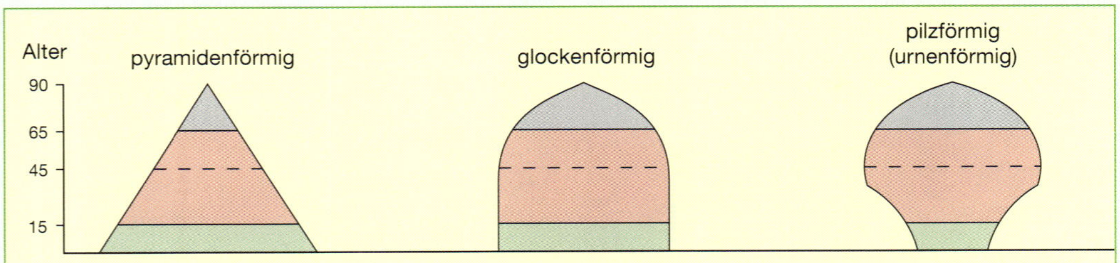

Die „Pyramide" ist kennzeichnend für eine wachsende Bevölkerungszahl, denn jeder Jahrgang Neugeborener ist größer als der vorhergehende. Ein derartiger Altersaufbau ist typisch für vorindustrielle und agrarische Bevölkerungen, er findet sich heute vor allem in Entwicklungsländern.

Bei der „Glocke" bleiben die Geburtenraten über Jahre fast gleich hoch. Da dies auch für die Sterberaten feststellbar ist, bleiben die Wachstumsraten und damit die Bevölkerungszahl eher konstant.

Beim „Pilz" oder der „Urne" nimmt die Bevölkerungszahl von Jahr zu Jahr ab. Die früher höheren Geburtenraten zeigen sich in der großen Anzahl mittlerer Jahrgänge. Auf längere Sicht nimmt die Gesamtbevölkerung bei fehlender Zuwanderung ab.

101.1: Grundformen des Altersaufbaus der Bevölkerung

Bevölkerungspyramiden geben Auskunft über zu erwartende Bevölkerungsentwicklungen: Menschen werden geboren und schieben – wie auf einem Förderband – die darüberliegenden Altersgruppierungen schrittweise nach oben. Wenn die derzeit jüngste Bevölkerungsgruppe (0–5 Jahre) in das Heiratsalter (20–30 Jahre) aufrückt, wird sich der derzeitige Trend verstärken: Ist die jüngste Gruppe stark, so wird sich 20 Jahre später die jüngste Gruppe erheblich vergrößern; ist sie schwach, so wird sie sich später weiter abschwächen. Dieser zeitlich verzögerte Einfluss der Altersstruktur auf Wachstum bzw. Schrumpfung der Bevölkerung wird mit den Begriffen „Schwung" und „Trägheit" der Bevölkerung umschrieben. Grafisch spiegelt sich dieser Prozess in der Pyramiden-, Glocken- oder Pilzform wider (Abb. 129.1). In der Regel findet in den Industrieländern eine Tendenz von der „Pyramide zum Pilz" statt.

1. Beschreibe die Bevölkerungspyramiden in Abb. 101.2 und ordne sie den entsprechenden Grundtypen (Abb. 101.1) zu.
2. Vergleiche und begründe die allgemeine Bevölkerungsentwicklung in Ägypten und Japan (Abb. 101.2).
3. Erläutere die Probleme, die sich aus dem veränderten Altersaufbau der Weltbevölkerung ergeben (Abb. 100.1).

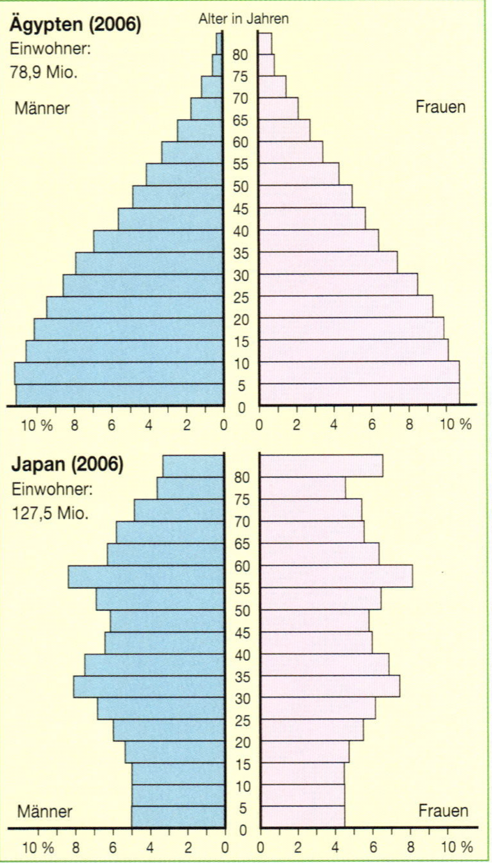

101.2: Bevölkerungspyramiden ausgewählter Länder

Bevölkerungspolitik ist nicht alles, aber ohne Bevölkerungspolitik ist alles nichts.
Die Demographie (Bevölkerungswissenschaft) arbeitet mit konkreten Zahlen (Menschen, die bereits geboren sind), die präzise Aussagen über gegenwärtige und zukünftige Bevölkerungsentwicklungen ermöglichen. Damit können notwendige gesellschaftliche und wirtschaftliche Maßnahmen geplant werden.

Sinnvoll ist die Angabe in Prozentwerten (Gesamtbevölkerung = 100 % und die Altersgruppen entsprechend ihrem Prozentanteil), wenn Bevölkerungspyramiden verschiedener Länder miteinander verglichen werden sollen (Abb. 101.2).

102.1: Drei ausgewählte Länder unserer Erde

	Land A	Land B	Land C
Geburten pro 1000 Einwohner	21	56	12
natürliche Wachstumsrate in %	1,4	3,4	0,3
Verdoppelungszeit der Bevölkerung in Jahren	49	20	204
Säuglingssterblichkeit (= Todesfälle im ersten Lebensjahr pro 1000 Lebendgeborene)	27	153	3,2
Lebenserwartung bei der Geburt (Jahre)	71	43	80
Bevölkerung unter 15 Jahren in %	28	49	20
Bevölkerung im Alter von 15–24 Jahren in %	19	19	13
Alphabetisierungsgrad in %	86	18	99
Einwohner pro Arzt	847	40 000	309
Zugang zu Trinkwasser in %	87	59	100
Bruttonationaleinkommen pro Kopf in US-$	3000	210	51 810
Erwerbstätige im primären/sekundären/tertiären Sektor in %	9/29/62	40/17/43	2/32/66

102.2: Drei ausgewählte Länder unserer Erde im statistischen Vergleich

Eine Erde – viele Welten?

Über 6,5 Mrd. Menschen leben auf der einen Erde, aber sie leben in verschiedenen Welten. Es gibt Reiche und Arme, Hungrige und Satte – in jeder Schule, in jeder Stadt, in jedem Land.

Es gibt aber Länder, in denen es den meisten Menschen gut geht, und Länder, in denen Armut und Hunger vorherrschen. Schon früh wurde die Erde auf der Grundlage vorwiegend politischer und wirtschaftlicher Kriterien in verschiedene Welten eingeteilt: Zur ersten Welt gehörten die westlichen (kapitalistischen) Industrieländer, zur zweiten Welt die des ehemaligen kommunistischen „Ostblocks". Unter dem Begriff „Dritte Welt" wurden alle anderen Länder zusammengefasst, die sogenannten Entwicklungsländer, die einen geringeren Industrialisierungsgrad und ein niedrigeres Bruttonationaleinkommen pro Kopf aufwiesen. Diese armen Länder befinden sich vorwiegend in den Tropen.
Diese nach dem Zweiten Weltkrieg entstandene Klassifizierung hatte u. a. nach dem Zerfall des Ostblocks (der zweiten Welt) von der Bezeichnung her keinen Sinn mehr, findet aber immer noch Verwendung.
Zudem erkannte man, dass die Gruppierung der Länder allein nach wirtschaftlichen Gesichtspunkten wichtige Bereiche, wie z. B. Bildung oder Gesundheit, nicht berücksichtigte. In dem von den Vereinten Nationen seit 1990 jährlich erstellten Human Development Report wurden daher zusätzliche Messgrößen eingeführt, die zusammen den Human Development Index (HDI) ergeben (Abb. 103.1).

Eine Verbesserung im Bereich der drei Indikatoren Gesundheit, Wissen und Lebensstandard bildet eine wichtige Voraussetzung für die wirtschaftliche Entwicklung eines Landes und die Lebensqualität der Menschen. Die aufgrund des HDI erfolgte Ländergruppierung (Abb. 103.2) berücksichtigt allerdings auch nicht die bestehenden räumlichen und sozialen Unterschiede (Disparitäten) innerhalb eines Landes, da sie auf Mittelwerten beruht.

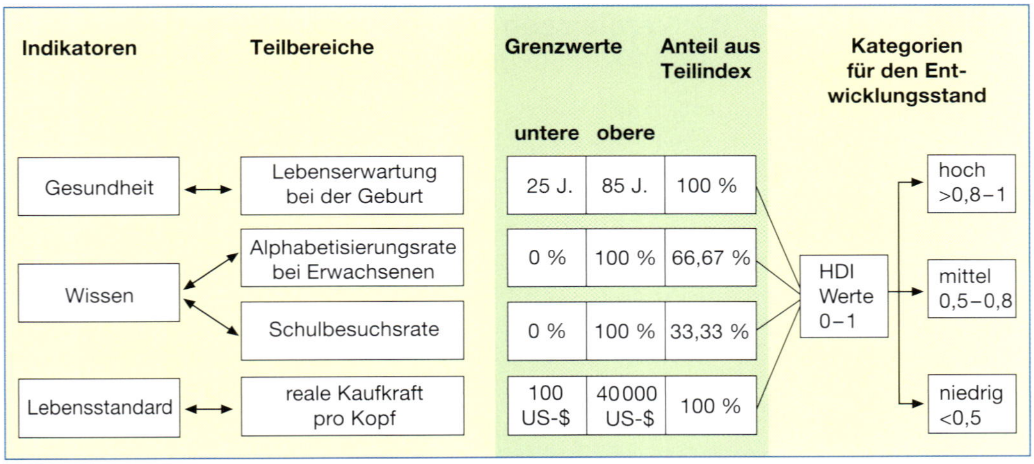

103.1: Der Human Development Index (HDI)

Index-Ermittlung:

$$\frac{\text{tatsächlicher Wert} - \text{unterer Grenzwert}}{\text{oberer Grenzwert} - \text{unterer Grenzwert}}$$

AUFGABEN

1. *Erkläre den Begriff „Dritte Welt“.*
2. *Begründe, warum die HDI-Indikatoren sinnvoll sind (Abb. 103.1).*
3. *Werte die Tabelle (Abb. 102.2) aus und ordne die Länder A, B, C den drei Klassifikationen „hoher, mittlerer, niedriger HDI“ zu.*
4. *Ordne die Fotos in Abb. 102.1 den Ländern A, B und C in Abb. 102.2 zu.*
5. *Werte die Karte (Abb. 103.2) aus. Beschreibe und begründe die Verteilung der HDI-Ländergruppen nach Kontinenten. Stelle einen Zusammenhang zwischen HDI-Zuordnung und der Klassifizierung nach den „drei Welten“ dar.*
6. *„Eine Klassifizierung von Ländern nach verschiedenen Welten zeigt nur einen Teil der Wirklichkeit.“ Nimm Stellung zu dieser Aussage.*

LLDC (= Least Developed Countries): von der UN-Vollversammlung ausgewiesene Gruppe der am „wenigsten entwickelten Länder“, die bevorzugt Zuschüsse oder Kredite erhalten

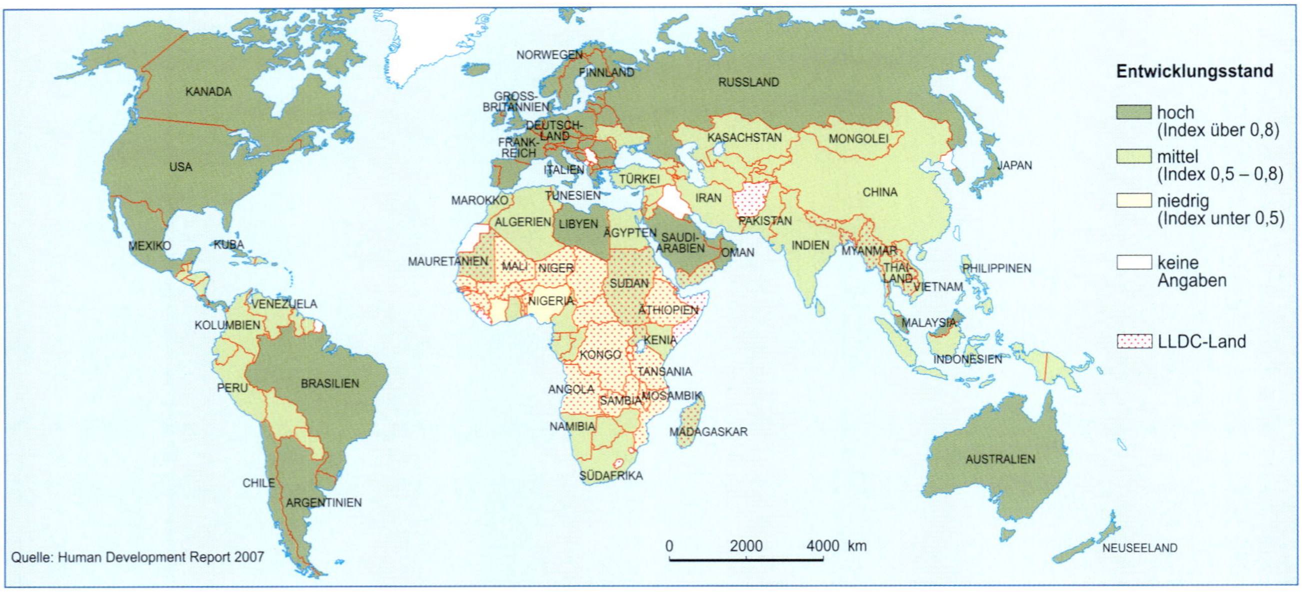

103.2: Der Entwicklungsstand der Länder nach der HDI-Klassifikation der Vereinten Nationen (Stand: HDI-Report 2007)

GEO Praxis — Wir vergleichen und bewerten Statistiken

Die Länder der Erde können statistisch nach sehr unterschiedlichen Merkmalen erfasst, bewertet und eingeordnet werden. Allerdings muss man dabei beachten, dass diese Daten immer nur den Durchschnittswert für einen Staat angeben. Innerhalb eines Landes bestehen oft große Unterschiede zwischen verschiedenen Bevölkerungsgruppen und Gebieten, diese werden auch als soziale und räumliche Disparitäten bezeichnet.

Wichtige wirtschaftliche Kennzahlen sind das BNE bzw. BIP pro Einwohner, der Anteil des primären Wirtschaftssektors und das Verhältnis zwischen Importen und Exporten eines Landes (Handelsbilanz). Zur besseren Vergleichbarkeit werden die Zahlen meist in amerikanischen Dollar angegeben.
Bevölkerungsdaten können ebenfalls als Merkmale für die Entwicklung eines Landes herangezogen werden. Dabei weisen Industrieländer in der Regel ein geringes und Entwicklungsländer ein hohes Bevölkerungswachstum auf. Ähnlich werden Geburten- und Sterberate interpretiert. Zugleich lassen sich hier Übergänge zwischen Entwicklungsländern und Industrieländern beobachten.
Kindersterblichkeit und Lebenserwartung sind Maßzahlen für die ärztliche Versorgung und den gesundheitlichen Zustand der Bevölkerung.

Die Bildung innerhalb eines Landes wird statistisch durch die Alphabetisierungsrate oder den prozentualen Anteil von Hochschülern an der Bevölkerung ausgedrückt.

Auf Grundlage des von den Vereinten Nationen berechneten HDI kann eine Rangfolge von Staaten bezüglich ihres Entwicklungsstandes erstellt werden (▷ S. 102/103). Um die Daten aus den verschiedenen Ländern der Welt besser beurteilen zu können, empfiehlt sich ein Vergleich mit den entsprechenden statistischen Werten aus Deutschland.

1. Zeichne zu den Merkmalen BNE und Alphabetisierungsrate in Abb. 104.1 je ein aussagefähiges Diagramm. Ordne dabei die Abfolge der Staaten nach ihrem HDI-Rang. Erläutere die sichtbar werdenden Abweichungen von der HDI-Position.
2. Erläutere Unterschiede bei der Lebenserwartung in den einzelnen Ländern.
3. Aktualisiere die statistischen Angaben in Abb. 104.1 mithilfe der Links in Abb. 105.2.
4. Recherchiere im Internet zum Stichwort „Milleniumsziele". Nutze dazu den Surfbericht (Abb. 105.4).

	Deutschland	Ägypten	Botsuana	Brasilien	Ghana	Mexiko	Nigeria	Südafrika
Einwohner in Mio.	82,5	67,6	1,7	176,6	20,7	102,3	136,5	45,8
Bruttonationaleinkommen pro Kopf (in US-$)	25270	1390	3530	2720	320	6230	350	2750
Anteil der Erwerbstätigen in der Landwirtschaft (in %)	2,3	33,0	44,0	18,7	57,0	18,1	32,0	10,3
Handelsbilanz (Import/Export) in Mrd. US-$	574,4/ 731,1	16,0/ 10,0	1,9/ 2,6	62,8/ 96,5	4,1/ 2,0	197,2/ 188,6	10,9/ 24,1	38,9/ 38,9
Bevölkerungswachstum (in %)	0,0	1,8	0,6	1,2	1,8	1,4	2,4	1,1
Geburten pro 1000 Einwohner (Geburtenrate)	9	24	29	19	31	19	43	25
Todesfälle pro 1000 Einwohner (Sterberate)	10	6	23	7	13	5	8	20
Kindersterblichkeit pro 1000 Geburten	5	39	112	35	95	28	198	66
Lebenserwartung in Jahren	78	69	38	69	54	74	45	46
Alphabetisierungsrate (männlich/weiblich)	99/99	67/44	76/82	86/87	82/66	93/89	74/59	87/85
Studenten pro 1000 Einwohner	21,8	11,4	6,0	10,3	1,5	17,2	1,7	15,5
HDI-Rang (1–177)	20	119	131	63	138	53	158	120

104.1 Statistische Angaben zu ausgewählten Ländern der Erde (Stand 2004)

GEO Praxis — Wir suchen statistische Daten im Internet

Eine Welt im Internet
Zentrale Einstiegsseite zum Globalen Lernen

105.1: Logo des Portals „Eine Welt im Internet“

Das Internet erlaubt, schnell aktuelle Daten zu finden. Dabei helfen die großen Suchmaschinen, ihr Nachteil: die Fülle der angebotenen Information, die zunächst gesichtet und nach ihrer Bedeutung für die Fragestellung bewertet werden müssen (Abb. 105.4).
Deshalb ist der Weg über sogenannte Portale häufig treffsicherer (Abb. 105.2). Menüspalten ermöglichen die Navigation, und Suchfunktionen innerhalb der Portale lassen die gewünschten Informationen schnell erreichen.

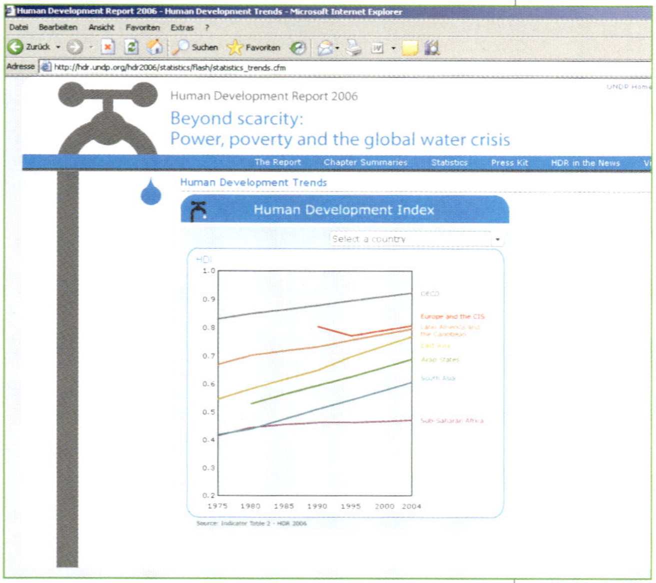

105.3: Human Development Trends 2006

www.statistik-portal.de/Statistik-Portal/
Das Portal der statistischen Ämter des Bundes und der Länder bietet Daten aus Deutschland zu verschiedenen Themen. Über die Link-Liste des Portals sind die statistischen Ämter der Länder der Erde sowie der internationalen Organisationen erreichbar.
www.destatis.de/ausl_prog/suche_ausland.htm
Das Statistische Bundesamt bietet für die Onlinerecherche Basisdaten über mehr als 160 Länder.
www.eine-welt-netz.de
Das Portal der Eine Welt Internet Konferenz (EWIK) verschafft einen schnellen und übersichtlichen Zugang zu Informationen zum globalen Lernen im deutschsprachigen Raum (Abb. 163.1).
www.epo.de
Das Portal bietet Informationen, Hintergründe und Links zu aktuellen entwicklungspolitischen Fragestellungen und zu den Organisationen der Entwicklungszusammenarbeit.
http://hdr.undp.org/statistics/
die englischsprachige Website der Human Development Reports, u. a. mit einer interaktiven Karte zum HDI und Animationen zu den wichtigsten Trends „menschlicher Entwicklung“ (Abb. 105.3)

105.2: Internetportale

Surfbericht

Themenstellung

Recherchiere im Internet zu folgendem Schwerpunkt:

____

Homepage: http://______________

Anbieter der Homepage: ______________

➢ **Informationen**

Auf der Homepage habe ich folgende Informationen zur Aufgabenstellung gefunden:

____
____
____

Für besonders interessant/wichtig halte ich:

____
____
____

➢ **Kontakte** (ankreuzen)

Ich habe über
0 E- Mail
0 Gästebuch
0 Chat
Kontakt aufgenommen.

➢ **Mein Kommentar zur Seite**

____
____

nach: Martin Geisz, Misereor-Lehrerforum Nr. 62

105.4: Surfbericht

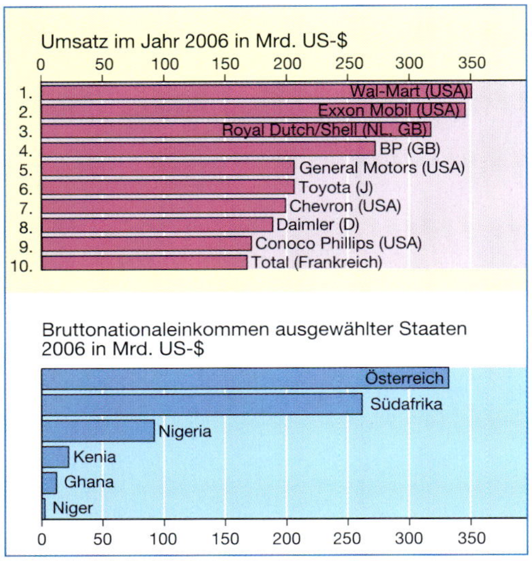

106.1: Die größten Unternehmen weltweit

Tschiang Li ist 19 Jahre alt. Sie arbeitet in China als Näherin für Adidas. Der Weltkonzern achtet darauf, dass gewisse Mindeststandards bei Lohn, Arbeitszeit und -sicherheit eingehalten werden. Sie arbeitet 54 Stunden pro Woche und verdient 120 Euro pro Monat. Sie hat zwei Wochen Jahresurlaub und sonntags frei. Obwohl sie jeden Tag ca. vier Stunden für den Arbeitsweg benötigt, ist Frau Li froh, für Adidas arbeiten zu können.

Mit 13 Jahren hat sie in einem Hinterhof für weniger als einen Euro 14 Stunden pro Tag gearbeitet. Sie hatte nur einen Sonntag im Monat frei. Zusammen mit 20 anderen Näherinnen musste sie in einem dunklen, kaum belüfteten Raum im Akkord Jeans herstellen. Wer am Abend nicht genügend Hosen genäht hatte, musste länger bleiben oder wurde vom Vorarbeiter geschlagen.

Heute lebt sie mit ihrem Mann und ihrem Sohn in einer kleinen Zweizimmerwohnung am Stadtrand von Kanton.

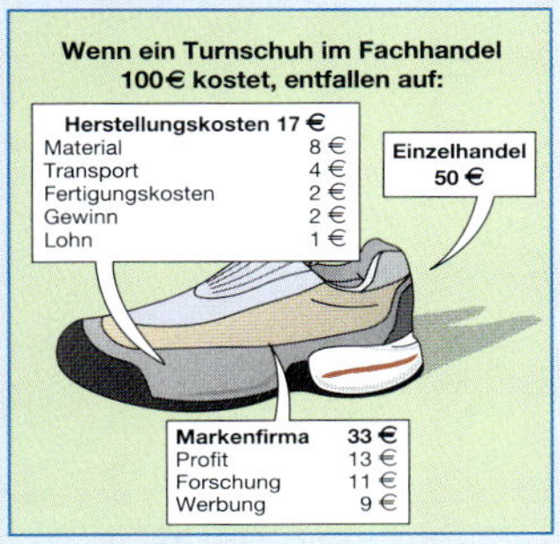

106.2: Für Adidas arbeiten

Strukturen der Weltwirtschaft

Unsere Welt ist von internationalen Wirtschaftsbeziehungen geprägt. Die Vorteile liegen in einer weltweiten Spezialisierung und Arbeitsteilung. Der Hauptteil der Industrieproduktion stammt aus den Industrieländern. Entwicklungsländer fördern und exportieren vorwiegend Rohstoffe, die eine immer größere Bedeutung erlangen. Daraus ergibt sich eine gegenseitige Abhängigkeit zwischen den Rohstoffe liefernden und den Rohstoffe verarbeitenden Ländern.

Globalisierung

In jedem noch so abgelegenen Flecken der Erde gibt es Coca Cola, fast jede größere Stadt hat einen McDonalds. Unternehmen schließen sich zusammen, kaufen einander auf, werden zu „global players". Die Märkte umspannen den Globus, riesige Finanzströme zirkulieren um unseren Planeten. Die Globalisierung ist geprägt durch immer engere internationale Wirtschaftsbeziehungen, erdumspannende Netze des Verkehrs und der Telekommunikation.

Fernsehserien aus Europa oder den USA werden weltweit gesehen. Wir fahren Autos, die in Korea hergestellt wurden, filmen mit japanischen Kameras oder benutzen einen Laptop, der in Hongkong gebaut wurde und mit Software aus Indien arbeitet. Umgekehrt gehen deutsche Exporte in alle Welt. Internationale Arbeitsteilung, Welthandel und Verlagerung von Industriebranchen an günstigere Standorte in anderen Ländern beeinflussen den deutschen Arbeitsmarkt. Unsere Welt wird zu einem „globalen Dorf".

Die Globalisierung hat der Wirtschaft die Kluft zwischen Arm und Reich weltweit dramatisch vergrößert. Die drei reichsten Menschen der Welt verfügen über ein Vermögen, das größer ist als das Bruttonationaleinkommen der 50 ärmsten Länder der Erde. In diesen 50 Ländern leben 700 Mio. Menschen, das sind ein Zehntel der gesamten Weltbevölkerung.

Vor allem afrikanische Länder südlich der Sahara bleiben immer weiter zurück. Ihr Anteil am Welthandel ist auf rund ein Prozent gesunken. Immer wichtiger wird dagegen der weltweite Handel innerhalb transnationaler Konzerne. Inzwischen gibt es über 50 000 weltweit operierende Unternehmen mit mehr als 250 000 Tochterfirmen. Sie wickeln weit mehr als die Hälfte des gesamten Welthandels ab, dies immer häufiger innerhalb der Konzernfamilie. Rund ein Drittel der gesamten Weltexporte entfällt bereits auf diesen „internen Firmenhandel".

AUFGABEN

1. *Ermittle, aus welchen Ländern Dinge deines täglichen Gebrauchs, wie z. B. Nahrungsmittel, Kleidung oder Unterhaltungselektronik, importiert wurden.*
2. *Die Welt – ein globales Dorf." Erkläre diese Aussage mit eigenen Worten.*
3. *Erläutere die Abb. 106.1 unter Berücksichtigung der Karte der Welthandelsströme (Abb. 108.1).*

Der „Worldmapper" macht Wechselbeziehungen deutlich

Die Universität Sheffield hat es sich zur Aufgabe gemacht, die Welt aus einer anderen Perspektive darzustellen. Sie bietet auf der Internetseite www.worldmapper.org Weltkarten an, die nicht die bekannten Größenverhältnisse der Kontinente abbilden (Abb. 107.3), sondern die Größendarstellung von anderen Gesichtspunkten abhängig machen. Betrachtet man zum Beispiel die weltweiten Textilexporte bzw. Textilimporte (dazu zählen Bekleidung, Schuhe und Taschen), so ergeben sich andere Bilder (Abb. 107.4 und 107.5).

107.1: Näherinnen in Vietnam

107.2: Textilverkauf in Deutschland

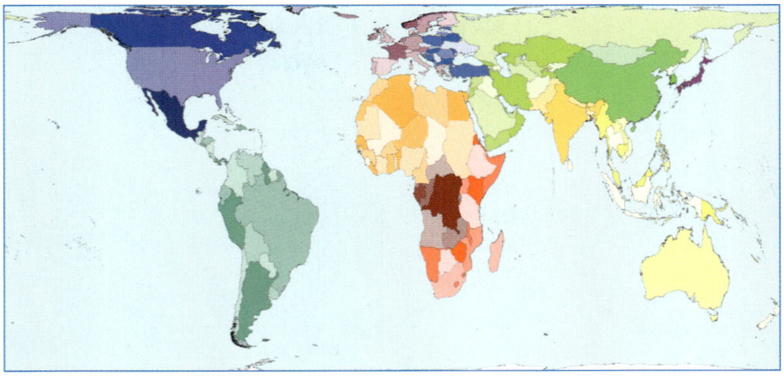
107.3: Landverteilung, wie wir sie kennen

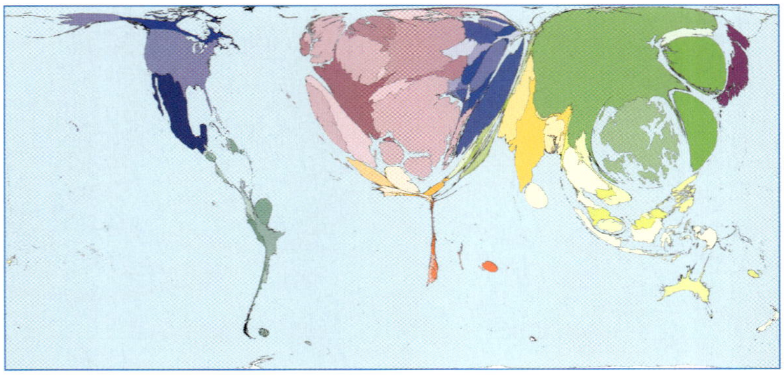
107.4: Bedeutung der Länder bei Textilexporten

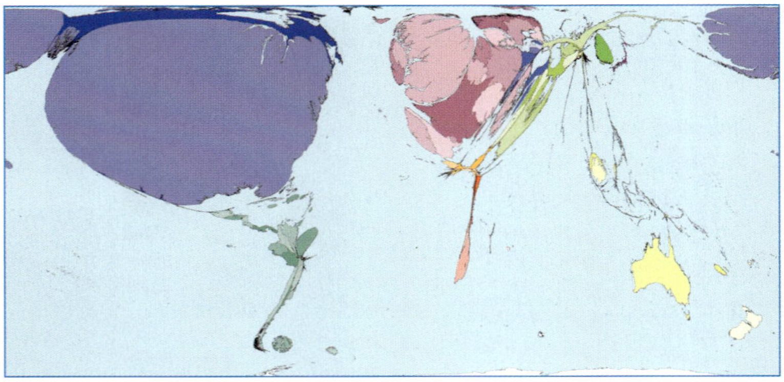
107.5: Bedeutung der Länder bei Textilimporten

AUFGABEN

1. *Vergleiche die „Worldmapper"-Karten zum Textilexport und -import (Abb. 107.4 und 107.5). Begründe die Unterschiede.*
2. *Suche im Internet unter www.worldmapper.org weitere Weltkarten, welche die Strukturen im Welthandel besonders gut widerspiegeln.*

GEO Praxis | Wir interpretieren eine thematische Karte

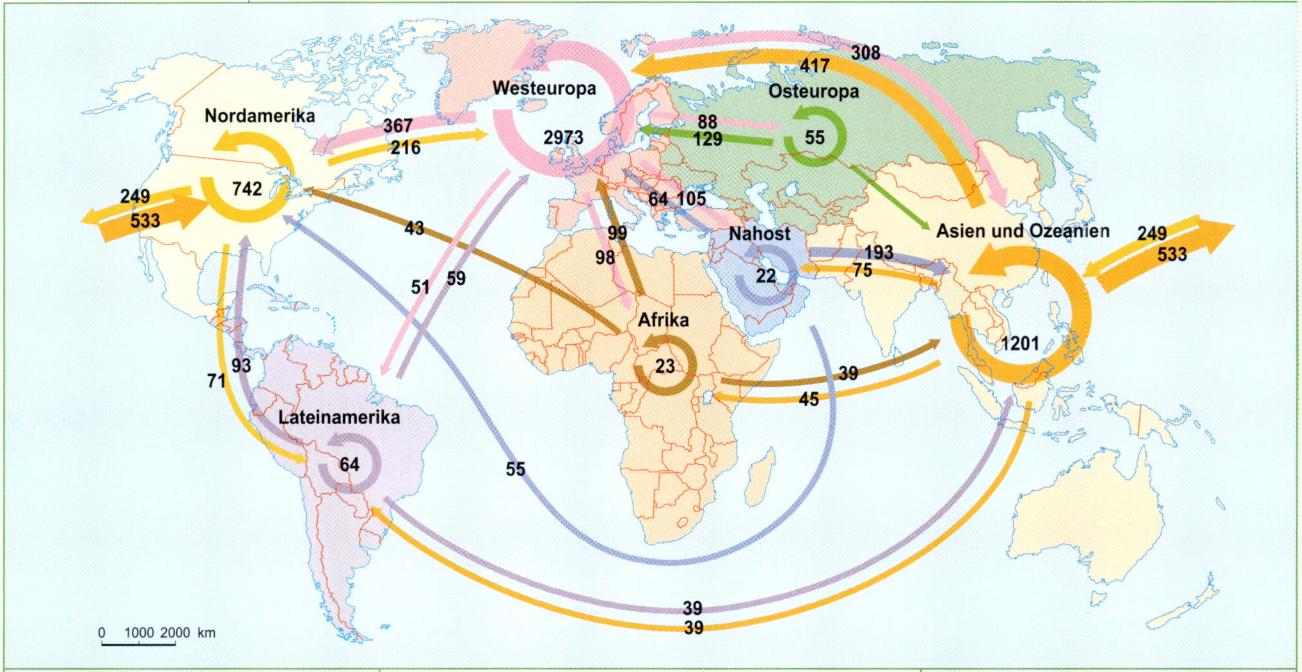

Handelsströme
55 nur Volumen über 30 Mrd. US-Dollar (2004)

Interner Handel
23 Volumen in Mrd. US-Dollar (2004)

Wirtschaftsraum
- Nordamerika
- Lateinamerika
- Westeuropa
- Osteuropa
- Nahost
- Afrika
- Asien und Ozeanien

Die Bezeichnung eines Wirtschaftsraumes kann von seiner geographischen Einteilung abweichen.

Export/Import
Export Import
280 240 in Mrd. US-Dollar (2004)
- Nahrungsmittel
- Rohstoffe
- Industriegüter

Bevölkerung
430 in Mio. (2004)

108.1: Welthandelsströme (2004)

108.2: „Vehikel" des Welthandels

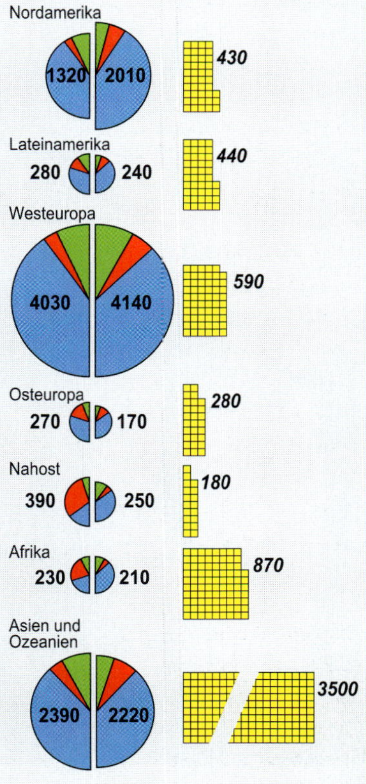

Aufgabe thematischer Karten ist es, ausgewählte statistische Angaben zu Erscheinungen auf der Erdoberfläche (z. B. Bevölkerungsdaten, Wirtschaftsdaten, aber auch Daten zu Klima, Boden, Vegetation) anschaulich wiederzugeben. Dabei beziehen sich die Informationen in einer thematischen Karte immer auf klar gekennzeichnete Ausschnitte der Erdoberfläche (Länder, Regionen, Kontinente) oder auf Beziehungen zwischen diesen Ausschnitten (z. B. Wanderungsströme oder Handelsströme).

Anforderungen an thematische Karten

- Eine Überschrift lässt das Thema der Karte, den Raum und die Zeit, für die die Karte Aussagen macht, eindeutig erkennen.
- Die in der Karte verwendeten Begriffe sind klar.
- Die Menge der dargestellten Informationen ist begrenzt, damit die Karte übersichtlich bleibt.
- Die Legende der Karte ist einprägsam und logisch aufgebaut, Farben und Symbole heben sich deutlich voneinander ab.

Leitfragen zur Auswertung thematischer Karten

- Formale Angaben
  Welches Thema hat die Karte?
  Für welchen Raum und welche Zeit macht die Karte Aussagen?
  Welche Begriffe werden benutzt?
  Welche Größenangaben werden genannt?
- Beschreibung des Inhalts
  Welche höchsten und niedrigsten Werte sind zu finden?
  Sind Größenvergleiche möglich?
  Welche wichtigen Einzelheiten werden dargestellt?
- Erläuterung des Inhalts
  Welche Zusammenhänge zwischen Einzeldaten lassen sich erkennen?
  Welche Gesamtaussage kann formuliert werden? (Hierzu kann auch Hintergrundwissen herangezogen werden.)

1. Beschreibe die Exporte und Importe der einzelnen Wirtschaftsräume nach ihren Warengruppen (Kreisdiagramme in Abb. 108.1).
2. Vergleiche die Export-/Import-Daten der Wirtschaftsräume mit der jeweiligen Bevölkerungszahl (Abb. 108.1).

Welthandelsströme
Die Karte zeigt den Handel innerhalb einzelner Wirtschaftsräume – dargestellt durch im Kreis laufende Pfeile – sowie die Handelsströme zwischen den Wirtschaftsräumen – dargestellt durch unterschiedlich dicke Pfeile – im Jahr 2004. Der jeweilige Handelswert ist in Mrd. US-$ angegeben.

- **Interner Handel**

Das mit Abstand größte Handelsvolumen erreicht hier der Wirtschaftsraum Westeuropa. Auf den Plätzen zwei und drei folgen die Wirtschaftsräume Asien/Ozeanien sowie Nordamerika.
Der Wirtschaftsraum Lateinamerika, der weniger als ein Zehntel des Handelsvolumens von Nordamerika aufweist, führt die Liste der übrigen Regionen an. Es folgen nach dem Wert ihres internen Handels Osteuropa, Afrika und Nahost.

- **Handelsströme zwischen Wirtschaftsräumen**

Die höchsten Exportwerte weist der Wirtschaftsraum Asien/Ozeanien mit seinen Handelsverbindungen zu Nordamerika und Westeuropa auf. An zweiter Stelle ist Westeuropa zu nennen, dessen bedeutende Exportströme sich nach Nordamerika sowie Asien/Ozeanien richten. Nordamerika wiederum ist mit seinen Exporten insbesondere mit Asien und Ozeanien sowie Westeuropa verbunden. Darüber hinaus sind die Handelsströme zwischen dem Wirtschaftsraum Nahost und Asien/Ozeanien sowie zwischen Ost- und Westeuropa aufgrund ihres Volumens bemerkenswert.
Insgesamt zeigen der interne Handel und die Import-Export-Handelsströme von Westeuropa, Asien und Ozeanien sowie Nordamerika die überragende Bedeutung dieser Wirtschafträume im Welthandel.
Demgegenüber weist der afrikanische Wirtschaftsraum nur eine schwache Einbindung in den Welthandel auf. Lediglich seine Handelsverbindungen zu Westeuropa sind nennenswert.

109.1: Auswertung der thematischen Karte „Welthandelsströme" (Abb. 108.1)

GEO Projekt – Wir führen eine Projektarbeit durch

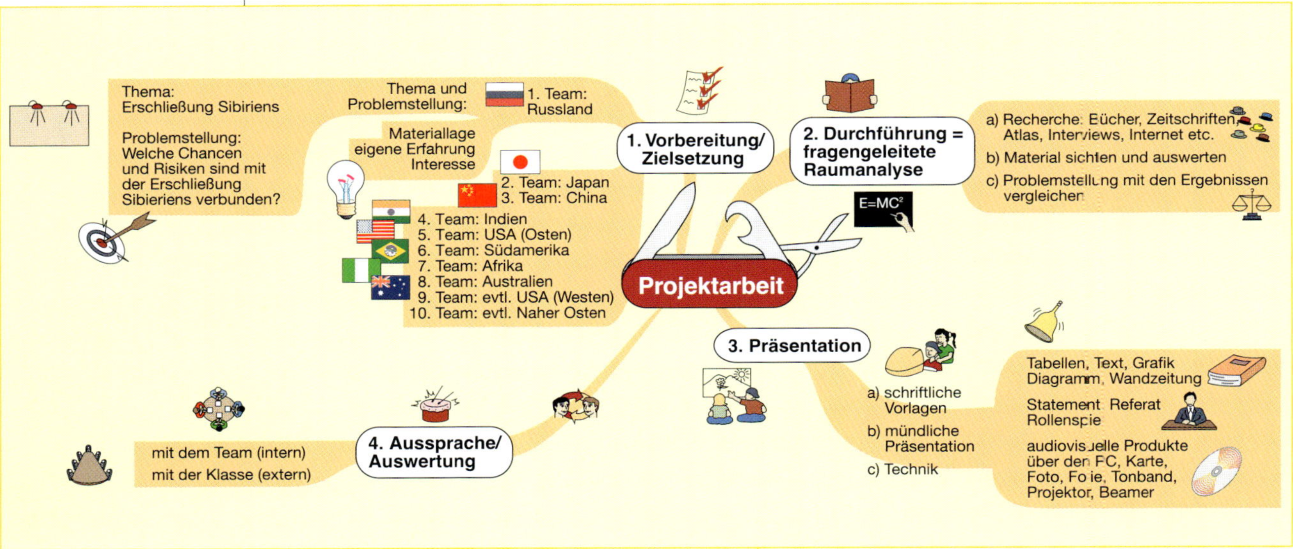

110.1: Mindmap zur Projektarbeit

Es empfiehlt sich, mit einer Mindmap Gedanken und Einfälle zu einem Thema übersichtlich anzuordnen. Besonders in der Gruppe ergeben sich viele Ideen und Vorschläge. In der Mindmap zur Projektarbeit seht ihr in der Mitte das Thema. Von dort aus werden mit Pfeilen und Linien einzelne Bereiche des Themas in immer feinere „Äste“ untergliedert. Durch Farben, Umrandungen und Zeichen könnt ihr die wichtigsten Informationen hervorheben. Die einzelnen Themen können dann im Anschluss gründlich erarbeitet werden.

Eine fragengeleitete Raumanalyse ist eine komplexe Untersuchung und umfassende Darstellung der in einem bestimmten Raum gegebenen natur- und kulturgeographischen Verhältnisse (▷ Abb. 112.1). Bei einer Raumanalyse werden Merkmale, Strukturen und Veränderungen eines Raumes untersucht. Inhaltliche Schwerpunkte können z. B. sein: der Landschafts-, Natur-, Wirtschafts-, Siedlungs- oder Verkehrsraum. Die einzelnen Punkte ergeben ein Gesamtgefüge des Raumes.

110.2: Bei der Projektarbeit

Wir führen eine Projektarbeit durch

In den nächsten Wochen sollt ihr im Rahmen des Erdkundeunterrichts fragengeleitete Raumanalysen von unterschiedlichen Räumen erstellen (▷ S. 114/115). Auf diesen Seiten erfahrt ihr, wie ihr bei eurer Projektarbeit vorgehen solltet und in welche Abschnitte sich die Arbeit gliedern lässt.

1. Vorbereitung/Zielsetzung

a) Zunächst bildet ihr die Projektgruppen (3–6 Teams) zu einzelnen für die fragengeleitete Raumanalyse ausgewählten Regionen.
b) Innerhalb der Teams sammelt ihr im sogenannten Brainstorming eure Kenntnisse, Ideen und mögliche Projektthemen zum Raumbeispiel als Einstieg in die Projektarbeit. Notiert eure Vorschläge an der Tafel oder auf dem Flipchart.
c) Legt aufgrund der eigenen Interessen und Erfahrungen sowie der Materiallage und in Absprache mit der Lehrerin bzw. dem Lehrer Unterthemen fest, die ihr bearbeiten wollt, wie zum Beispiel: „Sibirien widersetzt sich allen Kultivierungsversuchen. Wer gewinnt – Mensch oder Natur?“ oder „Der Lebensraum konkurriert mit der Bodennutzung durch Landwirtschaft und Industrie. Wie löst Japan das Raumproblem?“

- die fragengeleitete Raumanalyse mit Präsentation

Arbeitet interessante Problemstellungen heraus, die sich wie ein roter Faden durch die weitere Projektarbeit ziehen. Eine Reihe möglicher Projektideen und Anregungen findet ihr auf den jeweiligen „Einstiegsseiten“ der einzelnen Raumbeispiele.

d) Erstellt einen Zeit- und Arbeitsplan für die Projektgruppe.

2. Durchführung

a) In der Recherchephase sammelt ihr Informationen zur naturräumlichen Einordnung eures Projektraumes, die immer am Anfang einer fragengeleiteten Raumanalyse steht, und zu eurem Projektthema beziehungsweise eurer Problemstellung. Neben dem Schulbuch, das euch zahlreiche Materialien, Internet-Links und einige Literaturangaben bietet, und dem Atlas könnt ihr eine Reihe weiterer Informationsquellen nutzen.

b) Anschließend sichtet ihr die beschafften Informationen und wertet sie im Rahmen einer fragengeleiteten Raumanalyse aus. Viele Methoden zur Auswertung von Materialien bzw. zur Darstellung von Sachverhalten habt ihr bereits kennengelernt. Die Ergebnisse eurer Auswertung solltet ihr in Grafiken, thematischen Karten, Übersichtsskizzen, Bildern, Mindmaps usw. festhalten. Erstellt dabei die Abbildungen so, dass sie sich auch für die spätere Präsentation eignen.

c) Überlegt euch, wie ihr eure Ergebnisse präsentieren wollt (Referat, Wandzeitung, PC-Präsentation etc.), und legt eine Aufgabenverteilung innerhalb der Projektgruppe fest (Wer von euch kann was am besten?). Überprüft eure Präsentation innerhalb der Gruppe auf Stärken und Schwächen und optimiert sie; das heißt, ihr korrigiert, fügt hinzu, streicht, bebildert neu, ergänzt usw.

Wenn ihr im Verlauf eurer Arbeit auf Schwierigkeiten stoßt, dann zieht eure Lehrerin oder euren Lehrer hinzu. Mit ihrer/seiner Hilfe klärt ihr auf einer gemeinsamen Sitzung inhaltliche und organisatorische Probleme, die bei der Gruppenarbeit aufgetaucht sind und die Ziele der Projektarbeit gefährden.

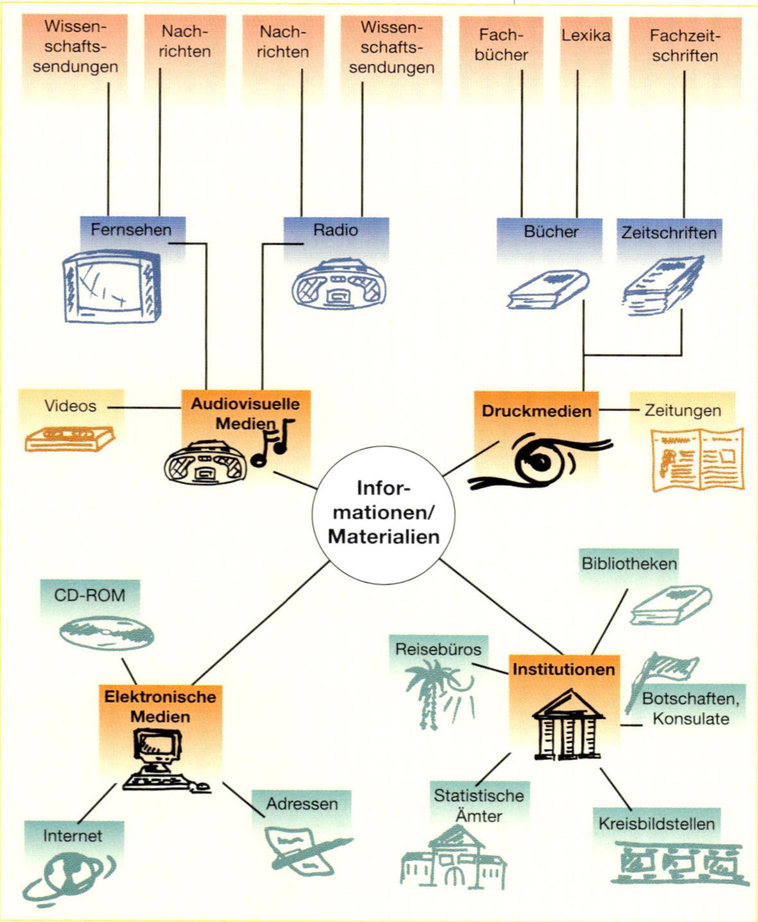

111.1: Informationsbeschaffung

- Welche (zusätzlichen) Informationen benötigen wir? Wo erhalten wir sie?
- Welches sind die wichtigsten Merkmale (Faktoren) des Untersuchungsgebietes?
- Unter welchen Fragestellungen soll der Raum analysiert werden?
- Welche Methoden und Hilfsmittel wollen wir verwenden?
- Welche Beziehungen bestehen zwischen den gefundenen Merkmalen des Untersuchungsraumes?
- Wie können die Einzelergebnisse zusammengefasst werden?
- Wie lässt sich das Untersuchungsgebiet abschließend charakterisieren?
- Welche Bedeutung hat das Ergebnis für die am Anfang formulierte Problemstellung?

111.2: Fragen zur Raumanalyse

GEO Projekt – Wir führen eine Projektarbeit durch

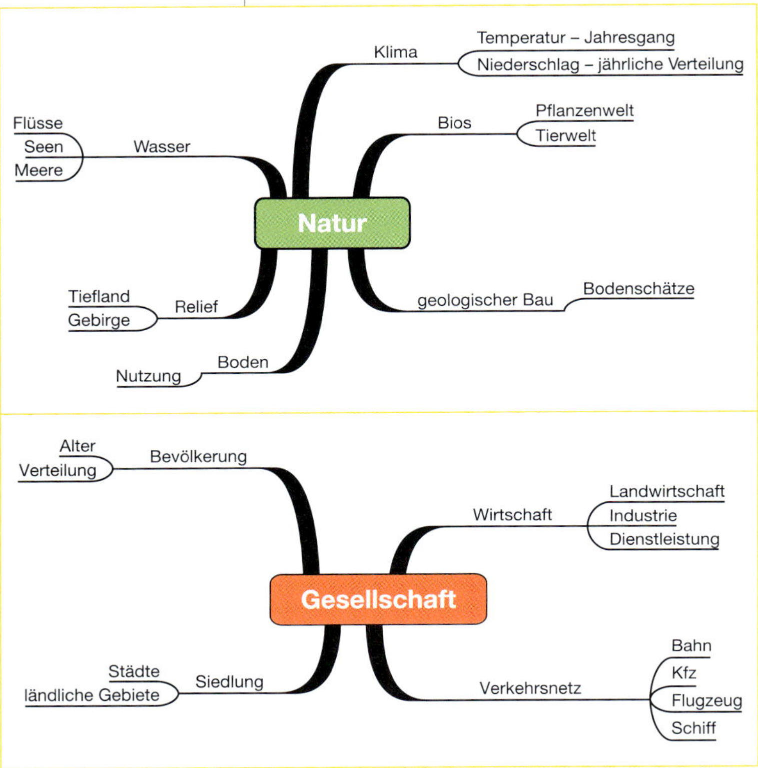

112.1: Grundlegende Bereiche einer Raumanalyse

3. Präsentation

Euer Team hat die Vorbereitungs- und Durchführungsphase der Projektarbeit erfolgreich abgeschlossen. Die fragengeleitete Raumanalyse ist fertig und die Ergebnisse sollen nun der Klasse vorgestellt werden. Damit eure Präsentation, an der alle Teammitglieder beteiligt werden sollten, ein Erfolg wird, solltet ihr die Tipps zum Präsentieren beachten (Abb. 113.1). Wichtig ist, dass ihr das Ziel, zu informieren, zu überzeugen und zu motivieren, nicht aus den Augen verliert. In Abb. 113.3 werden euch einige Präsentationsmethoden verbunden mit praktischen Hinweisen vorgestellt.

4. Aussprache/Auswertung

Nach der Präsentation erfolgt als sehr wichtiger, letzter Arbeitsschritt eine Aussprache über gelungene und weniger gelungene Teile der Projektarbeit, über die Projektanteile aller Teammitglieder und über den Erfolg der Präsentation. Diese Aussprache sollte intern (im Team) und extern (in der Klasse) erfolgen und Verbesserungsvorschläge beinhalten.

Der Atlas soll während eurer Projektarbeit ständig eingesetzt werden. Mithilfe von folgenden Erschließungshilfen könnt ihr euch im Atlas schneller zurechtfinden:

- **Kartenübersicht:** Auf den ersten Seiten des Atlas gibt es Kartenübersichten. Farbige Rahmen geben die jeweiligen Kartenausschnitte an. Die Zahlen verweisen auf die entsprechende Seitenzahl im Atlas.
- **Inhaltsverzeichnis:** Es steht ebenfalls am Anfang des Atlas und führt alle Karten mit Inhalt und Seitenzahl chronologisch und thematisch sortiert auf.
- **Namensregister:** Im hinteren Teil des Atlas sind alphabetisch die Namen von Orten, Flüssen, Gebirgen usw. aufgelistet. Die Angaben hinter den Namen geben die Seiten und Karten an, auf denen die Orte, Flüsse usw. zu finden sind. Die Angaben zum Suchgitter erleichtern das Auffinden der Orte.

112.2: Der Atlas – ein wichtiges Arbeitsmittel

112.3: Die Aussprache/Auswertung

- die fragengeleitete Raumanalyse mit Präsentation

Noch so gut recherchierte und ausgewertete Informationen kommen bei den Zuhörern einer Präsentation nur an, wenn sich der mündliche Vortrag durch klare Zielsetzung und Struktur, durch optimale Visualisierung und effektiven Medieneinsatz sowie ein sicheres Auftreten des Redners auszeichnet. Im Folgenden findet ihr praxisnahe Hinweise, die für eine erfolgreiche Präsentation – nicht nur im Geographieunterricht – zu beachten sind:

Zielsetzung und Aufbau
- Legt genau fest, was ihr mit der Präsentation erreichen wollt, z. B. informieren, problematisieren, aktivieren usw.
- Gliedert eure Ausführungen in die Schritte Darstellung – Erklärung – Schlussfolgerung, sodass für den Zuhörer ein „roter Faden" deutlich wird.
- Achtet auf eine zeitliche Beschränkung eures Vortrags, da die Konzentrationsfähigkeit des Publikums nach max. 20 Minuten nachlässt.
- Lest nicht von einem Manuskript ab, sondern nutzt als Gedächtnisstütze kleine Karteikarten mit Stichworten zum Inhalt oder zum geplanten Medieneinsatz.

Visualisierung und Medieneinsatz
- Übertragt wichtige Inhalte zur Unterstützung des gesprochenen Worts in bildhafte Darstellungen wie Tabellen, Bilder, Diagramme, Grafiken usw.
- Gestaltet die Medien (Folien, Flipchart-Skizzen, Plakate, PC-Grafiken mit PowerPoint) übersichtlich, in lesbarer Schriftgröße, mit Farbgebung und auf wesentliche Aussagen reduziert.
- Setzt unterschiedliche Medien ein, vermeidet aber eine verwirrende Medienfülle. Lasst dem Publikum genügend Zeit, die dargestellten Informationen aufzunehmen.
- Sorgt für eine freie Sicht aller Zuhörer auf das Medium und zeigt mit einem Stift oder Stab auf die Aussage, über die ihr gerade redet.

Persönliches Auftreten
- Versucht, möglichst frei, mit freundlichem Gesichtsausdruck und mit Blickkontakt zum Publikum zu sprechen. Unterstützt eure Aussagen durch passende Mimik und Gestik.
- Sprecht deutlich und nicht zu schnell, legt Sprechpausen ein, vereinfacht komplizierte Sachverhalte.
- Zeigt euch dem Publikum in aufrechter Haltung. Versteckt die Hände nicht in den Taschen oder auf dem Rücken.

113.1: Tipps für erfolgreiches Präsentieren

113.2: Bei der Präsentation

Vortrag mit selbst gestalteten Overhead-Folien
- Mit dem PC oder/und dem OB-Schreiber werden die Daten übertragen: Achtet hierbei auf Lesbarkeit und eine übersichtliche Gliederung der Seite.
- Setzt Computereffekte sparsam ein, weil sie sonst die Zuschauer ablenken und ermüden.
- Deckt Folienteile, die noch nicht benötigt werden, mit einem Stück Papier ab (Aufklapptechnik).
- Durch Übereinanderlegen mehrerer Folien wird das Schaubild schrittweise aufgebaut (Overlay-Technik).
- Sehr effektvoll sind Wortergänzungen, die während des Vortrages mit einem Filzschreiber in eine zweite Folie eingetragen werden (Unterlegtechnik).

Vortrag mit dem PC (z. B. mit „PowerPoint")
- Es gelten dieselben Hinweise wie bei der OH-Folie.

Vortrag mit Erklärungen und Arbeitsblättern
- Hängt ein übersichtliches Plakat oder eine Wandzeitung auf (evtl. thematische Kartenskizze).
- Geht auf eventuell auftretende Zwischenfragen eurer Mitschülerinnen/Mitschüler ein.
- Kontrolliert und verbessert die ausgefüllten Arbeitsblätter.

Durchführung eines Rollenspiels
- Bei einem Rollenspiel könnt ihr euch in die Lage verschiedener Personen versetzen. Auf verschiedene Weise sind alle Personen z. B. vom Thema „Industrieansiedlung" betroffen.
- Eure Aufgabe ist es, für jeden Beteiligten Argumente zu sammeln und diese dann in einer Diskussionsrunde vorzutragen.

113.3: Präsentationsmethoden

GEO Projekt – Wir führen eine Projektarbeit durch

Auf dieser Doppelseite werden die möglichen Raumbeispiele für die fragengeleitete Raumanalyse vorgestellt. Genauere Informationen und Projektideen zu den Räumen findet ihr jeweils auf den in Klammern angegebenen Seiten.

USA (Westen) – Teil des pazifischen Wirtschaftsraum
Kalifornien ist der wirtschaftsstärkste und bevölkerungsreichste Staat der USA mit engen Beziehungen zu Mexiko und Asien (S. 168/169).

USA (Osten) – Tradition und Wandel
Die USA sind die größte Wirtschaftsmacht der Erde. Im Osten steckt die Kraft im Wandel. Große Verstädterungsgebiete mit Wolkenkratzern sind ein Merkmal (S. 168/169).

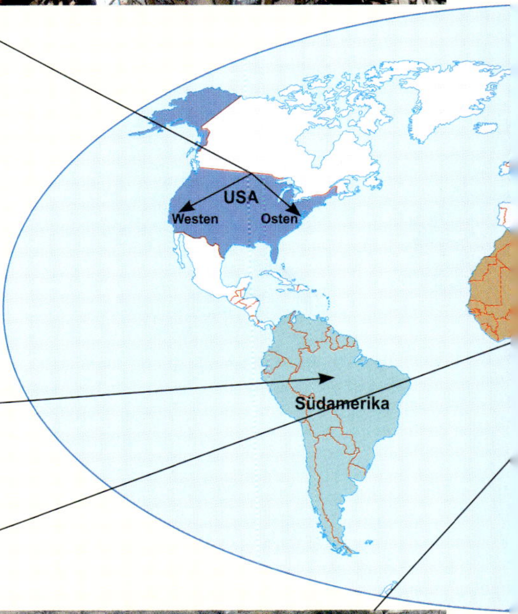

Südamerika – Regenwälder und Megastädte
Das größte Regenwaldgebiet der Erde schrumpft durch übermäßige Nutzung stark. Die Metropolen ziehen die Menschen an, obwohl es viele ungelöste Probleme gibt (S. 188/189).

Naher Osten – viel Öl, wenig Wasser
Öl ist Reichtum auf Zeit. Die Zukunftsfähigkeit der Staaten beruht auf neuen Geschäftsideen und Gesellschaftsmodellen für „die Zeit danach" (S. 220/221).

Afrika – Kontinent mit vielen Problemen
In Afrika dringt die Wüste immer weiter vor. Viele Menschen leiden infolge von Dürrekatastrophen oder ethnischen Konflikten an Hunger und Vertreibung (S. 200/201).

- Raumbeispiele

Russland – das größte Land der Erde
Die Erschließung der gewaltigen Rohstoffvorkommen stellt die Menschen vor große Herausforderungen und die Natur vor große Probleme (S. 116/117).

Japan – reich trotz naturräumlicher Nachteile
Trotz Rohstoffarmut, Naturgefahren und Raumenge ist Japan heute die zweitgrößte Wirtschaftsnation der Erde (S. 128/129).

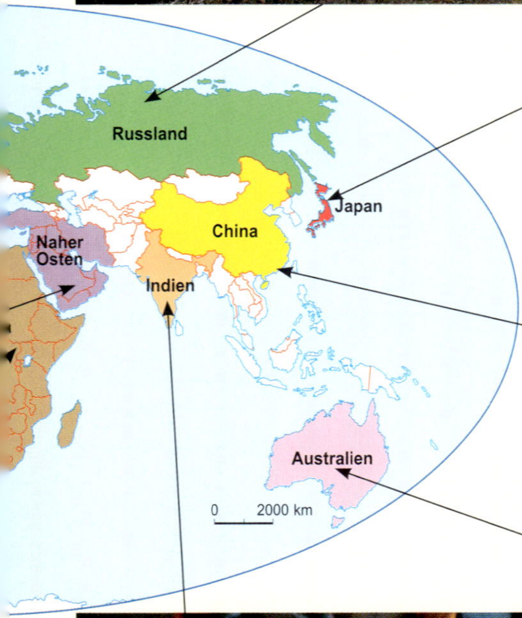

China – bevölkerungsreichstes Land der Erde
Chinas Wirtschaft boomt. Vor allem die küstennahen Zentren wachsen in einem rasanten Tempo, aber nur ein Teil der Bevölkerung profitiert davon (S. 140/141).

Indien – Subkontinent der Gegensätze
Indien entwickelt sich wirtschaftlich rasch. Der Fortschritt stellt die traditionelle Gesellschaftsordnung infrage S. 154/155).

Australien – willkommen in „Down Under"
Australien ist ein beliebtes Einwanderungsland aufgrund einer faszinierenden Natur und sicherer, gut bezahlter Arbeitsplätze vor allem im Rohstoffbereich (S. 212/213).

116.1: Die Lage Russlands

Russland – das größte Land der Erde

Russland ist das flächengrößte Land der Erde, fast doppelt so groß wie die USA. Einem kleinen europäischen Teil Russlands steht der bei Weitem größere asiatische Teil, allgemein als Sibirien bezeichnet, gegenüber. Die klimatischen Gegensätze zwischen den beiden Landesteilen sind enorm. In Sibirien wurden die tiefsten Temperaturen gemessen, die je auf dem bewohnten Teil der Erde erreicht wurden. Russland ist überaus reich an Rohstoffen, vor allem an den fossilen Energieträgern Erdöl und Erdgas. Sie liegen aber meist in klimatischen Ungunsträumen, und ihre Erschließung gestaltet sich schwierig. Neben technischen Herausforderungen verursacht die Gewinnung dieser Bodenschätze ökologische Probleme.

116.2: Diamantenmine in Mirnij in der Republik Sacha-Jakutien (Kraterdurchmesser: ca. 1000 Meter, Kratertiefe: ca. 525 Meter)

117.1: Roter Platz mit Kreml

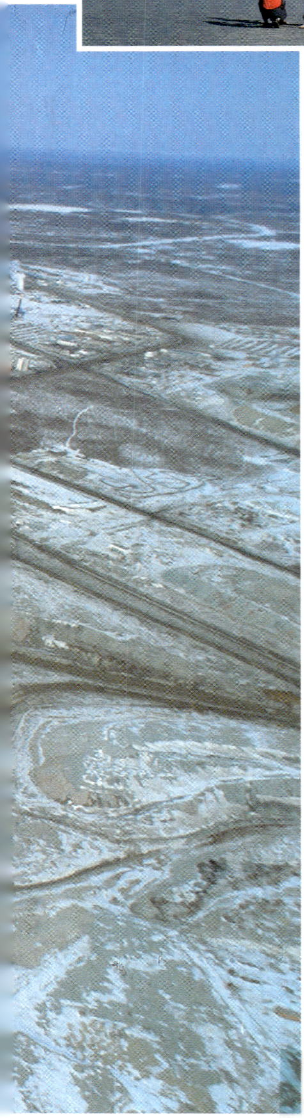

Russland erhöht Gaspreis

Verteuerung wegen der Dollar-Schwäche: Russland will von Deutschland und anderen europäischen Staaten in diesem Jahr (2008) deutlich mehr für sein Erdgas verlangen. Der Preis für 1000 Kubikmeter Gas könne in diesem Jahr auf bis zu 400 Dollar (260 Euro) steigen, sagte Gasprom-Chef Alexej Miller heute. Deutschland bezieht etwa 35 Prozent seines Gases aus Russland. Anfang 2006 waren die Lieferungen nach Westeuropa in Mitleidenschaft gezogen worden, nachdem Russland am Gashahn gedreht hatte und die Ukrainer daraufhin Gas aus der Transitleitung abzapften. Durch die Ukraine laufen derzeit etwa 80 Prozent der russischen Gaslieferungen an die Europäische Union.

PROJEKTIDEEN

1. *Wie beeinflusst die Natur die Nutzung durch den Menschen? (▷ S. 118–119)*
2. *Die Sowjetunion hat sich 1991 aufgelöst. Welche Chancen und Risiken bietet die GUS? (▷ S. 120–121)*
3. *Sibirien widersetzt sich allen Kultivierungsversuchen. Wer gewinnt – Mensch oder Natur? (▷ S. 122–123)*
4. *Öl und Gas aus Sibirien – Russlands einziges wirtschaftliches Standbein? (▷ S. 124–125)*
5. *Das Schicksal des Aralsees steht für den Raubbau an der Natur. Ist der Mensch auf das Wasser des Aralsees angewiesen? (▷ S. 126–127)*

Russland

Hauptstadt:
Moskau

Land und Einwohner

Fläche (in km²)	17 075 400
davonin Europa	3 952 550
in Asien	13 122 850
Einwohnerzahl	143 000 000
davon in Europa	104 000 000
in Asien	39 000 000
Bevölkerungsdichte (in Einw. pro km²)	8,3
städtische Bevölkerung (in %)	73
größte Städte (Großraum), Einw. in Mio.	
Moskau	14,6
St. Petersburg	4,8
Nowosibirsk	1,4
Nischni Nowgorod	1,3
Jekaterinburg	1,3
Samara	1,2
Omsk	1,1
Kasan	1,1
Bevölkerungswachstum (1990-2005) in %	–0,5
Geburtenrate	10
Sterberate	16

Bildung und Gesundheit

Einschulungsrate in der Grundschule (m/w)	91 / 92
Alphabetisierungsrate (m/w)	100 / 99
HIV/Aids-Kranke (in %)	1,1
Ärzte pro 1000 Einw.	4,3
Säuglingssterblichkeit pro 1000 Geburten	14
Lebenserwartung (in Jahren)	65

Wirtschaft

Bruttoinlandsprodukt (BIP) (in Mrd. US-$)		763,7
Bruttonationaleinkommen (BNE) pro Kopf (in US-$)		4460
Außenhandel:	Export (in Mrd. US-$)	241,2
	Import (in Mrd. US-$)	98,6
Erwerbstätigkeit:	in der Landwirtschaft (in %)	10
	in der Industrie (in %)	30
	im Dienstleistungsbereich (in %)	60
Arbeitslosigkeit (offizielle Angaben in %)		7,3

Umwelt und Entwicklung

Energieverbrauch pro Kopf (in kg Öleinheiten)	4460
CO_2-Emissionen pro Kopf (in t)	10,3
Human Development Index* (HDI-Weltrang)	0,802 (67)

alle Daten aus dem Fischer Weltalmanach 2008,
* Daten aus dem Human Development Report 2007/2008

Russland – Klima und Vegetation

Russland ist aufgrund seiner kontinentalen Ausmaße in weiten Teilen durch ein extremes Kontinentalklima geprägt. Dieses ist gekennzeichnet durch eine Abnahme der Niederschläge nach Osten. Außerdem werden die Wintertemperaturen nach Osten hin deutlich geringer, während die Sommertemperaturen in etwa gleich bleiben. Die Länge des Winters nimmt nach Osten hin zu. Dies bedingt eine nach Osten immer kürzer werdende Vegetationsperiode. Die Übergänge zwischen Sommer und Winter sind abrupt.

Durch das Fehlen breitenparalleler Gebirgszüge im Norden Russlands kann die arktische Kaltluft ungehindert nach Süden vordringen. Damit ergibt sich in diesem Raum ein nahtloser Übergang von der polaren Klimazone im Norden bis zur subtropischen Klimazone im Südwesten. Entsprechend weisen auch die natürlichen Vegetationszonen eine klare Abfolge von NO nach SW auf.

Von wirtschaftlicher Bedeutung sind Taiga, Mischwald- und Laubwaldzone und die Waldsteppe.

Der landwirtschaftlich nutzbare Teil ist das sog. Agrardreieck. Im Westen reicht es von der Ostsee im Norden bis zum Schwarzen Meer im Süden, nach Osten hin verjüngt es sich durch die klimatischen Bedingungen (Abb. 118.2) immer mehr.

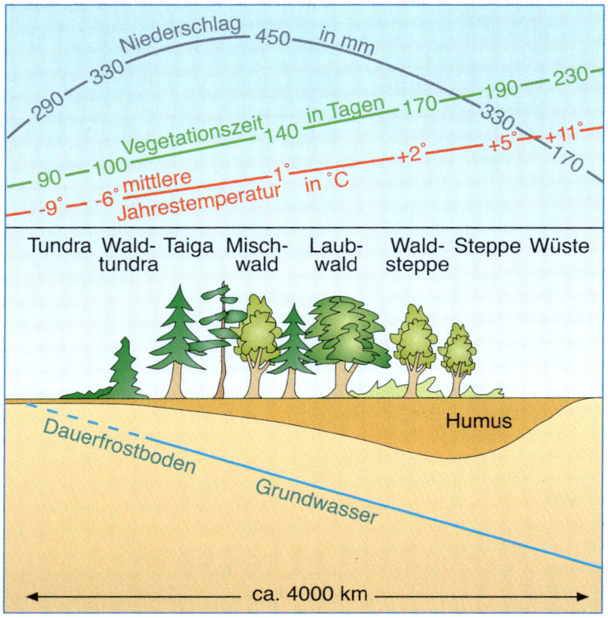

118.1: Zusammenhang Klima – Vegetation – Boden

ANREGUNGEN

1. *Begründe, warum das Agrardreieck in Richtung Osten schmaler wird.*

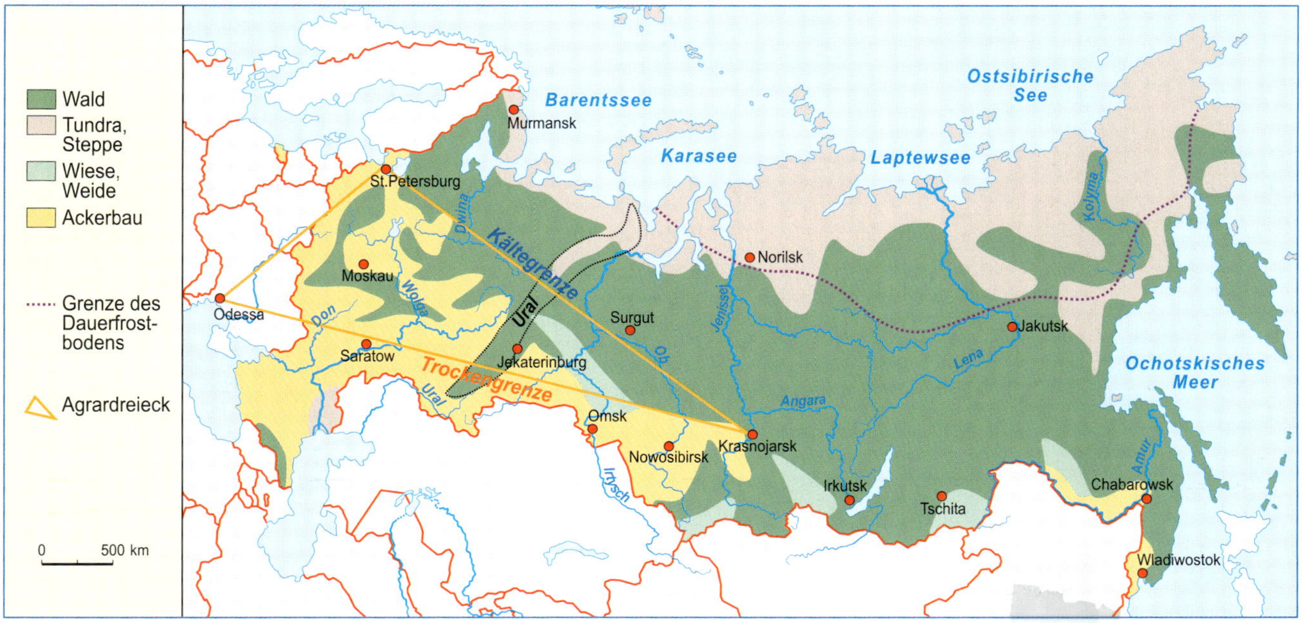

118.2: Lage des Agrardreiecks

GEO Praxis – Wir zeichnen ein Klimaprofil

Zunächst wählt man Klimastationen aus, die sich in annähernd gleicher Breitenlage befinden, um vergleichbare Ausgangsbedingungen hinsichtlich des Einfallswinkels der Sonnenstrahlen und der Tageslänge zu schaffen (Abb. 119.3). Auch die Lage über dem Meeresspiegel sollte bei den Stationen etwa gleich sein, damit ein Vergleich der Temperatur- oder Niederschlagswerte problemlos möglich ist.
Nun ist auf der x-Achse nach Wahl eines geeigneten Maßstabs die richtige maßstabsgetreue Entfernung der Orte voneinander einzutragen. So liegen Surgut und Jerbogatschen etwa 1880 km und Jerbogatschen und Jakutsk etwa 1180 km auseinander, wie eine Entfernungsmessung in einer Atlaskarte zeigt.
Nach der Wahl eines Längenmaßstabs für das Profil (zum Beispiel 1:30 000 000) können die Entfernungen zwischen den Orten maßstabsgetreu auf der x-Achse eingetragen werden (Surgut–Jerbogatschen ca. 6,3 cm; Jerbogatschen–Jakutsk ca. 3,9 cm). Nun wird beim Klimadiagramm rechts die Niederschlagsachse und links die Temperaturachse eingezeichnet. Die Einheit für die Jahresniederschläge wählt man dabei so, dass die Veränderungen von Station zu Station gut ablesbar sind.

119.1: Oimiakon – das kälteste Dorf der Welt

Station (geogr. Lage)	Höhe über NN (m)	Januartemp. (in °C)	Julitemp. (in °C)	mittlerer Jahresniederschlag (in mm)
1) Chatanga (71° N, 102° E)	24	-34,9	11,8	296
Jakutsk (62° N, 130° E)	100	-43,2	18,8	213
3) Jerbogatschen (61° N, 108° E)	287	-31,2	17,0	323
4) Kirensk (57° N, 108° E)	256	-26,9	18,8	381
2) Olenjok (68° N, 112° E)	130	-40,9	14,1	275
Surgut (61° N, 73° E)	40	-22,2	16,8	492

119.2: Klimadaten ausgewählter Stationen (Sibirien)

Was erkennt man aus dem W-O-Klimaprofil?

Deutlich wird, dass die Niederschläge nach Osten hin abnehmen, was auf den immer geringer werdenden Einfluss der Westwinde zurückzuführen ist. Die Temperaturamplitude nimmt dagegen von West nach Ost zu, wobei die Julitemperaturen fast gleich bleiben und die Januartemperaturen stark absinken. Als Ursache ist die nach Osten zunehmende Kontinentalität zu nennen, die in der trockenen Luft Ostsibiriens eine extrem hohe nächtliche Ausstrahlung im Winter bewirkt.

Erstelle mithilfe der verbleibenden Klimastationen und für den gleichen Entfernungsmaßstab ein N-S-Klimaprofil. Welche Beobachtungen hinsichtlich des Wandels der klimatischen Verhältnisse ermöglicht dieses Klimaprofil?

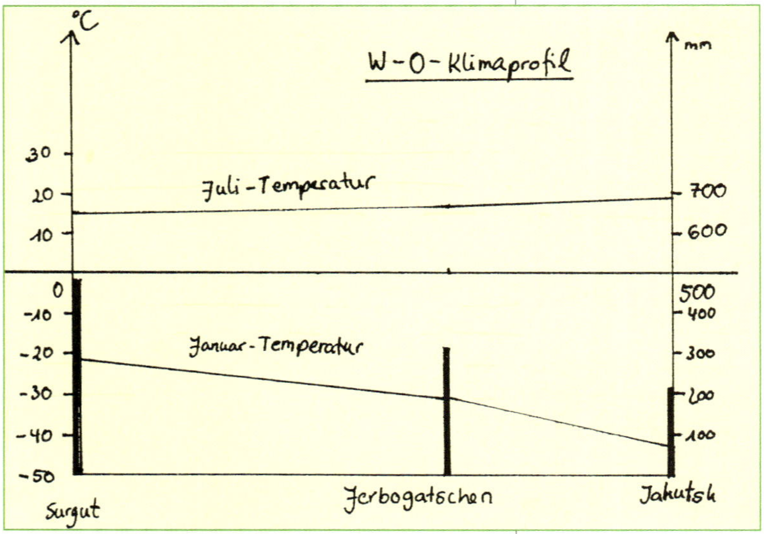

119.3: Klimaprofil in W-O-Richtung

120.1: Die unsichtbare Grenze

„Ungefähr einmal im Monat bin ich für meine Zeitschrift in meinem Land unterwegs. Ein Russe muss dafür bereit sein, in eine „Tupolew 154“ zu steigen, die noch in den 1970er-Jahren montiert worden ist. Sobald dieser Stolz der sowjetischen Luftfahrt auf dem Boden aufschlägt, klatschen die Fluggäste. Andere bekreuzigen sich.

Immerhin kreuzen schon die modernsten Business-Jets am Himmel über Sibirien. Die in ihnen sitzenden Glückspilze haben mit Öl oder Gas zu tun. Die Methan-Scheichs des Gazprom-Konzerns versorgen ganz Russland mit Geld und nebenbei sich selbst. Wir brauchen das Geld, um bis 2010 wenigstens Portugal im Lebensstandard zu überholen. Nicht Singapur, wohlbemerkt: Wir wollen, dass man uns wie ein Stück Europa behandelt. Im Gegensatz zu den Saudis sind wir aber 143 Millionen Menschen, und die Zahl ist nicht besonders ermutigend, wenn man die Exportgewinne durch diese Zahl teilen muss. Dennoch: Gazprom ist die Hoffnung.

Wir leben in der Epoche der Kohlenwasserstoffe. Ohne sie erstarrte unsere Welt wie die Zeiger einer Uhr aus Eis. Je näher eine Stadt in Russland an der Verheißung im Untergrund liegt, desto bedeutender ist sie. Ufa zum Beispiel strotzt derart von „Öl-Dollars“, dass sie einem mit Steroiden aufgepumpten Bodybuilder ähnelt. Direkt neben schiefen Holzhütten erheben sich Hochhäuser mit unterirdischen Garagen – der Traum eines Managers der mittleren Ebene. Er ist der neue Typ eines Russen. Ihm begegnen die Westeuropäer an den Stränden von Antalya und Hurghada. In Omsk werden gerade ganze Viertel neu errichtet, und wenn sich Krasnojarsk nicht beeilt, wird Omsk bald die zweite Metro im sibirischen Erdreich haben.

Sibirien: 56 Prozent des russischen Territoriums gehören zu Sibirien, das zum größten Teil unbesiedelt ist. Die wenigen Städte an seiner südlichen Grenze ähneln auf der Landkarte den Stichen einer Naht, die so grob ist wie die einer gefälschten Gucci-Jeans.

Moskau: Warum ist die Hauptstadt so verhasst? Weil Russland in den Dörfern lebt, den Siedlungen und kleinen Städten. Es hackt Kohle in den Minen von Workuta, zieht mit verrosteten Booten ins Ochotskische Meer, steht auf den Bohrtürmen in Tjumen, fährt Lastwagen den Amur entlang und sät Getreide an den Ufern der Wolga. Dieses Russland weiß, dass Moskau, in dem 33 Dollar-Milliardäre leben und 30 000 Millionäre, nichts selbst produziert; außer Gesetzen, Erlassen, Glanzzeitschriften und Fernsehprogrammen.“

(nach: GEO-Special, 3/2006, W. Potapow)

120.2: Reiseeindrücke eines russischen Journalisten

Ein Land im Umbruch

Im Herbst 1991 flog ein Astronaut aus der Sowjetunion zur Raumstation Mir und kehrte im Sommer 1992 nach Russland zurück. Am 21. Dezember 1991 geschieht das Unglaubliche: Die Union der Sozialistischen Sowjetrepubliken (UdSSR) hat aufgehört zu existieren. An ihre Stelle tritt eine lockere Staatenverbindung, die Gemeinschaft Unabhängiger Staaten (GUS). Außer dem Baltikum gehören ihr alle zwölf ehemaligen Sowjetrepubliken an. Russland ist der größte Staat in der GUS.

Die Folgen des Zerfalls erschweren auch nach fünfzehn Jahren eine Stabilisierung innerhalb Russlands. An den Grenzen des Landes „brodelt“ es, offen treten ethnische Konflikte zutage. Hinzu kommt, dass mit der Auflösung der Sowjetunion 24 Städte der Russischen Föderation zu Grenzstädten wurden, in denen mit 47 Millionen Menschen knapp ein Drittel der russischen Bevölkerung lebt. Heute behindern Grenzübergangsstellen und Zollämter den freien Personen- und Warenverkehr. Infolge unterschiedlicher wirtschaftlicher Entwicklungen der einzelnen Republiken wachsen Grenzkriminalität und Schmuggel.

Ein großes Problem stellt die Binnenwanderung in Russland dar. Hauptanziehungspunkte für Binnenflüchtlinge, die häufig aus dem Norden und Fernen Osten stammen, bilden die Städte. Über Jahrzehnte hinweg hatte die Sowjetunion diese entlegenen Gebiete im Norden und Osten des Landes mit hohem Aufwand erschlossen und die Arbeiter mit vielen Vergünstigungen dorthin gelockt. Doch nach dem Zerfall der UdSSR entfielen diese Privilegien. Löhne konnten nicht mehr gezahlt werden, Industrieanlagen wurden stillgelegt,

Lebensmittellieferungen blieben aus. Russland leidet an Bevölkerungsschwund. Jährlich fehlen dem Land wegen der niedrigen Geburtenrate annähernd 700 000 Menschen. Zudem unterbindet ein neues Ausländergesetz den unkontrollierten Zustrom aus den ehemaligen Bruderstaaten, um Einheimischen Arbeitsplätze zu sichern. Die Vielfalt der Produkte verschwindet auf russischen Märkten. Der Verbraucher zahlt die „Zeche“, da die Produkte teurer werden.

ANREGUNGEN

1. *Welches Russlandbild vermittelt der Reisebericht (Abb. 120.2)? Suche die genannten Orte (Atlas).*
2. *Arbeite mit der Karte (Abb. 121.1) und dem Atlas:*
   a) Benenne die GUS-Staaten und deren Hauptstädte.
   b) Beschreibe die Migrationsströme: Woher kommen sie, wohin gehen sie (Abb. 121.1)? Nenne mögliche Ursachen.
3. *Die Auflösung der Sowjetunion hat alte Probleme verstärkt und neue geschaffen. Belege dies anhand der Texte und der Materialien.*

„Russland ist ein Kessel kochenden Wassers. Oben ist er verschlossen, unten wird die Glut immer heißer“ (Adolphe de Custine 1848).
Das rasche Auseinanderbrechen der Sowjetunion offenbarte der Weltöffentlichkeit die schon lange unterdrückten nationalen, ethnischen und regionalen Eigeninteressen der Völker der heutigen GUS-Staaten. Jahrzehntelang lebten sie scheinbar friedlich zusammen. Slawische Völker mit christlichen Traditionen, islamische Turkvölker Mittelasiens und mongolische Stämme sowie Minderheiten im Norden und Osten Sibiriens.

Nach dem Zusammenbruch der Zentralgewalt entstanden immer radikalere Forderungen nach Selbstbestimmung, die sogar zu bewaffneten Konflikten führten. Der Krieg in Tschetschenien ist längst keine regionale Tragödie und kein Sonderfall mehr. Es „gärt“ fast überall im Kaukasus. Heute leben etwa 140 verschiedene Völker in den Staaten der GUS. Allein in Russland sind es 20 und über 100 nationale Minderheiten.

121.2: Mehr Völker als Staaten

121.1: Hauptströme der Migration seit 1991

122.1: Sibirischer Winter in Jakutien

122.2: Sibirischer Frühling an der Lena (Jakutsk)

122.3: Sibirischer Sommer in der Taiga

Die Erschließung Sibiriens – die Natur setzt Grenzen

„Wie ein Eisbrecher rammt unser Auto durch noch gefrorene Pfützen. Manchmal umspülen Ströme von Schmelzwasser den Wagen bis fast zur Türhöhe. Dann stottert der Motor. Aber ein russischer Geländewagen lässt dich nie im Stich, lautet ein gängiger Witz: Um nicht neue Straßen anlegen zu müssen, baue Russland immer solidere Autos.“ (GEO-Special Russland, 2006, S. 92, L. Williams)

Sibir bedeutet „schlafende Erde“ in der Sprache der mongolischstämmigen Ureinwohner. Über viele Jahrtausende hinweg haben die unwirtlichen Bedingungen eine umfassende Besiedlung verhindert. Auch heute noch leben auf einer Fläche von über 10 Millionen km^2 nur etwa 25 Millionen Menschen.

Es sind vor allem die riesigen Entfernungen und das Klima, die eine Erschließung des Landes nur unter extremem Aufwand ermöglichen. Die „Transkontinentale“ ist die einzige, inzwischen durchgehende Fernstraße quer durch Russland. Sie ist eine Dauerbaustelle. In der Republik Sacha (= Jakutien), eine Republik von der Größe Indiens, gibt es nur 150 Kilometer asphaltierte Straßen. Die wichtigsten Leitlinien für die Erschließung Russlands und besonders Sibiriens waren die Flüsse. Für die Versorgung des Hohen Nordens sind sie noch heute unverzichtbar. Allerdings können sie nur eingeschränkt genutzt werden. So bleiben die Eisenbahnen die eigentlichen Transport- und Versorgungsadern. Noch heute ist die Transsib das Rückgrat der sibirischen Wirtschaft.

In Sibirien herrscht ein extremes Kontinentalklima (Abb. 123.1, 3 und 4). Eine „Schöpfung“ der extremen Kälte ist der Dauerfrostboden. 6 Millionen km^2 Sibiriens sind von ihm bedeckt, zuweilen bis in 1500 Meter Tiefe. In den kurzen Sommern taut die oberste Schicht des Dauerfrostbodens auf. Da das Wasser aber nicht einsickern kann, bilden sich Sümpfe von riesigen Ausmaßen, vor allem in den großen Ebenen mit geringem Gefälle. Der Sumpfboden trägt keine Radfahrzeuge. Im Frühjahr herrscht die Zeit der Rasputiza, die Zeit der Wegelosigkeit. Zu dieser Jahreszeit bricht zugleich die Eisdecke der Flüsse in ihrem Mittel- und Unterlauf auf. Der alljährliche Eisgang führt zu extremen Belastungen an den Brückenpfeilern der oft viele Hundert Meter breiten sibirischen Ströme.

ANREGUNGEN

1. *Charakterisiere das Kontinentalklima (Text, Abb. 123.1 und 4).*
2. *Erläutere die Fotos (Abb. 122.1–3).*
3. *Welche Rolle spielt das Verkehrsnetz bei der Inwertsetzung Sibiriens (Abb. 123.2 und 3)? Begründe im Einzelnen.*
4. *Inwiefern ist die Erschließung Sibiriens auch heute noch eine Herausforderung?*

Der Winter in Sibirien ist eine faszinierende Jahreszeit: Die Kälte „verbrennt“ die Haut. Wer mit bloßen Händen im Freien Eisen anfasst, bekommt „Brandblasen“.
Bei extremer Kälte ist es in der Regel still. Oft ist dann die Erde in dichten Nebel, eine „weiße Finsternis“, gehüllt. Der Schnee „schreit“ unter den Füßen, ausgeatmeter Wasserdampf gefriert augenblicklich zu Eiskristallen. Russische Schuljungen vergnügen sich mit gegenseitigem Anspucken, denn das tut weh!
Bis etwa minus 50 °C gehen die Menschen ihrem Tagwerk nach. Erst wenn das Thermometer unter diese Marke fällt, dürfen z. B. Schulklassen zu Hause bleiben. Und in der Natur beginnen Wunder: Metall wird spröder als Glas, Stahlrohre reißen, Achsen brechen. Öl verliert seine Schmierfähigkeit, Motoren springen nicht mehr an. Bekanntlich aber hat auch jeder Nachteil seinen Vorteil: Die Kälte schützt vor Grippe, Lebensmittel werden zum Konservieren ins Freie gestellt und die meterdick zugefrorenen Flüsse verwandeln sich in ausgezeichnete Verkehrswege.

123.1: Klima hautnah

Die Stadt liegt am Streckenkilometer 1502, mitten in der Taiga. 1973 lebten hier etwa 3000 Einwohner: Holzfäller, Pelztierjäger, Goldsucher. Die Stadt wurde als wichtigster Verkehrsknoten an der Neubaustrecke angelegt: Eine Nebenbahn geht ins 200 km entfernte Kohlenrevier im Norden und erschließt Südjakutien, die andere stellt die Verbindung zum 200 km entfernten Parallelstrang her. Im Umkreis von 300 km gibt es wertvolle und vielfältige Bodenschätze, die „gehoben“ werden sollen.
Der Bau des Schienenstrangs jedoch brachte gewaltige Probleme mit sich. Zehn Jahre lang rammten Tausende von Arbeitern, Soldaten und Strafgefangenen Brückenpfeiler in den gefrorenen Boden, um 142 reißende Flüsse zu überwinden. Sie sprengten 32 km Tunnelstrecke in den Granit, verlegten Hunderte von Kilometern Gleise über meterdickes Eis, über Sümpfe und Dauerfrostboden. So stiegen die Baukosten bis auf 5 Mio. Euro pro Kilometer. Inzwischen ist es still geworden um die Stadt. Sinkende Frachtraten und die geringe Auslastung der Bahn haben sie zur Bedeutungslosigkeit verurteilt.

123.3: Wie heißt die Stadt? Tynda

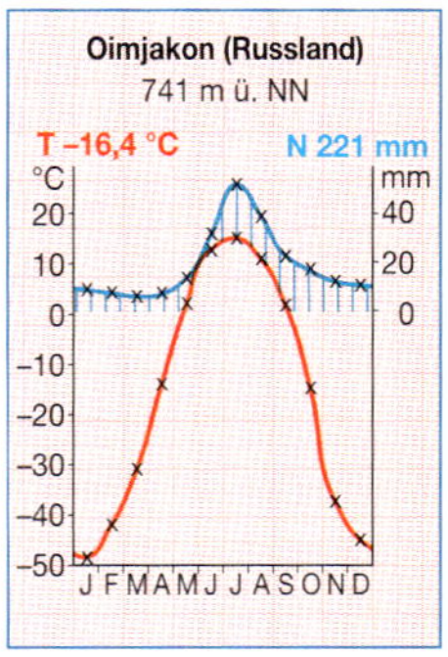

123.4: Klimadiagramm von Oimjakon

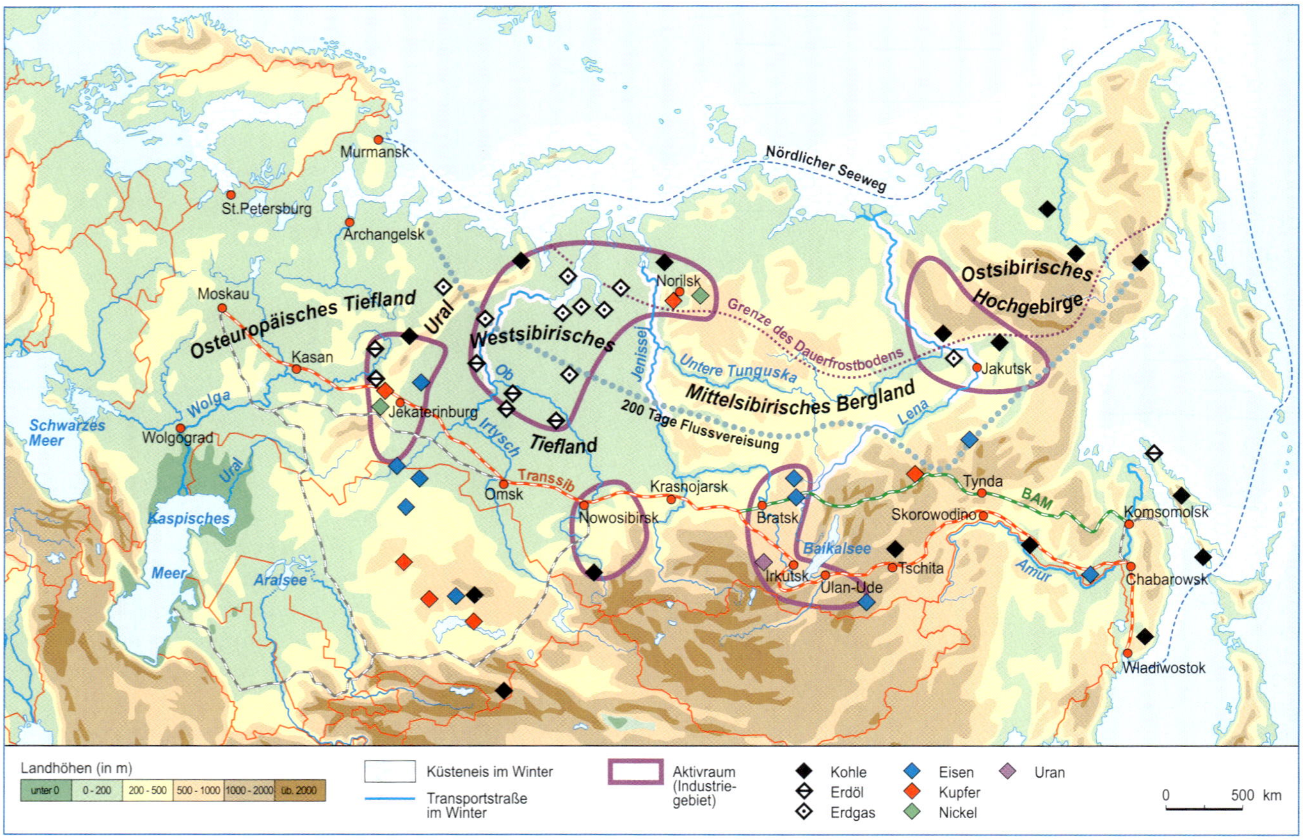

123.2: Sibirien – Natur, Verkehrserschließung und Rohstoffräume

Gaspromfackel (geplante Zentrale in St. Petersburg)

Steckbrief: Gazprom

- erwirtschaftet über 8 % am russischen Bruttoinlandprodukt
- verfügt über ein Sechstel (17 %) der weltweiten Gasreserven
- kontrolliert 85 % der russischen Erdgasproduktion
- besitzt zu 100 % das innerrussische, weltgrößte Pipelinesystem mit einer Gesamtlänge von 463 400 km
- beschäftigt 396 800 Menschen
- unterhält bis heute komplette Städte, wie z. B. Nowy Urengoj oder Nadym, die in der Nähe der entlegenen Fördergebiete errichtet wurden

„Gazprom ist nicht nur groß, sondern ganz fürchterlich groß", Kirill Androssow, Regierungsbeamter. Gazprom wurde 1989, noch zu Sowjetzeiten, als einer der ersten Konzerne gegründet, die nach privatwirtschaftlichen Kriterien funktionieren. Heute ist Gazprom mit Abstand das größte Unternehmen Russlands, zuständig für Exploration, Förderung, Transport und Export von Erdgas. Es ist jedoch kein eigenständiges Unternehmen, sondern ein Teil des russischen Staates, dem 51 Prozent der Anteile gehören. Kritiker befürchten eine zunehmende Politisierung von Gazprom, gemeint ist eine Steuerung vom Kreml aus, da es enge personelle Verbindungen zwischen Konzernführung und den Politikern gibt.
Gazprom versorgt neben vielen Staaten der ehemaligen Sowjetunion auch weite Teile Ost- und Mitteleuropas mit Gas und deckt 36 % des Erdgasbedarfs in Deutschland. Der Unternehmenswert wird derzeit auf über 290 Milliarden Dollar geschätzt, ein Wert, der höher ist als das Bruttosozialprodukt von 165 der 192 in der UNO vertretenen Nationen. Gazprom ist Russlands größter Steuerzahler. Aus diesen Einkünften finanziert sich der Haushalt zu einem Viertel. Gazprom engagiert sich auch im Ölgeschäft, ist ein Schwergewicht in der Stromindustrie, verleibte sich jüngst den größten Kohleförderbetrieb Russlands ein und ist außerdem bei verschiedenen TV-Kanälen, Tageszeitungen und Radiostationen beteiligt, lässt Satelliten ins All schießen, betreibt Hotels und eine Fluglinie.

Außenpolitische Schaltstelle

124.1: Gazprom – russische Weltfirma

Sibirien – Russlands einzige Hoffnung?

„Der Rubel rollt": Die Milliardeneinnahmen der Energiebranche haben dem russischen Staatshaushalt 2006 einen Überschuss von knapp 7,4 Prozent des Bruttoinlandproduktes beschert. (dpa)

Russland ist ein Riese bezüglich seines wirtschaftlichen Potenzials. Seit 2000 wächst die Wirtschaft kräftig. Hierbei spielen die Einnahmen aus dem Erdöl- und Erdgasexport die Hauptrolle, einerseits durch die kräftig erhöhten Weltmarktpreise – für nahezu alle russischen Exportgüter –, anderseits durch die höheren Förder- und Ausfuhrmengen. Ist dies die Wende zu einem dauerhaften Aufschwung? Große Investitionen werden vor allem in die Öl- und Gasförderung getätigt, sie dehnt sich immer weiter in die „empfindlichen Regionen" Westsibiriens aus (Abb. 125.1). Tragende Pfeiler sind Konzerne (Lukoil, Rosneft, Gazprom), die der Staatsmacht nahestehen (Abb. 124.1).
Doch der wirtschaftlichen Entwicklung stehen noch immer gravierende Hindernisse im Wege. Russland hat große Probleme mit der Energieversorgung im eigenen Land (Abb. 125.2). Viele Industrieanlagen sind veraltet, es fehlt an Raffinerien, an Pipelines, an modernen Häfen, Verladeterminals, Spezialtankern. So steht der Aufschwung der russischen Industrie und Wirtschaft derzeit auf „einem Bein".

ANREGUNGEN

1. *Wo liegen welche Energie- und Rohstoffvorkommen (Abb. 123.2)? Erstelle eine Liste mit den dazugehörigen Räumen bzw. Standorten.*
2. *Welche Rolle spielt Sibirien für die Gesamtwirtschaft Russlands?*
3. *Informiere dich im Internet über Aktivitäten russischer Konzerne: www.gazprom.ru/eng, www.lukoil.com, http://eng.alrosa.ru/profile.*
4. *Diskutiere die Zukunftschancen Russlands vor dem Hintergrund der aktuellen wirtschaftlichen Situation.*
5. *Nimm Stellung zur These: „Russland macht mit Energie Politik."*

Dort, wo das Herz von Gazprom schlägt, hat die Natur den Menschen den Krieg erklärt. Im Winter stürzen die Temperaturen bis auf minus 50 °C, im kurzen Sommer brennt die Sonne, bis sich die Tundra in eine Seen- und Moorlandschaft verwandelt. Dann fallen Myriaden von Stechmücken über die Gasarbeiter her, die im Freien eine Pipeline reparieren oder auch nur schnell von einem Gebäude zum anderen gehen.
„Wir fahren zur Erde", sagen die Menschen in Nowy Urengoi, der Gashauptstadt Russlands, wenn sie zu Verwandten ins 2300 Kilometer westlich gelegene Moskau oder zum Urlaub in den Süden fliegen. So als würden sie auf einem anderen Planeten leben – oder auf einer Insel der Verdammten.
Wer hier lebt, stirbt früh, sagen die Mediziner. Ist krankheitsanfällig. Selbstmordgefährdet. Dennoch ist es schwer, in Nowy Urengoi jemanden zu finden, der sich über sein Los beklagen würde. Anders als zur Stalin-Zeit, als Oppositionelle, Kriminelle und Intellektuelle in Russlands Hohen Norden verbannt wurden, um Eisenbahnlinien zu bauen, Schächte für Bergwerke in die Erde zu treiben, sind jetzt alle freiwillig da. Russen und Bürger der Staaten der ehemaligen Sowjetunion stehen Schlange, um hier arbeiten zu dürfen. Denn die Plattenbausiedlung Nowy Urengoi, hineingestampft in die weite Tundra, ist eine der reichsten Städte Russlands – so wohlhabend, dass der russische Volksmund schon von den „Russischen Emiraten" spricht, eine Anspielung auf den Reichtum Dubais und der Golfregion. Ein Supermarkt im Zentrum führt 37 verschiedene Biersorten, und das Durchschnittseinkommen ist dreimal so hoch wie im Rest des Landes. Auf die 106 000 Einwohner kommen 45 000 private Autos.
150 Kilometer nördlich der Polarstadt (...) betreibt Gazprom an der Förderstelle Peszowoje eine hochmoderne, 550 Millionen teure Gasaufbereitungsanlage. Hier sieht das neue Russland so aus, als läge es in der Schweiz. Rohre, Ventile, Räder glänzen in verschiedenen Farben, auch zwei Jahre nach Inbetriebnahme ist kein einziger Farbfleck zu sehen. (...) Jungmanager Nurijew hält eine Empfehlung parat. „Zufriedene Arbeiter halten ihre Produktionsstätten besser in Ordnung." Deshalb hat er Billardtische einfliegen lassen, deshalb gibt es eine Mehrzweck-Sporthalle, deshalb sind die Zimmer seiner Arbeiter so schmuck wie Pensionen in Westeuropa. Und im Internet lässt sich surfen.

(nach: Der Spiegel, 10/2007, E. Follath/Schepp, M.)

125.1: Nowy Urengoi – Gashauptstadt Russlands

Russische Haushalte verschleudern 10-mal so viel Energie wie ihre Nachbarn im Westen, zahlen aber im Schnitt nur 170 Euro im Jahr für Heizungsenergie. In Russland sind 29 Mio. Wohnungen zu sanieren. Fernwasserrohre sind verschlissen. Warme Füße bekommt, wer auf dem maroden und schlecht isolierten Netz der Heizungsrohre spaziert. Es fehlt an Wärmeisolierung der Wände, Messuhren, Regulatoren. (...) Berstende Fernwärmeleitungen, undichte Wasserrohre, mehr als 56 % der Gaskraftwerke und 65 % des Wassernetzes müssten dringend saniert werden. Pro 100 km Heizungsrohre ereignen sich jährlich 200 Unfälle. Die Bewohner zahlen für die Heizung nach Quadratmetern Wohnfläche, nicht nach tatsächlichem Verbrauch. Sie haben keinen Anreiz, sparsam mit Energie umzugehen. Für die Heizung eines Quadratmeters Wohnraum werden in Russland 80 Liter Brennstoff verfeuert, in Schweden nur 14. Die Heizkörper glühen, die Wärme wird durch das offene Fenster reguliert oder durch Zudecken mit nassen Tüchern. Viele Geschäftsleute lassen parallel zur Heizung die Klimaanlage kühlen. (...) Gazprom investiert lieber in Transportnetze statt in die Einsparung. (...)

(nach: Die Zeit, 13/22.03.07: „Die Heizung glüht im Plattenbau")

125.2: Sibirien – Schwächen und Stärken

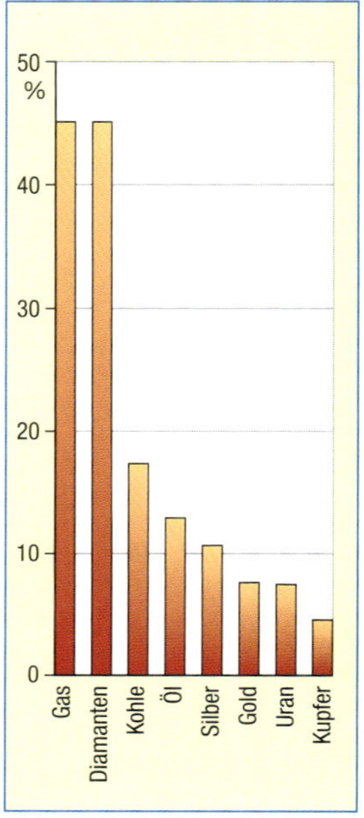

125.3: Russlands Anteile an Weltrohstoffressourcen

Der Aralsee – eine Umweltkatastrophe

126.1: Lage des Aralsees

Kasachstan
Usbekistan

In den letzten fünfzig Jahren verringerte sich die Fläche des Aralsees dramatisch. Zunächst war dies kaum bekannt. Erst der Vergleich von Satellitenaufnahmen, Bilder von Fischkuttern, die auf dem ehemaligen Seeboden verrosteten, und die Tatsache, dass ehemalige Hafenstädte jetzt bis zu 100 Kilometer von der Küste entfernt waren, weckte weltweit das Interesse an diesen Vorgängen.

Die Gründe für den Rückgang sind eindeutig. Der Aralsee ist ein abflussloser See im wüstenhaften Tiefland von Turan. Sein Wasser erhält er von den beiden Fremdlingsflüssen Amudarja und Syrdarja, die im Pamir und Tianschan entspringen.

In den 1960er-Jahren beschloss die Regierung der damaligen Sowjetunion, den Baumwollanbau in Mittelasien durch Ausweitung des Bewässerungslandes zu intensivieren. Amu- und Syrdarja wurde Wasser entnommen und über ein Kanalsystem von mehreren Tausend Kilometern auf die Felder geleitet. Mit einer Länge von 1200 Kilometern ist der Karakumkanal der größte dieser Kanäle. Die Wände und Sohlen der Kanäle sind nicht betoniert oder abgedichtet, auch fehlt eine Abdeckung. Daher versickert und verdunstet sehr viel Wasser.

Aus diesen Gründen bekam der Aralsee immer weniger Wasser. Heute erhält er nur noch eine geringe Menge vom Amudarja, der Syrdarja erreicht ihn überhaupt nicht mehr, sondern versickert vorher. Verschärft wird die Lage noch durch die hohe natürliche Verdunstung.

Die Folgen sind gravierend. Der See ist in zwei Teile zerfallen, den Großen und den Kleinen Aralsee. Weite Teile des Seebodens sind trockengefallen und wurden zu einer lebensfeindlichen Salzwüste (Abb. 127.2). Die häufigen Salzstaubstürme stellen eine große Belastung für die Menschen dar.

Der Salzgehalt in den verbliebenen Restseen ist so hoch, dass dort keine Fische mehr leben können; die einst blühende Fischerei musste eingestellt werden. Hohe Arbeitslosigkeit war die Folge.

Beim Baumwollanbau und bei der Ernte werden giftige Schädlingsbekämpfungs- und Entlaubungsmittel („Agent Orange") verwendet, Letzteres, um eine gleichmäßige Ernte zu ermöglichen. Die Reste dieser Mittel werden in den See gespült. Sie werden für Krankheiten, körperliche und geistige Behinderungen vor allem bei Neugeborenen verantwortlich gemacht. Außerdem verschlechtern sie die Wasserqualität zusätzlich. Daraus folgen wiederum Probleme bei der Trinkwasserbeschaffung.

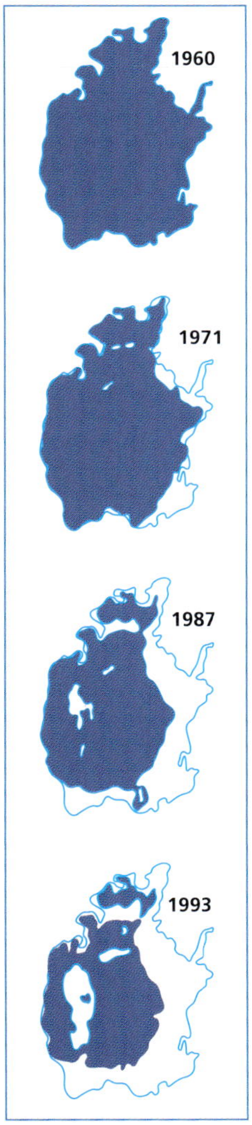

126.2: Veränderung der Seefläche

126.3: Aralsee: Satellitenfoto 2000

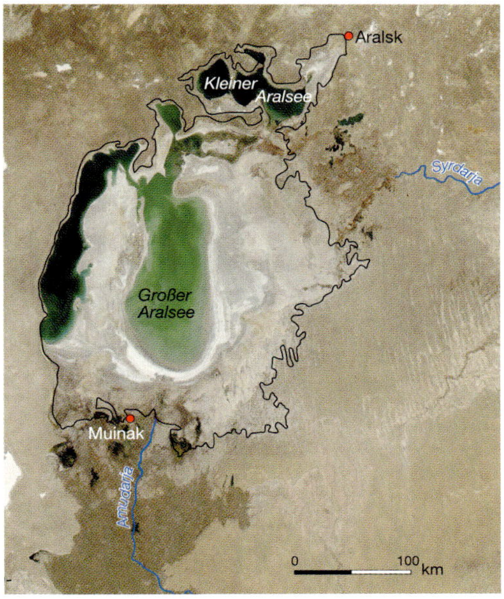

126.4: Aralsee: Satellitenfoto 2005

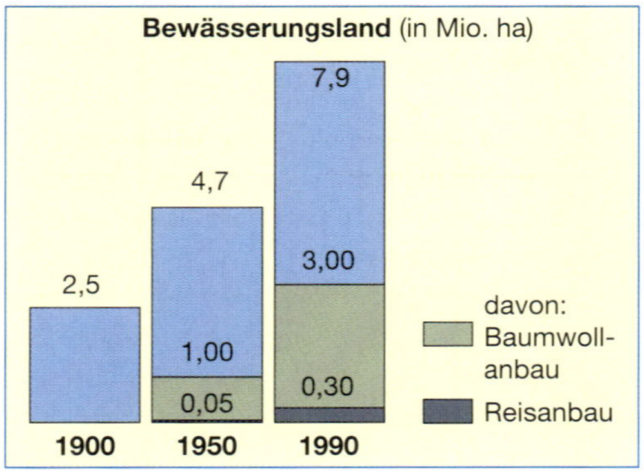

127.1: Bewässerungsfläche in Zentralasien

127.2: Rostender Fischkutter

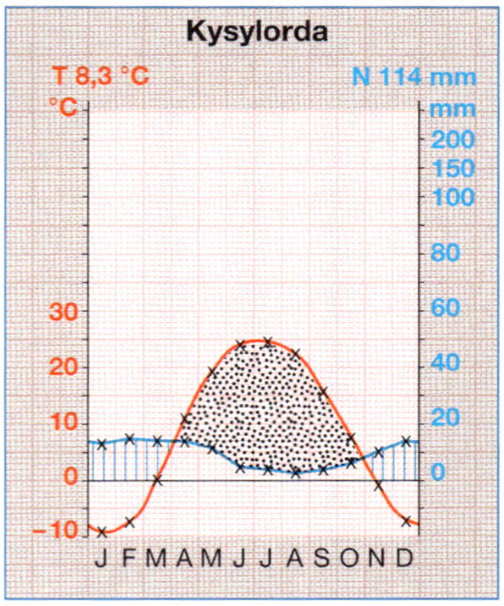

127.4: Klimadiagramm von Kysylorda

Lösungsansätze

Die Beseitigung der Schäden ist schwierig, eine Rückführung auf den Stand von 1960 erscheint unmöglich. Heute kann es nur noch darum gehen, eine weitere Verschlechterung zu verhindern. Durch den Zerfall der Sowjetunion 1991 und das Entstehen selbstständiger Teilstaaten auf ihrem ehemaligen Staatsgebiet hat sich die Situation verschlechtert. Kasachstan und Turkmenistan teilen sich den See, verfügen jedoch über keinen Zugriff auf die Quellgbiete. Diese liegen in Tadschikistan, Kirgistan und Afghanistan. Ein gemeinsames Wassermanagement ist schwierig geworden, da alle Staaten ihre eigenen Interessen verfolgen. Wichtig wären folgende Sofortmaßnahmen:

- Reglementierung der Wassermenge für die Bewässerung,
- Bezahlung des entnommenen Wassers,
- Abdichten der Kanäle,
- Einsatz wassersparender Bewässerungsanlagen wie z. B. der Tröpfchenbewässerung,
- Verringerung des Anbaus von Pflanzen mit sehr hohem Wasserbedarf,
- Stilllegung unrentabler Ackerflächen,
- Aufforstung mit salzresistenten Pflanzen.

Einige utopische Vorschläge (Abb. 127.5) sind aus politischen und finanziellen Gründen nicht zu verwirklichen.

Gebessert hat sich die Situation im nördlichen Teil des Aralsees (Kleiner Aralsee). Seit 2005 trennt ein Damm diesen Teil des Sees vom seinem südlicheren, stärker verschmutzten und versalzenen Teil und schützt ihn vor weiterer Austrocknung.

Für die Bewohner der Region ist die Rückkehr des Wassers ein Segen. Die Stadt Aralsk zum Beispiel, einst ein stolzer Hafen, war zum Wüstenort verkommen, als der See schrumpfte. Doch im Frühjahr 2006 lag Aralsk schon wieder sehr nah am Wasser.

ANREGUNGEN

1. *Am Aralsee haben sich Veränderungen in der Natur, der Wirtschaft und dem Leben der Menschen vollzogen. Ordne jedem Bereich Beispiele zu.*
2. *Fertige ein Wirkungsgefüge zu Ursachen und Folgen der Veränderungen am Aralsee an.*

127.3: Versalzte Flächen

- Umleiten einiger sibirischer Flüsse
- Umleiten eines Teils der Wolga
- Auftauen des Gletschereises im Pamirgebirge
- Kanalbau vom Kaspischen Meer zum Aralsee

127.5: Utopische Rettungsüberlegungen

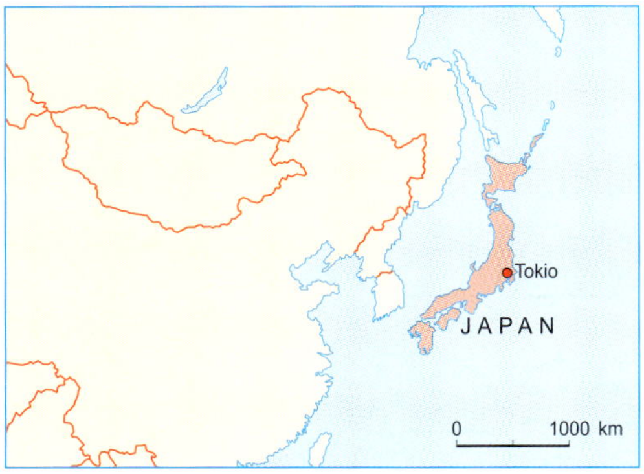

128.1: Die Lage Japans

Japan – reich trotz naturräumlicher Nachteile

Der Inselbogen Japans ist vulkanischen Ursprungs und ein Teil des pazifischen Feuerrings. Dies erklärt auch die ungünstige Landesnatur. Das überwiegend gebirgige Land verfügt nur über einen schmalen Küstenstreifen, der nicht nur überaus dicht besiedelt, sondern auch die einzige Möglichkeit für eine landwirtschaftliche Nutzung ist. Bis Mitte des 19. Jahrhunderts schottete sich Japan von der übrigen Welt ab. Danach erlebte es einen raschen Aufstieg und wurde zu einer der führenden Wirtschafts- und Exportnationen. Dieser Aufstieg ist umso bemerkenswerter, als das Land praktisch über keine Rohstoffe verfügt. Fahrzeugbau, Elektro- und elektronische Industrie sowie Maschinenbau sind die Eckpfeiler der japanischen Wirtschaft.

128.2: Am Bahnhof Shinjuku (Tokio)

129.1: Reisernte in Japan

Japaner jagen wieder Wale

Die japanische Fangflotte hat im Eismeer nahe der Antarktis die Waljagd wieder aufgenommen. Protestaktivitäten von Tierschützern hatten zu einer mehrwöchigen Zwangspause geführt.
Japan darf trotz des Moratoriums von 1986 jährlich mehr als 1000 Wale zu Forschungszwecken jagen. Umweltschützer bezweifeln jedoch den wissenschaftlichen Nutzen der Aktion und werfen der japanischen Regierung kommerzielle Interessen vor.

PROJEKTIDEEN

1. *Der Lebensraum konkurriert mit der Bodennutzung durch Landwirtschaft und Industrie. Wie löst Japan das Raumproblem? (▷ S. 130–135)*
2. *Gartenbau statt Landwirtschaft – Fisch statt Rindfleisch! Kann Japan seine Einwohner ernähren? (▷ S. 132–133)*
3. *Reich sein ohne Rohstoffe. Ist das möglich? (▷ S. 134–135)*
4. *Stelle das kulturelle Erbe der Japaner dar und zeige mögliche Probleme auf, die sich durch den Konflikt mit der „westlichen Lebensart" ergeben. (▷ S. 136–137)*
5. *Die Natur meint es nicht gut mit Japan. Überprüfe diese Meinung. (▷ S. 138–139)*

Japan

Hauptstadt: Tokio

Land und Einwohner

Fläche (in km^2) (vier Hauptinseln [Kokkaodo, Honshu, Shikoku und Kyushu] sowie über 3000 kleinere Inseln)	377 837
Einwohnerzahl (in Mio.)	127,8
Bevölkerungsdichte (in Einw. pro km^2)	338
städtische Bevölkerung (in %)	66
größte Städte (Großraum), Einw. in Mio.	
Tokio-Yokohama	37,0
Osaka	17,5
Nagoya	8,8
Fukuoka	4,3
Nagoya	2,2
Sapporo	1,9
Kobe	1,5
Kyoto	1,5
Fukuoka	1,4
Kawasaki	1,3
Bevölkerungswachstum (1994–2005) in %	0,2
Geburtenrate (in ‰)	8
Sterberate (in ‰)	9

Bildung und Gesundheit

Einschulungsrate in der Grundschule (m/w)	100 / 100
Alphabetisierungsrate (m/w)	k. A. / k. A.
HIV/Aids-Kranke (in %)	< 0,1
Ärzte pro 1000 Einw.*	1,98
Säuglingssterblichkeit pro 1000 Geburten	3
Lebenserwartung (in Jahren)	82

Wirtschaft

Bruttoinlandsprodukt (BIP) (in Mrd. US-$)		4534,0
Bruttonationaleinkommen (BNE) pro Kopf (in US-$)		38 950
Außenhandel:	Export (in Mrd. US-$)	647
	Import (in Mrd. US-$)	578
Erwerbstätigkeit:	in der Landwirtschaft (in %)	4,4
	in der Industrie (in %)	30,0
	im Dienstleistungsbereich (in %)	65,6
Arbeitslosigkeit (offizielle Angaben in %)		4,1

Umwelt und Entwicklung

Energieverbrauch pro Kopf (in kg Öleinheiten)	4173
CO_2-Emissionen pro Kopf (in t)	9,6
Human Development Index* (HDI-Weltrang)	0,953 (8)

alle Daten aus dem Fischer Weltalmanach 2008,
* Daten aus dem Human Development Report 2007/2008

130.1: Japan – nur die wenigsten Straßen tragen Namen

130.3: Leben auf engstem Raum

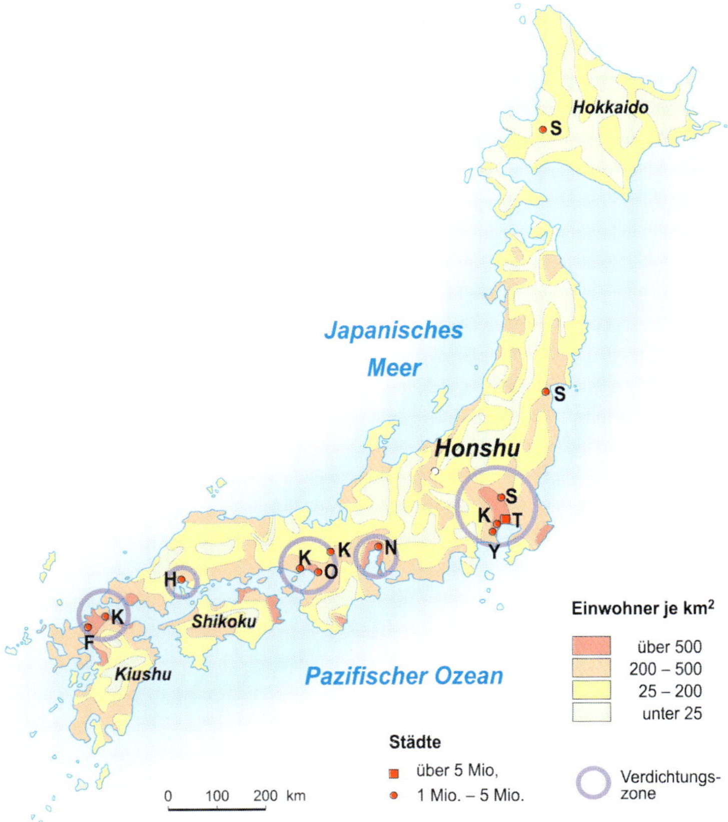

130.2: Bevölkerungsverteilung im Land ohne Hinterland

Wie leben die Japaner?

Es gibt kaum ein Land auf der Erde, bei dem der Wert der durchschnittlichen Bevölkerungsdichte so irreführend ist wie in Japan: Bezogen auf die Landesfläche beträgt er rund 338 Einw./km² (Deutschland 230 Einw./km²). Allein im Großraum Tokio leben auf weniger als vier Prozent der Fläche mehr als dreißig Prozent der Gesamtbevölkerung. Japan „lebt“ vorzugsweise an der pazifischen Küste, welche die Japaner auch als ihre „Fensterseite“ bezeichnen.

Die Region Tokio – Yokohama – Kawasaki ist der größte Ballungsraum der Welt, Tokio das unbestrittene Zentrum. Die Stadt wächst unaufhörlich weiter. Mit der Entwicklung Tokios zur Weltstadt (Megacity) waren und sind zahlreiche Probleme verbunden: vor allem die Raumknappheit, die hohe Bevölkerungsdichte, die extremen Immobilien- und Mietpreise sowie Umwelt- und Verkehrsprobleme. Auf diese Herausforderungen mussten die Stadtplaner antworten.

Wegen der hohen Miet- und Grundstückspreise sind die Menschen zum Pendeln gezwungen. Über drei Millionen Menschen kommen täglich aus dem Ballungsraum in Tokios Stadtzentrum zur Arbeit, da sie nur in den Randgebieten er-

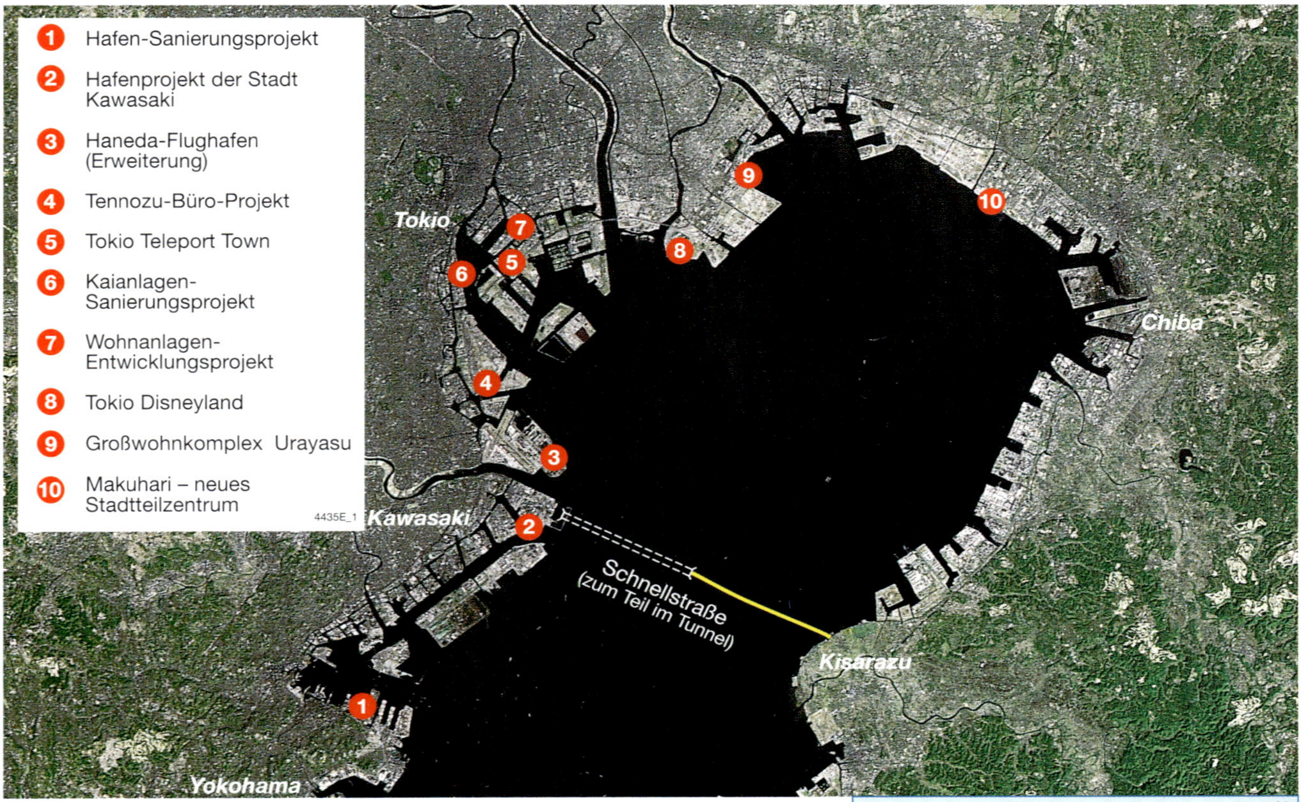

131.1: Neue Großprojekte in der Bucht von Tokio – eine Bucht verändert ihr Gesicht

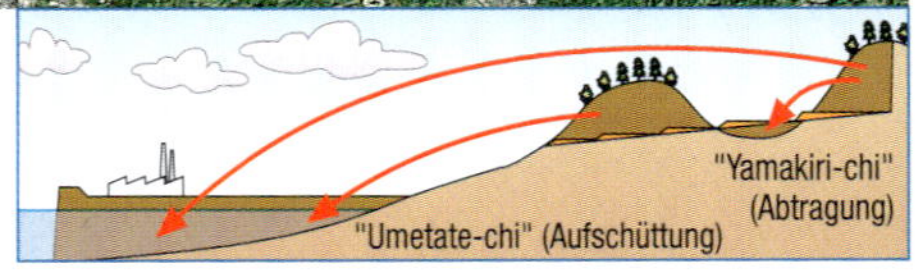

schwingliche Wohnungen, die weder in Größe noch Ausstattung mit unseren vergleichbar sind, finden. Bis zu 50 Kilometer überbrücken die Pendler in Vorortzügen, S- und U-Bahnen, die bis zu 190 Prozent ausgelastet sind.

Diese „erzwungene" Mobilität fördert aber auch neue Formen großstädtischen Lebens. So findet man vorzugsweise in Bahnhofsnähe Unterkünfte, sogenannte „Kapselhotels" mit 50–600 „Schlafkabinen" (Abb. 130.3). Diese „Schlafcontainer" sind Miniräume, in denen man aber kaum aufrecht sitzen kann. Sie sind für Einheimische erbaut worden, die zu müde sind, um nach dem Arbeitstag noch eine weite Heimfahrt anzutreten, oder die sich vom Arbeitstag stundenweise erholen wollen.

Eine japanische Erfindung „urbanen" Lebens ist die Sauerstoffbar, wo der Gast zur Entspannung reinen oder parfümierten Sauerstoff inhaliert. In den japanischen Innenstädten hat sich – zum Beispiel im Gegensatz zu europäischen – ein reges Nachtleben entwickelt. Hunderttausende strömen abends durch die Vergnügungsviertel der Städte.

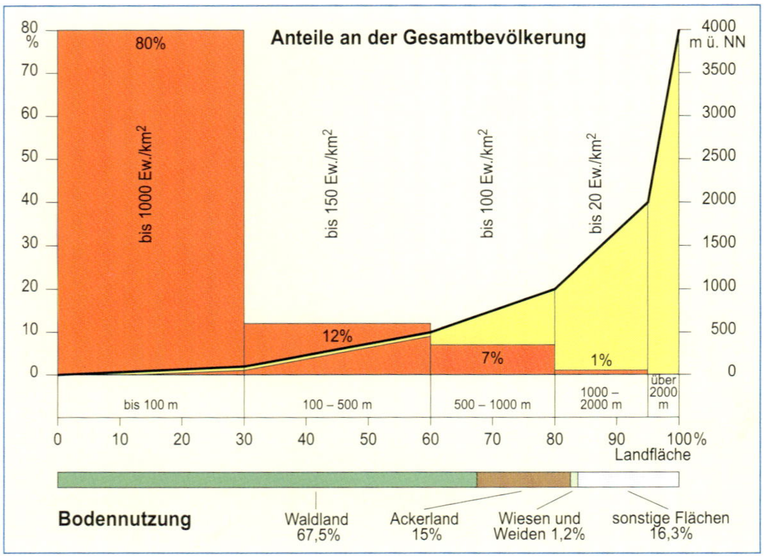

131.2: Japans wichtigstes Gut kann man nicht importieren

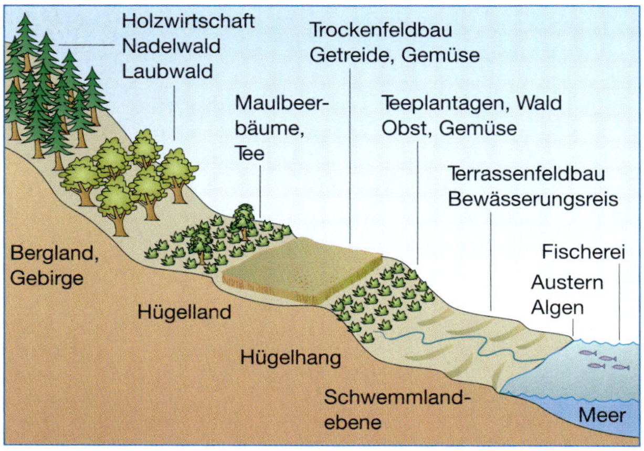

132.1: Landnutzung und Agrarlandschaft

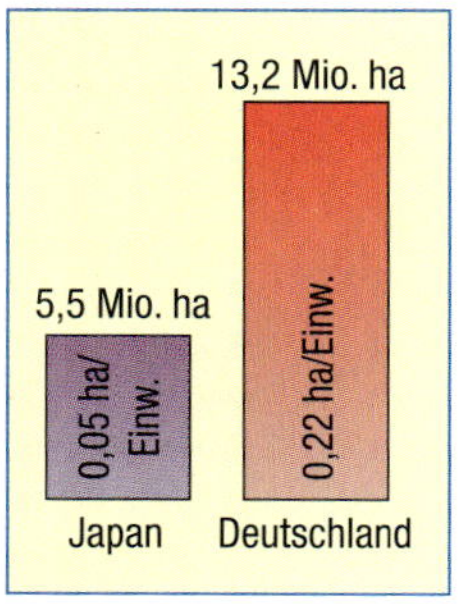

132.2 : Landwirtschaft in Japan im Vergleich

Wie ernähren sich die Japaner?

Reis ist das tägliche Brot der Japaner. Er wächst auf etwa 50 Prozent des knappen Kulturlandes. Jedes Fleckchen wird ausgenutzt. In den küstennahen Ballungsräumen durchdringen sich Reisfelder, Obst- und Gemüsekulturen. Verschärft wird die Situation zusätzlich durch den Landhunger wachsender Siedlungs-, Industrie- und Verkehrsanlagen. So findet man Reisfelder, die in den Städten bis nahe an die Hochhäuser heranreichen und in den Dörfern die Vorgärten ersetzen. Durch intensiven Arbeitseinsatz, sorgfältige Pflege, verbesserte Sorten, Einsatz von Mineraldünger und Reissetzmaschinen werden höchste Erträge erzielt.

Das Land ist für Weideflächen und Mastviehhaltung zu kostbar. Fleisch, besonders Rindfleisch, ist unerschwinglich teuer. Ihren Eiweißbedarf decken die Japaner durch Fisch und Meeresfrüchte. Die Nutzung der Meere hat daher in Japan schon eine lange Tradition. Wegen des großen Verbrauchs in einheimischen Küchen ist Japan der größte Fischimporteur, wie Japan überhaupt zu den größten Nahrungsmittelimporteuren der Welt zählt.

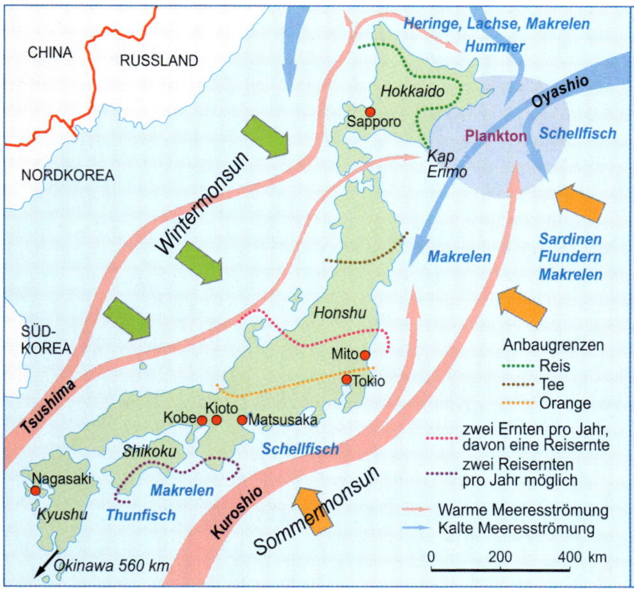

Der gebirgige Charakter und die Kleinkammerung der japanischen Landschaft sind wesentliche begrenzende Faktoren der landwirtschaftlichen Produktion. Hinzu kommen klimatische Bedingungen: Ein Großteil der japanischen Inseln liegt in etwa auf der gleichen Breitenlage der europäischen Mittelmeerländer. Aber die Klimaverhältnisse sind völlig anders als in Europa. Sie werden von den jahreszeitlich wechselnden Monsunwinden, den Meeresströmungen und der Nähe zum asiatischen Kontinent bestimmt.

Infolge der großen Längenerstreckung (2500 Kilometer) ergibt sich eine deutliche Nord-Süd-Differenzierung. Während Hokkaido und Honshu mäßig warme Sommer und schneereiche Winter haben, werden die Inseln Shikoku und Kyushu von subtropischem Klima geprägt. Der klimatische Gegensatz von Nord- und Südjapan wird durch die Meeresströmungen verstärkt. Entsprechend der klimatischen Gegebenheiten verlaufen auch die Anbaugrenzen. Die buchtenreiche, rund 30 000 Kilometer lange Küste, die kalten und warmen Meeresströmungen, vor allem aber die planktonreichen Mischwassergebiete, sind eine wertvolle Ergänzung zu Japans kleinparzellierter Gartenbaulandschaft.

132.3: Die „Äcker" Japans und ihre Naturgrundlagen

Bei uns ist Reis als Essensbeilage eine willkommene Abwechslung zu Nudeln oder Kartoffeln. Für mehr als die Hälfte der Menschheit ist Reis eine wichtige Lebensgrundlage, oft sogar das einzige Grundnahrungsmittel. Die Abb. 133.1a zeigt, dass der Reis aber nicht nur als Nahrungsmittel verwendet wird.
Die Reispflanze braucht viel Wasser und vier Monate mit durchschnittlichen Temperaturen über 20 °C sowie genügend Licht. Sie kann immer wieder auf derselben Fläche angebaut werden und bringt bis zu drei Ernten pro Jahr. Die Pflanze wird 1–2 m hoch und bringt eine Rispe hervor, die etwa 150 Körner trägt (Abb. 133.1c).
Man unterscheidet zwischen Trocken- und Nassreisanbau (Abb. 133.1d). Der Trockenreisanbau wird dort betrieben, wo nicht genügend Wasser für den Nassreisanbau zur Verfügung steht, aber die Niederschläge noch ausreichende Wassermengen bringen. Beim Nassreisanbau wird Wasser auf die Felder geleitet und angestaut. In vielen asiatischen Ländern bestimmen die an Berghängen angelegten Terrassenfelder das Landschaftsbild (Abb. 133.1e). Nassreis bringt bedeutend höhere Erträge als Trockenreisanbau, ist aber sehr viel arbeitsaufwendiger.

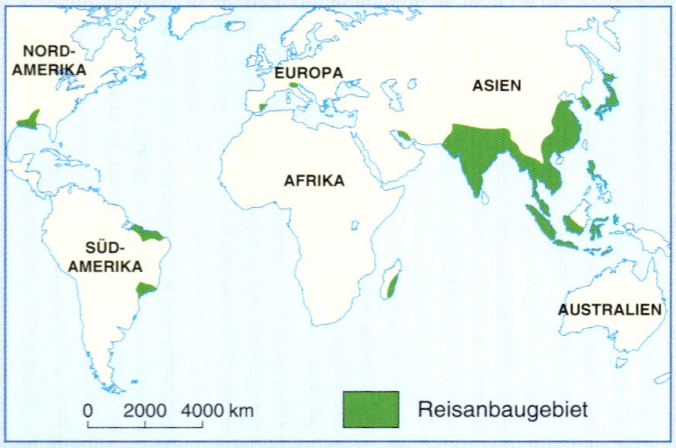

133.1b: Reisanbaugebiete der Erde

133.1c: Reisrispe und Reiskörner

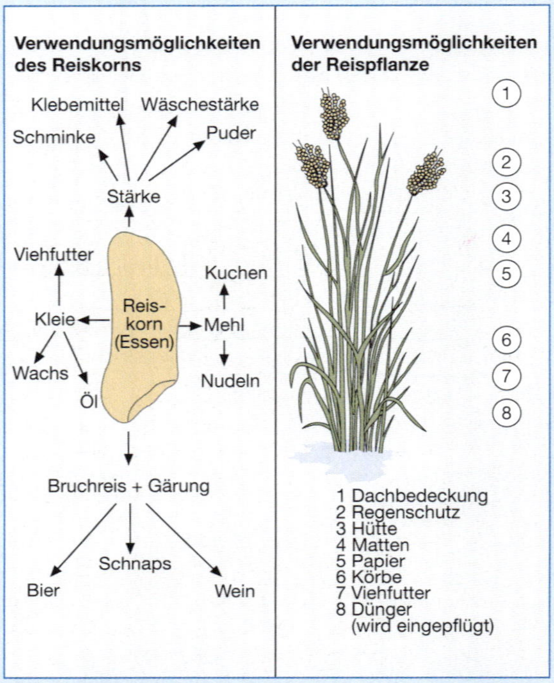

133.1a: Verwendungsmöglichkeiten von Reis

133.1d: Entnahme der Pflanzen aus dem Reisbett

133.1e: Reisterrassen

133.1: Reis – Nahrungsmittel für Milliarden

134.1: Import oder Export?

134.4: Der Hafen von Kagoshima (Import oder Export?)

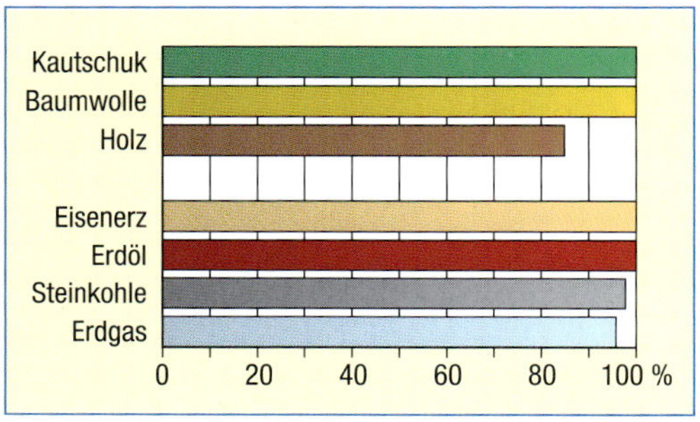

134.2: Japans Importanteil ausgewählter Rohstoffe

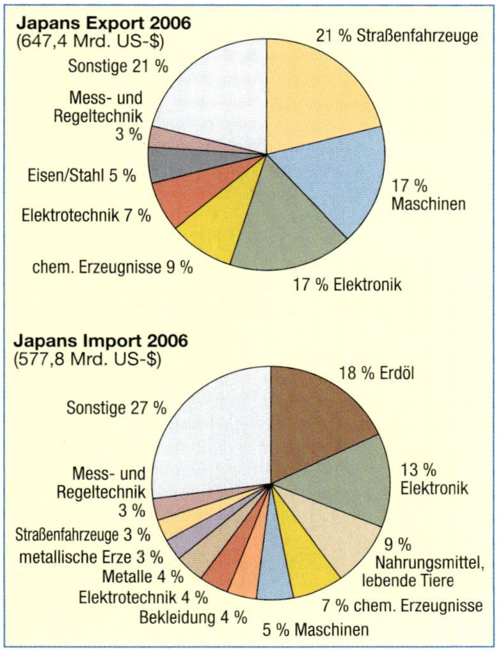

134.3: Außenhandelsstruktur Japans

Wie wirtschaften die Japaner?

Viele japanische Unternehmen sind Global Player. Besonders eindrucksvoll ist die Erfolgsgeschichte der Automobilindustrie, die es Ende des Zweiten Weltkrieges praktisch nicht gab. Heute ist Japan der größte Automobilhersteller der Welt. Das Geheimnis des Erfolgs liegt im Wesentlichen im „Standortfaktor Mensch“ und in dem spezifisch japanischen Weg, der die Japaner zum Vorbild für die großen Wirtschaftsmächte machte.

Der Erfolg des „japanischen Wirtschaftswunders“ hängt auch mit einer überlegten Standortwahl zusammen. Durch die außergewöhnliche Rohstoffabhängigkeit sowie durch seine Insellage ist Japan zur bestmöglichen Ausnutzung preisgünstiger Überseetransporte und zur Entwicklung modernster Umschlagstechniken gezwungen. Die Konzentration der Industrie an der japanischen Ostküste ist auf der Welt einmalig. Bevorzugter Standort ist nicht allein der natürliche Küstenstreifen, sondern das ihm vorgelagerte, aufgeschüttete Neuland. Dieses bietet, im Gegensatz zur dicht besiedelten „alten Küste“, der Industrie erweiterungsfähiges, relativ preiswertes und schnell zu erschließendes Gelände. Über 900 Quadratkilometer Fläche wurden inzwischen gewonnen. Die Vorteile eines solchen „Küstenstandorts“ liegen auf der Hand (Abb. 134.5).

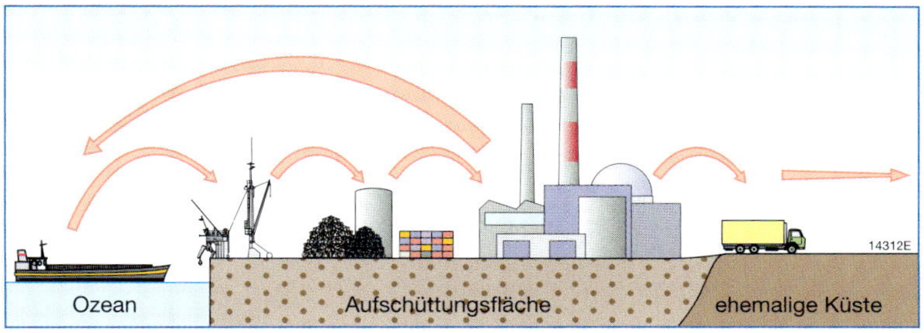

134.5: Der „optimale“ Standort

Zusätzlich existieren perfekt funktionierende Verkehrsinfrastrukturen im Hinterland sowie auf See. Weitere Vorteile ergeben sich durch die unmittelbare Nähe zu den vielen qualifizierten Arbeitskräften und den großen Absatzmärkten der Ballungszentren. Allein der Großraum Tokio-Yokohama würde zu den zehn größten Industrienationen zählen. Das Bruttosozialprodukt ist größer als das von Kanada. 60 Prozent aller japanischen Konzerne haben hier ihren Firmensitz, es gibt über 800 000 Unternehmen und alle Industriezweige sind vertreten. Ihre Anbindung an die Häfen ist lebenswichtig. Der Ausbau leistungsfähiger, Tsunami-geschützter Tiefwasserhäfen war daher eine weitere wichtige Voraussetzung für die wirtschaftliche Entwicklung. Chiba und Nagoya gehören zu den zehn größten Häfen der Welt. Die japanische Handelsflotte nimmt weltweit den 5. Rang ein und Nippon Yusen Kaisha gehört zu den zehn weltgrößten Reedereien der Containerschifffahrt.

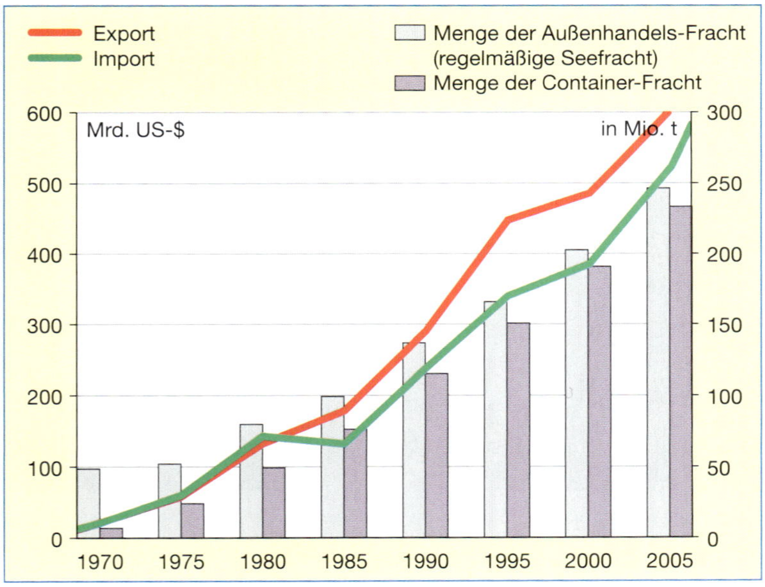

135.2: Entwicklungen des japanischen Außenhandels und des Hafenumschlags

1994 wurde nach siebenjähriger Bauzeit der Internationale Flughafen Kansai-Airport eröffnet. Er liegt 5 km vor der Küste auf einer etwa 5,5 km² großen künstlichen Insel, was etwa der Fläche der Innenstadt von Osaka entspricht. Sie ist über eine doppelstöckige, 3750 m lange Stützpfeilerbrücke, die längste der Welt, mit dem Festland verbunden. Schnelle Verkehrswege verbinden den Flughafen mit den Zentren Osaka, Kyoto und Kobe.

Doch auch im 12. Jahr des Betriebs bereitet der Flughafen wirtschaftliche Sorgen. Sinkende Passagierzahlen und Finanzierungsprobleme belasten das ehrgeizige Projekt. Erst 2007 wurde der zweite Abschnitt der Neulandgewinnung mit einer zweiten Start- und Landebahn, jedoch ohne Terminal, fertiggestellt. Zusätzlich erwächst mit dem neuen Flughafen Kobe ein weiterer Konkurrent für den Inlandverkehr. Der Kansai-Airport hat nach Los Angeles die zweitteuersten Landegebühren der Welt, 7500 US-Dollar pro Jumbo 747. Was macht ihn so teuer? Der Flughafenbau kostete 15 Milliarden US-Dollar (die neue Landebahn wird ähnlich teuer). Eine Million Arbeiter hatten in zehn Millionen Arbeitsstunden eine Insel in die ca. 18 Meter tiefe Bucht aufgeschüttet. 200 Millionen Tonnen Erdreich wurden bewegt, dies hätte für den Bau von 75 Cheopspyramiden gereicht.

Vorher mussten die Ingenieure jedoch gravierende Probleme bewältigen: Der Meeresboden ist zu weich und gibt unter dem ungeheuren Druck des Bauwerks nach. Vor allem das 2,7 Mio. Tonnen schwere und 1,2 km lange Terminaldach lastet auf dem Untergrund. Das ist in etwa so, als wenn ein 360 Tonnen schwerer Jumbo auf einem großen Tofuteller landet. Über 1000 hydraulisch ausfahrbare Säulen gleichen die Absinkbewegungen (ca. 5 cm im Jahr) aus. Weiterhin musste der Flughafen gegen Erdbeben, Taifune und Flutwellen gesichert werden. Seine erste Bewährungsprobe überstand er mit dem Beben von Kobe 1995.

Die Planer sind zuversichtlich. Sie hoffen auf Großinvestoren, weil der Flughafen viele Vorteile bietet: So ist ein 24-Stunden-Betrieb des Flugverkehrs möglich, da es keine Lärmbeschränkungen gibt. Durch eine zweite Landebahn kann die Passagierkapazität verdoppelt werden (derzeit ca. 16,2 Mio./Jahr). Zusätzlich können Containerschiffe anlegen, das Frachtaufkommen liegt bei über 840 000 Tonnen im Jahr (2006).

135.1: Der Kansai-Airport – Standort im Meer

136.1: A: Kultstätte des Shintoismus, B: Mönch, C: Buddha-Statue

Religionen und Traditionen im modernen Japan

Die Japaner sind ein modernes, zukunftsgläubiges Volk, das in westlicher Lebensart und Technik ein Vorbild sieht. Und dennoch sind althergebrachte Sitten und Gebräuche im täglichen Leben überall zu spüren.

Dieses uralte kulturelle Erbe hat seinen Ursprung in der Religiosität der Japaner. Von Geburt an sind die Japaner Shintoisten. Viele glauben aber auch an die Lehren Buddhas oder des Konfuzius.

Für Anhänger des Shintoismus offenbart sich das Göttliche in der Natur. Deshalb werden Quellen und Flüsse, Steine und Felsen, Bäume und Gärten verehrt. Der Fudschijama ist Japans heiliger Berg (Abb. 136.2). An geweihten Orten stehen Schreine, die durch große hölzerne Tore betreten werden. Den Ahnen und dem Kaiser (Tenno) kommt besondere Verehrung zu. Der Shintoismus lehrt, dass man nur durch Arbeit und Erfolg ein erfülltes Leben führen kann.

Die Lehre des Buddhismus ist auf das Jenseits ausgerichtet. Nur derjenige wird von den Leiden in dieser Welt erlöst, der sich im Laufe seines Lebens besondere Verdienste erworben hat. Wege aus dem Kreislauf der Leiden liegen in Askese und Meditation, die zur Erleuchtung führen. Viele Riten in Japan lassen sich auf den Buddhismus zurückführen, wie z. B. die Treue zum Herrn, die Selbstdisziplin und die Todesverachtung.

Nach der Lehre des chinesischen Philosophen Kung-fu-tse (lat.: Konfuzius) sind Grundwerte wie Menschlichkeit, Ehrfurcht vor dem Alter, Güte und Streben nach Harmonie wichtige Voraussetzungen, um sich in die Gemeinschaft einzuordnen.

Die Glaubens- und Wertvorstellungen der Religionen beeinflussen das Verhalten der Menschen in der Familie, am Arbeitsplatz und im täglichen Umgang miteinander. Schon früh werden die Kinder dazu erzogen, sich als Mitglieder einer Gruppe zu sehen und nicht als Einzelpersönlichkeiten. Für jede Beziehung gibt es feste Umgangsformen, die es einzuhalten gilt, wenn man nicht sein „Gesicht" verlieren will.

136.2: Der heilige Berg der Japaner – der Fudschijama (Fujisan)

Als nach fünfzigminütigem Unterricht die Schulglocke läutet, stehen die Schüler ruhig auf. Der Klassensprecher ruft: „Verbeugen!" Alle verbeugen sich vor dem Lehrer und sprechen gemeinsam: „Arrigato gozaimashita" (vielen Dank für den Unterricht). Dann verlassen sie diszipliniert für eine Pause den Klassenraum. Das Verbeugen gehört zu den Grundregeln japanischer Höflichkeiten. Ebenso selbstverständlich unterwerfen sich die Schüler einer strengen Schulordnung und akzeptieren das Tragen einer Schuluniform.

137.1: Ein Beispiel aus dem japanischen Schulalltag

Gemeinsame Gymnastik in der Pause

Die Einstellung der Japaner zur Arbeit und zu ihrer Firma ist nur aus den gesellschaftlichen Verhältnissen vor der Industrialisierung zu verstehen. In den Großfamilien genossen die Älteren ein hohes Ansehen. Ihnen waren die Jüngeren Gehorsam und Ehrerbietung schuldig. Diese Lebensphilosophie wurde auf die Industriebetriebe übertragen.

Bei der Einstellung wird darauf geachtet, dass ein Bewerber sich in die Gruppe ein- und unterordnen kann. Fachliche Eigenschaften sind zwar wichtig, aber zweitrangig. Das Team am Arbeitsplatz ist wichtiger als der Einzelne. So richten sich auch Lob und Tadel an das Team. Meinungsverschiedenheiten werden durch lange Gruppendiskussionen beigelegt. So gibt die Firma den Mitarbeitern ein Gefühl von Sicherheit und Geborgenheit. Wer einmal in die „Betriebsfamilie" aufgenommen worden ist, dem ist eine lebenslange Anstellung sicher. Entscheidungen der Firmenleitung werden oft monatelang mit den Mitarbeitern diskutiert, bis jedes Detail erörtert und die Harmonie zwischen allen erreicht ist. Die Betriebsbindung geht so weit, dass niemand wagt, „sein" Team oder „seine" Firma im Stich zu lassen. Wer am Arbeitsplatz fehlt, begeht eine Art Todsünde, hat seine Kameraden verraten. So kommt es, dass Arbeiter, die wegen einer Krankheit nicht arbeiten können, den Betrieb aufsuchen, um bei ihren Kollegen zu sein.

137.2: Die japanische Arbeitswelt

ANREGUNGEN

1. *Erkläre das Verhalten von japanischen Schulkindern und Arbeitern aus der Religion und der Tradition (Abb. 137.1 und 2).*
2. *Vergleiche die Situation japanischer Schulkinder mit deiner eigenen. Berücksichtige dabei auch die Abb. 137.1 und 3.*
3. *Viele japanische Traditionen sind auch bei uns bekannt. Informiere dich in Lexika oder im Internet über folgende Begriffe: Kirschblütenfest, Ikebana, Bonsai, Chado, Sushi, Kendo, Kyudo, Judo, Karate und Sumo.*

Inzwischen wehren sich immer häufiger Jugendliche gegen den traditionellen Weg in der Schule und im Berufsleben. Sie fordern mehr Freiheit statt Pflichterfüllung. Dem „alten" Japan steht deshalb eine zweite Realität gegenüber: Lehrer klagen über den Zusammenbruch der Klassenordnung. Fast kein Tag vergeht ohne Meldungen über schwere Gewaltdelikte von Jugendlichen. Schüler tragen inzwischen statt Schuluniformen lieber teure Designer-T-Shirts. Für das unvermeidliche Handy geben viele Jugendliche im Monat teilweise 200 Euro aus. Dazu kommen oft noch 100 Euro pro Monat für die Besuche der Karaokebars oder der schrillen Spielhallen. Das alles bezahlen meist die Eltern.

137.3: Jugend im Wandel

Japan – Gefährdung durch Naturkatastrophen

Japan ist Teil des „Feuerrings“ um den Pazifischen Ozean und ständig von Naturkatastrophen bedroht (Abb. 138.1). Hier treffen mehrere Platten der Erdkruste aufeinander. Dabei tauchen die schwereren ozeanischen Platten unter die leichtere kontinentale Platte ab. Dieses „Abtauchen“ verläuft aber nicht reibungslos:

- Die Platten verhaken sich ineinander. Wenn die Spannungen zu groß werden, lösen sie sich ruckartig voneinander – Erdbeben entstehen an der Abtauchzone und an horizontalen Verwerfungen in der Nähe der Oberfläche. Oberflächennahe Beben wirken besonders zerstörerisch: Gebäude werden schwer beschädigt oder stürzen ein, Feuer brechen aus, Brücken und Überführungen stürzen ein, Züge entgleisen (Abb. 138.2), Menschen werden verletzt oder kommen ums Leben.
- Tsunamis können bei untermeerischen Beben (Seebeben) an der Abtauchzone entstehen (Abb. 139.1). Das japanische Wort Tsunami bedeutet so viel wie „Hafenwelle“. Es stammt von japanischen Fischern, die tagsüber auf offenem Meer fischten und abends ihren Hafen zerstört vorfanden. Warum? Tsunamiwellen sind auf dem offenen Meer nicht zu bemerken, da sie selten eine Höhe von über einem Meter haben. Ihre Länge liegt oft bei mehr als 100 km. In Küstennähe laufen die Wellen hoch auf, da das Meer flacher wird. Sie erreichen eine Höhe von

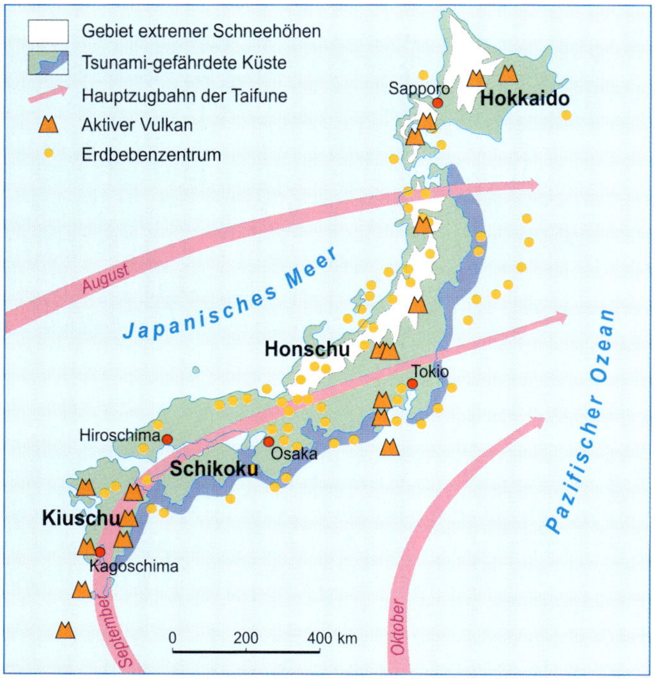

138.1: Gefährdung Japans durch Naturkatastrophen

138.2: Entgleister Shinkansen in Niigata 2004

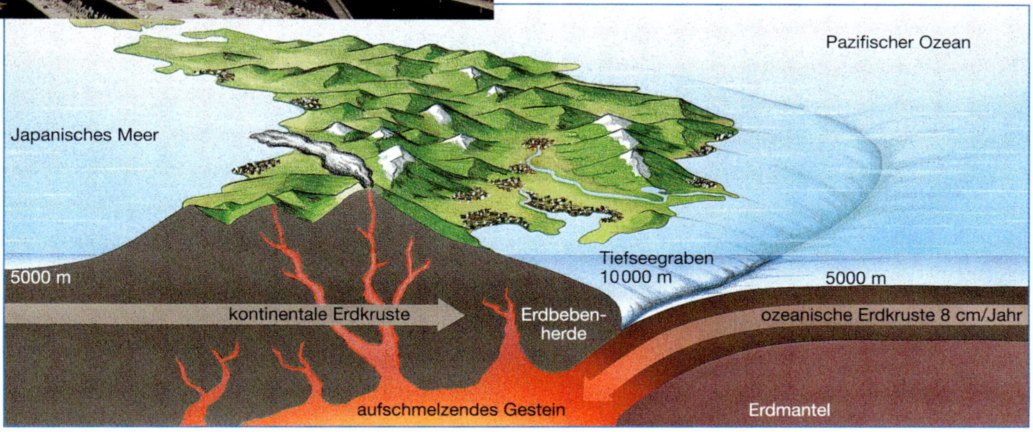

138.3: Japan – geologische Strukturen im Querprofil

zehn und mehr Metern und entwickeln eine zerstörerische Kraft. An Japans Küsten wurden im Lauf der letzten Jahrhunderte mehr als 250 Tsunamis überliefert, die schätzungsweise mehr als 100 000 Menschenleben kosteten.

- Beim Abtauchen der ozeanischen Platte in große Tiefen wird deren Gestein aufgeschmolzen (Abb. 138.3). Es bilden sich Magmakammern, von denen Vulkanausbrüche ausgehen können. Auch der Fujisan ist so entstanden (▷ Abb. 136.2). Aus der Magmakammer steigt heißes Magma auf und dringt durch Risse und Spalten in der Erdkruste nach oben. So entstehen auch Vulkanschlote. Durch frei werdende Gase aus der Gesteinsschmelze und durch Kontakt mit dem Grundwasser kann der Druck im Vulkanschlot so groß werden, dass der Vulkangipfel mit einer Explosion weggesprengt wird. Große Gesteinsbrocken (Bomben), kleinere Steine (Lapilli) und Asche werden hochgeschleudert. Die Asche kann höhere Schichten der Atmosphäre erreichen und Klimaveränderungen bewirken. Rot glühende Lava strömt aus dem Hauptkrater oder aus einem Nebenkrater. Sie wälzt sich die Berghänge hinab und vernichtet alles, was ihr im Weg steht.

ANREGUNGEN

1. *Erläutere den Begriff „Feuerring um den Pazifischen Ozean“ (Atlas).*
2. *Erkläre die besondere Erdbebengefährdung Japans anhand des Verlaufs der Plattengrenzen (Abb. 138.3 und Atlas).*
3. *Erläutere die Entstehungsbedingungen und die Zugbahnen von Taifunen in Ostasien (Abb. 139.2 und Atlas).*

Taifune sind tropische Wirbelstürme mit einem Durchmesser von 500 bis zu 1000 km. Auf Satellitenbildern sind sie als riesige spiralige Wolkenwirbel mit einem wolkenfreien „Auge“ zu erkennen. Um das windstille Auge des Taifuns herum werden Windgeschwindigkeiten von über 120 km/h, in Böen bis zu 250 km/h und mehr erreicht. Auf dem Meer entstehen dabei Wellen von großer Zerstörungskraft, die gemeinsam mit dem Sturm die pazifische Küste Japans bedrohen. Dazu kommen Niederschläge von 100 mm bis 500 mm während des Taifuns, was großflächige Überschwemmungen und Erdrutsche an den zahlreichen Steilhängen zur Folge hat.
Taifune entstehen in den tropischen Gewässern östlich der Philippinen meist im Spätsommer oder Herbst, wenn die Wassertemperatur mehr als 27 °C erreicht, und ziehen dann weiter nach Ostasien. Nur dann, wenn große Mengen Wasserdampf verdunsten und später kondensieren können, erhält der Taifun genug Nachschub an Energie für sein Zerstörungswerk.

139.2: Taifune – gefährliche „Wettermaschinen“

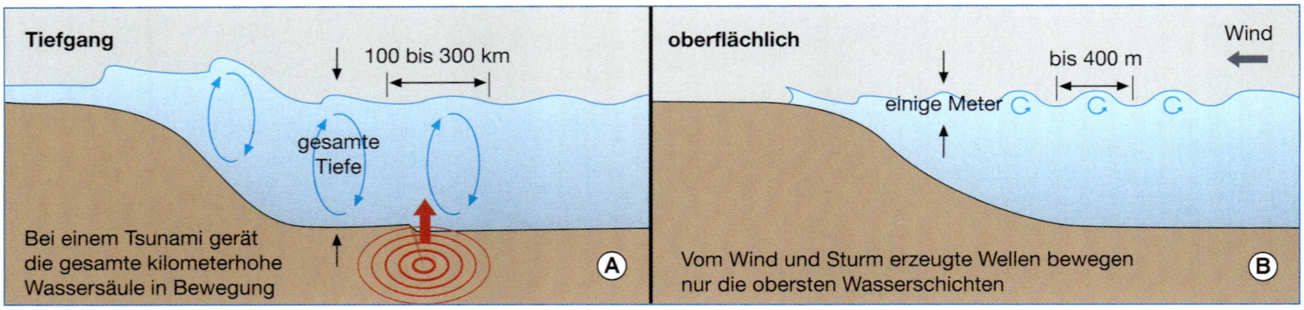

139.1: Vergleich von Tsunamiwellen (A) mit von Wind und Sturm erzeugten Wellen (B)

China – bevölkerungsreichstes Land der Erde

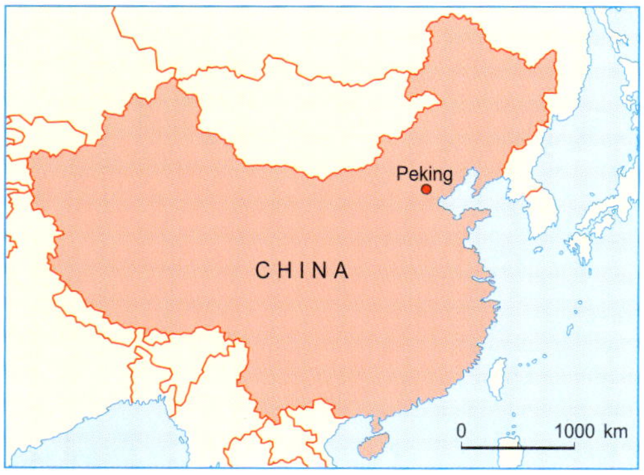

140.1: Die Lage Chinas

Die Mehrzahl der Chinesen lebt in den Gunsträumen im Ostens des Landes, während die Ungunsträume im Westen nur sehr dünn besiedelt sind. China entwickelt sich wirtschaftlich mit atemberaubender Geschwindigkeit. Schon heute gehört es zu den führenden Exportnationen der Welt und wird Deutschland als Exportweltmeister bald ablösen. Sichtbar wird dies im Bild der Städte an der Ostküste, die sich in nur zwei Jahrzehnten zu modernen Metropolen entwickelt haben. Die ländlichen Gebiete profitieren dagegen vom Aufschwung kaum. Spannungen können die Folge sein. Ein Problem des wirtschaftlichen Fortschrittes ist die zunehmende Umweltverschmutzung, gegen die bisher nur wenig unternommen wurde.

140.2: Stadtautobahnen in Shanghai

141.1: Umweltverschmutzung in China

Ein-Parteien-Herrschaft in China

In China herrscht seit 1949 als einzige Partei die Kommunistische Partei Chinas (KPCH). Seit den Reformen der 1980er-Jahre lässt sie allerdings der wirtschaftlichen Entwicklung freien Lauf.
In der Politik hält sie jedoch eisern an ihren Machtpositionen fest. Die freie Meinungsäußerung ist nur in engen, von der Partei abgesteckten Grenzen erlaubt. Kritik am System wird als Umsturzversuch mit Hausarrest, Arbeitslager oder mit langen Haftstrafen geahndet.

PROJEKTIDEEN

❶ *China ist landschaftlich und kulturell so vielfältig wie Europa. Überprüfe diese Aussage. (▷ S. 142–143)*

❷ *„Ein-Kind-Politik" – hat die Vernunft gesiegt und die Tradition verloren? (▷ S. 144–145)*

❸ *Warum bezeichnen wir China als die „Werkbank" der Welt? (▷ S. 146–147)*

❹ *Chinas Zukunft scheint in den Städten zu liegen. Siehst du eine Chance für das Leben auf dem Land? (▷ S. 148–149)*

❺ *Vergleiche die Entwicklung der Stadt Shanghai mit der Entwicklung einer Stadt deines Heimatraums. (▷ S. 150–151)*

❻ *Warum machen die Chinesen das Unmögliche wahr und bauen die Tibetbahn? (▷ S. 152–153)*

Volksrepublik China

Hauptstadt: Bejing (Peking)

Land und Einwohner

Fläche (in km²)		9572419
Einwohnerzahl (in Mio.)		1311,9
Bevölkerungsdichte (in Einw. pro km²)		137
städtische Bevölkerung (in %)		40
größte Städte (Großraum), Einw. in Mio.		
	Shanghai	13,4
	Bejing (Peking)	11,5
	Chengdu	10,4
	Harbin	9,5
	Tanjing (Tientsin)	9,3
	Shijiazhuang	9,1
	Wuhan	7,8
	Chongking	7,5
Sonderverwaltungszonen (Einw. in Mio.)		
	Hongkong	6,9
	Macau	0,5
Bevölkerungswachstum (1994–2005) in %		0,9
Geburtenrate (in ‰)		12
Sterberate (in ‰)		6

Bildung und Gesundheit

Einschulungsrate in der Grundschule (m/w)	99 / 99
Alphabetisierungsrate (m/w)	95 / 87
HIV/Aids-Kranke (in %)	0,1
Ärzte pro 1000 Einw.*	1,06
Säuglingssterblichkeit pro 1000 Geburten	23
Lebenserwartung (in Jahren)	72

Wirtschaft

Bruttoinlandsprodukt (BIP) (in Mrd. US-$)		2234,3
Bruttonationaleinkommen (BNE) pro Kopf (in US-$)		1740
Außenhandel:	Export (in Mrd. US-$)	969
	Import (in Mrd. US-$)	792
Erwerbstätigkeit:	in der Landwirtschaft (in %)	44
	in der Industrie (in %)	18
	im Dienstleistungsbereich (in %)	16
Arbeitslosigkeit (offizielle Angaben in %)		4,1

Umwelt und Entwicklung

Energieverbrauch pro Kopf (in kg Öleinheiten)	1242
CO_2-Emissionen pro Kopf (in t)	3,2
Human Development Index* (HDI-Weltrang)	0,777 (81)

alle Daten aus dem Fischer Weltalmanach 2008,
* Daten aus dem Human Development Report 2007/2008

Großlandschaften Chinas

Mit knapp 9,6 Mio. Quadratkilometern ist die Volksrepublik China der viertgrößte Staat der Erde nach Russland, Kanada und den USA. Zum Vergleich: Europa hat vom Atlantik bis zum Ural eine Fläche von 10,5 Mio. Quadratkilometern. Im Unterschied zu den USA oder zu Russland ist China landschaftlich sehr stark gegliedert. Stark vereinfacht lässt sich das Land in sechs Großräume untergliedern, die in sich wieder sehr verschiedenartig sind (Abb. 143.1). Die Großräume I–III sind überwiegend von Han-Chinesen besiedelt. Die Großräume IV–VI sind bzw. waren früher mehrheitlich von anderen Völkern besiedelt, unterliegen aber einer starken Zuwanderung von Han-Chinesen. Diese Zuwanderung wird staatlich gefördert.

I. Nordchina besteht überwiegend aus Tiefebenen bzw. Tiefländern und erstreckt sich im Nordosten bis an die russische Grenze.
II. Südchina besteht zum größten Teil aus Bergland. Auch das Tiefland am Unterlauf des Jangtsekiang vom Drei-Schluchten-Damm bis zur Mündung bei Shanghai zählt zu Südchina.
III. Zentralchina ist vorwiegend Bergland oder Gebirgsland – mit Ausnahme des dicht besiedelten Roten Beckens. Es liegt küstenfern und ist ein wenig entwickeltes Abwanderungsgebiet.
IV. Die Innere Mongolei gehörte früher zur Mongolei und war überwiegend von Mongolen besiedelt. Heute bilden Han-Chinesen die Bevölkerungsmehrheit.
V. Das Hochland von Tibet und die östlich anschließenden Gebirge von Osttibet werden auch als Hochasien bezeichnet. Tibet wurde erst 1950 von chinesischen Truppen erobert.
VI. Der Nordwesten (Sinkiang-Uigur) besteht aus Hochgebirgszügen sowie Becken und Senken. Die muslimischen Uiguren, ein Turkvolk, stellen noch die Bevölkerungsmehrheit.

142.1: Im Hochland von Tibet

142.2: In der Inneren Mongolei

142.3: Im Lössbergland von Xian

142.4: In Südchina

ANREGUNGEN

1 *Beschreibe die Strukturskizze (▷ S. 143) mithilfe einer Atlaskarte: Städte, Flüsse a–e, Gebirge f–i, Senke j, Landschaften 1–10.*

GEO Praxis — Wir arbeiten mit einer räumlichen Strukturskizze

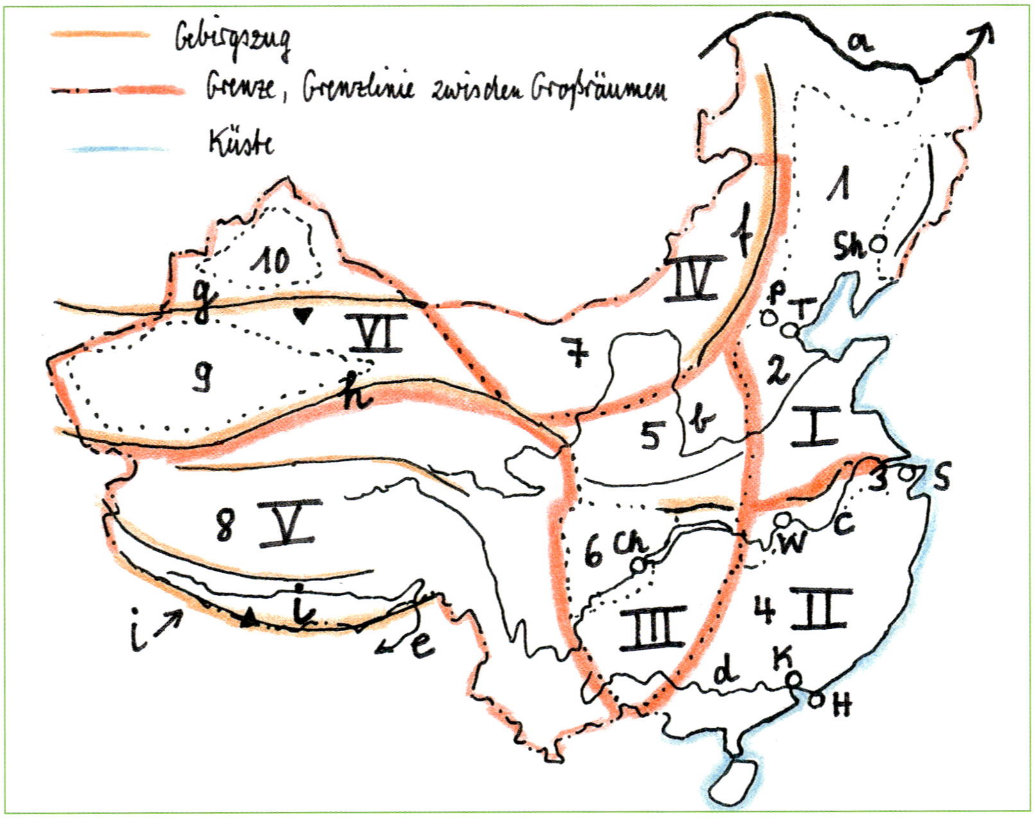

143.1: Räumliche Strukturskizze von China

Da die Volksrepublik China von den Oberflächenformen her sehr kompliziert aufgebaut ist, muss stark vereinfacht werden. Zunächst einmal werden die Umrisse des Landes und – zur besseren Orientierung – die großen Flüsse in eine Karte übertragen. Dann kommen die hohen Gebirgszüge. Grenzlinien zwischen Großräumen folgen solchen Gebirgszügen oder auch Unterschieden bei den Flächenfarben im Atlas: Tiefebene bzw. Tiefland, Bergland, Gebirge und Hochebenen bzw. Senken sind im Atlas jeweils unterschiedlich eingefärbt.

Die größte Schwierigkeit besteht oft darin, die Umrisse und Linien aus dem Atlas ins Heft zu übertragen. Hier hilft ein Trick: Die Umrisse und wichtigsten Linien – Flüsse, Gebirgszüge und Grenzlinien zwischen Großlandschaften – werden zunächst aus dem Atlas auf Transparentpapier übertragen. Dann wird mit der flachen Seite einer weichen Bleistiftspitze das Transparentpapier auf der Rückseite gleichmäßig eingerieben. Nun kann das Transparentpapier mit der eingeschwärzten Seite nach unten auf die Heftseite gelegt und die Linien mit etwas kräftigerem Druck nachgezogen werden. Das Papier färbt die Linien nach unten ab. Jetzt können sie nachgezeichnet werden, eventuell auch farbig. Schließlich wird die Skizze beschriftet.

Die oben abgebildete Strukturskizze zeigt fünf Flüsse und sechs Großlandschaften (▷ S. 142) sowie zehn Teilräume (Atlas). Außerdem wurden alle Städte mit mehr als fünf Millionen Einwohnern mit ihrem Kürzel eingetragen.

Eine räumliche Strukturskizze soll die wichtigsten Merkmale eines bestimmten Raumes in anschaulicher Form darstellen. So lassen sich diese Merkmale leichter einprägen – es entsteht im Idealfall eine sogenannte Mentalmap; das heißt, das räumliche Vorstellungsvermögen wird so weit unterstützt, dass im Gehirn eine vereinfachte Karte des betrachteten Raumes entstehen kann, die wieder abrufbar ist.

144.1: Familie Jun im Urlaub in Shanghai

China knackt Grenze von 1,3 Milliarden Einwohnern

144.2: Pressemeldung vom 6. Januar 2005

Geburten pro Frau in China (im Durchschnitt)

1957	6,4
1970	5,8
1979	2,8
1980	2,3
1995	1,8
2000	1,9
2005	1,9
Deutschland	*1,3*

144.3: Entwicklung der Geburten pro Frau in China

Die kleinen Kaiser werden zu dick

Wenn Linbao mit seinen Eltern in die Stadt fährt, entscheidet der Junge, wo gegessen wird. Zusammen mit Tausenden anderen drängt sich die Familie dann in die westlichen Fastfood-Restaurants wie „Maidanglao“ (McDonald's), „Kendeji“ (Kentucky Fried Chicken) oder „Bishengke“ (Pizza Hut). Statt Reis und Gemüse gibt es Hamburger und Pommes. „Xia Huangdi“ – „kleine Kaiser“ – nennen die Chinesen Einzelkinder wie Linbao. Die Kinder werden verhätschelt und verwöhnt. Vor allem die Söhne, Stolz einer jeden chinesischen Familie, werden mit zu vielem und zu ungesundem Essen überfüttert. Einer Untersuchung zufolge leiden 12 % der Jungen in den Städten an Übergewicht. Die Bedeutung des Essens in China zeigt sich auch in der Sprache: Statt mit „Guten Tag“ begrüßen sich Chinesen mit „Chi le ma?“ – „Schon gegessen?“.

144.4: Einzelkinder in China

Ein Kind – glückliche Familie?

Zhou Jun hat den Aufstieg geschafft, aus der Provinz in die Hauptstadt, vom kleinen Angestellten zum wohlhabenden Selbstständigen. Er besitzt eine Eigentumswohnung in Peking und ein Auto, seine Frau kann es sich leisten, nur Teilzeit zu arbeiten, und sein fünf Jahre alter Sohn geht in den teuersten Kindergarten des Wohnviertels. Fragt man Zhou Jun, was ihm jetzt noch zum Glück fehlt, ist die Antwort: ein zweites Kind.

Ein chinesisches Sprichwort lautet: „Viele Kinder – großes Glück!“ Für die Chinesen war es schon immer wichtig, viele Kinder zu haben. Dennoch nahm über viele Jahrhunderte die Bevölkerungszahl kaum zu, denn die Kindersterblichkeit war sehr hoch und die Lebenserwartung gering. Als die Volksrepublik China 1949 gegründet wurde, lebten dort 540 Millionen Menschen, nur drei Jahrzehnte später waren es bereits 800 Millionen. Als sich in den 1980er-Jahren die Bevölkerungszahl mit atemberaubender Geschwindigkeit der Milliardengrenze näherte, sah sich Chinas Regierung gezwungen, eine staatlich regulierte Geburtenkontrolle einzuführen. Jede Familie durfte von nun ab nur ein Kind bekommen. Eine solche strikte Bevölkerungspolitik ist nur unter nicht demokratischen Verhältnissen durchsetzbar. Diese Ein-Kind-Politik gilt in abgewandelter Form bis heute: Besitzt die Familie nur ein Kind, wird sie belohnt. Die Prämien für Ein-Kind-Familien reichen von Saatgut und Düngemitteln auf dem Lande bis hin zu technischer Ausbildung, besseren Wohnungen und auch Bonuszahlungen. Wer sich den Regeln widersetzt, wird hart bestraft. Zehn Prozent Lohn-

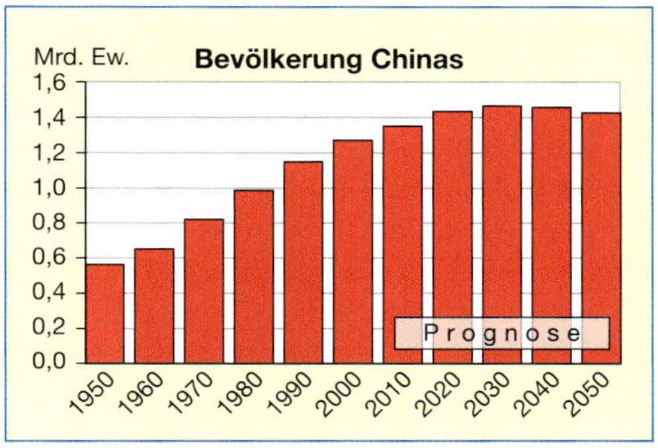

144.5: Bevölkerungsentwicklung in China

abzug für beide Ehepartner nach einem unerlaubten Baby sind keine Seltenheit (Abb. 145.3). Als Erfolg wertet die chinesische Regierung, dass die Geburtenkontrolle bisher 300 Millionen Kinder verhindert hat. Doch im Laufe der letzten Jahrzehnte stellte sich heraus, dass im Vergleich zu Mädchen immer mehr Jungen geboren werden. So kommen heute in China auf 100 neugeborene Mädchen 117 Jungen. Vor allem auf dem Land ist auch heute noch in Fortführung konfuzianischer Traditionen ein männlicher Nachkomme mehr wert. Nur Söhne sichern nach Ansicht der Bauern die Altersversorgung und gewährleisten die Fortführung der Familienlinie. So werden immer wieder ungeborene Mädchen abgetrieben, nach der Geburt getötet oder ausgesetzt.

Dass in China trotz der rigorosen Ein-Kind-Politik doch nur jedes fünfte Kind ein Einzelkind ist, liegt an den zahlreichen Ausnahmeregeln. So dürfen Bauernfamilien, deren erstes Kind ein Mädchen ist, ein zweites Kind bekommen. Zwei Kinder sind inzwischen auch erlaubt, wenn beide Eltern selbst Einzelkinder sind oder wenn bei wiederverheirateten Paaren ein Partner noch kein Kind hat. Chinesen mit ausländischem Pass oder Angehörige von nationalen Minderheiten dürfen ebenfalls mehrere Kinder haben. Andere wiederum entziehen sich der Ein-Kind-Regelung dadurch, dass sie klaglos die Strafe bezahlen: Umgerechnet 10 000 Euro Buße kostet es in Shanghai, ein zweites Kind zu haben. Die Zahl der Chinesen, die sich das leisten können, wächst von Tag zu Tag.

ANREGUNGEN

1. *Nenne die Probleme, die in China ohne eine staatliche Geburtenregelung entstanden wären.*
2. *Die Ein-Kind-Politik ist bei der chinesischen Bevölkerung sehr umstritten. Begründe.*
3. *Welche der Maßnahmen zur Familienpolitik (Abb. 145.3) greifen besonders stark in das Privatleben der Menschen ein? Erkläre.*
4. *Die Texte dieser Doppelseite (Abb. 144.4 und 145.1) zeigen Probleme auf, die durch die Ein-Kind-Politik entstanden sind. Nenne und bewerte diese Probleme.*
5. *Die voraussichtliche Entwicklung der Bevölkerungsstruktur Chinas (Abb. 145.2) zeigt eine besorgniserregende Entwicklung. Erläutere diese Entwicklung und nenne Lösungsmöglichkeiten.*

Sorgt euch um die Mädchen!

Familienplaner in China haben jetzt Parolen ausgegeben, mit denen die Menschen auf dem Lande davon überzeugt werden sollen, dass auch Mädchen es wert sind, geboren und großgezogen zu werden. Die Aktion heißt: „Sorgt euch um die Mädchen!" Auf vielen Spruchbändern steht beispielsweise: „Die Zeiten haben sich geändert, Mädchen und Jungen sind gleich gut." Oder: „Wer sagt, dass Jungen besser sind als Mädchen?" Und schließlich wird den Menschen durch die amtlich ersonnenen Weisheiten auch die Selbstverständlichkeit schlechthin beigebracht: „Nur Mädchen und Jungen zusammen sind die Hoffnung der Nation."

145.1: „Werbung für Mädchen"

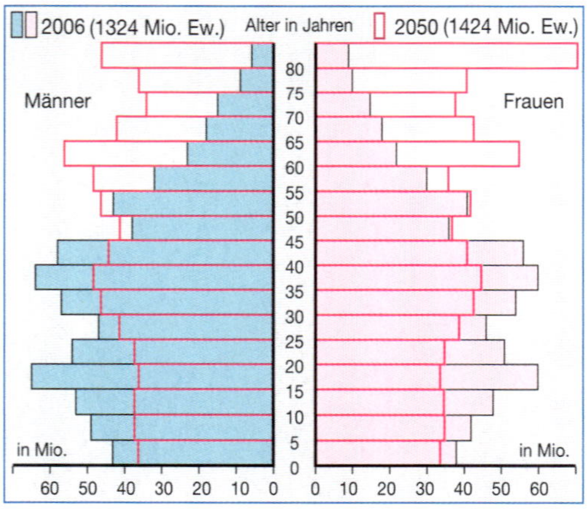

145.2: Bevölkerungsdiagramme Chinas

Familien mit nur einem Kind erhalten z. B. folgende Vergünstigungen:

- zusätzlichen Urlaub
- höhere Altersversorgung
- kostenlose medizinische Betreuung des Kindes
- Vorzugsplatz in Kindergarten, Schule, Hochschule und Arbeitsstätte
- bevorzugte Zuweisung von Wohnungen
- Zuteilung von qualitativ hochwertigem Saatgut

Wird ein zweites oder gar ein drittes Kind geboren, muss die Familie mit folgenden Nachteilen rechnen:

- Geldstrafen (bis zur Höhe von sechs Jahreseinkommen)
- Kürzung des Arbeitslohnes (bis zu 10 %)
- Verlust staatlicher Leistungen
- Zwangssterilisation/-abtreibung bei weiteren Schwangerschaften
- Rückzahlung aller beim ersten Kind erhaltenen Vergünstigungen

145.3: Maßnahmen zur Familienplanung in China

146.1: Chinesische Arbeiterinnen in der Turnschuhproduktion von Adidas

146.2: Könnten Kuscheltiere sprechen, dann wäre es Chinesisch.

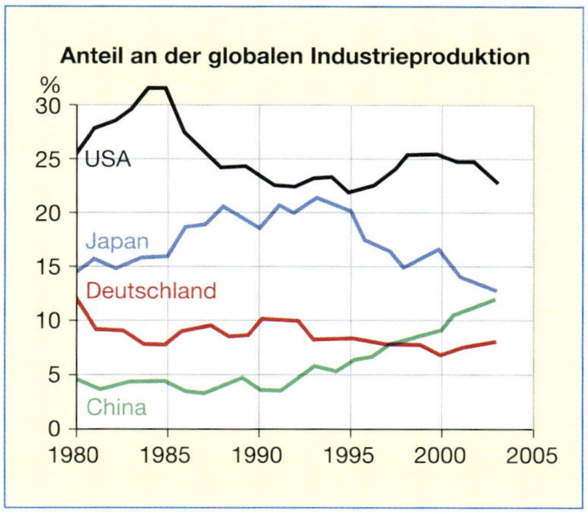

146.3: Industrieproduktion ausgewählter Staaten

China – Werkbank der Welt

Es war einmal eine Zeit, da kamen der Christbaum aus dem Wald, Ravensburger Spiele aus Ravensburg und die blonde Barbie aus einer Puppenfabrik in der USA. Das war vor der Entdeckung Chinas durch die westliche Industrie. Also bevor das Land zu dem wurde, was manche schon die „Werkbank der Welt" nennen.

Im Jahr 2006 produzierte allein Shenzhen, das südchinesische „Wachstumswunder", Plastik-Christbäume für fast eine Milliarde Euro im Jahr. Und schätzungsweise jedes zweite Spielzeug, das deutsche Familien an Heiligabend unter ihren Baum legen, stammt heute aus China. Das ist im globalen Vergleich nicht einmal Spitze: Weltweit tragen schon 70 Prozent aller Spielwaren das Etikett „Made in China".

Aber auch zwei Drittel aller Fotokopierer, Mikrowellenherde, DVD-Player und Schuhe sowie mehr als die Hälfte aller digitalen Kameras und zwei Fünftel aller PCs werden in China gefertigt.

Dabei war China vor fünfzig Jahren noch ein Entwicklungsland, dessen größte Sorge es war, seine damals rund 600 Millionen Einwohner vor großen Hungersnöten zu bewahren. Auch heute noch gibt es in China große Armut – zumindest auf dem Land.

Lange Zeit hat die kommunistische Führung jeden westlichen Einfluss strikt verboten. China sollte auf eigenen Füßen stehen. Erst zu Beginn der 1980er-Jahre verordnete die Regierung dem Land einen Reformkurs, der vollkommen von der bisherigen Entwicklung abwich: China begann sich dem Westen zu öffnen.

Dazu wurden fünf Sonderwirtschaftszonen an der Küste geschaffen, die für ausländische Unternehmen sehr gute Bedingungen boten: niedrige Löhne und Steuern, preiswerte Grundstücke und freie Exportmöglichkeiten. Wo früher Reiher in den Sümpfen lebten und noch vor 30 Jahren Fischerdörfer die Küsten säumten, verschmelzen heute Hongkong, Shenzhen, Kanton, Zhuhai und Macau zu einer 40-Millionen-Megastadt. Dort drängen sich im Umkreis von 100 Kilometern fünf Flughäfen und 41 Häfen.

Heute investieren Tausende von Firmen aus über 60 Ländern in China. Sie liefern Kapital, Anlagen und Know-how, während der chinesische Partner Grundfläche, Arbeitskräfte, Gebäude und Dienst-

leistungen zur Verfügung stellt. Bei dieser Form der gemeinsam geführten Unternehmen, man nennt sie Joint Ventures, versprechen sich sowohl die chinesischen wie auch die ausländischen Partner große Vorteile.
Inzwischen haben sich zahlreiche Chinesen selbstständig gemacht. In ihren Fabriken erledigen sie häufig Auftragsarbeiten für westliche Firmen. Produziert werden Textilien, Schuhe, Spielwaren und alle möglichen Elektrogeräte. Ein Problem für zahlreiche Firmen in Europa und in den USA stellen die billigen Nachahmungen von Markenartikeln dar, mit denen die „Produktpiraten" den Weltmarkt zu „überschwemmen" drohen.

Insgesamt hat sich der Lebensstandard der chinesischen Bevölkerung zwar erhöht, doch der soziale Unterschied zwischen den Stadt- und den Landregionen hat sich dramatisch verschärft. Deshalb haben in den letzten Jahren 150 Millionen Menschen ihre Sachen gepackt und sind vom Land in die boomenden Städte gezogen, um auf Baustellen und in Fabriken zu arbeiten. Dies ist die größte Völkerwanderung der Menschheitsgeschichte. Für ein paar Cent schuften viele dieser Wanderarbeiter in Zwölf-Stunden-Schichten – und schätzen sich dabei noch glücklich, denn daheim ginge es ihnen viel schlechter.

ANREGUNGEN

1. *Erläutere die rasante Industrieentwicklung in China in den letzten Jahren (Abb. 146.3).*
2. *Nenne Gründe, die China für ausländische Firmen so attraktiv machen.*
3. *„China zahlt einen hohen Preis für seinen wachsenden Wohlstand." Beurteile diese Aussage.*

147.2: Morgenappell bei Yuanda in Changsha. Die 800 Arbeiter des Klimaanlagenherstellers singen die Firmenhymne: „Ich liebe unsere Kunden und mehre ihr Vermögen."

Liu Yong, eine Arbeiterin in einer Lackiererei, berichtet: „Zurzeit müssen wir bis 23.00 Uhr arbeiten. Wenn wir dann in die Unterkunft kommen, müssen wir Schlange stehen, um duschen zu können und die Kleider zu waschen. Naja, und dann kannst du erst um zwei Uhr in der Früh einschlafen. Am Morgen musst du aber schon wieder um halb sieben aufstehen, frühstücken und um halb acht geht die Arbeit wieder los. Wie soll man da genug Schlaf kriegen? Am Arbeitsplatz stinkt es nach Chemie und überall schweben Farbwolken rum. Als ich kam, wollte ich jeden Tag abhauen. Ständig hatte ich Magenschmerzen, und immer war mir schwindlig. Wir arbeiten im Akkord, und da will natürlich jede so viel wie möglich schaffen. Letztes Jahr haben wir mehr verdient, dieses Jahr ist es viel schlimmer. Jeden Tag gehe ich arbeiten, und was kriege ich dafür? Nur 600 bis 700 RMB (etwa 86 bis 100 Euro) im Monat. Und dann müssen wir noch für Essen und Unterkunft zahlen. Wenn ich das Geld nicht bräuchte, damit mein Sohn zur Schule gehen kann, würde ich niemals in der Lackiererei arbeiten." (Quelle: MISEREOR)

147.3: Arbeitsbedingungen in einer chinesischen Lackiererei

Von den 15 Euro, die eine Barbiepuppe bei uns im Laden kostet, gehen 12 Euro in den Zwischenhandel (Transport, Werbung, Spielzeugläden) und in Aktionärsgewinne. 1,50 Euro verteilen sich auf die chinesische Geschäftsführung und die Transportkosten von der Fabrik zum Hafen in Hongkong; 1 Euro wird für die benötigten Materialien verwendet. Die verbleibenden 50 Cent werden aufgeteilt auf die Zölle in China und die Löhne für die Arbeiterinnen und Arbeiter.

(nach: Arbeitskreis Neue Erziehung e.V.)

147.1: Das Geheimnis der chinesischen Puppe

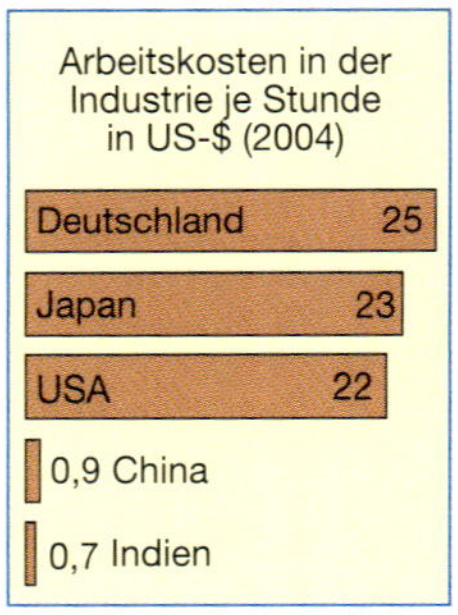

147.4: Arbeitskosten

148.1: Siedlung auf dem Land

148.3: Feldarbeit

Unterschiedliches Leben auf dem Land ...

Weit entfernt von der nächsten Großstadt lebt Familie Zhaoren auf dem Land. Nach ihrer Heirat sind Wu und seine Frau Ning zu seinen Eltern in deren Haus gezogen. Vor sechs Jahren bekamen sie ihr erstes Kind, eine Tochter. Seither leben in dem Bauerngehöft drei Generationen unter einem Dach. Stolz war die Familie allerdings erst, als zwei Jahre später ihr zweites Kind, ein Sohn, folgte. Er wird einmal seine Eltern in der Nähe des Bauernhofes begraben und die Grabstätte seiner Eltern pflegen. Gerade deshalb war seine Geburt für die Familie viel wichtiger als die seiner Schwester. Vielleicht wird auch Wus Sohn einmal eine Schule besuchen, wenn er nicht ganz seinen Eltern bei der Feldarbeit helfen muss. Wer auf dem Land kann sich schon für seine Kinder eine Schule leisten? Beide Kinder müssen in erster Linie ihre Eltern bei der täglichen Arbeit unterstützen und werden einmal ihre Eltern im Alter versorgen. Eine andere Altersvorsorge kann sich das Ehepaar Zhaoren nicht leisten. Auch deshalb leben noch Wus Eltern mit unter einem Dach. Ning musste sich einfach daran gewöhnen, dass sie seither in ihrer häuslichen Arbeit stets unter Kontrolle der Schwiegereltern steht. Das Wohlergehen der gesamten Familie und die Unterstützung ihres Mannes bei der Feldarbeit sind ihr Lebensinhalt. Bereits im alten China war die Familie das wichtigste Bindeglied in der Gesellschaft.

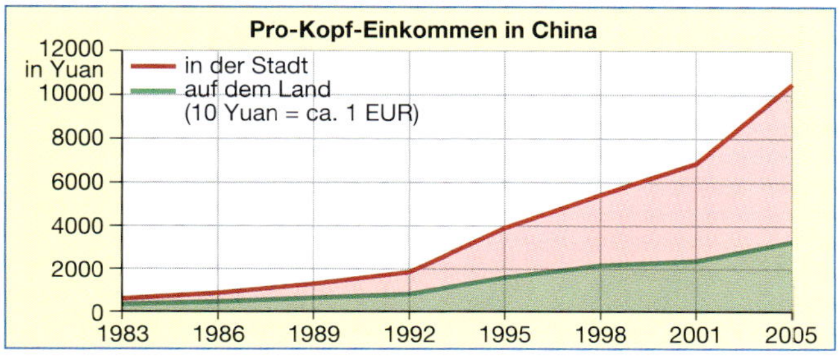

148.2: Entwicklung des Pro-Kopf-Einkommens im Vergleich

Wirtschaftlich besser geht es Wus Verwandtschaft, welche in der Nähe der nächsten Großstadt lebt. Sie bauen nicht nur Getreide, sondern auch Obst und Gemüse an, was auf den nahen Märkten viel mehr Geld einbringt.

800 Mio. Menschen leben auf dem Land – vor allem von der Landwirtschaft. Diese Menschen haben kaum Anteil am Wirtschaftswachstum: Ihr Einkommen und ihre ärmlichen Lebensverhältnisse verbessern sich kaum. Zudem fühlen sich Chinas Bauern von der Regierung in Peking vernachlässigt. So zahlen Stadtkinder für die Schule keine Gebühr, Dorfschulen kosten die Bauern bis 40 % ihres Einkommens.

In China besteht nicht nur ein riesiges Einkommensgefälle zwischen Stadt und Land (Abb. 148.2). Über Jahre hinweg unterdrückten korrupte Gemeindeverwaltungen die ländliche Bevölkerung. Sie schikanierten die Bauern, indem sie ihnen hohe Steuern auferlegten. Es kam in den letzten Jahren bereits zu Bauernaufständen und Unruhen auf dem Land. Erst allmählich begreift die Regierung in Peking, dass die Lösung der „800-Millionen-Frage" entscheidend für Chinas Zukunft ist.

149.1: Wanderarbeiter Wang

149.2: Wohnblock in der Stadt

… und in der Stadt

Yun und Lu Zheng haben den Sprung vom Land in die Stadt gewagt. Beide fanden in einem Automobilwerk Arbeit. Über ihre Firma kamen sie auch zu einer Wohnung in einer der modernen, nach westlichem Vorbild errichteten Wohnsiedlungen. Lu ist froh, dass sie nun in der Stadt eine Arbeit gefunden hat, die ihr entspricht, und dass sie auf der Arbeitsstätte Bekanntschaften schließen konnte. Sie hat hier in der Stadt eine andere Rolle als früher im Dorf. Ohne Kontrolle durch die Eltern kann sie nun mit ihrem Mann viel freier in den eigenen vier Wänden leben. Allmählich konnte sich Familie Zheng Luxusgüter leisten, die sie bisher nur aus den Schaufenstern der Geschäfte kannte: Zuerst kauften sie sich einen Fernseher, dann eine moderne Küche. Seit Kurzem besitzen sie sogar einen in ihrem Werk gebauten Kleinwagen.
Öfters gehen sie auch in eines der zahlreichen Restaurants essen. Ihr Sohn liebt dabei besonders die Ausflüge in ein Restaurant einer amerikanischen Fastfood-Kette. Überhaupt soll ihr Sohn es einmal besser haben als sie selbst. Er besucht in der Stadt eine der vom Staat unterstützten Schulen. Später werden sie ihm den teuren Besuch einer Universität finanzieren.
Mit diesem Lebensstil gehört Familie Zheng zu den Familien, die nach westlichem Vorbild ziemlich luxuriös leben. Doch an dieser Entwicklung konnte der Großteil der Chinesen bislang nicht teilhaben. Die meisten Familien wohnen weiterhin in ärmlichsten Verhältnissen in den Städten oder auf dem Land wie Familie Zhaoren.

Der Wanderarbeiter Wang kam 2002 aus seinem Dorf nach Shanghai. Er schuftet für eine Baufirma, die ein Hochhaus mit Luxusappartements baut. Jeden Tag schiebt er zwei Schichten zu je sechs Stunden, sieben Tage die Woche … In den Pausen schläft er in einem Etagenbett in einer kargen Baracke, zehn Mann schlafen in einem Raum. Für jeden Arbeitstag stehen ihm knapp vier Dollar zu, der Arbeitgeber zieht ihm einen davon fürs Kantinenessen und das Bett ab.
Sein einziger Luxus ist ein Handy. Einmal im Monat ruft Wang seine Frau an, holt die beiden Söhne ans Telefon. Einmal im Jahr, zur Erntezeit im Oktober, fährt er zurück in sein Dorf, um die Familie zu besuchen. Mit dem ersparten Geld bezahlt er die Schulgebühren für seine Söhne.
(nach: Der Spiegel, Nr. 42/2004, E. Follath u. a.)

149.3: Der Wanderarbeiter Wang

ANREGUNGEN

1. *Beschreibe die Probleme der Familie Zhaoren auf dem Land.*
2. *Vergleiche die Lebensverhältnisse in der Stadt und auf dem Land in einer Tabelle.*
3. *In China gibt es schätzungsweise bis zu 150 Millionen Wanderarbeiter. Bewerte diese Entwicklung (Abb. 149.3).*

150.1: Pudong 2004 und 1988

Chinas Städte verändern sich – Beispiel Shanghai

Entscheidend für die Entwicklung Shanghais (chin.: „Stadt über dem Meer“) war seine Lage im Mündungsgebiet des Jangtsekiang, der bedeutendsten Binnenwasserstraße Chinas. Über diese können rund 45 Prozent der Bevölkerung Chinas erreicht werden. Wichtig war auch, dass die Stadt etwa in der Mitte von Chinas Küstenlinie liegt und sich daher zu einem Zentrum des Küstenhandels entwickeln konnte. Bereits in der ersten Hälfte des 20. Jahrhunderts hatten europäische Firmen die Bedeutung Shanghais erkannt und sich dort niedergelassen.

Den entscheidenden Entwicklungsschub bekam die Stadt 1990, als der Stadtteil Pudong zu einer Freihandels- und Sonderwirtschaftszone erklärt wurde. Hier konnten sich Handel und Gewerbe frei und ungehindert vom übrigen China entwickeln. Sichtbaren Ausdruck fand dieser in einer sich ständig verändernden Skyline. In atemberaubendem Tempo entstanden immer höhere Wolkenkratzer, neue U-Bahnen, Stadtautobahnen und gewaltige Brückenbauten. Der neue riesige internationale Flughafen von Pudong ist durch eine bis zu 430 Kilometer schnelle Magnetschwebebahn mit der Stadt verbunden.

Viele chinesische Unternehmen und ausländische Weltfirmen haben sich inzwischen in Shanghai niedergelassen. Dies schafft neue Arbeitsplätze vor allem im Dienstleistungsbereich.

Der Boom hat aber auch seine Schattenseiten. Dem Umbau fällt ein großer Teil der alten Bausubstanz zum Opfer. China gibt sich modern und fortschrittlich, sodass alte Häuser nicht mehr als zeitgemäß gelten. Sie werden abgerissen und durch moderne Bürogebäude ersetzt. Die Bewohner müssen in neue Betonbauten am Stadtrand umsiedeln. Die Meinung der Menschen lässt sich am folgenden Satz ablesen: „Lieber ein Bett in Puxi (der Altstadt) als ein Haus in Pudong.“

Ein weiteres Problem sind die Wanderarbeiter und Zuwanderer vom Land. Angelockt von der Hoffnung auf einen guten Verdienst müssen diese meist ungelernten Kräfte gefährliche und schmutzige Arbeiten verrichten. Sie leben wegen des fehlenden Wohnraumes und ihres geringen Verdienstes meist unter unmenschlichen Bedingungen.

Jahr	Einw. (Mio.)
1884	0,5
1900	1,0
1938	3,6
1949	7,8
1978	11,0
1990	13,3
2000	16,4
2007	18,4

150.2: Shanghai (Verwaltungseinheit) – Einwohnerentwicklung

150.3: Shanghai – eine Stadt der Gegensätze

Wenn Shanghais betagte Bürger wissen wollen, ob sie vielleicht schon bald oder in ein paar Jahren umziehen müssen, gehen sie in die Urban Planning Exhibition Hall. Wie lange dürfen sie noch bleiben in ihrem alten Viertel voll mit Garküchen, mit alten Männern, die morgens die Vogelkäfige nach draußen hängen, und Nachbarn, die man ewig kennt? Wann wird ihr Leben hier ein Ende haben, wenn die Beamten das Zeichen „chai“ (abreißen) auf die Fassaden malen? Die Regierung hat exakt geplant und zeigt hier ihren Bürgern, welche Gassen [...] abgerissen werden, welche Quartiere weichen müssen für Einkaufszentren, Wohnsiedlungen und neue Straßen für die 20-Millionen-Metropole. Doch die Entschädigungen für die ehemaligen Mieter sind häufig dürftig, sie haben keine Wahl, als aus der Stadt zu ziehen. In bewohnte 30-stöckige Betonwände, scheibenweise aufgestellt in anonymen Pendlergettos. Zwar haben sie hier eigene Toiletten und mehr Platz als in der City, wo jeder Chinese im Schnitt auf gerade 7,5 Quadratmeter Wohnraum kommt, doch das soziale Leben fehlt.

(nach: Hamburger Abendblatt, 2.9.2006, M. Wassink)

151.1: Zeitungsartikel

ANREGUNGEN

1. *Beschreibe die unterschiedlichen Entwicklungen von Shanghai und Hongkong.*
2. *Zeige am Beispiel Shanghais, welche Probleme das Wachstum der Großstädte Chinas mit sich bringt.*

Hongkong (chin.: „Duftender Hafen“) wurde 1842 britische Kronkolonie. Entscheidend war hierfür die günstige Lage im Mündungsgebiet des Perlflusses. Damit eröffnete es den Briten den Zugang zum chinesischen und asiatischen Markt. Unter britischer Verwaltung entwickelte sich die Stadt nach dem Zweiten Weltkrieg zu einem wirtschaftlichen Zentrum Asiens. Zunächst dominierte die Leichtindustrie, diese wanderte jedoch Ende der 1980er-Jahre in die benachbarte Sonderwirtschaftzone Shenzen ab. Hongkong entwickelte sich daraufhin zu einem Dienstleistungszentrum. Am 1.7.1997 kam Hongkong wieder zu China, erhielt aber einen Sonderstatus als „Sonderverwaltungszone Hongkong der Volksrepublik China“. China garantierte im Rahmen seiner Doktrin, ein Land – zwei Systeme, das demokratische, rechtsstaatliche und marktwirtschaftliche System der Stadt für 50 Jahre neben dem kommunistischen bestehen zu lassen.

Hongkong ist heute eines der führenden Finanzzentren der Welt mit einer wichtigen Börse und einem soliden Bankensystem. Mit dem Hongkong-Dollar ist es in das internationale Währungssystem eingebunden. Eine führende Rolle spielt es auch im internationalen Handel und im Kommunikationswesen. Für die Volksrepublik China ist Hongkong als finanzielle Drehscheibe von Bedeutung, auch wird ein Großteil des Exportes aus Südchina über Hongkongs Hafen abgewickelt. Für westliche Firmen ist die Stadt ein Zwischenschritt auf dem Weg zu den Märkten der Volksrepublik.

151.2: Hongkong

Jahr	Einw. (Mio.)
1881	0,2
1901	0,3
1941	1,6
1951	2,3
1981	5,0
1991	5,5
2001	6,7
2006	6,9

151.3: Hongkong – Einwohnerentwicklung

152.1: La-Sa-Te-Brücke bei Lhasa

Tibet ist eine autonome und dünn besiedelte Region im wirtschaftlich gering entwickelten Westen Chinas. Auf einer Fläche der Größe von Westeuropa leben nur 2,7 Millionen Menschen. Hauptstadt der Provinz ist Lhasa mit 500 000 Einwohnern. Mehr als die Hälfte aller Bewohner Tibets lebt von der Landwirtschaft. Die Industrialisierung ist noch wenig fortgeschritten. Die Region ist reich an Bodenschätzen wie Metall- und Uranerzen sowie Erdöl, die seit der Besetzung durch China im Jahr 1951 abgebaut bzw. gefördert werden. Aus Sicht der chinesischen Regierung ist Tibet seit Jahrhunderten ein Bestandteil Chinas. Die tibetische Exilregierung vertritt die Auffassung, dass Tibet zum Zeitpunkt der Besetzung durch China ein unabhängiger Staat gewesen sei.

152.3: Aus einem Lexikon

Die Tibet-Bahn: Ansturm auf das Dach der Welt

- Die Strecke führt durch 7 Tunnel und über 286 Brücken.
- 960 km der Strecke verlaufen auf über 4000 Meter Höhe.
- Bis zu 38 000 Arbeiter waren am Bau beteiligt.
- Fahrzeit von Peking nach Lhasa (4561 km): 48 Stunden
- Kapazität: 4 Züge pro Tag mit maximal 930 Passagieren pro Zug

152.2: Tibet-Bahn – Mammutprojekt für Milliarden

Eine Nation in Bewegung

China ist eine Nation in Bewegung. Ausdruck hierfür ist Pekings jüngstes Prestigeobjekt, die neue Hochgebirgseisenbahn auf dem Dach der Welt – eines der spektakulärsten und gleichzeitig umstrittensten Projekte Chinas.

Fünf Jahre dauerte der Bau des 1142 Kilometer langen Streckenabschnittes von der Stadt Golmud, in Chinas „wildem Westen“, in das Hochgebirge der autonomen Region Tibet. Tausende Arbeiter trotzten beim Bau der Strecke der dünnen Luft und den eisigen Temperaturen. Wie viele Menschenleben das Projekt gekostet hat, bleibt ein Staatsgeheimnis. Durch die Fertigstellung dieses Verbindungsstückes ist die tibetische Hauptstadt Lhasa nun per Bahn innerhalb von 48 Stunden von Peking aus erreichbar. Bislang galt der Bau der Strecke als technisch unmöglich: „Zu kalt, zu hoch, zu wenig Luft zum Atmen“, meinten die Ingenieure. Noch nie wurde eine Eisenbahn auf so schwierigem Terrain gebaut.

Die Station Tanggula auf 5068 Metern Höhe ist der höchste Bahnhof der Welt. Da in dieser Höhe der Sauerstoffgehalt der Luft sehr gering ist, sind die Spezialwaggons mit Sauerstoffmasken ausgestattet und wie Flugzeuge abgedichtet, um die Gäste vor der gefährlichen UV-Strahlung der Sonne und der Höhenkrankheit zu schützen. Ärzte begleiten die Züge, um die an der Höhe leidenden Passagiere zu behandeln.

Schwierigkeiten beim Bau

Fast die Hälfte der Strecke verläuft über den Dauerfrostboden der tibetischen Steppe. Der Untergrund ist hier ständig gefroren, im Sommer taut er jedoch an der Oberfläche auf. Auf dem nun weichen Boden können die Bahngleise dann leicht ins Schwimmen geraten oder im Schlamm versinken. Daher mussten die Techniker ein Kühlsystem entwickeln: Mit isolierendem Gas gefüllte Rohre wurden einige Meter tief in den gefrorenen Boden gerammt, um das Auftauen während des Sommers zu verhindern. So schlängelt sich auf seiner Kletterpartie der „eiserne Bandwurm“ aus 16 Waggons auf gestelzten Gleisen zum Dach der Welt.

Der Bau der Strecke kostete schließlich mit 3,3 Milliarden Euro wesentlich mehr als geplant. Doch schon jetzt glauben manche, dass der Erhalt der Bahn teurer werde als der gesamte Bau der Strecke, denn vom globalen Klimawandel sei das Hochland von Tibet besonders betroffen, sagen Klimaforscher. In den nächsten 50 Jahren wird infolge der globalen Erwärmung das Volumen des gefrorenen Bodens um 30 % schrumpfen und daher eine ständige und kostspielige Anpassung der Gleise erforderlich sein. Darüber hinaus warnen Geologen vor vermehrten gefährlichen Erd- und Bergrutschen in den vom auftauenden Boden betroffenen Regionen, zumal die Strecke durch ein stark von Erdbeben bedrohtes Gebiet führe.

Das **Bruttoinlandsprodukt**, in der Schweiz auch **Bruttoinlandprodukt**[2] (Abkürzung: **BIP**; englisch *Gross Domestic Product, GDP*), gibt den Gesamtwert aller Güter, d. h. Waren und Dienstleistungen, an, die innerhalb eines Jahres innerhalb der Landesgrenzen einer Volkswirtschaft hergestellt wurden nach Abzug aller Vorleistungen.[3] Bei der Berechnung werden Güter, die nicht direkt weiterverwendet, sondern auf Lager gestellt werden, als Vorratsveränderung berücksichtigt.

„Ein noch nie da gewesener Triumph des Eisenbahnbaus."
(Hu Jintao, Staats- und Parteichef Chinas, Juni 2006)

„Nach Inbetriebnahme der Qinghai-Tibet-Eisenbahn wird nun aber der Austausch zwischen Tibet und der Außenwelt ständig zunehmen. Tibet wird nicht länger so stark von der Außenwelt isoliert bleiben wie bisher. Die moderne Zivilisation wird nach Tibet vordringen und die Grundlage für die sprunghafte Entwicklung des Gebietes schaffen."
(Lanzhou Morgenzeitung, 23.06.2006)

„Mit der neuen Eisenbahn, sagen Kritiker, werden künftig noch mehr Chinesen in das Hochland vordringen. Andere befürchten, dass Peking die Eisenbahn nur gebaut habe, um die Bodenschätze Tibets auszubeuten. Wirtschaftlich macht die neue Eisenbahn keinen Sinn. Lhasa ist mit 500000 Einwohnern für chinesische Verhältnisse eine Kleinstadt."
(Badische Zeitung, 28.06.2006)

„In Tibet gibt es zahlreiche Arten von Tieren und Pflanzen, einzigartige ‚grüne' Lebensmittel wie Pilze und Ginseng-Früchte sowie reines Mineralwasser mit zahlreichen Spurenelementen. Früher konnten diese Produkte wegen der schlechten Verkehrsbedingungen und der hohen Transportkosten nur in kleinen Mengen aus Tibet exportiert werden. Experten meinen, die Qinghai-Tibet-Eisenbahn schaffe die notwendigen Verkehrsbedingungen, um diese Waren auf die nächsten Märkte außerhalb Tibets zu bringen."
(Lanzhou Morgenzeitung, 23.06.2006)

„Ich bin sehr stolz darauf, dass China mit dem Bau der Bahn etwas geschafft hat, was uns das Ausland nie zugetraut hat!"
(Chinesischer Passagier)

„Diese Bahn wird den ökonomischen Austausch zwischen Tibet und dem Rest des Landes fördern und stärkt die Einheit der Nation."
(Zhu Rongji, ehemaliger chinesischer Premierminister)

„Wir erleben einen kulturellen Völkermord. Grundsätzlich ist eine Eisenbahn nützlich, um ein Land zu entwickeln, aber nicht, wenn sie einen Wandel der Bevölkerung bewirken soll."
(Dalai Lama, geistiges Oberhaupt der Tibeter im Exil)

153.1: Stimmen zur Tibetbahn

153.2: Streckenverlauf der Tibetbahn

Die erste Bahnfahrt auf der Seidenstraße führt Sie von Kasachstan über die berühmte dsungarische Pforte nach China. Nach Ihrem Aufenthalt in der Handelsmetropole Urumqi sind Sie dann Gast in der Oase Turpan, einem alten Handelsknoten. Erleben Sie die Buddha-Höhlen von Binglingsi, das Gelbmützen-Kloster bei Xining und das geheimnisvolle Tibet mit seinen eindrucksvollen Klöstern und faszinierenden Landschaften. Eine Verlängerungsreise bringt Sie nach Shangri-La, zu dem Ort, der nach Meinung vieler Experten das wahre Shangri-La ist, also die tibetische Variante von El Dorado, und den James Hilton in seinem berühmten Roman Lost Horizon von 1933 beschrieb. Weiterhin besuchen Sie die Weltkulturerbestadt Lijiang mit ihren bunten Gassen und Steinbrücken, die grandiose Tigersprung-Schlucht des Yangtse und den pittoresken Steinwald von Kunming.
Wichtiger Hinweis: Da Sie bei der Reise in sehr große Höhen kommen, sollten Sie sich in guter körperlicher Verfassung befinden. Bitte konsultieren Sie einen Arzt. Für die Reise wird keine spezielle Ausrüstung benötigt. Festes Schuhwerk und wetterfeste Kleidung sind empfehlenswert, da es auch im Sommer kalt werden kann.
(nach: www.bahnurlaub.de)

153.3: 18-tägige Erlebnisreise mit der Tibetbahn

ANREGUNGEN

1. *Beschreibe die Schwierigkeiten und Gefahren beim Bau und Erhalt der Strecke.*
2. *Stelle in einer Tabelle die Erwartungen und Befürchtungen, die mit der Tibetbahn verbunden sind, einander gegenüber.*
3. *Erläutere, wer von der Bahn profitiert, und überlege, welche Konsequenzen die Bahn für die autonome Region Tibet hat.*
4. *„Die Bahn ist eine technische Meisterleistung und ein Segen für Tibet." Bewerte diese Aussage und überlege, was die Bahn den Menschen gebracht hat.*

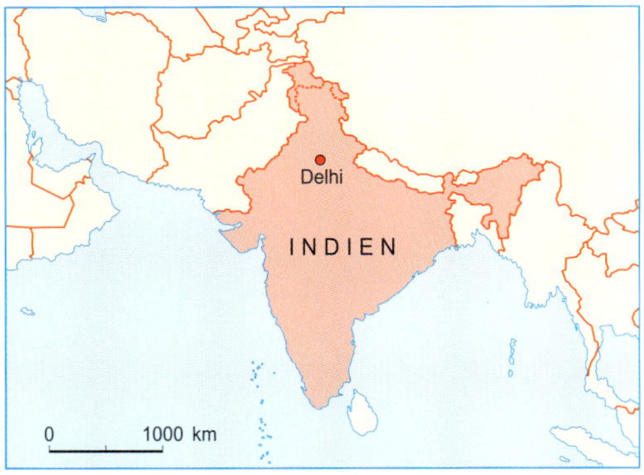

154.1: Die Lage Indiens

Indien – Subkontinent der Gegensätze

Indien ist ein Land extremer Gegensätze, nicht nur bezüglich der naturräumlichen Ausstattung, sondern auch wegen enormer sozialer und wirtschaftlicher Disparitäten sowie kultureller, religiöser und ethnischer Vielfalt. Gleichzeitig ist Indien eine Nation, die trotz vieler Unterschiede ein gemeinsames Staatsbewusstsein sowie eine gemeinsame Verfassung und Regierung besitzt. Experten sagen voraus, dass sich Indien bis zum Jahr 2020 hinter den USA und China zur drittgrößten Wirtschaftsmacht der Welt entwickeln wird. Werden alle Bevölkerungsschichten an diesem „Wirtschaftswunder" teilhaben oder werden sich bestehende Disparitäten verstärken?

154.2: „Verkehrsweg" in Bombay (Mumbai)

155.1: Taj Mahal

Kleinwagen für Asien

Es ist die Auto-Sensation der Saison. Der Tata-Konzern präsentierte im Januar 2008 in Neu-Delhi sein 1700-Euro-Billigmobil Nano. Auf der Bühne öffnete sich das Tor, über dem das große Logo des indischen Tata-Konzerns prangte. Ein kugeliger weißer Kleinwagen rollt langsam in das Blitzlichtgewitter. Am Steuer saß Unternehmenschef Ratan Tata.
Im März 2008 kaufte der Tata-Konzern die englischen Traditionsmarken Jaguar und Landrover vom US-Autobauer Ford.

PROJEKTIDEEN

1. *Geht die wirtschaftliche Entwicklung an der indischen Landbevölkerung vorbei? (▷ S. 156–157)*
2. *Ist die Wirtschaftsmacht Indien immer noch abhängig vom Monsun? (▷ S. 158–159)*
3. *Der „Schlüssel" für die Lösung der Bevölkerungsproblematik ist die Stellung der indischen Frauen. (▷ S. 160–163)*
4. *Hemmt das rasante Bevölkerungswachstum die wirtschaftliche Entwicklung Indiens? (▷ S. 160–161)*
5. *Die Hightech-Industrie – eine Chance für alle Inder? (▷ S. 164–165)*
6. *Verhindert das Kastenwesen die wirtschaftliche Entwicklung Indiens? (▷ S. 166)*
7. *Die Kinderarbeit in Indien – ein unlösbares Problem? (▷ S. 167)*

Republik Indien

Hauptstadt: Delhi

Land und Einwohner

Fläche (in km²)	3 287 263
Einwohnerzahl (in Mio.)	1094,6
Bevölkerungsdichte (in Einw. pro km²)	333
städtische Bevölkerung (in %)	29
größte Städte (Großraum), Einw. in Mio.	
Bombay	11,9 (18,2)
Delhi	9,8 (15,0)
Kalkutta	4,6 (14,3)
Bangalore	4,3
Madras	4,2
neue Städtenamen (früher – heute)	
Bombay – Mumbai	
Madras – Chennai	
Kalkutta – Kolkata	
Bangalore – Bengalooru	
Benares – Varanasi	
Poona – Pune	
Bevölkerungswachstum (1990 – 2005) in %	1,7
Geburtenrate	24
Sterberate	8

Bildung und Gesundheit

Einschulungsrate in der Grundschule (m/w)	92 / 87
Alphabetisierungsrate (m/w)	73 / 48
HIV/Aids-Kranke (in %)	0,9
Ärzte pro 1000 Einw. *	0,6
Säuglingssterblichkeit pro 1000 Geburten	56
Lebenserwartung (in Jahren)	64

Wirtschaft

Bruttoinlandsprodukt (BIP) (in Mrd. US-$)		805,7
Bruttonationaleinkommen (BNE) pro Kopf (in US-$)		730
Außenhandel:	Export (in Mrd. US-$)	103
	Import (in Mrd. US-$)	133
Erwerbstätigkeit:	in der Landwirtschaft (in %)	58
	in der Industrie (in %)	k. A.
	im Dienstleistungsbereich (in %)	k. A.
Arbeitslosigkeit (offizielle Angaben in %)		9,1

Umwelt und Entwicklung

Energieverbrauch pro Kopf (in kg Öleinheiten)	531
CO_2-Emissionen pro Kopf (in t)	1,2
Human Development Index ** (HDI-Weltrang)	0,619 (128)

alle Daten aus dem Fischer Weltalmanach 2008 (* = 2007)
** Daten aus dem Human Development Report 2007 – 2008

156.1: Reisanbau in Indien

	1965	1990	2000	2003
Reis	45,9	111,5	131,6	130,4
Weizen	12,1	49,7	70,1	65,1
Kartoffeln	4,7	14,8	22,5	25,0
Hirse	6,6	10,4	10,1	13,8
Bevölkerung	*493*	*829*	*1016*	*1064*

156.2 Entwicklung der Agrarproduktion (in Mio. t) und Bevölkerungsentwicklung (in Mio.) in Indien

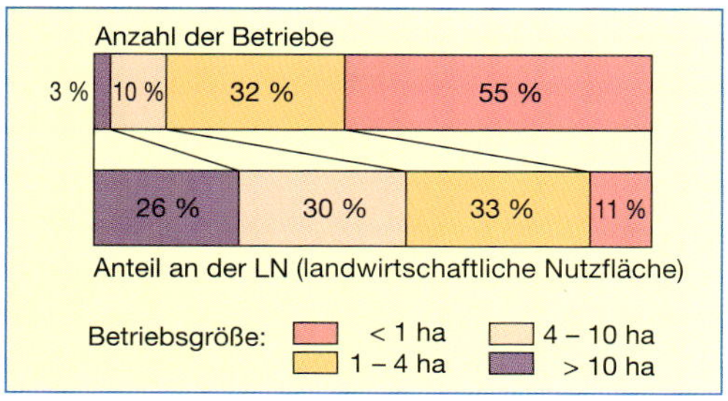

156.3: Landverteilung in Indien

Indien lebt auf dem Land

„Komm herab zu uns mit deinem Donner, gieß Wasser aus! Du brülle und donnere und gib Fruchtbarkeit! Lass die Ströme frei sich ergießen! Tränke Himmel und Erde mit Überfluss!"

Seit mehr als 3000 Jahren beschwören jährlich Millionen indische Bauern mit dieser Hymne den Monsun (▷ S. 158/159). Auch heute noch hängt die Ernte vom rechtzeitigen Einsetzen des Monsunregens ab. Bleibt er aus, verdorren die Reis- und Weizenfelder und es droht Hunger. Fällt dagegen zu viel Regen, führen Überschwemmungen zu Bodenerosion und Vernichtung der Ernte.

Hauptanbauprodukt ist der Reis, Hauptnahrungsmittel für den Großteil der indischen Bevölkerung. In der Regel wird zweimal im Jahr geerntet, zuerst während der Regenzeit und dann in dem anschließenden trockeneren Abschnitt. Da sich der Großteil der Bevölkerung vegetarisch ernährt, ist die Fleischerzeugung vergleichsweise gering. Gemessen an den absoluten Tierbeständen liegt Indien jedoch, wie auch bei der Milch-, Eier- und Lederproduktion, an der Weltspitze.

Indien ist ländlich geprägt. In den 600 000 Dörfern des Landes leben 70 % der Bevölkerung. Die Landwirtschaft ist immer noch ein wichtiger Teil der indischen Volkswirtschaft. Der Agrarsektor erwirtschaftet zwar nur noch ein Fünftel des BIP, aber weit mehr als die Hälfte der indischen Bevölkerung lebt noch direkt von der landwirtschaftlichen Produktion. Noch hält das Millionen von Menschen davon ab, in die Städte zu drängen, die hoffnungslos überfordert wären. Ob es dabei bleiben wird, ist fraglich. Kleine und kleinste Privatbetriebe herrschen vor. Sie erwirtschaften pro Arbeitskraft und Betrieb nur geringe Erträge, denn ihnen fehlt das notwendige Kapital für hochwertiges Saatgut und Düngemittel.

In den letzten Jahren nimmt der Anteil landloser Familien weiter zu. Diese verdienen als Tagelöhner in der Landwirtschaft ihren Lebensunterhalt, oft flüchten sie aber in die Städte.

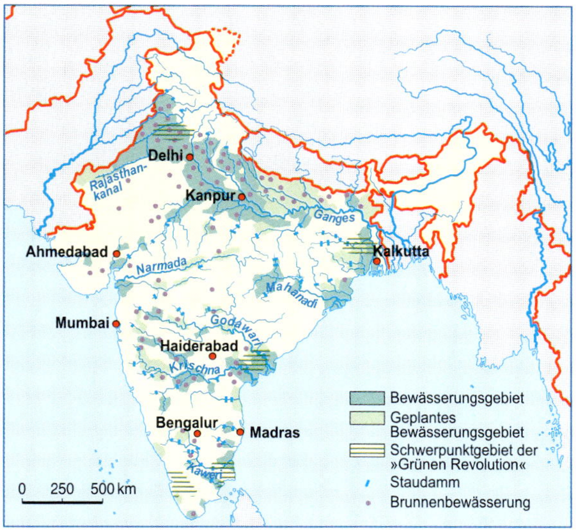

156.4: Bewässerungsgebiete in Indien

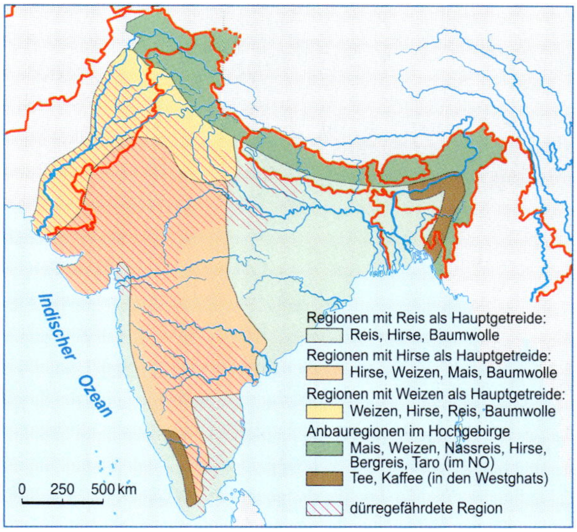

156.5: Anbauregionen in Indien

Der Großgrundbesitzer
„Ich heiße Vasantrao Singh und stamme aus dem Dorf Amrasi, das liegt in der Nähe des Ganges. Schon lange lebe ich mit meiner Familie in der Millionenstadt Kanpur. Dort ist das Leben angenehmer und bequemer. Da mir in Amrasi etwa 70 % des gesamten Landbesitzes gehören, kann ich es mir leisten, die Feldarbeit von einem Verwalter abstimmen zu lassen. Die körperlichen Arbeiten erledigen die Landarbeiter. Wir beschäftigen sie als Tagelöhner – wenn keine Arbeit anliegt, werden sie auch nicht bezahlt.
Eine weitere Einnahmequelle für mich ist die Verpachtung von Feldern an Kleinbauern. Meine Gewinne investiere ich zumeist in Aktien an der Börse – in den letzten Jahren war vor allem die Hightech-Branche interessant. Auch in ausländische Firmen habe ich schon investiert."

Der Landarbeiter
„Mein Name ist Ishvar Mochi. Ich lebe mit meiner Familie in Amrasi. Seit einigen Jahren arbeite ich praktisch nur noch für Herrn Singh. Zwar besitze ich ein Stück Land von etwa 1 ha, jedoch konnten wir davon nicht leben. Mein Vater teilte vor seinem Tod seinen Besitz zwischen mir und meinem Bruder auf. Beide versuchten wir, durch Hinzupachten weiterer Felder unser Einkommen zu sichern. Doch reichte die darauf erzielte Ernte gerade mal für die Pacht selbst – Gewinn machte ich praktisch keinen und so habe ich mich beim Großgrundbesitzer so hoch verschuldet, dass ich nun für ihn als Landarbeiter arbeiten muss.
Meine Kinder werde ich wohl in die Stadt schicken – erbärmlicher als hier kann es für sie dort nicht sein!"

Die Ausrottung des Hungers und die Verbesserung der Lebensqualität der ländlichen Bevölkerung waren Kernziele der „Grünen Revolution" in Indien. Tatsächlich brachte das in den 1960-Jahren gestartete landwirtschaftliche Modernisierungsprogramm Erfolge:
Durch den Einsatz neuer, schnell wachsender Hochertragssorten (Weizen, Reis, Hirse), durch Bewässerung sowie durch Verwendung von Dünge- und Schädlingsbekämpfungsmitteln gelang es, auf gleicher Anbaufläche den dreifachen Ertrag zu erzielen.
Doch die moderne Agrartechnologie hat ihren Preis:

- Das Saatgut muss jedes Jahr neu gekauft werden.
- Für die Pflanzen ist der Einsatz von Mineraldünger und chemischem Pflanzenschutz lebensnotwendig.
- Moderne Maschinen für die Feld- und Erntearbeiten sind ebenso unverzichtbar wie teuer.

Mit der Zeit wurden folgende Nachteile offensichtlich:

- Regionen mit schlechten Böden und ohne sichere Bewässerungsmöglichkeiten blieben von der „Grünen Revolution" ausgeschlossen.
- Nur wohlhabende Großbauern profitierten von dem Programm, da sie sich den finanziellen Aufwand für Modernisierungen leisten konnten und beim Staat kreditwürdig waren.
- Der erhöhte Maschineneinsatz machte zahlreiche Landarbeiter arbeitslos.
- Kleinbauern und Pächter verarmten, da sie sich Maschinen und Saatgut nicht leisten konnten. Bei Banken und Staat waren sie nicht kreditwürdig, sie konnten Geld nur gegen Wucherzinsen von Geldverleihern bekommen, was sie oft in den Ruin trieb.
- Von Großbauern wurde weniger Reis, dafür öfter das profitablere Zuckerrohr oder Baumwolle angebaut; dadurch fehlten Grundnahrungsmittel.
- Die verstärkte Bewässerung führte zur Bodenversalzung, der hohe Einsatz von Pflanzenschutzmitteln zu Umweltschäden.
- Oftmals zogen Großgrundbesitzer das verpachtete Land wieder an sich, weil der kapitalintensive Eigenanbau profitabler war. Die Pächter wurden zu Landarbeitern herabgedrückt oder arbeitslos.

157.1: Die „Grüne Revolution" – Ziele und Wirklichkeit

ANREGUNGEN

1. *Beschreibe die Besitzverhältnisse auf dem Land (Abb. 156.3).*
2. *Vergleiche die Lebenssituationen des Großgrundbesitzers Herrn Singh und des Landarbeiters Herrn Mochi (Abb. 157.1).*
3. *Stelle in einer Tabelle Erfolge und Probleme der „Grünen Revolution" gegenüber (Abb. 157.1).*
4. *Erläutere, wie die Lebensbedingungen der Landarbeiter und Kleinbauern verbessert werden könnten.*

Hitzewelle in Indien

Die längste Hitzewelle der vergangenen 40 Jahre in Nord- und Westindien hat bislang offiziell 566 Opfer gefordert. Mehr als 100 Millionen Inder sind derzeit von der Dürre betroffen. Der Rasjamandsee ist zum ersten Mal seit Menschengedenken ausgetrocknet.
Doch es gibt Hoffnung: In der Hauptstadt Neu-Delhi, wo die Quecksilbersäule in den letzten drei Wochen ständig um 46 Grad schwankte, ließen erste Vorboten der Monsunregen die Temperatur bereits auf 23,2 Grad sinken.

Gleichzeitig sind im Nordosten Indiens die Flüsse durch den dort früher einsetzenden Monsunregen über die Ufer getreten und bedrohen über 200 000 Menschen durch Überschwemmungen.

(nach Zeitungsmeldungen vom Mai 2005)

158.1: Zeitungsbericht

Monsun setzt Asiens Süden unter Wasser

Mindestens 140 Tote – Lebensmittel und Treibstoffe werden knapp
Überflutungen infolge schwerer Monsunregen haben in Indien und Bangladesch bisher mindestens 140 Menschenleben gefordert und Hunderttausende obdachlos gemacht. Die meisten Menschen seien in einstürzenden Häusern oder unter Schlammlawinen ums Leben gekommen, meldeten örtliche Medien. 35 Dorfbewohner starben, als ihre Orte von den Wassermassen überschwemmt wurden. Die Armee warf aus Hubschraubern Hilfsgüter für die am schwersten betroffenen Dörfer ab.
In den östlich von Bangladesch gelegenen indischen Bundesstaaten erschweren Überschwemmungen des Brahmaputra und seiner Nebenarme die Versorgung der Einwohner. Geröll- und Schlammlawinen haben die lebenswichtige Straßenverbindung zum Rest des indischen Staatsgebiets unterbrochen …
In Assam sind möglicherweise drei Millionen Menschen und 3500 Ortschaften von den Fluten betroffen. Tausende von Obdachlosen wurden in rund 550 Flüchtlingscamps untergebracht. Sauberes Wasser und Hilfslieferungen seien dort allerdings äußerst knapp, hieß es.

In den größeren Flüssen steigt nach offiziellen Angaben das Wasser weiter gefährlich an. Meteorologen in beiden südasiatischen Staaten warnten davor, dass sich die Lage in den nächsten Tagen durch neue Regenfälle noch verschärfen könnte.

(nach Zeitungsmeldungen vom Juli 2005)

158.2: Zeitungsbericht

Der tropische Monsun bestimmt das Leben in Indien

Da Indien größtenteils in den Tropen liegt, gibt es keine thermischen Jahreszeiten wie bei uns. Unterschiede im Laufe eines Jahres werden hauptsächlich an der Verteilung der Niederschläge deutlich. So gibt es eine Regen- und eine Trockenzeit. Ursache dafür ist ein Windsystem – der Monsun. Als Monsun (arab.: mausim [Jahreszeit]) wird ein etwa halbjährlich wechselndes Windpaar (Sommer- und Wintermonsun) bezeichnet.
Wie entsteht der Monsun? Die Tropen werden durch das Windsystem des Passatkreislaufs geprägt. Durch Druckausgleich zwischen Gebieten mit hohem und tiefem Luftdruck entsteht der Passat. Dieser Wind ist zum Äquator gerichtet.

Sommermonsun

Im Nordsommer wandern der Zenitstand der Sonne und damit die Zone der größten Erwärmung nach Norden. Da warme Luft aufsteigt, entstehen dort am Boden Tiefdruckgebiete. Weil Landmassen sich sehr stark erwärmen, verlagert sich diese Zone der Hitzetiefs über Indien besonders weit nach Norden, bis in das Gangestiefland. Südlich des Äquators liegen Hochdruckgebiete. Von diesen weht der Passatwind (SO-Passat) zum Äquator. Durch das starke Hitzetief in Nordindien besteht ein sehr großer Druckunterschied. Dadurch überströmt der Passat den Äquator. Durch die Erdrotation wird er nach rechts (NO) abgelenkt. Der ehemalige SO-Passat bewegt sich jetzt als SW-Monsun auf das Hitzetief zu.
Dabei nimmt er über dem Indischen Ozean viel Feuchtigkeit auf. An der Westseite der Westghats (Luv) steigt dieser Sommermonsun auf und es entstehen ergiebige Stauregen. Im Hochland von Dekkan lassen die Niederschlagsmengen nach (Lee). Im Nordosten entstehen nochmals große Stauregen im Luv des Himalaja (Abb. 159.1 und 2).

Wintermonsun

Die Druckverhältnisse sind verändert. Die Zone der größten Erwärmung (Tiefdruckzone) liegt jetzt südlich des Äquators. Über dem Hochland von Tibet ist durch die kalte Luft am Boden ein Hochdruckgebiet (Kältehoch) entstanden. Von

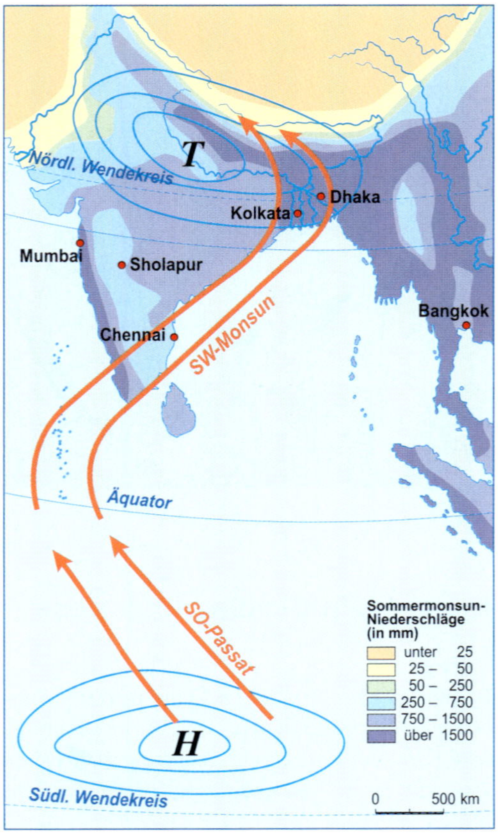

159.1: Sommermonsun

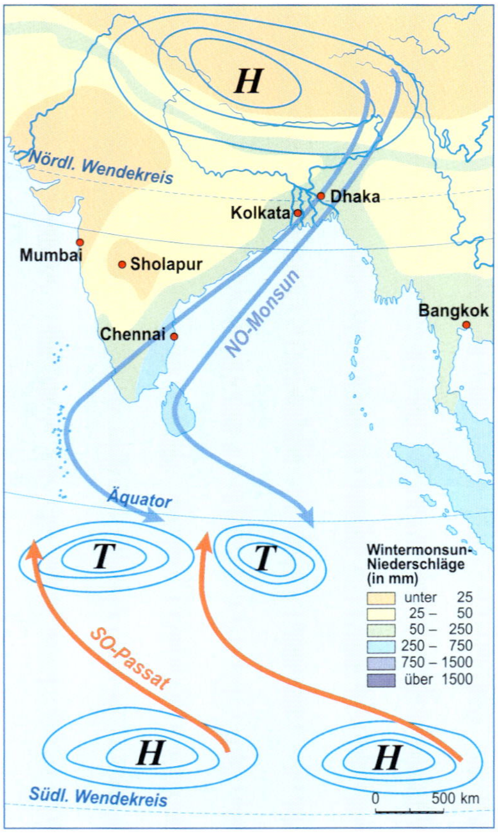

159.3: Wintermonsun

Schon gewusst?

Winde erhalten ihren Namen von der Richtung, aus der sie wehen.

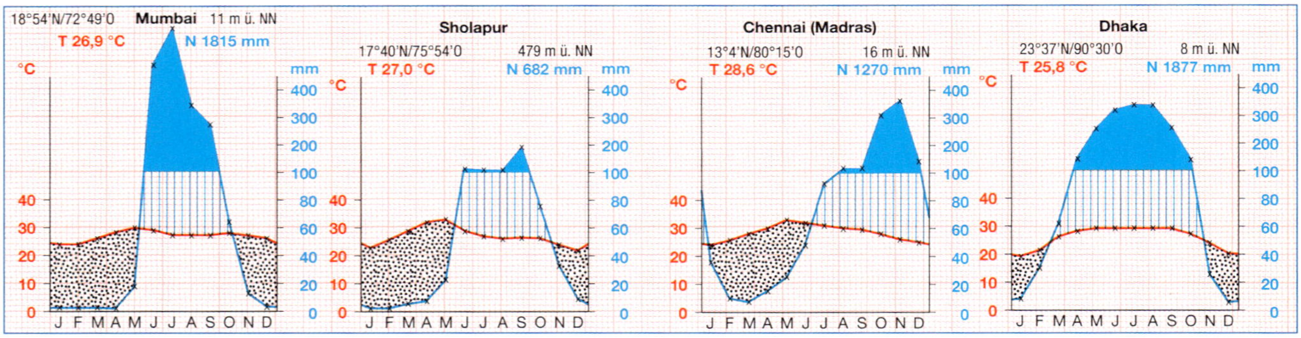

159.2: Ausgewählte Klimadiagramme

hier fließt jetzt Festlandluft in Richtung Äquator über den indischen Subkontinent. Dieser Wintermonsun (NO-Monsun) ist niederschlagsarm und bringt kühle Luft. Lediglich über dem Golf von Bengalen nimmt er Feuchtigkeit auf. Dadurch entstehen an der Ost- und Südost-Küste während dieser Zeit Stauniederschläge, wodurch die Regenzeit hier bis in die Wintermonate verschoben ist.

ANREGUNGEN

1. *Erkläre, weshalb die Monsunniederschläge von den Indern geliebt und gefürchtet werden (Abb. 158.1 u. 2).*
2. *Stelle in einer Tabelle die Unterschiede und Gemeinsamkeiten von Sommer- und Wintermonsun dar.*
3. *Erläutere mit eigenen Worten die Entstehung von Sommer- und Wintermonsun.*

Einwohner in Mio.	
1. China	1324
2. Indien	1120
3. USA	301
4. Indonesien	226
5. Brasilien	189
6. Pakistan	161
7. Bangladesch	144
8. Russland	143
9. Nigeria	134
10. Japan	128
14. Deutschland	*83*

160.1: Die bevölkerungsreichsten Staaten der Erde 2006

160.3: Ein Transport- oder ein Bevölkerungsproblem?

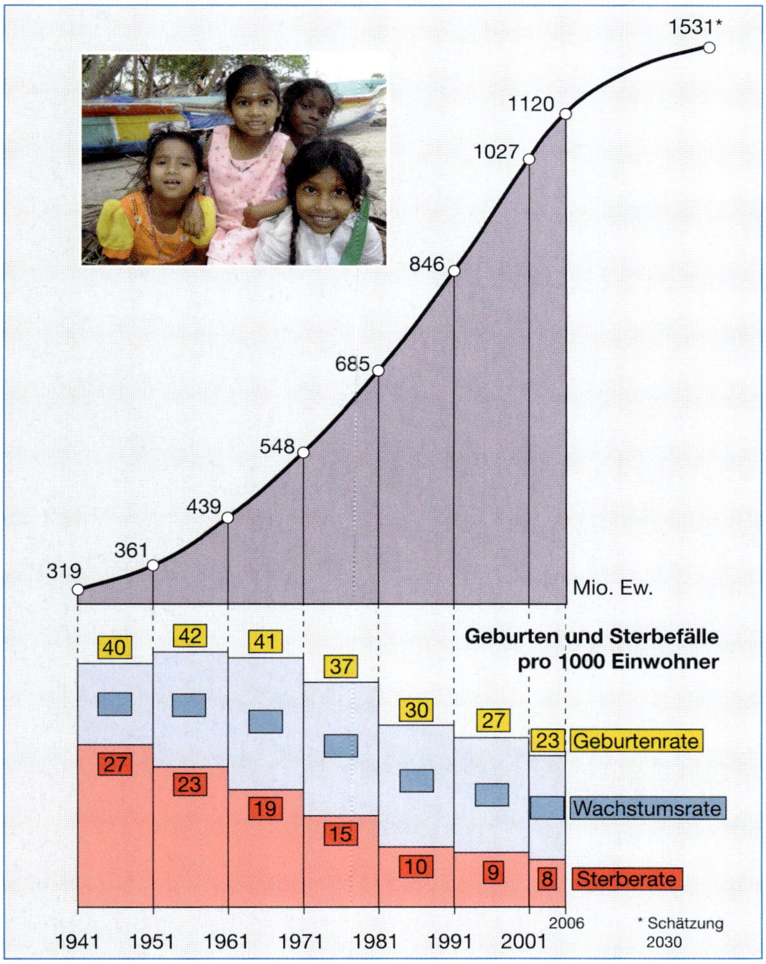

160.2: Bevölkerungssituation in Indien

Indien – ein Bevölkerungsriese

In keinem Land der Erde tickt die Bevölkerungsuhr schneller als in Indien: Etwa alle 1,2 Sekunden wird hier ein Kind geboren. Bei einem jährlichen Zuwachs von 16 Millionen wird Indien ungefähr im Jahr 2030 die Bevölkerungszahl Chinas übertreffen und zum bevölkerungsreichsten Staat der Erde werden. Die Entwicklung der Wachstumsraten (Abb. 160.2) gibt der Regierung jedoch Anlass zu der Hoffnung, das Bevölkerungswachstum ab dem Jahr 2050 stabilisieren zu können.

Indien hatte schon früh vielfältige Anstrengungen zur Senkung des Bevölkerungswachstums unternommen. Über 200 Millionen Schwangerschaften konnten seither verhindert werden. Doch die Werbung für die Zwei-Kind-Familie und Programme zur Familienplanung brachten keinen durchschlagenden Erfolg. Die Fruchtbarkeitsrate ist mit 3,0 Kindern pro Frau immer noch hoch. Daher spielt die gesellschaftliche Stellung der Frau bei der Familienplanung eine Schlüsselrolle. Kinderreichtum und Armut fallen in Indien in einem besonderen Maße zusammen und zwingen die Bevölkerung, vor allem auf dem Land, in einen „Teufelskreis des Kindersegens". Kinder bedeuten für die nahezu 500 Millionen Armen oft die einzige Alterssicherung. Neben den wirtschaftlichen Ursachen sind es die besonderen kulturellen Rahmenbedingungen, die eine nachhaltige Bevölkerungspolitik erschweren (▷ S. 162/163).

161.1: Karikatur

In den Städten sowie in gebildeten Bevölkerungsschichten ermöglichen Schule, Ausbildung und qualifizierte Berufe den Frauen mehr Selbstständigkeit und einen höheren Bildungsgrad. Heute sieht man Frauen in nahezu allen Berufen. Seit einigen Jahren haben sich außerdem Selbsthilfegruppen von Frauen gebildet. Sie stellen ihr traditionelles Leben infrage und kämpfen für mehr Rechte und bessere Bildungsmöglichkeiten. Diese sind eine unabdingbare Voraussetzung für eine wirkungsvolle Geburtenkontrolle. Immer noch wird ein großer Teil des Bevölkerungswachstums durch eine hohe Zahl ungewollter Geburten verursacht.

ANREGUNGEN

1. *Werte die Abb. 160.2 zur Bevölkerungssituation Indiens aus.*
   - a) *Berechne die Wachstumsraten.*
   - b) *Beschreibe die Bevölkerungsentwicklung Indiens. Verwende dabei die Begriffe Geburtenrate, Sterberate, Wachstumsrate und Bevölkerungsexplosion.*
   - c) *In welcher Phase befindet sich Indien nach dem Modell der Bevölkerungsentwicklung (▷ Abb. 99.1)?*
2. *Was ist mit der Bezeichnung „Teufelskreis des Kindersegens" gemeint? Überlege dir mögliche Antworten der indischen Familie in Abb. 161.1.*
3. *Erstellt ein Wirkungsgefüge zum Bevölkerungswachstum in Indien auf der Grundlage der Abb. 161.2. Wertet dazu auch die Materialien der Seiten 162/163 aus.*

GEO Praxis – Wirkungsgefüge

Das Bevölkerungswachstum in Indien verläuft noch ungebremst. Viele Faktoren sind daran beteiligt (▷ Abb. 99.2). Vier Beispiele:

- Eine relativ hohe Wachstumsrate und eine große Bevölkerungszahl wirken sich direkt auf das Bevölkerungswachstum aus.
- Eine hohe Fruchtbarkeitsrate ist abhängig vom Bildungsgrad (Aufklärung/Verwendung von Verhütungsmitteln). Sie beeinflusst damit entscheidend den Erfolg der Familienplanung.
- Kinder sind oft die einzige Möglichkeit der Alterssicherung, da soziale Sicherungssysteme (z. B. eine gesetzliche Rente) fehlen.
- Viele Faktoren sind miteinander verknüpft: Familienplanung und Bildungsgrad stehen in einer Wechselwirkung.

In ihrer Gesamtwirkung bilden die Faktoren ein Netzwerk, ein komplexes Ursachen-Folge-Gefüge, ein Wirkungsgefüge. Dieses ist eine grafische Zusammenschau möglicher Faktoren. Direkte und indirekte Auswirkungen sowie Wechselwirkungen und Rückwirkungen lassen sich durch Pfeile darstellen (Abb. 161.2). Entwickelt das Wirkungsgefüge weiter. Bearbeitet dazu auch die Materialien auf S. 162/163 und klärt, inwiefern sich diese Faktoren auf die Bevölkerungsexplosion auswirken. Geht in folgenden Schritten vor:

- Wertet die Materialien auf S. 162/163 aus. Benennt die einzelnen Faktoren und tragt Schlüsselbegriffe in die Kästchen ein.
- Welche der gefundenen Faktoren wirken sich direkt, welche indirekt auf die Beschleunigung des Bevölkerungswachstums aus? Kennzeichne sie farbig.
- Welche Faktoren sind besonders gewichtig? Kennzeichnet diese (Strichstärke/Doppelpfeile).
- Wie hängen sie untereinander zusammen? Wo gibt es Wechselwirkungen?
- Ergänzt das Wirkungsgefüge um weitere Faktoren (▷ Abb. 99.2).

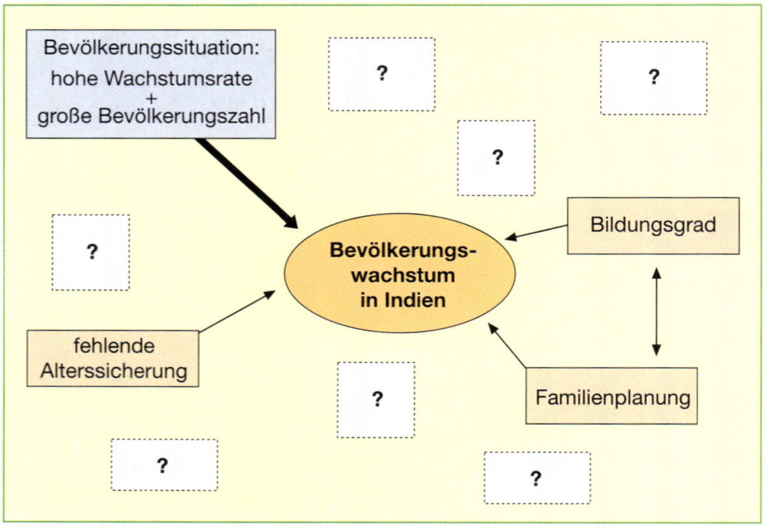

161.2: Wirkungsgefüge – Bevölkerungswachstum in Indien

Die „inneren Gesetze“ Indiens

Die besonderen kulturellen Rahmenbedingungen, die v.a. auf dem Hinduismus beruhen, und die Stellung der Frauen in der indischen Gesellschaft beeinflussen eine nachhaltige Bevölkerungspolitik. Beispiele dafür findet ihr auf dieser Doppelseite.

① Die öffentliche Verbrennung ist noch immer die bevorzugte Bestattungsform in der hinduistischen Welt. Der Tradition folgend bereitet eine Hindu-Familie den Leichnam für die Verbrennung vor. Der älteste Sohn schert sich das Haupt. Dann tragen die Trauernden den Toten zu einem Verbrennungsplatz. Dort wird der Leichnam auf einen Scheiterhaufen gelegt, den der älteste Sohn anzündet. Danach sammeln die Trauernden Knochenreste und Asche ein und streuen sie in einen Fluss. Zehn Tage später bringt die Familie dem Fluss Reisbällchen als Opfer dar – Nahrung für den Geist des Verstorbenen auf seiner Reise in das nächste Leben.
(nach: National Geographic Deutschland, Februar 2005, S. 161–166, von Susan Tyler Hitchcock und John L. Esposito)

② Zehn Millionen weibliche Föten sind in den vergangenen 20 Jahren in Indien abgetrieben worden. Indiens Gesellschaft ist „sohnbesessen“ und Mädchen gelten als „genetische Defekte“, so das Ergebnis einer wissenschaftlichen Studie. Tödliche Diskriminierung, die dazu führt, dass in Indien im Jahr 2001 auf 1000 männlich Neugeborene nur 933 weibliche kamen. Eine verhängnisvolle Kombination von eingefleischter Tradition und moderner Technik begünstigt Indiens Mädchenschwund. Seitdem es Anfang der 1980er-Jahre mit der Einführung von Ultraschalluntersuchungen möglich geworden ist, das Geschlecht festzustellen, greifen immer mehr indische Familien zum Mittel der „selektiven“ Abtreibung. Die Gesetze des Landes verbieten dies allerdings streng. So verzerrt sind die Proportionen schon, dass manche von einer Hochzeitskrise sprechen. Nach landläufiger Meinung trägt Indiens Mitgiftsystem Teilschuld an dieser Praxis. Neueste Untersuchungen zeigen allerdings, dass diese Abtreibungen, die vor allem auf Druck der Schwiegermutter und des Ehemanns vorgenommen werden, in Indiens wohlhabenden Gesellschaftsschichten am weitesten verbreitet sind und die Religion keine Rolle spielt.
(nach: Badische Zeitung, 10. Januar 2006, von Willi Germund)

③ Für arme Bevölkerungsschichten sind Kinder oft die einzige Möglichkeit der Alterssicherung, da soziale Sicherungssysteme, wie gesetzliche Rentenversicherungen, fehlen.

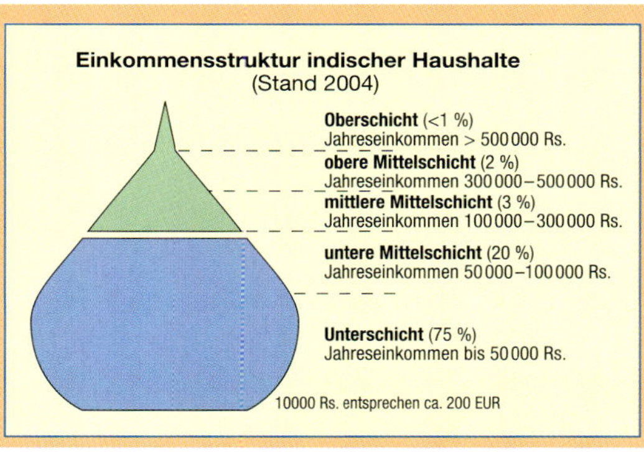

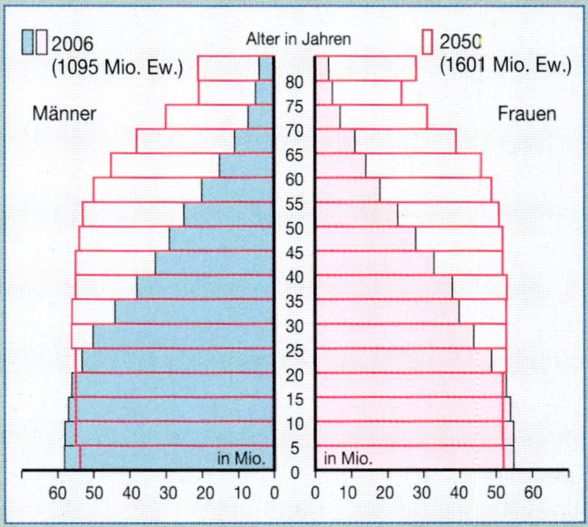

④ Auch in Indien nimmt die Geburtenzahl pro Frau bis zum Jahr 2050 ab. Das Bevölkerungswachstum wird sich dennoch bis in die zweite Hälfte des 21. Jahrhunderts fortsetzen, denn es folgt seinem eigenen „Schwung“.

(5) Viele Inderinnen haben sich von der traditionellen Rolle der Frau gelöst und arbeiten als Ärztinnen, Lehrerinnen Ingenieurinnen und Wissenschaftlerinnen. Auch in der Politik spielen sie heute eine wichtige Rolle. Indira Gandhi war lange Jahre als Premierministerin Indiens führende Politikerin. Ihre Schwiegertochter Sonya ist Vorsitzende der Kongresspartei, eine der wichtigsten Parteien des Landes; Neu Delhi hat eine Bürgermeisterin. An der Mehrheit der Frauen, gerade der Unterschicht, ist die seit der Unabhängigkeit 1947 einsetzende Modernisierung vorbeigegangen. Viele kennen ihre Rechte nicht und selbst wenn sie sie kennen, können sie sie nicht durchsetzen. Vor allem auf dem Lande hat sich ihre Lage kaum verändert.

(6) Die meisten gebildeten Frauen der Mittelklasse arbeiten auf der mittleren Ebene, beispielsweise als Angestellte, Sekretärinnen, Telefonistinnen oder in den besser zahlenden, wie Pilze aus dem Boden schießenden Callcentern. Im letzten Jahrzehnt haben sie sich aber auch Berufsfelder erschlossen, die traditionell von Männern besetzt waren – so zum Beispiel in der Werbe- und Computer-/Software-Branche. Die Mehrzahl dieser Frauen genießt sehr bewusst die Zufriedenheit über ihre Bewegungsfreiheit und das Maß an Unabhängigkeit, das die Arbeit ihnen gibt. Auch eine Hausfrau der Mittelklasse strahlt heute mehr Selbstsicherheit aus als die Generation ihrer Mutter. Sie hat das Gefühl, ihr Schicksal besser kontrollieren zu können, da ihre Bildung ihr jederzeit ermöglicht, eine Arbeit aufzunehmen, falls die Notwendigkeit dazu irgendwann einmal bestehen sollte.

(7) Alles war für die schöne indische Hochzeit gerichtet: 2000 Gäste saßen erwartungsvoll in der blumengeschmückten Hochzeitshalle. Da tönte von nebenan lautes Stimmengewirr herüber. Heftiger Streit war ausgebrochen zwischen den Brauteltern und den zukünftigen Schwiegereltern. Umgerechnet 25 000 Euro verlangten diese plötzlich zusätzlich zu den zwei Fernsehapparaten, den zwei Heimkino-Sets, den zwei Klimaanlagen und dem Auto, kühl kalkulierend, dass sich wohl keine indischen Brauteltern der Schande aussetzen würden, eine Hochzeit in allerletzter Minute platzen zu lassen. Das tat dafür die Braut. Kurzentschlossen griff sie zum Handy und informierte die Polizei. Seitdem ist die 21-jährige Nisha Sharma eine Berühmtheit in Indien. „Ich bin doch keine Ware, die verschachert wird“, sagt die Studentin inmitten all der unausgepackten Kartons, die für die Schwiegereltern gedacht waren. Auch ihre Eltern waren nachdenklich geworden: Lieber jetzt das bereits ausgegebene Geld abschreiben, als später etwas

Nischa Sharma vor ihrer Mitgift

Schlimmeres hinzunehmen. Man weiß ja, was dann kommt. Was einmal ein typisches Phänomen der aufstrebenden und konsumorientierten indischen Mittelklasse war, erstreckt sich mittlerweile längst auf alle sozialen Schichten. Ob Nisha Sharma, die so mutig mit allen Traditionen gebrochen hat, Indien nachdenklicher machen wird, bleibt abzuwarten. Denn in einem Land, wo Frauen nur einen Wert als Gebärmaschine für Söhne haben, muss noch viel Umdenken stattfinden.

(nach: Badische Zeitung, 23. August 2003, von G. Venzky)

Hier sitzen junge Inderinnen und Inder in Jeans und hochgekrempelten Hemden. Jeder in seinem von drei Seiten mit Wandschirmen abgetrennten zwei Quadratmeter großen Block: Telefonanlage zugeschaltet, Blick auf den Bildschirm. Sie haben die ganze Erde am Ohr – die englischsprachige. 24 Stunden lang, sieben Tage die Woche; im ständigen Schichtwechsel. Australien ist morgens am besten zu erreichen, gefolgt von Europa, der Ostküste der USA, dann der Westküste. Die Flut der Anrufe stoppt nie, der Computer schaltet nach wenigen Sekunden Erholungspause digital eine neue Nummer zu, die Dienstleistung ist allumfassend: incoming calls, outgoing calls, incoming, outgoing.

„Good Morning, Madam, wir möchten Ihnen ein besonderes Angebot der Telekom Melbourne nahebringen ...“

„Sir, natürlich können Sie Ihre verlorene Kreditkarte in San Francisco sofort ersetzt bekommen. Sie gehen zum Union Square und dann ...“

„Hello, Kansas. Was genau meinen Sie, wenn Sie sagen, Ihr PC entwickelt ein böswilliges Eigenleben? Lassen Sie uns gemeinsam versuchen, ihn wieder vernünftig zu machen. Also ...“

„Gnädige Frau, auch für Sie in New York gelten unsere allgemeinen Kreditrichtlinien. Leider müssen wir Ihnen sagen ...“

„Nein, Sir, ich kann nicht mal schnell in Ihrer Wohnung im Londoner Westend vorbeikommen. Aber was das Ausfüllen Ihrer Versicherungsunterlagen betrifft ...“

Mehr als eine Viertelmillion Inder arbeiten landesweit für solche Callcenter. Sie geben Kundendiensttipps, treiben Rechnungen ein, spüren verlorenes Airline-Gepäck auf. Sie machen all das, was eine Dienstleistungswelt am Telefon erledigen kann.

(nach: Spiegel-Dossier „Vom Spinnrad zur Software“, 2006)

164.2: Callcenter in Bangalore

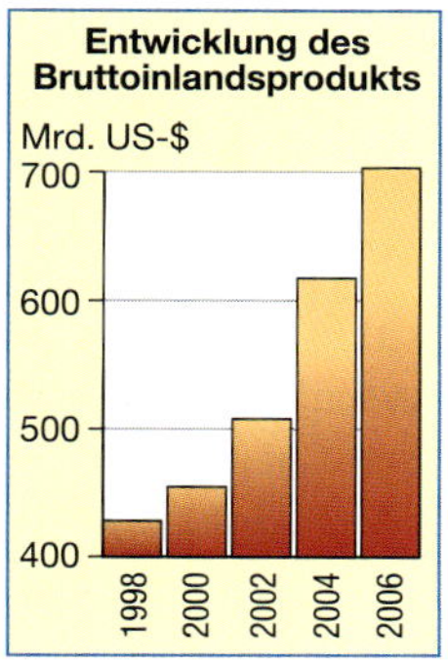

164.1: Wirtschaftliche Entwicklung Indiens

Indien – Entwicklungslabor der Welt

„Wer hier keine Niederlassung hat, den gibt es nicht auf der Weltkarte der Software- und IT-Industrie.“ Dies ist das Motto der indischen Millionenstadt Bangalore. Und tatsächlich: Intel und IBM, Sony und Ericsson, Samsung und Siemens, Bosch und Motorola – alle weltbekannten Hightech-Firmen sind hier benachbart wie sonst nur im kalifornischen Silicon Valley. Schon vor rund 50 Jahren hatte die indische Regierung damit begonnen, in Bangalore ein Zentrum für Luft- und Raumfahrt, für Maschinenbau und Rüstungstechnik zu entwickeln. In den 1990er-Jahren kamen dann viele Firmen der Computerbranche hinzu. Sie wurden angelockt durch zahlreiche Vergünstigungen, die ihnen die indische Regierung gewährte. Auch wurde viel Geld in Bildungs- und Forschungsinstitute investiert. Heute besitzt Indien einige der besten Universitäten der Welt. Dort werden jährlich 290 000 Informatiker ausgebildet.

Beim Betreten eines Großraumbüros von Siemens Communication Software (SCS) fällt auf, dass auch viele Frauen vor den Monitoren sitzen. Sie schreiben Tarif- und Abrechnungsprogramme für die Telekommunikation. Eine Etage unter Siemens arbeiten Programmierer für die Deutsche Bank an Finanzsoftware, ein paar Häuser weiter

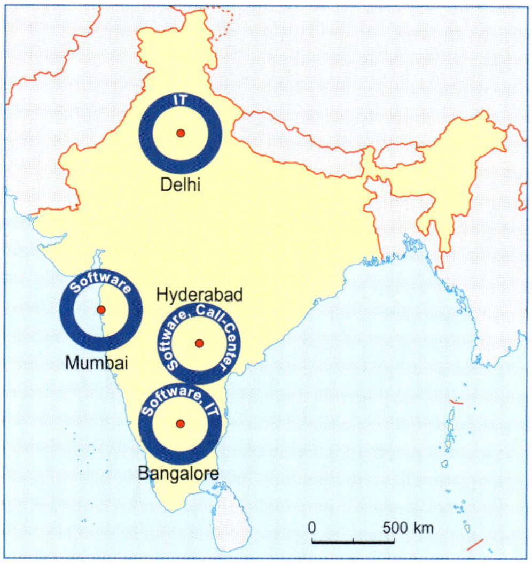

164.3: Indische Hightech-Zentren

entstehen Buchungssysteme, und im Sony-Zentrum schreiben Spezialisten Programme für Digitalkameras. Überall sind junge, engagierte Leute zehn, zwölf und mehr Stunden pro Tag für ihre Firmen im Einsatz. Das Durchschnittsalter der SCS-Entwickler liegt bei 25 Jahren. Sie sind bestens ausgebildet, sprechen fließend Englisch und sind gut bezahlt – für indische Verhältnisse. Allerdings verdient ein Software-Ingenieur nur ein Viertel von dem seiner deutschen Kollegen.

Auch Microsoft drängt nun nach Indien. Bill Gates kündigte unlängst an, sein erstes Entwicklungszentrum außerhalb der USA zu gründen: im Software-Technology-Park in Hyderabad. Nach dem Beispiel von Bangalore entstehen zurzeit zahlreiche dieser Technologieparks. Hier wird mit Zollvergünstigungen, niedrigen Grundstückspreisen und speziellen Infrastruktureinrichtungen (Notstromversorgung, Großrechner zur Miete und vieles mehr) versucht, perfekte Bedingungen für die Ansiedlung von Software-Firmen zu bieten. Seit einigen Jahren besteht sogar eine eigene Satellitenverbindung nach Europa und von dort über Lichtwellenleiter in die USA. „Indische Entwickler haben in einem weltweiten Verbund besonders gute Karten", erklärt der Direktor eines Technologieparks. Der Grund hierfür ist die besondere Lage auf dem Globus: vier Stunden hinter Australien und Japan, vier Stunden vor Europa und zehn Stunden vor den USA. Für eine weltweite Entwicklung rund um die Uhr ist die Lage von Indien geradezu ideal. Zahlreiche Firmen nutzen dies, um an mehreren Stellen auf der Welt – in Australien, Indien, USA – rund um die Uhr Software-Module zu entwickeln und über Datenleitungen abzugleichen.

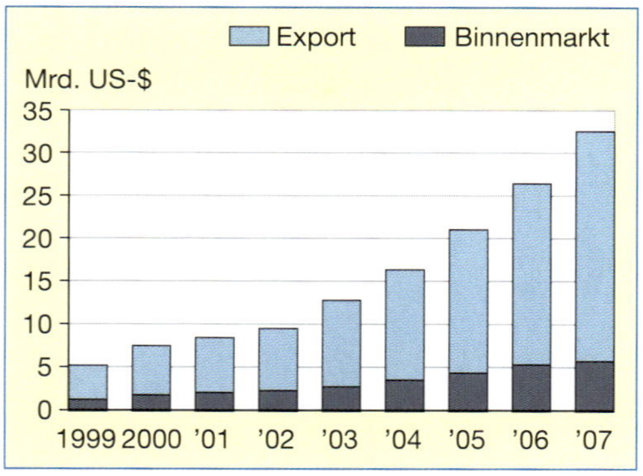

165.1: Entwicklung der indischen Software- und IT-Industrie

Etwa 40 % der Inder leben ohne Strom; der Rest des Landes lebt mit ständigen Blackouts. Das Straßennetz umfasst zwar 3,3 Millionen Kilometer, aber mehr als 95 % der Strecken sind schmal und bei schwerem Monsun unbefahrbar. Knapp 40 % der 600 000 Dörfer haben deshalb keine zuverlässige Verbindung zu Märkten, ärztlichen Notdiensten oder Krankenhäusern. Seit die Computerindustrie den Ton angibt, sind in Bangalore die Grundstückspreise um ein Fünffaches gestiegen, die Luftverschmutzung erreicht Rekordwerte und Wasser- und Stromabschaltungen sind an der Tagesordnung. „Man surft den ganzen Tag zwischen Boston und Hongkong, aber wenn man sein Büro verlässt, steigt man über Müllberge", berichtet ein Direktor einer großen Software-Firma.

165.2: Auch das ist Indien

ANREGUNGEN

1. *Nenne Gründe für die rasche Entwicklung der IT- und Software-Industrie in Indien. Skizziere dazu eine Mindmap in dein Heft.*
2. *Erkläre, welche besonderen Voraussetzungen für den Standort Indien bei der Errichtung von Callcentern sprechen.*
3. *Überlege, inwiefern die Firmenansiedlungen auch der einheimischen Bevölkerung nutzen.*

165.3: Wanderarbeiter am Rande eines Technologieparks in Bangalore

Hindus	81 %
Moslems	12 %
Christen	2 %
Sikhs	2 %
Buddhisten	1 %
andere	3 %

166.1: Religionen in Indien (2006)

166.4: Wohnviertel der Brahmanen

166.6: Siedlung der Dalits am Ortsrand

„In der Regenzeit ist es wirklich schlimm“, schildert die Frau. „Das Wasser vermischt sich mit dem Kot, und wenn wir ihn (auf dem Kopf) tragen, rinnt es uns aus den Eimern auf die Kleider, den Körper, das Gesicht. Wenn ich nach Hause komme, fällt es mir manchmal schwer, etwas zu essen. Der Geruch geht nie ganz raus aus meinen Kleidern, meinen Haaren. Aber das ist unser Schicksal. Will ich meine Kinder durchbringen, bleibt mir nichts anderes übrig, als diese Arbeit zu machen.“
Narayanamma war 13, als sie damit begann, menschliche Exkremente zu entsorgen. Heute ist sie 35. Der Gestank ist ekelerregend, wirft einen fast um. Zuerst schiebt sie den Kot zu Haufen zusammen, dann schaufelt sie ihn mit zwei dünnen Zinnblechen in einen Bambuseimer. Den trägt sie an einen Ort, wo später ein Traktor zum Abholen vorbeikommt. Keine Handschuhe. Kein Wasser zum Waschen. Ihren Sari wickelt sie möglichst eng, damit er nicht am Boden schleift oder den Kot berührt. Aber es ist fast unmöglich, einen ganzen Tag zu arbeiten, ohne mit der Kleidung oder dem Körper mit dem Kot in Berührung zu kommen. Narayanamma und 800 000 weitere Toilettenreinigerinnen stehen auf der untersten Stufe des indischen Kastensystems. Sie sind das andere Gesicht Indiens, das niemand gerne sieht.

(gekürzt nach: Der Kampf gegen das Kastensystem von Mari Marcel Thekaekara, Südwind Magazin, 09/2005, S. 27)

166.2: Über den Gestank der Unberührbarkeit

„Commercial Pilot, 28, Handsome North Indian Brahmin Boy, High Status, […] wanted tall fair professional Girl of Equal Status“

166.3: Heiratswunsch

Indien – ein Land, zwei Gesichter

Trotz eines gigantischen wirtschaftlichen Aufschwungs ist Indien nach wie vor durch tiefe soziale Gegensätze (Disparitäten) geprägt. Direkt neben den modernen Palästen aus Beton und Glas leben immer noch viele Inder in Slums oder auf gigantischen Müllbergen in einer „Ochsenkarrenwirtschaft“.
Eine Ursache dieser extremen Disparitäten ist das indische Kastensystem, eine jahrtausendealte Ordnung, welche die Menschen in verschiedene religiöse und soziale Gruppen unterteilt. Nach der Verfassung Indiens ist das Kastenwesen zwar offiziell abgeschafft, es blieb jedoch im Bewusstsein der Inder tief verankert und bestimmt den Alltag. Besonders bedrückend ist die Situation der „Unberührbaren“, heute auch als „Dalits“ oder „gebrochene Menschen“ bezeichnet. Sie sind oft die Ärmsten der Armen, meistens Analphabeten, leben unter miserablen hygienischen Zuständen, erledigen die niedrigsten Arbeiten und stellen den höchsten Anteil der Kinderarbeiter. Sie werden von allen verachtet. Doch seit der Jahrtausendwende ist durch die zunehmende Verstädterung ein langsames Aufweichen dieser starren Ordnung erkennbar.

ANREGUNGEN

1. *Überlege, warum sich die starren indischen Gesellschaftsstrukturen eher in den Städten als auf dem Land auflösen.*

Das Kastenwesen entstand vor etwa 3500 Jahren. Hellhäutige Eroberer, Arier, unterwarfen die dunkelhäutige Urbevölkerung. Um sich abzugrenzen, entstanden die vier Hauptkasten: Brahmanas (Priester und Gelehrte), Kastryas (Adelige und Krieger), Vaishyas (Händler und Handwerker) und Shudras (Pächter und Landarbeiter). Neben den vier Hauptkasten gibt es noch mehrere Tausend Unterkasten. Die Kastenzugehörigkeit regelt die sozialen Kontakte, Rechte und Pflichte sowie die Lebensführung. Außerhalb der Kasten stehen die Unberührbaren, die Dalits. Sie gelten als so unrein, dass sogar ihr Schatten ein Kastenmitglied verunreinigen kann.

166.5: Kasten in Indien

Kinderarbeit in Indien

Anstatt zur Schule zu gehen, müssen Millionen indische Kinder unter Bedingungen arbeiten, die wir uns in Deutschland kaum vorstellen können. Doch kaufen und nutzen wir oft unwissentlich Produkte, die von Kindern hergestellt wurden. Diese sind sogar auf deutschen Friedhöfen zu finden; denn nirgends auf dem Weltmarkt gibt es zurzeit so günstige, qualitativ hochwertige Grabsteine wie aus Indien. Etwa zwei Drittel aller neuen Grabsteine stammen aus indischen Steinbrüchen, in denen bis heute Kinder schuften müssen.

Häufig arbeiten Kinder im Alter von 11 bis 15 Jahren an sieben Tagen pro Woche für die Schulden ihrer Eltern, die diese aufgrund von Geldnot bei Steinbruchbesitzern machten. Gesetzlich ist Kinderarbeit in Indien zwar verboten, die Wirklichkeit sieht jedoch oft anders aus.
Im Steinbruch herrscht große Verletzungsgefahr, und die durchschnittliche Lebenserwartung der dort arbeitenden Kinder beträgt nur 40 Jahre. Sie leben im Steinbruch unter Plastikplanen, weit entfernt von ihren Eltern und Heimatdörfern.

Die dumpfen Schläge der Hämmer gegen Granit, das ohrenbetäubende Rattern der Pressluftbohrer, das Kreischen der Sägen ersticken jedes Wort. Der Staub verklebt die Augen und verstopft die Lungen. Die Luft zwischen den Wänden des Steinbruchs flirrt wie im Backofen. Dazwischen die Kinder an Pressluftbohrern, in Gummilatschen, mit zerrissenen Hemden, […]. Zu dritt oder zu viert stehen sie an den bis zu 45 Kilogramm schweren Maschinen, die so groß sind wie sie selber.

(nach: Westdeutsche Zeitung vom 21.3.2006, Michael Hammes)

167.2: Zeitungsartikel

XERTIFIX
Natursteine ohne Kinderarbeit

167.1: XertifiX-Gütesiegel

Das XertifiX-Gütesiegel soll Abhilfe schaffen

Zunächst werden Importeure, Großhändler und Friedhofsbetreiber durch heimlich in indischen Steinbrüchen gedrehte Filme über die illegale Kinderarbeit informiert. Infolge von Aufklärungsarbeit haben bis Anfang 2006 bereits ca. 100 Städte in Deutschland ihre Friedhofssatzung geändert und Produkte aus ausbeuterischer Kinderarbeit auf ihren Friedhöfen verboten. Entsprechend ist die Nachfrage nach Grabsteinen, die ohne Kinderarbeit hergestellt werden, gestiegen. Das Gütesiegel XertifiX garantiert, dass sowohl die Arbeit in den Steinbrüchen als auch die Weiterverarbeitung der Granitblöcke zu Grabsteinen nicht von Kindern durchgeführt wird. Um aber das Siegel verwenden zu dürfen, müssen Importeure drei Prozent des Exportpreises der indischen Grabsteine in einen Hilfsfond einzahlen. Mit diesem Geld werden unabhängige indische Kontrolleure bezahlt, die unangekündigt die Steinbrüche überprüfen, und es werden Schulbesuch und Ausbildung für ehemalige Kinderarbeiter finanziert.

167.3: Kinderarbeit in einem indischen Steinbruch

ANREGUNGEN

1. *Beschreibe die Lebensumstände, die zur geringen Lebenserwartung der Kinderarbeiter in indischen Steinbrüchen führen.*
2. *Der Exportpreis eines Grabsteins aus Indien beträgt 300 Euro. Berechne, um welchen Betrag der Preis desselben Steins mit dem XertifiX-Siegel steigt.*
3. *Fertige ein Wirkungsschema über die Funktionsweise des XertifiX-Siegels an.*
4. *Informiere dich unter www.XertifiX.de und dem Link „Presse" über Aktivitäten und Erfolge des XertifiX-Vereins und verfasse einen Bericht.*
5. *Der XertifiX-Verein nutzt Erfahrungen aus einer ähnlichen Kampagne gegen illegale Kinderarbeit in der Teppichindustrie. Informiere dich über diese Initiative unter www.rugmark.de und vergleiche Ziele und Erfolge der beiden Gütesiegel Rugmark und XertifiX.*

RUGMARK®

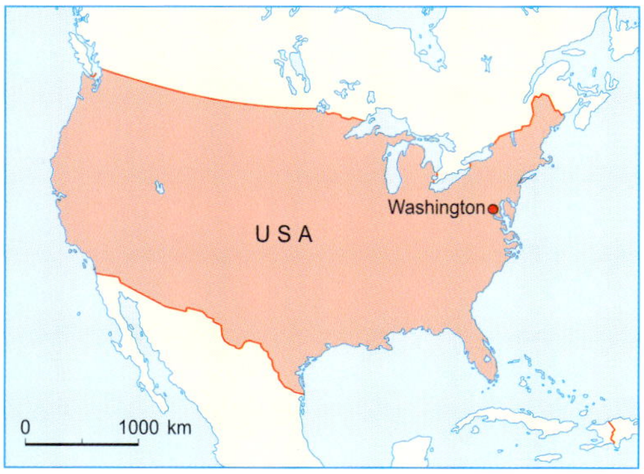

168.1: Die Lage der Vereinigten Staaten

Die USA – die führende Weltmacht

An der Ostküste der USA liegt zwischen Boston und Washington eines der bedeutendsten Verstädterungsgebiete der Erde: „BosWash“. Dieses Gebiet ist auch eines der führenden Dienstleistungszentren der Erde. Alte Industriegebiete im Osten und im Mittleren Westen haben dagegen an Bedeutung verloren und befinden sich in derzeit in einem Umstrukturierungsprozess.
Der Westen der USA in der pazifischen Küstenzone ist ein weiterer Bevölkerungsschwerpunkt des Landes. Hier hat sich vor allem die Hightech-Industrie mit zahlreichen weltweit agierenden Unternehmen angesiedelt. Auch in der Landwirtschaft sind die USA führend. Fast alle landwirtschaftlichen Produkte können angebaut und auf dem Weltmarkt angeboten werden.

168.2: Manhattan (Südspitze)

169.1: Skyline von Los Angeles

Chrysler zahlt Kunden Sprit

Detroit, 7.5.2008: Der US-Autokonzern versucht, seine „spritfressenden“ Modelle attraktiver zu machen und garantiert seinen Kunden, die bis zum 2. Juni eines dieser Modelle kaufen, für 3 Jahre einen Preis von 2,99 US-$ pro Gallone (3,785 l) Sprit.

PROJEKTIDEEN

1. *Alle Rahmenbedingungen in den USA sind „extrem“ – auch der Naturraum. Stelle die Naturkatastrophen in einen Zusammenhang mit den Besonderheiten des Naturraumes. (▷ S. 170–171)*
2. *Maximale Produktion – maximale Technik! Gibt es Grenzen für die landwirtschaftliche Produktivität in den USA? (▷ S. 172–173)*
3. *Die USA haben weltweit die größte Industrieproduktion, die modernste Forschung, den höchsten Energiebedarf und den größten zusammenhangenden Industrieraum. Ist der „Manufacturing Belt“ – trotz aller Erfolge – zukunftsfähig? (▷ S. 174–175)*
4. *Ein Baustein der industriellen Überlegenheit der USA ist die IT-Branche. Worauf beruhen die Erfolge der Hightech-Firmen? (▷ S. 176–177)*
5. *Megalopolis und Global City – Symbole einer wirtschaftlichen, kulturellen und politischen Großmacht. Welche Bedingungen begünstigen die gigantischen Verstädterungszonen? (▷ S. 178–179)*
6. *Ist das klassische Einwanderungsland USA ein ethnischer u. sozialer „Melting Pot“? (▷ S. 180–185)*
7. *Amerikanische Nationalparks – Naturschutz oder Kommerz? (▷ S. 186–187)*

Vereinigte Staaten von Amerika (USA)

Hauptstadt: Washington, D.C.

Land und Einwohner

Fläche (in km²)	9 809 155
Einwohnerzahl (in Mio.)	296,4
Bevölkerungsdichte (in Einw. pro km²)	30
städtische Bevölkerung (in %)	81
größte Städte (Kernraum), Einw. in Mio.	
New York	(Großraum: 18,7) 8,1
Los Angeles	(Großraum: 12,3) 3,8
Chicago	(Großraum: 9,5) 2,8
Huston	2,0
Philadelphia	1,5
Phoenix	1,5
San Antonio	1,3
San Diego	1,3
Dallas	1,2
San José	0,9
Bevölkerungswachstum (1994–2005) in %	1,0
Geburtenrate (in ‰)	14
Sterberate (in ‰)	8

Bildung und Gesundheit

Einschulungsrate in der Grundschule (m/w)	94 / 90
Alphabetisierungsrate (m/w)	k. A. / k. A.
HIV/Aids-Kranke (in %)	0,6
Ärzte pro 1000 Einw.*	2,56
Säuglingssterblichkeit pro 1000 Geburten	6
Lebenserwartung (in Jahren)	78

Wirtschaft

Bruttoinlandsprodukt (BIP) (in Mrd. US-$)		12 416,5
Bruttonationaleinkommen (BNE) pro Kopf (in US-$)		43 560
Außenhandel:	Export (in Mrd. US-$)	1037
	Import (in Mrd. US-$)	1919
Erwerbstätigkeit:	in der Landwirtschaft (in %)	1,6
	in der Industrie (in %)	20,7
	im Dienstleistungsbereich (in %)	77,7
Arbeitslosigkeit (offizielle Angaben in %)		4,6

Umwelt und Entwicklung

Energieverbrauch pro Kopf (in kg Öleinheiten)	7920
CO_2-Emissionen pro Kopf (in t)	19,9
Human Development Index* (HDI-Weltrang)	0,951 (12)

alle Daten aus dem Fischer Weltalmanach 2008,
* Daten aus dem Human Development Report 2007/2008

170.1: Großlandschaften Nordamerikas

Naturraum und Naturrisiken Nordamerikas

„Eigentlich ist es ein Wunder, dass sich die Amerikaner überhaupt die Mühe machen, ins Ausland zu reisen." Dies äußerte mal ein deutscher Journalist nach einer seiner vielen Amerikareisen.
Denn wer Nordamerika von Norden nach Süden oder von Westen nach Osten durchquert, der stellt fest, dass der Kontinent eine große Mannigfaltigkeit von Landschaften aufzuweisen hat. Vor allem die Landschaften der Nationalparks (▷ S. 186/187) gelten als Traumziele vieler europäischer Touristen. Nordamerika bietet nicht nur eine Vielzahl unterschiedlicher Lebensräume, sondern auch eine solche Fülle von natürlichen Reichtümern, dass dieser Raum schon immer als eine Art „gelobtes Land" galt. Daneben gibt es aber auch Naturrisiken, wie z. B. Erdeben, Vulkanausbrüche und Klimaextreme.

Das Klima

Vom Kühlschrank bis zur Sauna – so lässt sich das Klima Nordamerikas beschreiben. Denn vom Tundrenklima am nördlichen Eismeer bis zu den feuchten Tropen in Florida kommen unterschiedlichste Klimazonen vor.

Fairbanks, 133 m ü. NN, 64° 49' N / 147° 52' W	J	F	M	A	M	J	J	A	S	O	N	D	Jahr
T (°C)	–23,9	–19,4	–12,8	–1,4	8,4	14,7	15,4	12,4	6,4	–3,2	–15,6	–22,1	–3,4
N (mm)	23	13	10	6	18	35	47	56	28	22	15	14	287
Phoenix, 340 m ü. NN, 33° 26' N / 112° 01' W													
T (°C)	10,4	12,5	15,8	20,4	25,0	29,8	32,9	31,7	29,1	22,3	15,1	11,4	21,4
N (mm)	19	22	17	8	3	2	20	28	19	12	12	22	184

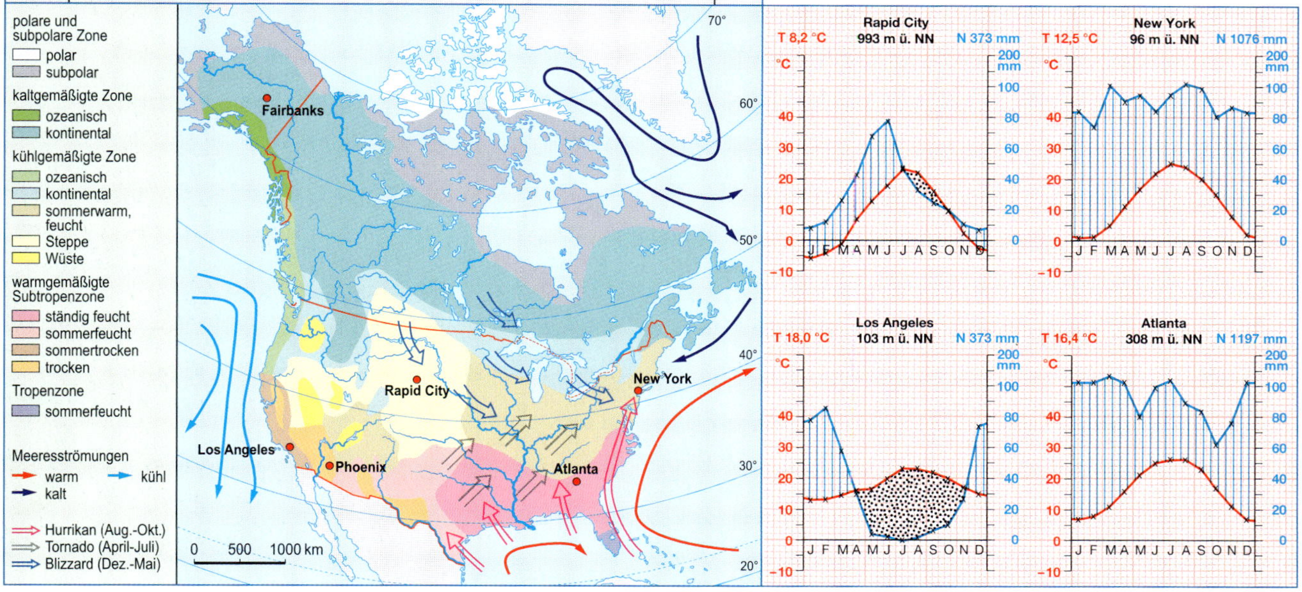

170.2: Klimatische Bedingungen und Naturrisiken in Nordamerika

Den Europäern ist meist nicht bewusst, dass Berlin auf der gleichen Breitenlage wie die südliche Hudsonbai liegt (die monatelang zugefroren ist), dass New York auf der Breite von Neapel liegt und der Süden Floridas auf der Breite von Assuan (Ägypten). Wie ist es zu erklären, dass in Europa in vergleichbarer Breitenlage völlig andere klimatische Verhältnisse herrschen?
Das Klima wird nicht nur von der geographischen Breitenlage beeinflusst. Wichtige Faktoren sind auch kalte und warme Meeresströmungen sowie der Verlauf großer Gebirgsketten. In Nordamerika erstrecken sich die großen Gebirge von Norden nach Süden. Dies hat einen viel stärkeren Austausch von Luftmassen zur Folge: So kann im Sommer trockene und heiße Luft ungehindert bis an die kanadische Grenze, im Winter dagegen arktische Polarluft bis nach Florida vordringen. Fast jedes Jahr können wir deshalb Schlagzeilen wie „Erfrorene Zitrusfrüchte in Florida“ oder „Hitzeopfer im Gebiet der Großen Seen“ lesen. Es gibt kaum einen Ort in Nordamerika, in dem die Temperatur nicht schon innerhalb weniger Stunden um 20 °C gesunken oder gestiegen ist.

171.1: Blizzard

Von Blizzards, Tornados und Hurrikanen

Im Winter kann arktische Luft ungehindert nach Süden bis ins Mississippi-Tiefland vordringen. Trifft diese auf feuchte Luft aus dem Süden, so entstehen heftige Schneestürme, die Blizzards. Sie rasen mit Geschwindigkeiten von bis zu über 100 km/h durch das Land. Häufig legen sie den Verkehr in den Großstädten lahm. Flughäfen werden geschlossen, Straßen sind durch meterhohe Schneeverwehungen unpassierbar. Bei Minustemperaturen von bis zu 55 °C sind immer wieder Kälteopfer zu beklagen.
Beim Zusammentreffen feuchtheißer Luft aus dem Golf von Mexiko und Kaltluft aus dem Norden kommt es im Sommer häufig zu schweren Gewittern. In Extremfällen bilden sich gefährliche, trichterförmige Luftwirbel, die Tornados. Mit ihrer Kraft können sie Autos und Häuser in die Luft schleudern und Bäume entwurzeln. Da der Durchmesser von Tornados nur wenige Hundert Meter beträgt, bleibt das Band der angerichteten Zerstörungen schmal.
Hurrikane sind tropische Wirbelstürme, die über dem Meer entstehen. Sie nehmen über warmem Wasser Feuchtigkeit auf und wandern mit Geschwindigkeiten bis zu 30 km/h auf die Küsten zu. Im Inneren der Hurrikane können allerdings Windgeschwindigkeiten bis zu 250 km/h erreicht werden. Hurrikane bringen gewaltige Regenmengen und verursachen häufig Überschwemmungen. Ihre Entstehung lässt sich mithilfe von Satelliten beobachten und ihre voraussichtliche Bahn berechnen. Gefährdete Gebiete können evakuiert werden. Aber an Gebäuden und in landwirtschaftlichen Anbaugebieten entstehen oft Milliardenschäden. Der schwere Hurrikan Katrina suchte 2005 New Orleans heim, rund eine Million Menschen wurden obdachlos.

171.2: Tornado

171.3: Hurrikan Katrina, Satellitenbild vom 28. August 2005

ANREGUNGEN

1. *Zeichne ein Profil durch den Kernraum der USA entlang dem 40. Grad n. Br.*
2. *Vergleiche die Klimadiagramme und -tabellen in Abb. 170.2.*
3. *Erkläre die Entstehungsbedingungen von Blizzards, Tornados und Hurrikanen.*

172.1: Karussellbewässerung

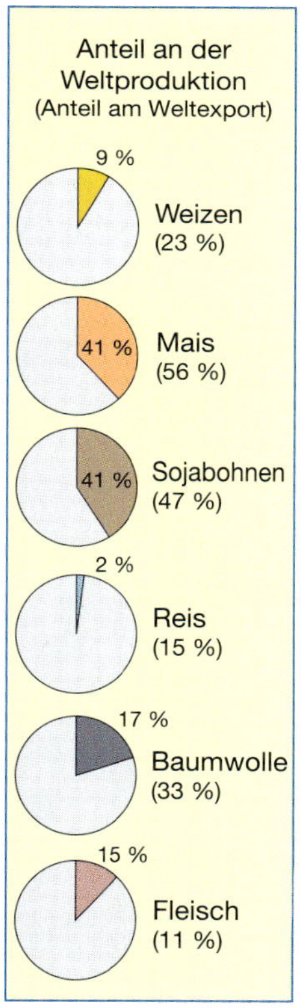

172.2: Landwirtschaft der USA – Anteil an der Weltproduktion und am Weltexport (2006)

Größter Agrarproduzent der Erde

„Die Amerikaner produzieren mehr, als sie essen können, mehr, als sie verkaufen können, und mehr, als sie verschenken können." Warum ist das so?

Als Agrarland werden 16 %, für die Weide und Forstwirtschaft rund 60 % der Staatsfläche genutzt. Damit besitzen die USA die größte Agrarfläche der Erde. Für die hohe Produktion und Produktivität sind jedoch nicht nur natürliche Gunstfaktoren ausschlaggebend. Auch der Mensch hat Bedingungen für die hohe Produktivität geschaffen. Entscheidend sind hier die wirtschaftlichen Rahmenbedingungen sowie der technische Fortschritt.

Agrarisches Kernland der USA ist der Mittelwesten. Von den Amerikanern wird dieser Raum auch als „breadbasket" (Brotkorb) bezeichnet. Wegen seines günstigen Klimas, der weiten ebenen Flächen sowie der guten Böden (Schwarzerden) ist er für den Ackerbau gut geeignet. Nur die relativ geringen Niederschläge sind ein Problem.

Die US-Landwirtschaft versorgt nicht nur den riesigen amerikanischen Binnenmarkt. Aufgrund ihrer Leistungskraft sind die USA der größte Agrarexporteur der Erde (Abb. 172.2).

Der verstärkte Maschineneinsatz machte es möglich, dass immer weniger Farmer immer größere Flächen bearbeiten konnten. Dies hatte zur Folge, dass viele Farmarbeiter, wie auch Besitzer und Pächter kleiner, unwirtschaftlicher Farmen, in die Städte abwanderten. Es kam zu einem bis heute anhaltenden Konzentrationsprozess in der US-amerikanischen Landwirtschaft, der einen immer höheren Kapitaleinsatz erforderte.

* 2002	1930	1970	2006
Zahl der Farmen (in Mio.)	6,3	2,7	2,0
Erwerbstätige in der Lw. (in Mio.)	12,4	4,5	*3,0
durchschnittl. Farmgröße (in ha)	64,0	158,0	180,0
Zahl der Traktoren (in Mio.)	1,1	4,6	*4,6
Mineraldüngerverbrauch (in Mio. t)	0,0	15,5	19,3
Hektarerträge Mais (in dt/ha)	16,0	54,0	93,0
Hektarerträge Weizen (in dt/ha)	10,0	21,0	26,0
Zahl der Rinder (in Mio. Stück)	77,0	114,0	97,0

172.3: Entwicklung der Landwirtschaft in den USA

ANREGUNGEN

1. *Stelle die Entwicklung der Landwirtschaft in den USA in einem Diagramm dar (Abb. 172.3).*
2. *Begründe die bedeutsamen Anteile der USA an der Weltproduktion und dem Weltexport von Agrargütern (Abb. 172.2).*
3. *Beurteile die Zukunft von Jim Parker und der Gebrüder Lewis als Farmer (Abb. 173.1).*

Jim Park berichtet von seiner Familienfarm in der Nähe von Greeley/Colorado:
„Es reicht zum Überleben, aber große Sprünge können wir nicht machen. Wir betreiben Rindermast in Verbindung mit Bewässerungsfeldbau. Das günstige Klima, die trockenwarmen Sommer und die trockenen, kalten Winter, eignen sich gut für die Rinderhaltung in großen Freilandgehegen (Feedlots). Mit 654 Stellplätzen gehören wir zu den Kleinbetrieben. Die Kälber kaufen wir in Colorado, Wyoming, Utah und Texas. Bei einer Mastdauer von ungefähr 150 Tagen liefern wir jährlich rund 1100 Tiere in die örtliche Schlachterei. Von unseren 104 ha Land bewässern wir 64 ha mithilfe einer Karussellanlage. Wir bauen Mais, Luzerne und Hafer an. Trotzdem müssen wir Futtermittel, vor allem Körnermais, hinzukaufen. Unser Einkommen ist durch die Farm zwar noch gesichert, aber es wird immer schwieriger."
Heute bestimmen nicht mehr kleine Farmbetriebe wie der von Jim Park die amerikanische Rinderhaltung. Inzwischen produzieren Unternehmen „Rindfleisch am Fließband". In den Great Plains werden in gigantischen Betrieben teilweise über 100 000 Mastrinder in den Feedlots gezüchtet. Die für die Mast vorgesehenen Kälber kommen per Bahn oder Lkw von weit entfernten Aufzuchtbetrieben. Die Rinder werden mithilfe modernster Computertechnik gehalten. An den Tieren befestigte Sender übermitteln Daten: Alter, Gewicht, Futterzusammensetzung. Die Tiere erhalten dann an vollautomatischen Futterplätzen die für sie abgestimmte Futtermenge. Das Futter aus Körnermais enthält auch Zusätze zur Wachstumsförderung und Medikamente gegen Krankheiten. Unternehmen dieser Art organisieren und steuern die einzelnen Produktionsschritte zentral von der Futtermittelerzeugung bis zur Vermarktung des Fleisches. Zu dem Firmenverband gehören auch Schlachtereien. Von dort geht das Fleisch abgepackt an Supermarkt- und Restaurantbetriebe.
Mit diesen Veränderungen (Strukturwandel) wandelt sich die amerikanische Landwirtschaft zum Agribusiness. Die Erzeugung von landwirtschaftlichen Produkten im Agribusiness ist maschinell durchorganisiert und kostengünstig. Kleine Farmen wie die von Jim Park werden in Zukunft kaum mehr mithalten können. Viele sind hoch verschuldet oder mussten schon aufgegeben.

Rindermast in Großbetrieben („Feedlots")

Die Gebrüder Lewis besitzen eine Farm ganz im Westen des Staates Oklahoma. Henry Lewis stellt seine Farm vor:
„Ich bewirtschafte die Farm zusammen mit meinen drei Brüdern, mit meinem Schwiegersohn und mit zwei landwirtschaftlichen Arbeitern. Mit 6550 ha gehört unsere Farm zu den großen in der Region. 4850 ha nutzen wir als Ackerland zum Anbau von Weizen und Mais. 1700 Hektar sind Weideland.
So große Flächen lassen sich nur mit modernster Technik bewirtschaften. Allein unser Maschinenpark hat einen Wert von drei Millionen Dollar. Dafür mussten wir uns hoch verschulden. Jährlich verkaufen wir Agrarprodukte im Wert von fünf Millionen Dollar. Der Weizen geht an Handelsunternehmen, den Mais verkaufen wir als Futtermittel an die großen Rindermastbetriebe in dieser Region.
Da bei uns im Jahr nur etwa 450 mm Niederschläge fallen, bewässern wir den größten Teil des Ackerlandes. Dazu haben wir 13 Anlagen zur Karussellbewässerung. Sie versorgen jeweils eine Fläche von 64 ha [Abb. 172.1]. Das Wasser gewinnen wir aus eigenen Tiefbrunnen, die das Grundwasser bis aus 120 m Tiefe absaugen. Um genug Wasser zu fördern, mussten wir in den letzten Jahren immer tiefer bohren. Dies wird jedes Jahr schwieriger und teurer. Weil der Mais besonders viel Wasser braucht, müssen wir wohl demnächst den Maisanbau aufgeben. Zur Bewässerung des Weizens reicht das Wasser derzeit noch, aber ich fürchte, auch damit wird es bald vorbei sein. Denn durch die intensive Bewässerung ist der Grundwasserspiegel schon bis zu 30 m abgesunken. Trotz neuer Wasser sparender Bewässerungssysteme bleibt uns wohl bald nichts anderes übrig, als wieder Rinderweidewirtschaft zu betreiben. Da man jedoch in den trockenen Prärien nur wenige Rinder pro Hektar halten kann, braucht man dazu riesige Flächen. So werden wohl immer mehr Farmer aufgeben müssen."

173.1: Landwirtschaft in den USA – von der Farm zum Agribusiness

173.2: Lage der Farmen von Jim Park und der Gebrüder Lewis

174.1: Industriegebiete und wichtige Bodenschätze

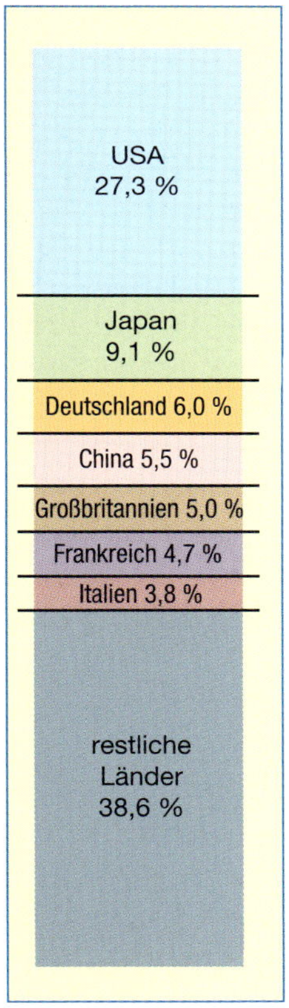

174.2: Anteil einzelner Staaten am weltweit erwirtschafteten BIP (2006)

USA – führende Wirtschaftsmacht der Erde

Die USA sind die führende internationale Wirtschafts- und Handelsmacht der Erde. Mit rund 300 Millionen Einwohnern (2006), das sind 4,5 % der Weltbevölkerung, erwirtschaftet das Land rund ein Viertel des jährlichen Welteinkommens. Diese Spitzenstellung gründet sich auf ein großes, rohstoffreiches und gut erschlossenes Territorium, auf einen riesigen Binnenmarkt sowie auf ein Wirtschafts- und Finanzsystem, das durch unternehmerische Initiative und freien Handel gekennzeichnet ist.

Amerikanische Konzerne, wie z. B. die Umsatzriesen Wal-Mart, ExxonMobil (in Europa Esso), Ford und General Motors, Microsoft, IBM und Hewlett-Packard, agieren weltweit. Beim täglichen Einkauf begegnen uns Topmarken wie Kellog's, Heinz, Colgate, Wrigley's, Kleenex, Gilette, Pepsi oder Coca-Cola. Diese multinationalen Konzerne erwirtschaften einen großen Teil ihres Umsatzes im Ausland. Die dortigen Produktionsanlagen sind häufig aufgekaufte Unternehmen. Die Konzerne setzen viel Kapital für Forschung und Entwicklung ein, um an der Weltspitze zu bleiben. Mit ihrer Kapitalausstattung und überlegenem Know-how sichern sie sich im Ausland Marktanteile und steigern den Umsatz durch neue Produkte.

Der Reichtum des Landes an Bodenschätzen ist groß. Die USA verfügen über fast alle wichtigen Bodenschätze, z. T. sogar in ausreichender Menge zur Selbstversorgung. Aber die USA haben auch den höchsten Energie- und Rohstoffverbrauch aller Industrienationen. Deshalb müssen große Mengen an Rohstoffen importiert werden. Vielfach geschieht dies, um die knapper werdenden eigenen Reserven nicht zu schnell zu verbrauchen. Mit 25 % des Weltverbrauchs haben die USA den größten „Energiehunger" aller Staaten. Obwohl sie fast 9 % der Weltproduktion an Erdöl fördern, müssen sie etwa 65 % ihres Bedarfs importieren.

Der Manufacturing Belt

Zwischen der Atlantikküste und dem Mittelwesten hat sich die größte Industrielandschaft mit der höchsten Produktion auf der Erde entwickelt. Hier im Manufacturing Belt arbeiten auf 18 % der Fläche der USA fast die Hälfte der nicht in der Landwirtschaft Beschäftigten. Es ist noch immer der größte Verdichtungsraum des Landes mit der größten Bevölkerungs- und Industriedichte (Abb. 175.1).

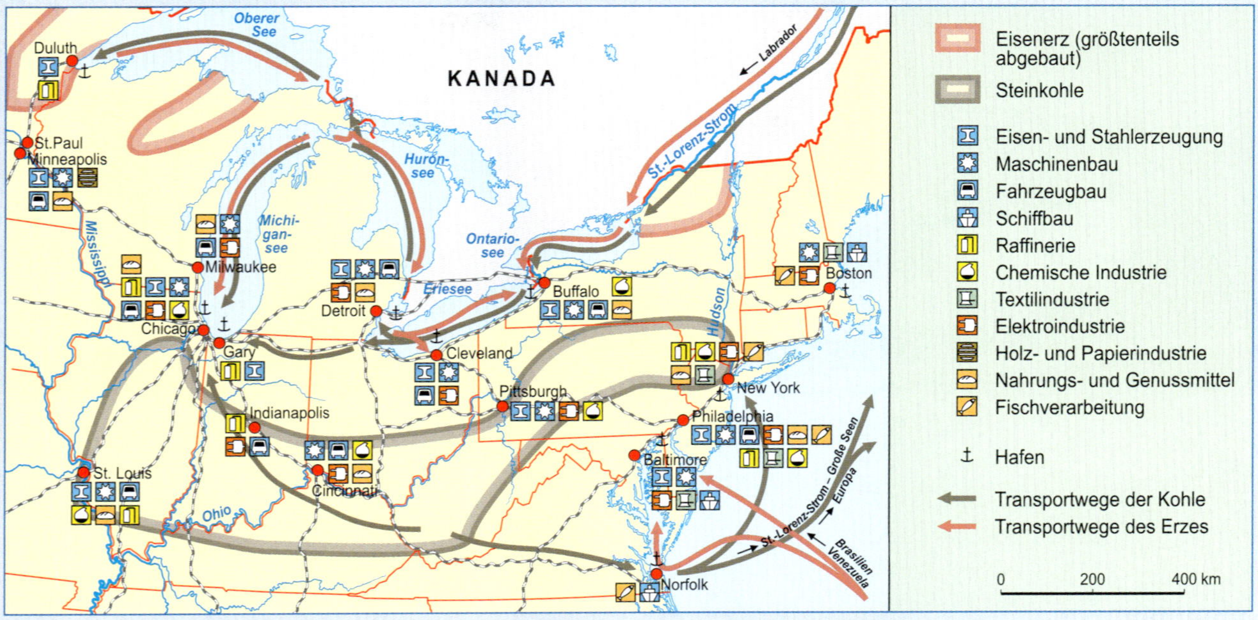

Als Manufacturing Belt bezeichnet man den Industriegürtel im Nordosten und im nördlichen Mittelwesten der USA. Hier werden rund 45 % der gesamten industriellen Güter der USA produziert. Der Manufacturing Belt lässt sich in mehrere Teilräume untergliedern. Ein solcher Teilraum ist der verstädterte Raum zwischen Boston und Philadelphia, „BosWash“ genannt. Neben zahlreichen Universitäten und anderen Forschungseinrichtungen hat sich eine Industrie entwickelt, die modernste elektronische Ausrüstungen für alle Hightech-Bereiche, z. B. für die Luft- und Raumfahrt, herstellt. Davon unterscheidet sich der Großraum Pittsburgh, dessen Grundlage einst die Eisen- und Stahlindustrie bildete. Noch heute ist diese Region durch weiterverarbeitende Betriebe der Metallindustrie sowie des Maschinen- und Fahrzeugbaus gekennzeichnet. Im Großraum Detroit liegt der Schwerpunkt der US-amerikanischen Automobilindustrie mit ihren Zulieferfirmen (z. B. Autoreifenproduzenten).

Trotz erheblicher Veränderungen in den letzten Jahrzehnten ist der Manufacturing Belt die „Werkstatt“ der Nation, der wirtschaftliche Kernraum mit einer ungeheuer vielfältigen industriellen Produktion, geblieben. Dennoch hat diese alte Industrieregion im Nordosten einen erheblichen Bedeutungsrückgang zu verzeichnen, der zu Krisen und Entwicklungsstillstand in den Problemgebieten führte. In vielen Branchen, wie z. B. in der Automobilindustrie, wurden die Arbeitsplätze unsicher oder gingen ganz verloren. Veraltete und stillgelegte Industrieanlagen führten zu der abschätzigen Bezeichnung „Rust Belt“.

175.1: Strukturwandel im Manufacturing Belt

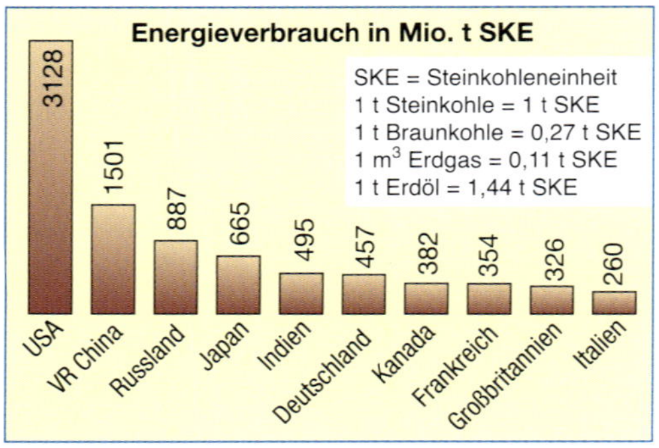

175.2: Die zehn größten Energieverbraucher weltweit

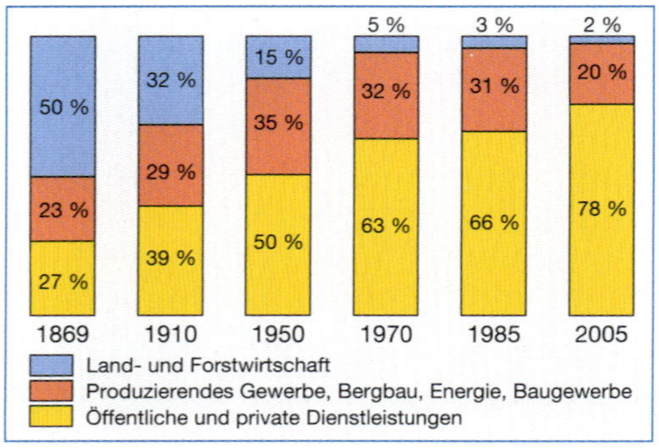

175.3: Beschäftigtenanteile in den USA nach Sektoren

176.1: Manufacturing Belt („Rust Belt") – Sunbelt

„Ich heiße Joe Montera und arbeite bei General Motors in Detroit. Detroit ist auch der Sitz unserer Konkurrenten Ford und Chrysler. Steinkohle- und Eisenerzlagerstätten waren Grundlage für die Entstehung des Manufacturing Belt, des größten Industriegebiets der Erde. Mit meinem Verdienst bin ich sehr zufrieden. Wenn allerdings weniger Autos verkauft werden, können Zehntausende ihren Job verlieren."
www.gm.com

„Mein Name ist Sarah Miller. Ich lebe in Houston/Texas, dem Zentrum der Erdöl verarbeitenden Industrie. Mein Arbeitsplatz ist in einem Büro der Firma Exxon-Mobil, dem größten Mineralölproduzenten der Welt. Hier an der Golfküste im Süden der USA wird das vor Ort geförderte Erdöl in Raffinerien weiterverarbeitet. Als Nachfolgeindustrien haben sich in der Umgebung viele Kunststofffabriken angesiedelt."
www.exxon.com

„Hello, mein Name ist Bill Smith. Mein Arbeitgeber ist der Flugzeughersteller Boeing, in der Nähe von Seattle. Die Luftfahrtindustrie entwickelte sich seit dem Zweiten Weltkrieg zunächst durch die Rüstungsaufträge der Regierung. Zurzeit macht uns die starke Konkurrenz aus dem Ausland, der europäische Airbus, große Sorgen. Deshalb sehen wir in der Raumfahrttechnik ein zweites Standbein für die Zukunft."
www.boeing.com

176.2: Mitarbeiter amerikanischer Weltfirmen berichten

Der Sunbelt

Der nationale und internationale Bedarf an Produkten der Wachstumsindustrien führte dazu, dass im Süden ein wirtschaftliches Gegengewicht zum Nordosten entstand (Abb. 174.1). Hohe Investitionen zogen die Ansiedlung neuer Industriezweige an der Golfküste bei Houston und New Orleans, in Florida und in Kalifornien nach sich. Petrochemie, Raumfahrttechnik, Flugzeugbau, Mikroelektronik, Rüstungsindustrie und Agribusiness brachten den Aufschwung. Houston, Dallas und Atlanta entwickelten sich zu wichtigen Industrie-, Handels-, Finanz- und Verkehrszentren. Houston wurde vor allem als Sitz der NASA bekannt, Atlanta ist Sitz in- und ausländischer Wirtschaftsunternehmen. Die neuen Industriegebiete liegen überwiegend südlich 37° n. Br. im sogenannten „Sunbelt". Staatliche Subventionen, geringere Steuerbelastungen, niedrigere Lohnkosten, niedrigere Grundstückspreise und niedrigere Energiekosten waren für die Unternehmen bei der Standortwahl ausschlaggebend. Aufgrund des wintermilden Klimas konnten Industrie- und Wohnbauten preisgünstiger gebaut werden. Der Verlagerung bzw. Neuansiedlung der Industrie folgte eine enorme Binnenwanderung vom „Snowbelt" im Norden zum „Sunbelt" im Süden und Südwesten. Die z. T. hoch qualifizierten Arbeitskräfte wurden vom warmen Klima, einer höheren Lebensqualität und geringeren Lebenshaltungskosten angezogen.
Eine weitere Wirtschaftsregion der Zukunft entwickelt sich im Nordwesten im Raum Seattle (Region Cascadia) (Abb. 174.1).

Das Silicon Valley ist die größte und bekannteste Agglomeration von Hightech-Firmen weltweit. Heute arbeiten hier rund zwei Millionen Menschen, wobei die Beschäftigungszuwächse insbesondere in den 1990er-Jahren zu Zeiten des Internetbooms enorm waren: Allein im Jahr 1996 wurden 50 000 neue Arbeitsplätze geschaffen.
Seinen Anfang nahm das Silicon Valley mit zwei Absolventen der renommierten Stanford University in Palo Alto bei San Francisco, die in einer Garage den Vorläufer des ersten PCs entwickelten. Die beiden, William Hewlett und David Packard, gründeten wenig später am selben Standort die Firma Hewlett Packard, die heute rund 140 000 Mitarbeiter in 178 Ländern beschäftigt.
Gespeist durch das forschungsintensive Umfeld der umliegenden Universitäten ließen sich weitere Softwareentwicklungsfirmen hier nieder, die die Vorteile des Hightech-Standortes nutzten und in enger Zusammenarbeit Forschung und Entwicklung vorantrieben. Charakteristisch für diese Branche ist eine kleinteilige Unternehmensstruktur: Viele der 3000 bis 5000 Firmen besitzen weniger als 20 Mitarbeiter. Da sich immer wieder Mitarbeiter von Forschungseinrichtungen selbstständig machen, entstehen ständig neue Firmen. Der Boom im Raum San Francisco brachte aber auch Agglomerationsnachteile mit sich. Aufgrund der hohen Nachfrage und des Zuzugs von Personen zählt der Immobilienmarkt von San Francisco heute zu den teuersten der USA.

177.1: Silicon Valley - ein Tal verändert sich

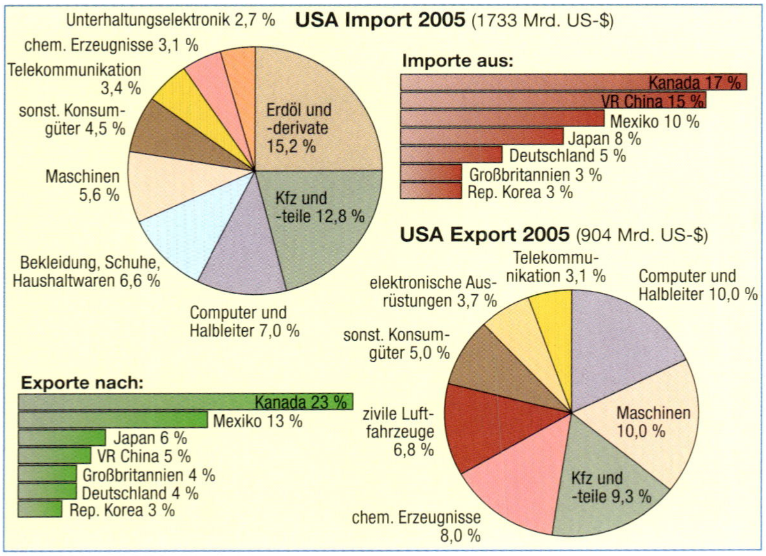

177.2: Außenhandel der USA in Zahlen (2005)

Die Handelsbilanz

Die USA sind der weltweit größte Absatzmarkt für Importgüter. Nur als Exporteur stehen die USA an zweiter Stelle hinter Deutschland. Da die Importe viel schneller wuchsen als die Exporte, haben die USA eine negative Handelsbilanz (Abb. 177.2 und 3).

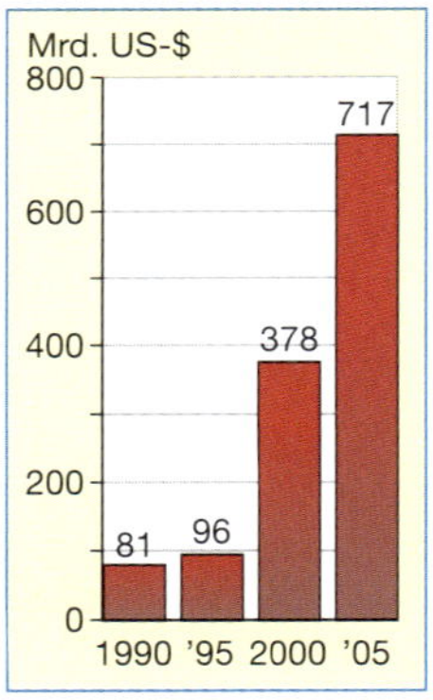

177.3: Außenhandelsdefizit der USA

ANREGUNGEN

1. *Beschreibe die Lage der wichtigsten Bodenschätze und Industriegebiete. Ordne den einzelnen Regionen die Hauptindustriezweige zu (Abb. 174.1, Atlas).*
2. *Vergleiche den Trend nach Süden aus der Sicht der Unternehmer und der Arbeitnehmer.*
3. *Begründe und bewerte den Bedeutungsverlust des Manufacturing Belts.*
4. *Stelle mithilfe des Atlasses die Wirtschaftsstruktur des Silicon Valleys da (Abb. 177.1).*
5. *Nenne die Haupthandelspartner der USA und begründe die Rangfolge (Abb. 177.2).*
6. *Informiere dich näher über die in Abb. 176.2 genannten Firmen und beschreibe ihre Bedeutung als Global Player.*
7. *Beschreibe die Entwicklung des Außenhandelsdefizits der USA (Abb. 177.3). Nenne Gründe für das hohe Defizit.*

178.1 Lage der „BosWash-Region"

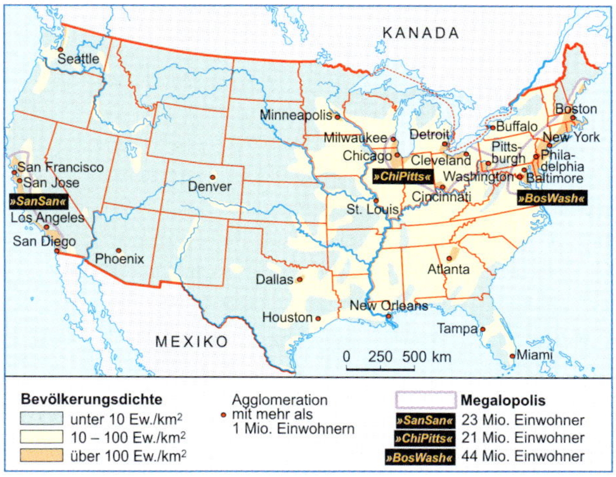

178.2 Bevölkerungsdichte und Lage der Megalopolis-Gebiete der USA

178.3 Die USA in der Nachtaufnahme eines Satelliten

Megalopolis „BosWash" – „Main Street of the Nation"

So bezeichnete ein französischer Geograph das korridorartige Städteband zwischen Boston in Massachusetts über New York, Philadelphia, Baltimore bis nach Washington, D.C. (Abb. 178.1). Die Längenausdehnung dieser Megalopolis (griech. für „sehr große Stadt"), abgekürzt BosWash genannt, beträgt ca. 800 km. Etwa 44 Mio. Menschen und somit 16 % der US-amerikanischen Bevölkerung leben hier auf nur 3 % der Gesamtfläche der USA (Abb. 178.2 und 3).

Ein Grund für das Zusammenwachsen der Städte ist die Ausbreitung der amerikanischen Vorstädte, die immer weiter entlang überregionaler Straßen in den ländlichen Raum vordringen. Das Kennzeichen einer Megalopolis ist neben ihrer Bedeutung als Industrie- und Gewerbestandort mit intensiven Verflechtungen daher auch ein ausgeprägtes Verkehrsnetz. Nichtstädtische Gebiete innerhalb der Siedlungsbereiche werden häufig landwirtschaftlich genutzt, um zur Versorgung der städtischen Bevölkerung beizutragen. Andere dienen als Erholungsflächen oder zur Wasserversorgung.

Das wirtschaftliche, politische und gesellschaftliche Potenzial der BosWash ist immens: So ist sie ein elitäres Forschungs- und Ausbildungszentrum. Mit New York besitzt die Region das Börsen-, Banken- und Handelszentrum der Vereinigten Staaten (▷ S. 179). In der BosWash befindet sich des Weiteren der Sitz der US-Regierung (Washington, D.C.); alle wichtigen Radio- und TV-Sender (ABC, NBC, CBS, FOX) haben daher hier ihre Hauptquartiere.

Ein Fünftel aller wirtschaftlichen Aktivitäten der USA werden in der BosWash abgewickelt. Das verwundert nicht, da unter anderem die Zentralen zahlreicher Global Player der US-amerikanischen Wirtschaft in den Städten der Region, insbesondere in New York, angesiedelt sind – zum Beispiel Sony Music oder das weltweit größte Pharmaunternehmen Pfizer. Schließlich ist der BosWash auch kulturell für die USA von besonderer Bedeutung; einmal als eine der Zentren für künstlerische Betätigungen aller Art, zum anderen als historisches Kerngebiet.

179.1: Stadtteile von New York

179.2: Top-Adresse der US-Wirtschaft: die Wall Street in Manhattan

Global City New York – „The Big Apple"

Die Bezeichnung New Yorks als „The Big Apple" ist berühmt und wird auf Postern, Kleidungsstücken u. a. vermarktet. Sie stammt von den Jazzmusikern der 1920er-Jahre, für die jede Stadt ein Apfel im Tourneebaum war – New York aber war für sie das Ziel, „The Big Apple". Der Musiker, der erfolgreich in New York spielte, hatte es geschafft.

1624 errichteten die Holländer eine Siedlung auf Manhattan und nannten sie Neu-Amsterdam. 1625 wurde die 16 km lange und 3 km breite Insel, indianisch Man-na-hat-ta (himmlisches Land), den ansässigen Indianern mit Perlen, Knöpfen und Messern im Wert von ca. 14 € abgekauft. 1664 wird Neu-Amsterdam britischer Besitz und wurde nach dem Herzog von York in New York umbenannt. Durch die Lage an der Atlantikküste und mit den Erfahrungen Tausender von europäischen Einwanderern entwickelten sich schnell Industrie und Handel. Seit 1870 ist New York Millionenstadt. Das Bauland war knapp und es entstanden erste Hochhäuser. Heute zahlt man in Manhattan mit die höchsten Quadratmeterpreise weltweit. Jetzt gibt es nur noch wenig Industrie, z. B. kleinere Betriebe der Textil- und Lederindustrie.
New York, die „Stadt, die niemals schläft", ist heute ein Mikrokosmos der USA. Die Bevölkerung setzt sich aus Menschen aller Nationalitäten zusammen. Es entstanden sogar einige Stadtviertel mit typischen Erscheinungsbildern und Lebensweisen, wie zum Beispiel Chinatown oder Little Italy.
Greater New York, die größte Stadt der USA, umfasst fünf Stadtbezirke (Abb. 179.1): Bronx, Brooklyn, Manhattan, Queens und Staten Island. Manhattan, der am dichtesten bebaute der fünf „Boroughs" von New York, ist eine Insel und die City der Stadt. Aus seiner Lage resultieren erhebliche Verkehrsprobleme. Über 60 Brücken, mehrere Tunnels und Fähren verbinden den Stadtbezirk mit der übrigen Stadt.

New York ist das weltweit bedeutendste Handels- und Finanzzentrum. Zahlreiche Weltfirmen haben hier ihren Sitz. Vom Börsenplatz (Wall Street) und von mehreren Rohstoffbörsen aus werden die Preise für Wertpapiere und Rohstoffe weltweit mitbestimmt. Ihre politische Bedeutung verdankt die Stadt den Vereinten Nationen (UN), die am East River ihren Sitz haben.

ANREGUNGEN

1. *Beschreibe die Entwicklung von New York zur Global City.*
2. *Informiere dich über die globale Bedeutung New Yorks im kulturellen, wirtschaftlichen und politischen Bereich.*

180.1: Freiheitsstatue, New York

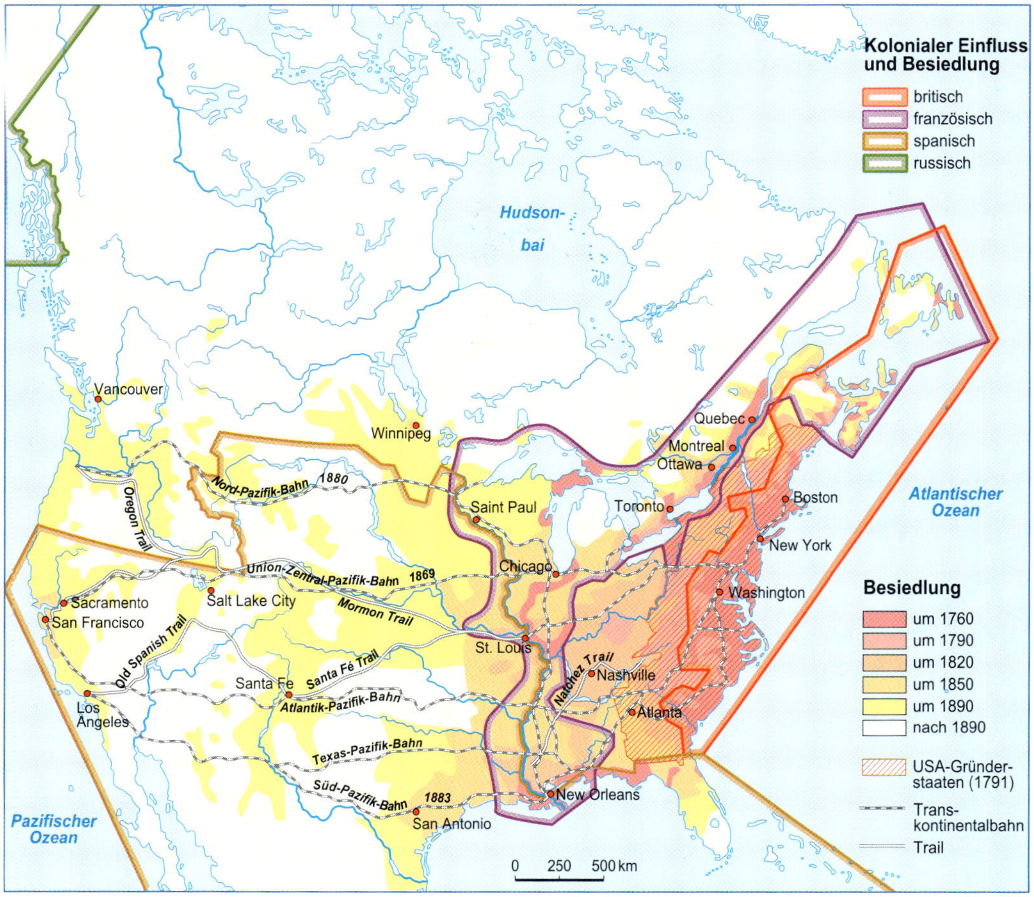

130.2: Besiedlung Angloamerikas und Verkehrserschließung der USA

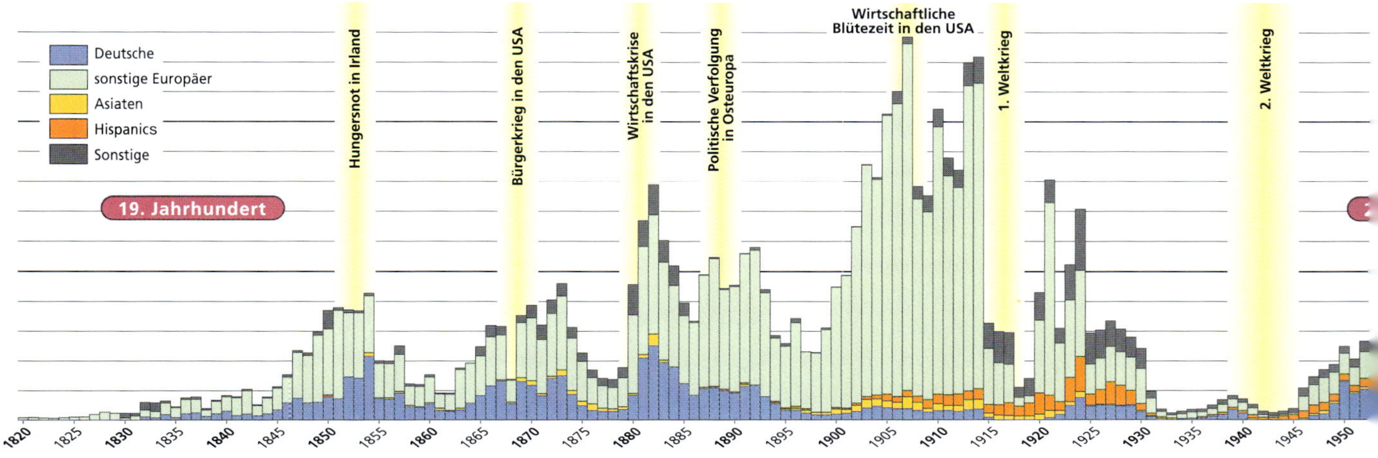

180.3: Einwanderung in die USA

Die Bevölkerungsentwicklung in Angloamerika

Besiedlung eines Kontinents

Die Ureinwohner Angloamerikas wanderten vor mehr als 15 000 Jahren von Asien über eine damals in der heutigen Beringstraße bestehende Landbrücke ein. Sie verbreiteten sich über den gesamten Kontinent, waren Jäger und Sammler, teilweise auch sesshafte Ackerbauern.
Im 16. Jh. siedelten an der Südost- und Ostküste des Kontinents als erste europäische Einwanderer Spanier, Engländer, Franzosen und Holländer. Seit Anfang des 17. Jh. wurden zahlreiche schwarze Sklaven nach Amerika gebracht, die auf den Tabak- und Baumwollplantagen eingesetzt wurden.
Eine Besiedlungswelle in Richtung Westen begann im 19. Jh. Siedlertrecks stießen auf Trails bis an die Pazifikküste vor (Abb. 180.2). Innere Teile des Kontinents wurden zunächst entlang neu entstehender Eisenbahntrassen erschlossen. Dabei wurde die indianische Urbevölkerung zurückgedrängt und dezimiert, sie verlor ihre Stammesgebiete und wurde in unwirtliche Reservate eingewiesen.
Im 19. und 20. Jh. kamen in mehreren Einwanderungswellen Einwanderer aus vielen Ländern der Erde (Abb. 180.3).

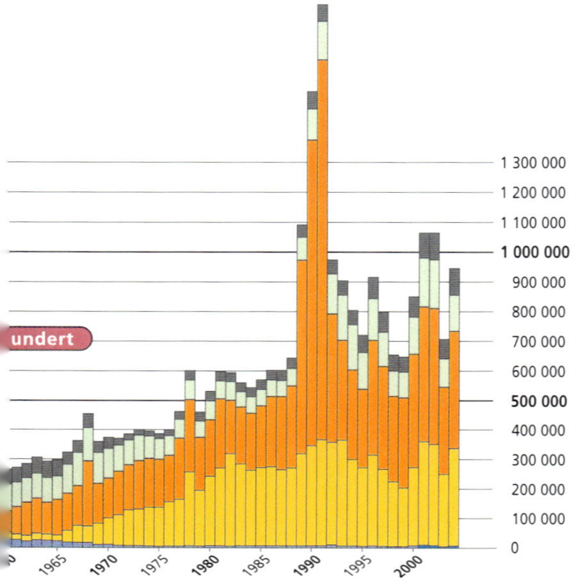

Heutige Bevölkerung

Die Bevölkerung Angloamerikas ist sehr ungleichmäßig über den Kontinent verteilt. Dicht besiedelte Gebiete findet man im Osten, in der Region der Großen Seen und in den Einzugsgebieten der großen Städte am Pazifik. Unwirtliche Gebirgsregionen und der Norden weisen hingegen äußerst geringe Bevölkerungsdichten auf.
Die ethnische Zusammensetzung der Bevölkerung ist räumlich stark differenziert. Die Idee des „Melting Pot" in den USA, die eine Vermischung verschiedener Bevölkerungsgruppen anstrebt, hat nur bei der weißen Bevölkerung funktioniert. Die gleichberechtigte Eingliederung anderer Bevölkerungsteile wie Schwarze, Indianer, Hispanics und Asiaten ist bis heute ein ungelöstes Problem. Sie leben oft in eigenen Stadtvierteln oder bilden zusammenhängende Siedlungsgebiete wie die Chicanos (mexikanische Einwanderer) im Südwesten.
Die USA sind heute nach wie vor ein Einwanderungsland. Der Schwerpunkt der Einwanderung hat sich jedoch auf den Westen und Südwesten verschoben. Dabei haben Asiaten und Hispanics den größten Anteil. Entsprechend des veränderten Einwanderungsverhaltens und unterschiedlicher natürlicher Wachstumsraten der einzelnen Bevölkerungsgruppen ändert sich die Zusammensetzung der Gesamtbevölkerung (Abb. 181.1).
Aus der ungenügenden Integration der verschiedenen Völker resultieren viele soziale Probleme. In einer Gesellschaft, in der die Weißen von Anfang an die wichtigsten Positionen in Politik und Wirtschaft innehatten, war es für farbige Minderheiten immer schwer, gesellschaftliche Anerkennung zu erlangen. So leben von den 30 Mio. Schwarzen in den USA mehr als 30 % unter der Armutsgrenze, bei der weißen Bevölkerung sind es 10 %.

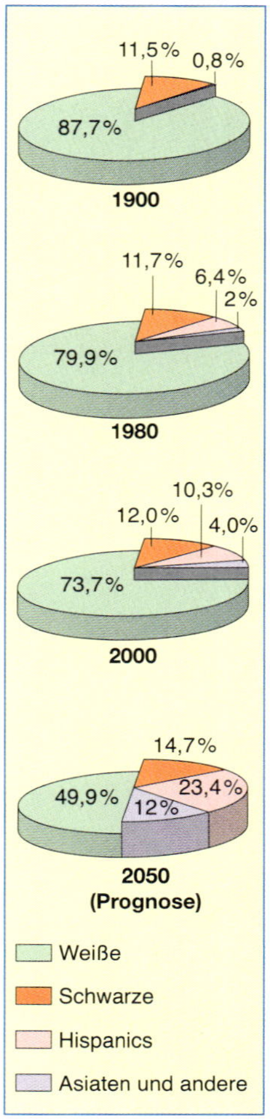

181.1: Bevölkerungszusammensetzung in den USA im Wandel der Zeit

ANREGUNGEN

1. *Beschreibe die Besiedlung Angloamerikas (Abb. 180.2). Nutze dabei auch deine Kenntnisse aus dem Geschichts- und Englischunterricht.*
2. *Erkläre Größenordnungen und verschiedene Ursachen von Einwanderungswellen in den USA seit 1820 (Abb. 180.3).*
3. *Beschreibe die heutige Verteilung der Bevölkerung Angloamerikas (Atlas).*
4. *Erläutere die Veränderungen der Bevölkerungszusammensetzung (Abb. 181.1).*

In den letzten Jahrzehnten entstanden vor allem in den Vororten der US-amerikanischen Städte neuartige Wohnsiedlungen, die sogenannten Gated Communities (= geschlossene Wohnanlagen). Diese Siedlungen sind durch Sicherheitseinrichtungen wie Alarmanlagen, Zäune, Mauern und Sicherheitspersonal von der Umgebung abgegrenzt.
Zielgruppe solcher Anlagen sind vor allem Wohlhabende, die sich in ihrer alten Umgebung nicht mehr sicher fühlen. Aber auch Gleichgesinnte aus ähnlichen Schichten, Kulturen oder Ethnien schließen sich zusammen (Segregation). Seit circa zehn Jahren boomt diese Wohnform zunehmend.

182.3: Gated communities

Washington, D.C.	4,3
Philadelphia	2,0
New York	5,2
Los Angeles	18,2
Houston	26,7
Dallas	17,8
Chicago	5,3
Boston	3,5

182.1: Bevölkerungsanteile von Bewohnern ummauerter Gated communities (%)

Soziale Abgrenzung: Ein Kennzeichen der US-amerikanischen Gesellschaft ist deren Mobilität. Ändert sich bei einer Familie der Sozialstatus, ist die Bereitschaft zum Umzug wesentlich höher als bei europäischen Familien. Die Bevölkerung mit hohem Einkommen wohnt in teuren Häusern mit großen Grundstücken in beliebten Vororten, die Familien mit gutem Einkommen bewohnen gepflegte Häuser am Stadtrand, diejenigen mit geringem Einkommen in weniger beliebten Vierteln, und die ärmere Bevölkerung lebt in älteren, oft heruntergekommenen Häusern zur Miete.

Ethnische Abgrenzung: Innerhalb der Bevölkerung mit vergleichbarem Einkommen bilden sich Viertel, in denen die ethnischen Gruppen zusammenwohnen. Die wohl bekanntesten sind die Chinatowns von New York und San Francisco. Bei erzwungener Segregation werden manche ethnische Gruppen in Gettos abgedrängt. Die Gettobildung in den Großstädten ist vielfach verknüpft mit einem geringen Einkommen. Dort leben Menschen, die sich andere Wohngebiete nicht mehr leisten können oder dort unerwünscht sind. Ein Beispiel dafür war bis in die 1990er-Jahre hinein das Getto der Afroamerikaner in Harlem/New York.

182.2: Erzwungene Segregation

Segregation in nordamerikanischen Städten

Die USA waren und sind als Einwanderungsland ein Magnet für viele ethnische Gruppen. In den letzten Jahrzehnten hat vor allem die Zahl der Einwanderer aus Lateinamerika und Asien zugenommen (Abb. 180.3). Die Vielfalt und die Einflüsse dieser Gruppen bestimmen das Leben und die Gestalt der US-amerikanischen Großstädte.
Ein kennzeichnendes Phänomen ist die Segregation, das heißt, die verschiedenen sozialen Gruppen sind auf bestimmte Stadtgebiete (Nachbarschaften) konzentriert. Kriterien für diese Abgrenzung sind beispielsweise Religion, Rasse oder Einkommen. Die Abgrenzung kann selbst gesucht (Gated Communities, Abb. 182.3) oder erzwungen sein (Abb. 182.2).
Folgen der Segregation und der damit verbundenen Gettobildung können fortschreitende Verarmung, der Verfall der Bausubstanz, der Mangel an Investitionen in diesen Gebieten sowie der Rückgang der Infrastruktur sein. Diese Wohngebiete nehmen häufig riesige Ausmaße an, z.B. betragen sie in der Kernstadt von Atlanta mehr als die Hälfte des Stadtgebiets, in Washington, D.C. knapp 40 Prozent. Einher geht diese Entwicklung mit einer Zunahme der Perspektivlosigkeit und Gewaltbereitschaft von Jugendlichen.
Es bildet sich eine „urban underclass“, in deren Leben es um die Versorgung der Grundbedürfnisse wie Nahrung und Kleidung geht. Die Menschen, die es sich finanziell leisten konnten, zogen in die Vorstädte, die alten „neighborhoods“ lösten sich auf und auch die Industrie wanderte ab, was wiederum eine Abnahme der Steuereinnahmen zur Folge hatte. In Stadtteilen, die am stärksten von diesem „urban blight“ betroffen waren, wie z. B. Harlem und die South Bronx in New York, versucht man seit den 1990er-Jahren mithilfe von Förderprogrammen, diese Probleme zu lösen.

ANREGUNGEN

1. *Erläutere den Unterschied zwischen erzwungener und selbst gewählter Segregation (Abb. 182.2 und 3).*
2. *Beschreibe, welche Vor- und Nachteile das Wohnen in einer Gated Community (Abb. 182.3) hat.*

GEO Praxis

Wir werten ein Kartodiagramm aus

Ein Kartodiagramm ist eine graphische Darstellung von Zahlenwerten. Im Gegensatz zum Kartogramm werden hierbei die für eine Bezugsfläche (z. B. administratives Gebiet) geltenden Daten aber noch zusätzlich sachlich oder auch zeitlich gegliedert. Deshalb eignen sich Kartodiagramme besonders gut, um Räume miteinander zu vergleichen.

So zeigt im Falle von Abbildung 183.1 der linke Halbkreis Informationen, die ausgesuchte Kernstädte der USA betreffen; der rechte bildet den dazugehörenden suburbanen Raum ab. Durch den Kreisradius werden quantitative Merkmale (hier: Einwohnerzahl) dargestellt, durch Flächenfärbung qualitative Merkmale (hier: ethnische Gruppe). Mithilfe der Winkelmessung bzw. -berechnung lassen sich aus diesen absoluten Angaben schließlich auch die prozentualen Anteile – und damit die relativen Angaben – ermitteln.

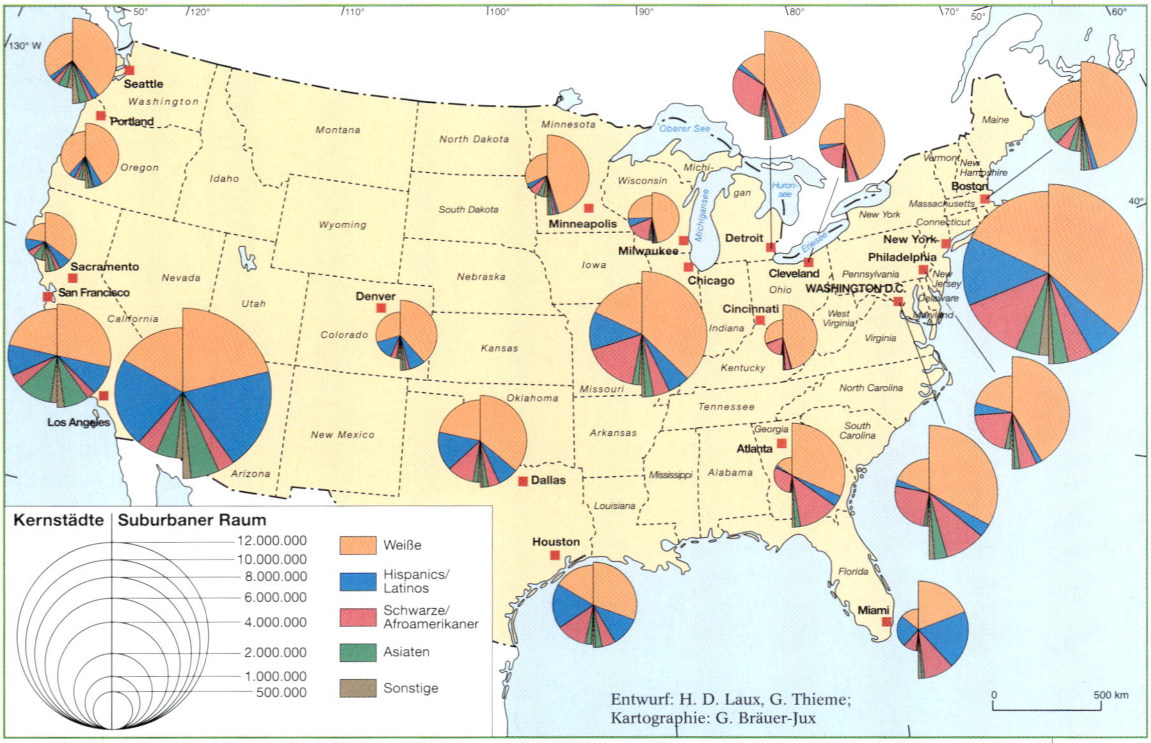

183.1: Ethnische Differenzierung ausgewählter Metropolitan Areas 2000 (aus: Geographische Rundschau, 10/2005)

1. Stelle die Faktoren zusammen, die zur Segregation geführt haben.
2. Vergleiche mithilfe der Abb. 183.1 die ethnische Zusammensetzung einer Stadt an der Ostküste mit einer Stadt an der Westküste.
3. Welche Gründe könnte es für die diesbezüglichen Unterschiede zwischen den Städten und zwischen den Städten und ihrem jeweiligen suburbanen Raum geben?

183.2: Armenmission in der Bronx (New York)

184.1: Skyline von Los Angeles

Die zunehmende Verstädterung (Urbanisierung) ist mit einer Zersiedelung des Umlandes verbunden, die als Suburbanisierung (von engl.: „suburb“ = Vorstadt) bezeichnet wird. Heute leben etwa 50 % der Gesamtbevölkerung der USA in Vorstädten. Große Städteballungen (Agglomerationen) können zu einer Riesenstadt (Megalopolis) zusammenwachsen.

Megacity Los Angeles

„El Pueblo de Nuestra Señora la Reina de Los Angeles de Porciuncula“ – „Das Dorf unserer lieben Frau, der Königin der Engel von Porciuncula“. So lautete der Name einer kleinen spanischen Missionsstation, die 1781 an der Stelle des heutigen Los Angeles gegründet wurde. Heute ist L.A. mit 3,8 Mio. Einwohnern allein im Kern die zweitgrößte Stadt der USA. Entscheidend für den Aufstieg waren der Anschluss ans amerikanische Eisenbahnnetz (1876), die Entdeckung ergiebiger Ölquellen im Stadtgebiet (1892), die Entwicklung der Filmmetropole Hollywood (ab 1910) und der Aufschwung der Industrie, u.a. der Luft- und Raumfahrtindustrie, nach 1945.

Mit Vororten hat die Los Angeles County heute mehr als 9 Mio. Einwohner. Im Großraum, also in L.A. einschließlich der benachbarten Countys, leben sogar mehr als 12 Mio. Menschen. Voraussetzung für das Flächenwachstum der Stadtlandschaft war neben der Massenmotorisierung in den USA der Ausbau eines ausgedehnten Netzes von Stadtautobahnen, sogenannten „Freeways“ (Abb. 184.1). Los Angeles hat von Anfang an einseitig auf den motorisierten Individualverkehr gesetzt. Durch den Autoverkehr entstanden massive Probleme: Der durch die hohe Sonneneinstrahlung im trockenen subtropischen Klima verursachte Smog wird durch die Kessellage der Stadt verstärkt und machte die weltweit schärfsten Abgasregelungen erforderlich. Und das dichte Netz der mehrspurigen Stadtautobahnen ist derart überlastet, dass Staus und Fahren im Schritttempo an der Tagesordnung sind und weitere 2320 km Stadtautobahnen bis zum Jahr 2015 im Großraum L.A. entstehen sollen. Da amerikanische Autos im Durchschnitt etwa doppelt so viel Benzin verbrauchen wie europäische (16 l gegenüber 8 l/100 km), trifft der für amerikanische Verhältnisse hohe Benzinpreis von umgerechnet 0,67 Euro pro Liter (2008) die Bewohner von Los Angeles empfindlich.

Der Traum vom Eigenheim im Grünen, der im Großraum Los Angeles millionenfach wahr wurde, bewirkt einen hohen Stromverbrauch durch die hier üblichen Klimaanlagen in den schlecht isolierten Häusern und durch eine Vielzahl von elektrischen Haushaltsgeräten. Seit 2001 leidet Kalifornien unter einer einschneidenden Energiekrise, da die privatisierten Stromversorgungsunternehmen

184.2: Ballungsräume, Millionenstädte und Anteil der Stadtbevölkerung

keine Investitionen in neue Kraftwerke getätigt haben. Ferner werden bei der hohen Verdunstung Unmengen von Wasser verbraucht, um die Swimmingpools zu füllen und die Rasen zu sprengen. Das Wasser muss von weither herangepumpt werden: vom Colorado River, aus der Sierra Nevada und aus dem feuchteren Norden Kaliforniens. Schon jetzt ist der Wasserpreis für amerikanische Verhältnisse relativ hoch. Da die Bevölkerung bis zum Jahr 2015 voraussichtlich auf knapp 20 Mio. Menschen wachsen wird, sind weitere Konflikte um die knappen Ressourcen absehbar.

Eine weitere Gefahr für die Zukunft sind soziale Konflikte zwischen Arm und Reich und zwischen den verschiedenen ethnischen Gruppen. Als ärmste Bevölkerungsgruppe gelten die sogenannten „Hispanics", Spanisch sprechende Einwanderer vor allem aus Mexiko. Diese werden bis 2040 vermutlich mehr als zwei Drittel der Bevölkerung im Los Angeles County ausmachen. Die Reichen, v. a. Weiße und Asiaten, wohnen schon heute oftmals in Gated Communities, hermetisch abgeriegelten und scharf bewachten Villenvierteln mit eigenen Einkaufs- und Unterhaltungsmöglichkeiten.

Über allem schwebt in Los Angeles die Drohung eines weiteren zerstörerischen Erdbebens wie das von 1994, das innerhalb von 45 Sekunden mehr als 50 Tote, Tausende von Verletzten und Milliardenschäden an Stadtautobahnen, Häusern und Versorgungsleitungen verursachte.

185.2: In einer Vorstadt („suburb") von Los Angeles

AUFGABEN

1. *Beschreibe die Entwicklung von Los Angeles vom Dorf zur Megacity.*
2. *Vergleiche die beiden Luftbilder von Los Angeles miteinander (Abb. 184.1 und 169.1).*
3. *Werte die Karte in Abb. 184.2 aus.*
4. *Erörtere, vor welchen Problemen die Megacity Los Angeles im 21. Jahrhundert steht.*

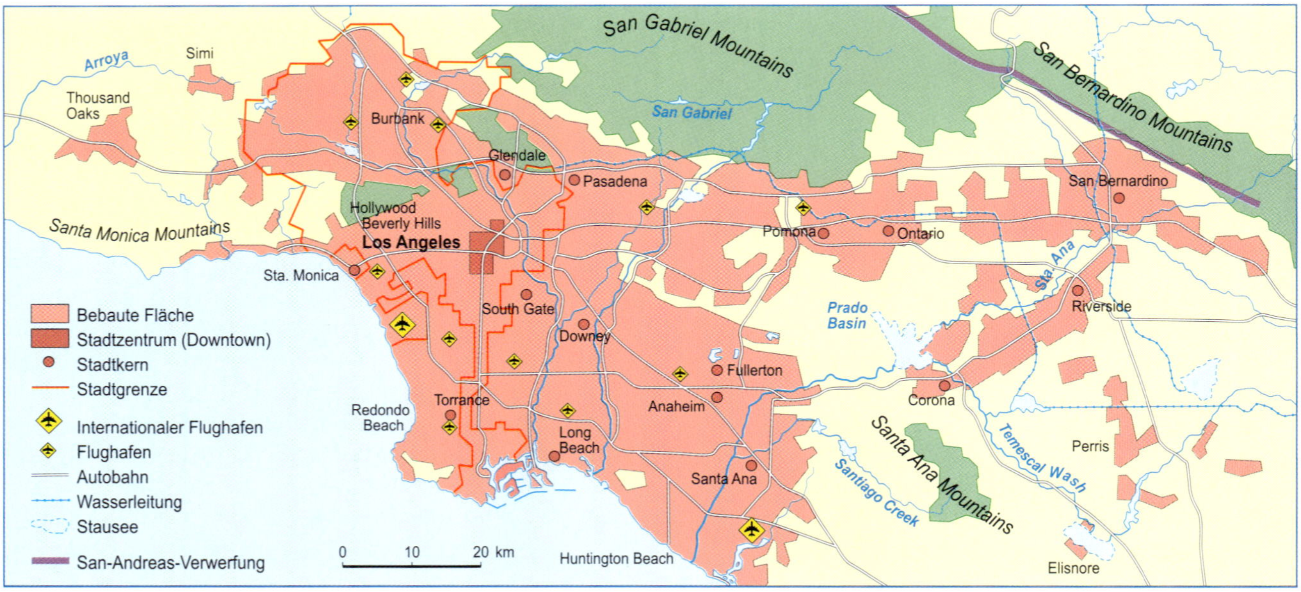

185.1: Der Großraum Los Angeles

186.1: Delicate Arch im Arches Nationalpark / Yellowstone Nationalpark / Bryce Canyon Nationalpark

186.2: Im Sequoia-Nationalpark

National Park Service
U.S. Department of the Interior
www.nps.gov

Die Nationalparks in den USA

Mit der Schaffung des Yellowstone Nationalparks im Jahr 1872 begann die Geschichte der Nationalparks in den USA und dieses Konzept hat sich seitdem weltweit bewährt.
Im Jahr 1916 gab der Kongress der Vereinigten Staaten eine offizielle Erklärung über die Grundziele der Einrichtung von Schutzgebieten ab und erteilte den Nationalparkbehörden einen umfassenden Auftrag zur Erhaltung und Pflege von Landschaften, der Pflanzen- und Tierwelt und der Geschichte auf dem Gebiet der USA.

Heute ist das Nationalparksystem der USA eine sehr wirkungsvolle Einrichtung. Nicht nur in der Organisation, sondern auch in der Betreuung der Besucher wird hervorragende Arbeit geleistet. Die Anleitungen zur Erkundung des Parks werden stets auf verschiedenen Anforderungsstufen gegeben, sodass sowohl der bequeme Besucher als auch der abenteuerlustige Tourist eine Zeit ganz nach seinen Vorstellungen im Park verleben kann.
Gegenwärtig bestehen in den USA neben zahlreichen anderen nationalen und staatlichen Schutzgebieten 56 Nationalparks (Abb. 187.1).
Die Nationalparks der USA sind für jedermann zugänglich. Über die durchweg guten Parkstraßen erreichen alljährlich mehrere Millionen Besucher bequem die schönsten Naturwunder. Und trotz der hohen Besucherzahlen sind die Nationalparks zum größten Teil unberührte Wildnis.
Das liegt zum einen an der konsequenten Umsetzung der Nationalparkrichtlinien und natürlich auch an der für europäische Verhältnisse teilweise gewaltigen Ausdehnung der Nationalparks (in die Gesamtfläche aller Nationalparks würde zum Beispiel die Schweiz fünfmal hineinpassen).
Der erschlossene Teil eines Parks, zu dem alle Straßen, Besuchereinrichtungen wie Hotels, Campingplätze, Restaurants, Wasch- und Duschanlagen, Tankstellen gehören, beträgt in der Regel weniger als 5 % der gesamten Parkfläche.
Da sich die Hauptsehenswürdigkeiten an der Parkstraße oder in ihrer unmittelbaren Nähe befinden, werden die Parks von den meisten Besuchern vom Auto aus und auf kurzen Spaziergängen erlebt. Die Wildnis beginnt wenige Hundert Meter abseits der Straße.

Dem Wanderfreund stehen in den größeren Parks oft mehr als 100 km Wanderwege mit Zeltplätzen zur Verfügung. Bootsfahrten, Angeln, Geländefahrten, Reiten, Bergsteigen, Skifahren, Motorschlittenfahrten, Schneeschuhwandern und natürlich auch Camping sind je nach Park in bestimmten Teilbereichen möglich.
Die durch stark steigende Besucherzahlen ausgelösten Folgen (Trittschäden, Lärm u. a.) zwingen aber auch zum Umdenken. Unterschiedliche Schutzmaßnahmen werden ergriffen, um diesen Problemen zu begegnen.
Im Denali Nationalpark sind seit 1973 keine privaten Fahrzeuge erlaubt, für den Yellowstone Nationalpark wird erwogen, das Parkinnere von jeder Nutzung freizuhalten. Im Grand Canyon Nationalpark wird seit 1977 die Zahl der Rundflüge begrenzt und durch drastisch höhere Eintrittspreise soll die Zahl der Touristen verringert werden.

Nr.	Nationalpark	km²	www.nps.
	Im Osten der USA		
1	Acadia	192	gov/acad.
2	Biscayne	700	gov/bisc.
3	Cuyahoga Valley	133	gov/cuva.
4	Dry Tortugas	262	gov/drto.
5	Everglades X	6 101	gov/ever.
6	Great Smoky Mt.	2 109	gov/grsm.
7	Hot Springs	22	gov/hosp.
8	Isle Royale	2 314	gov/isro.
9	Mammoth Cave	212	gov/maca.
10	Shenandoah	794	gov/shen.
11	Virgin Island	52	gov/viis.
12	Voyageurs	2 882	gov/voya.
	Im Südwesten der USA		
13	Big Bend	3 242	gov/bibe.
14	Carlsbad Cavern	189	gov/cave.
15	Guadalupe Mt.	350	gov/gumo.
	Colorado Plateau		
16	Arches	308	gov/arch.
17	Bryce Canyon X	145	gov/brca.
18	Canyonlands	1 365	gov/cany.

Nr.	Nationalpark	km²	www.nps.
19	Capitol Reef	978	gov/care.
20	Grand Canyon X	4 925	gov/grca.
21	Great Basin	312	gov/grba.
22	Mesa Verde X	211	gov/meve.
23	Petrified Forest X	379	gov/pefo.
24	Saguaro	370	gov/sagu.
25	Zion X	593	gov/zion.
	Kalifornien und Pazifik		
26	Americ. Samoa	42	gov/npsa.
27	Channel Island	1 006	gov/chis.
28	Death Valley X	13 756	gov/deva.
29	Haleakala	122	gov/hale.
30	Hawaii Volcanoes	879	gov/havo.
31	Joshua Tree	3 210	gov/jotr.
32	Sequoia & Kings	3 495	gov/seki.
33	Yosemite X	3 026	gov/yose.
	In den Rocky Mountains		
34	Badlands	989	gov/badl.
35	Black Canyon ...	122	gov/blca.
36	Grand Teton	1 255	gov/grte.
37	Great Sand Dune	433	gov/grsa.

Nr.	Nationalpark	km²	www.nps.
38	Rocky Mountain	1 075	gov/romo.
39	Th. Roosevelt	285	gov/thro.
40	Waterton Glacier	4 401	gov/glac.
41	Wind Cave	115	gov/wica.
42	Yellowstone X	8 991	gov/yell.
	Im Pazifischen Nordwesten		
43	Crater Lake X	742	gov/erla.
44	Lassen Volcanic	430	gov/lavo.
45	Mt. Rainier X	953	gov/mora.
46	North Cascades	2 270	gov/noca.
47	Olympic X	3 731	gov/olym.
48	Redwood X	446	gov/redw.
	Alaska		
49	Denali	24 394	gov/dena.
50	Gates of the Arctic	34 400	gov/gaar.
51	Glacier Bay	13 274	gov/glba.
52	Katmai	16 560	gov/katm.
53	Kenai Fjords	2 455	gov/kefj.
54	Kobuk Valley	7 086	gov/kova.
55	Lake Clark	16 377	gov/lacl.
56	Wrangell/St. Elias	53 370	gov/wrst.

Sondergebiete in den Nationalparks:
Wildness Areas (Ursprünglichkeit soll erhalten werden; Straßen, Fahrzeuge und Gebäude sind verbannt)

National Preserves (Jagd ist gestattet)

Abkürzungen:
- NP National Park
- NRA National Recreation Area
- NF National Forest
- NM National Monument
- NWR National Wildlife Refuge

187.1: Nationalparks in den USA

188.1: Die Lage Südamerikas

Südamerika – Regenwälder und Megastädte

Südamerika ist ein Kontinent großer natürlicher Gegensätze. Hochgebirgslandschaften mit Hochebenen und weite Tiefländer kennzeichnen den Kontinent. Charakteristische Elemente sind das größte geschlossene Regenwaldgebiet der Erde, Amazonien, das längste Faltengebirge der Erde, die Anden, und weite Grassteppen, die Pampas. Geprägt ist der Kontinent durch seine koloniale Vergangenheit, die sich in der Zusammensetzung der Bevölkerung, den Sprachen und Ortsnamen erkennen lässt. Die Folgen spiegeln sich auch wirtschaftlich in ungleichen Besitzverhältnissen und in einer unzureichenden Industrialisierung wider. Weiterhin charakteristisch sind die rasch wachsenden Millionenstädte mit ihren riesigen Slums.

188.2: Amazonien – Rodung des Regenwaldes

189.1: Kinder in einem Slum

Verschwunden geglaubtes Indio-Volk aufgetaucht

Ein seit 50 Jahren als verschwunden geltendes Indio-Volk Brasiliens ist wieder aufgetaucht. Die Menschen seien etwa 100 Kilometer durch den Urwald gewandert und hätten vor den angeblich bewaffneten Holzfällern Zuflucht in dem Indio-Dorf Kapot im Bundesstaat Mato Grosso gefunden, berichteten brasilianische Medien. In Kapot leben etwa 500 Ureinwohner, die sich schon vor einem halben Jahrhundert entschlossen hatten, in permanentem Kontakt zu Weißen zu leben.
Die Indio-Stiftung schätzt, dass es in ganz Brasilien mindestens 68 Indio-Völker gibt, die aus eigener Entscheidung ohne Kontakt zu der Zivilisation der Weißen leben.

PROJEKTIDEEN

1. *Sind die Klima-(Höhen-)stufen in den Anden vergleichbar mit den Klimazonen der Erde? (▷ S. 190–191)*
2. *Leidet Südamerika noch immer unter den Folgen der Kolonialherrschaft? (▷ S. 192–193)*
3. *Entwicklungspolitik mit nachhaltigen Folgen – ist der Regenwald noch zu retten? (▷ S. 194–195)*
4. *Haben die Indianer Amazoniens eine Überlebenschance? (▷ S. 196–197)*
5. *Landflucht – Sieg der Vernunft verbunden mit Chaos in den Städten? (▷ S. 198–199)*

Südamerika

Kontinent und Einwohner

Zahl der Staaten	15
Fläche (in km²)	17 843 000
Einwohnerzahl (in Mio.)	355,1
Bevölkerungsdichte (in Einw. pro km²)	20,8
städtische Bevölkerung (in %)	71
Bevölkerungswachstum (1994–2005) in %	2,0
Geburtenrate (in ‰)	25
Sterberate (in ‰)	7
Säuglingssterblichkeit pro 1000 Geburten	49
Lebenserwartung (in Jahren)	64,5

Wirtschaft

Bruttoinlandsprodukt (BIP) (in Mrd. US-$)	1176
Bruttonationaleinkommen (BNE) pro Kopf (in US-$)	
Argentinien	6947
Uruguay	6463
Venezuela	4759
Brasilien	3937
Paraguay	1537
Ecuador	1385
Bolivien	1065
Außenhandel: Export (in Mrd. US-$)	3,1
Import (in Mrd. US-$)	2,6

Umwelt und Entwicklung

Energieverbrauch pro Kopf (in kg Öleinheiten)	1360	
Human Development Index* (HDI-Weltrang)		
Argentinien	0,869	(38.)
Uruguay	0,852	(46.)
Brasilien	0,800	(70.)
Peru	0,773	(87.)
Paraguay	0,755	(95.)
Bolivien	0,695	(117.)

Wichtige Staaten

Brasilien
Fläche: 8 514 215 km² Einw. (in Mio.): 186,8
Hauptstadt: Brasilia (2,4 Mio. Einw.)
größte Stadt: São Paulo (18,3 Mio. Einw.)

Argentinien
Fläche: 2 766 890 km² Einw. (in Mio.): 38,6
Hauptstadt : Buenos Aires (12,6 Mio. Einw.)

Peru
Fläche: 1 285 220 km² Einw. (in Mio.): 28,3
Hauptstadt: Lima (8,0 Mio. Einw.)

Kolumbien
Fläche: 1 138 910 km² Einw. (in Mio.): 42,0
Hauptstadt: Bogotá (6,8 Mio. Einw.)

Venezuela
Fläche: 916 445 km² Einw. (in Mio.): 25,4
Hauptstadt: Caracas (2,9 Mio. Einw.)

Chile
Fläche: 756 096 km² Einw. (in Mio.): 16,3
Hauptstadt: Santiago de Chile (6,4 Mio. Einw.)

alle Daten aus dem Fischer Weltalmanach 2008,
* Daten aus dem Human Development Report 2007/2008

Die Anden hinauf

Die von Norden nach Süden verlaufenden Gebirge Lateinamerikas beeinflussen die zonale Gliederung des Klimas und damit auch der Vegetation. Die durchschnittliche Temperaturabnahme um ca. 0,5 °C je 100 m führt zu charakteristischen Höhenstufen.
Ruben-Pablo berichtet von seiner Reise die Anden hinauf, die ungefähr entlang des 15. südlichen Breitengrades verläuft (Abb. 190.4).

190.3: Bergwald

GEO Praxis

Wir zeichnen ein Vegetationsprofil

Zeichne ein stark vereinfachtes Vegetationsprofil quer durch Lateinamerika, z. B. entlang des 15. Breitengrades Süd, und beschrifte es. Dein Profil sollte die jeweiligen Höhenlagen, die Bezeichnungen der Höhenstufen, die durchschnittlichen Jahrestemperaturen und Signaturen der natürlichen Vegetation enthalten. Die benötigten Angaben findest du sowohl im Text (Abb. 190.4) als auch im Atlas.
Ergänze das Profil durch Angaben zur Nutzung bzw. mit den wichtigsten Anbauprodukten (Abb. 190.2). Überlege dir sinnvolle Signaturen.

Tropische Höhenstufen	Höhe (m ü.NN)	durchschn. Jahrestemp. (°C)	Natürliche Vegetation	wichtigste Anbauprodukte/Nutzung
tierra				
tierra				
tierra				
tierra				
tierra				

190.1: Höhenstufen der Anden (Vorlage)

Anbaufrucht	Höhenlage in m ü. NN
Kakao	0 – 900
Bananen	0 – 1900
Zuckerrohr	0 – 2000
Mais	0 – 3000
Kaffee	900 – 1900
Weizen	2100 – 3200
Gerste	2100 – 3800
Kartoffeln	2100 – 3700

190.2: Anbauprodukte in Abhängigkeit von der Höhe

„Meine erste Etappe ging durch die tierra caliente (‚heißes Land‘). Um diese unterste Andenstufe zu durchqueren, musste ich ungefähr bis in eine Höhe von 1200 m fahren. Das ganzjährig heißfeuchte Klima wäre für Europäer sicherlich eine Qual. Die durchschnittlichen Jahrestemperaturen erreichen ca. 20 – 26 °C.
Die Pflanzenwelt der tierra caliente hat mich besonders fasziniert. Immer wieder war ich erstaunt, wie sich auf den nährstoffarmen Böden eine so üppige Vegetation wie der tropische Regenwald entwickeln konnte.
Die Fortsetzung meiner Tour brachte mich in die tierra templada (‚gemäßigtes Land‘). Diese Bezeichnung kommt wohl vom warmgemäßigten Klima. Die mittleren Jahrestemperaturen liegen zwischen 12 und 20 °C. Die tierra templada erstreckt sich ungefähr bis 2000 m. Ich empfinde die Temperaturen als angenehm. Glücklicherweise sind in der tierra templada Nachtfröste eher eine Ausnahme.
Im Gegensatz zu den tropischen Regenwäldern hat sich die Pflanzenwelt bereits verändert. In der tierra templada bezeichnet man die typische Vegetation als tropische Bergwälder (Abb. 130.3). Die immergrünen Bergwälder sind von ihrem Aussehen den tropischen Regenwäldern sehr ähnlich. Je höher ich komme, umso geringer ist die Wuchshöhe und die Artenvielfalt der Pflanzen. Die meisten Bäume werden nur noch 10 – 30 m hoch.

190.4: Reisebericht von Ruben Pablo

191.1: Nebelwald

191.2: Schopfbäume

191.3: Eisland

Nun habe ich die tierra fría (‚kühles Land') erreicht. Diese Höhenstufe nimmt Bereiche zwischen ca. 2000 und 3500 m ein. Während die mittlere Jahrestemperatur in der unteren tierra fría bei ca. 12 °C liegt, sinkt sie im oberen Bereich dieser Höhenstufe auf ungefähr 5 °C. In den Nächten erlebte ich böse Überraschungen, da es empfindlich kalt wurde. Scheinbar ist das Klima hier für die Menschen relativ günstig. Wie du sicherlich weißt, haben die Urvölker Lateinamerikas nicht im Tiefland gelebt, sondern in den Höhenlagen.
Täglich um die Mittagszeit bildet sich eine Wolkendecke, aus der feiner Nieselregen fällt. Selbst wenn es nicht regnet, ist die Landschaft für mehrere Stunden in Nebel gehüllt. Hier entsteht der tropische Nebelwald (Abb. 191.1). Die ständig feuchtigkeitsgesättigte Luft bietet ideale Lebensbedingungen für Epiphyten. Sie umhüllen die Stämme und Äste als dicke Polster oder hängen von den Ästen herab. Man fühlt sich bei diesem Anblick in einen ‚Geisterwald' versetzt. Infolge der niedrigen Temperaturen werden die Bäume nicht mehr so hoch und bilden nur noch knorrige Stämme aus. Außerdem nimmt die Artenvielfalt weiter ab. Auffallend sind die zahlreichen, prächtig ausgebildeten Baumfarne.
Inzwischen befinde ich mich auf ca. 3800 m. Durchschnittlich liegen die Jahrestemperaturen gerade noch zwischen 0 und 5 °C. Für mich als ‚Tiefländer' ist es unvorstellbar, in dieser Höhe körperliche Arbeit zu verrichten, da die Luft immer dünner wird. Das Klima ist rau, Schneestürme und Gewitter setzen selten auch nur einen Tag aus. Die tierra helada (‚kaltes Land') reicht bis ca. 4500 m und ist eine von Graswuchs dominierte Vegetationsstufe (Paramo), das bedeutet ‚waldfreies, schlechtes Land'. Im unteren Abschnitt der Paramo prägen polsterartige Grasfluren das Bild. Weiter oben gelangt man in den Bereich der Schopfbäume (Abb. 191.2). Diese Pflanzen sehen nicht nur eindrucksvoll aus, sondern sie haben sich diesem täglichen Wechsel von ‚Sommer' und ‚Winter' auf raffinierte Art und Weise angepasst. Die abgestorbenen Blätter fallen nicht ab, sondern umhüllen den Stamm wie ein Isolierpolster.
Die Pflanzenwelt ist einem bemerkenswerten klimatischen Stress ausgesetzt – die Vegetation scheint stillzustehen. Selbst habe ich erlebt, dass täglicher Nachtfrost herrscht, mit einer Kälte, die bis in die Knochen dringt. Am Tag steigt die Temperatur dann wieder über den Gefrierpunkt. Dieser beträchtliche Temperaturunterschied zwischen Tag und Nacht kann bis zu 30 °C ausmachen. Ein Bewohner begründete dies dadurch, dass sich in dieser Höhenstufe nur noch selten eine schützende Wolkendecke bildet.
Gegen Ende meiner Anden-Tour erreichte ich endlich die oberste Höhenstufe. Ab etwa 4500 m beginnt die kahle tierra nevada (‚Eisland'). Durchschnittlich erreichen die Jahresmitteltemperaturen keine positiven Grade mehr. Die Schneegrenze liegt in den tropischen Anden ca. auf 4800 m, hier ist schließlich die Region des ewigen Schnees erreicht. Die Niederschläge fallen in der tierra nevada größtenteils als Schnee. Die Gesamtverdunstung ist so niedrig, dass der flächenhaft liegende Schnee nicht völlig abschmilzt. Neben den täglichen Frostwechseln ist in dieser Höhe auch das knappe Wasserangebot für die Einschränkung des Pflanzenwachstums verantwortlich. Kurz gesagt: Pflanzliches Leben existiert quasi nicht."

192.1: Indianer beim Abliefern von Gold

> *Isabella, von Gottes Gnaden Königin von Kastilien und Leon etc. Da Ich [aus Berichten des Gouverneurs der Insel Haiti] erfahren habe, dass die Indianer infolge der ihnen gegebenen reichlichen Freiheit die Christen fliehen, Gespräch und Umgang mit ihnen meiden, auch gegen Lohn nicht arbeiten wollen und sich müßig herumtreiben, geschweige denn sich dazu gewinnen lassen, belehrt und zu unserem heiligen katholischen Glauben bekehrt zu werden, [...] so habe Ich diese Verfügung wie folgt ausfertigen lassen und befehle hiermit Euch, Unserem Gouverneur, künftig die Indianer nötigt und antreibt, mit den Christen der genannten Inseln Umgang zu pflegen, in ihren Häusern zu arbeiten, Gold und andere Metalle zu schürfen und Landarbeit für die auf der Insel ansässigen Christen zu leisten [...]*

192.2: Verfügung von 1503

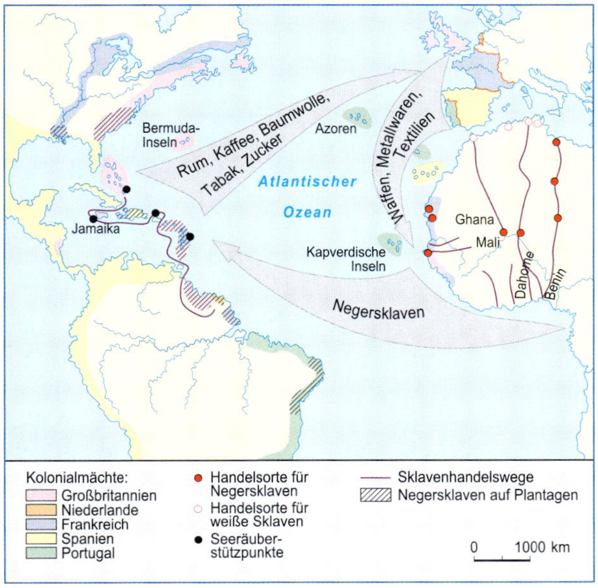

192.3: Der Dreieckshandel

Das Erbe der Kolonialherrschaft

Nach der Entdeckung Amerikas durch Kolumbus (1492) drangen die spanischen Eroberer rasch in Mittelamerika, dem südlichen Nordamerika und in Südamerika vor. Getrieben wurden sie vor allem von der Gier Gold. Zunächst schien sich diese Hoffnung auch zu bewahrheiten, denn bei der Eroberung des Aztekenreiches in Mexiko (1519–21) und dem der Inkas in Peru (1525–34) fielen den Conquistadoren (Eroberern) große Mengen an Gold in die Hände. Dies waren jedoch die einzigen Fälle. Weitere Expeditionen, die der Suche nach dem sagenhaften Goldland Eldorado galten, brachten zwar wichtige Erkenntnisse über die neu entdeckten Länder, jedoch keine nennenswerten Edelmetallfunde mehr.

Die Spanier waren daher gezwungen, Reichtümer auf andere Weise zu gewinnen. Als folgenschwer erwies sich das Encomienda (Anvertrauung)-System, bei dem spanischen Siedlern ein Stück Land mitsamt der dort lebenden einheimischen Bevölkerung zur Nutzung überlassen wurde. Letztere litt unter der hemmungslosen Ausbeutung und den unmenschlichen Arbeitsbedingungen und wurde rasch dezimiert. Ausgebeutet wurde die indianische Bevölkerung auch im Bergbau. Ein besonders schlimmes Beispiel ist das Silberbergwerk von Potosi. Dort starben an den Folgen der Fronarbeit im 16. Jahrhundert zwischen sieben und acht Millionen Indios. Aus Europa eingeschleppte Krankheiten, wie Blattern, Pocken, Typhus, Grippe, Wundstarrkrampf und Masern, gegen die sie keine Abwehrkräfte besaßen, dezimierten die indianische Bevölkerung zusätzlich.

Die Missstände waren am spanischen Hof durchaus bekannt und es wurde versucht, durch Erlasse und die „Neuen Gesetze“ (1542) die Missstände abzustellen, in der Praxis blieben sie jedoch weitgehend wirkungslos.

Nachhaltige Folgen hatte der Vorschlag des Bischofs Las Casas, der sich um eine Verbesserung der Lebensbedingungen der einheimischen Bevölkerung bemühte. Er schlug vor, an ihrer Stelle körperlich kräftigere Negersklaven zur Arbeit einzusetzen. Damit setzte er den transatlantischen Sklavenhandel von Afrika nach Süd- und Nordamerika in Gang, bei dem über 30 Millionen afrikanische Negersklaven zwangsweise nach Amerika gebracht wurden (Abb. 192.3).

Die lange koloniale Geschichte Südamerikas hat sich in der Zusammensetzung der Bevölkerung niedergeschlagen. Die spanischen Siedler hatten kaum rassische Vorbehalte gegen die indianische Bevölkerung, was zu einer raschen Vermischung führte. Die daraus entstandene Bevölkerungsgruppe, die Mestizen, bilden in vielen Ländern Lateinamerikas heute die Mehrheit. Sie sind oft in leitenden Positionen zu finden. Die dünne Oberschicht stellen aber die Kreolen, in Lateinamerika geborene Weiße. Diese Gruppe besteht aus Grundbesitzern, Großhändlern, Politikern und Militärs. Die indianische Urbevölkerung sowie die schwarze Bevölkerung und die aus der Vermischung der beiden hervorgegangen Zambos stehen meist am Rande der Gesellschaft. Dies gilt auch für die aus der Verbindung von Weißen und Negern hervorgegangenen Mulatten.

In jüngster Zeit ist jedoch bei der indianischen Bevölkerung eine Rückbesinnung auf ihre Wurzeln festzustellen, und sie fordern eine stärkere Teilhabe in Politik und Wirtschaft ein.

Indio

Mestize

Mulattin

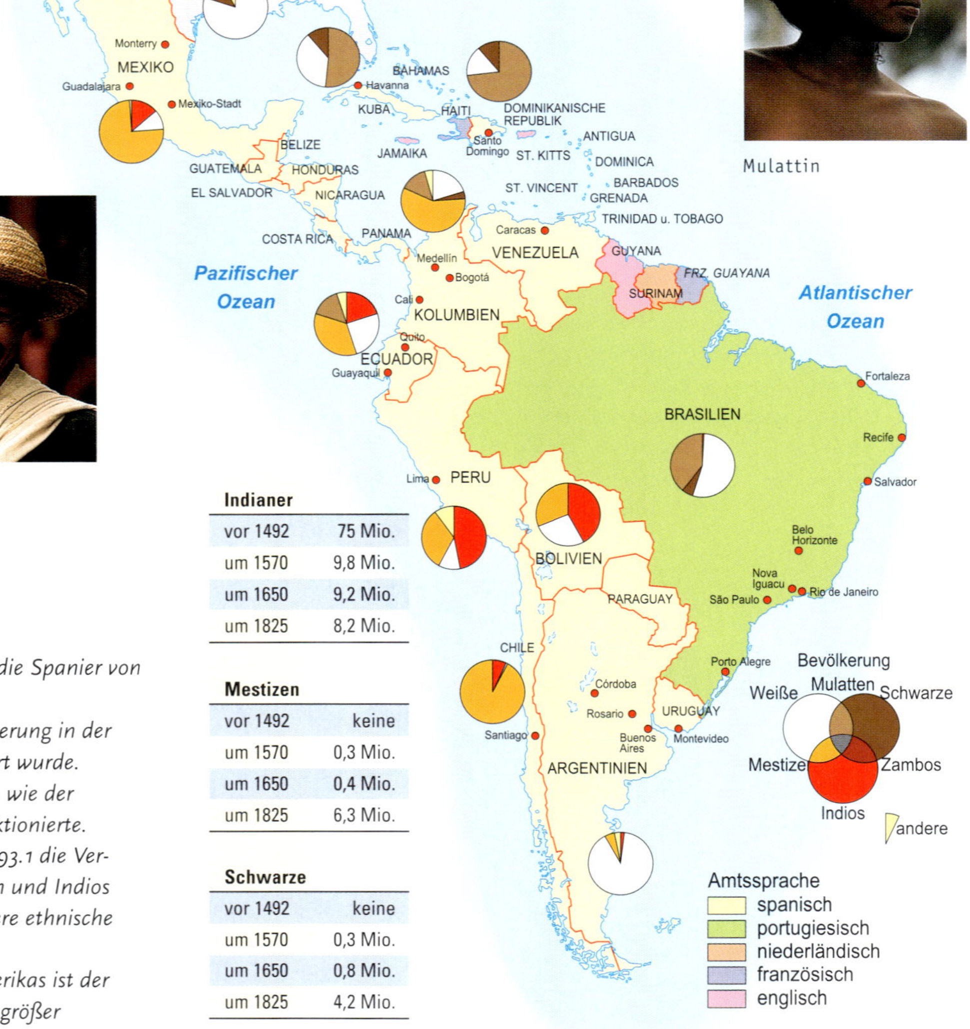

Indianer

vor 1492	75 Mio.
um 1570	9,8 Mio.
um 1650	9,2 Mio.
um 1825	8,2 Mio.

Mestizen

vor 1492	keine
um 1570	0,3 Mio.
um 1650	0,4 Mio.
um 1825	6,3 Mio.

Schwarze

vor 1492	keine
um 1570	0,3 Mio.
um 1650	0,8 Mio.
um 1825	4,2 Mio.

193.1: Anteile der Bevölkerungsgruppen in Lateinamerika

ANREGUNGEN

1. *Welches Menschenbild hatten die Spanier von den Indios (Abb. 192.2)?*
2. *Erläutere, warum die Urbevölkerung in der Kolonialzeit so schnell dezimiert wurde.*
3. *Erkläre mithilfe der Abb. 192.3, wie der atlantische Sklavenhandel funktionierte.*
4. *Beschreibe mithilfe der Karte 193.1 die Verteilung von Weißen, Schwarzen und Indios in Lateinamerika. Nenne weitere ethnische Gruppen.*
5. *In welchen Ländern Lateinamerikas ist der Anteil von Schwarzen sichtbar größer (Abb. 193.1)? Erkläre.*

„Operation Amazonien“

In den 1960er-Jahren fasste die brasilianische Regierung den Plan, den „Wilden Westen“ des Landes zu erschließen und zu entwickeln. Das bis dahin kaum besiedelte Amazonien war wirtschaftlich interessant geworden.
Um die bekannten und vermuteten „Schätze“ des Raumes heben zu können, brauchte man Zufahrts- und Transportwege. Die Transamazônica, von der Regierung als Jahrhundertbauwerk gefeiert, sollte das Rückgrat eines neuen Straßennetzes werden.
Als Schwerpunkt der wirtschaftlichen Erschließung war zunächst die staatlich gelenkte Agrarkolonisation vorgesehen. „Menschen ohne Land aus dem Nordosten in ein Land ohne Menschen nach Amazonien verpflanzen“, so lautete die Kurzformel der Planungsbehörden.
Entlang der Fernstraßen wurden breite Korridore für die Siedler reserviert. Jeder Neusiedler sollte kostenlos ein 100 ha großes Stück Wald erhalten. Die Hälfte davon durfte er roden, der Rest sollte als Waldreserve stehen bleiben.

Manuel Alvis hatte sich alles so schön vorgestellt: „Im Radio hatte ich damals gehört, dass die Regierung jedem, der ins Amazonasgebiet zieht, Land, Startkapital und ein monatliches Übergangsgeld bis zur ersten Ernte, ein Wohnhaus, Geräte und Saatgut zur Verfügung stellt. Alles rückzahlbar in zwanzig Jahren. Wir kommen aus dem Nordosten. Das Land dort war schlecht. Geregnet hat es selten. Ich habe alles verkauft und bin mit meiner Familie 2000 km auf einem Lkw nach Altamira gefahren. Das Roden war harte Arbeit. Die versprochenen Hilfen kamen nicht. Mais, Bohnen und Maniok gediehen zwar gut im ersten Jahr, doch wem sollten wir unsere Überschüsse verkaufen? Die folgenden Ernten fielen dann immer schlechter aus und ich musste wieder neue Flächen roden. Manche Nachbarn haben ihr Land wieder aufgegeben und sind weitergezogen. Aber aus allen Teilen des Landes strömten weiterhin Siedlerfamilien hierher. Manche rodeten ohne Genehmigung. Heute bin ich malariakrank, zwei meiner Kinder sind gestorben. Zurück können wir nun auch nicht mehr. Warum hat man uns hierhergelockt? Ohne fremde Hilfe können wir in dieser Hölle kaum überleben.“

ANREGUNGEN

1. *Nenne Gründe für den Bau der Transamazônica.*
2. *Viele sehen das Hauptziel der Agrarkolonisation als gescheitert an. Begründe im Einzelnen (vgl. auch S. 84/85).*
3. *Erläutere, was sich die brasilianische Regierung von der Erschließung Amazoniens versprach.*
4. *Nenne Industrien und Anlagen zur Energiegewinnung, die in der Nähe von Lagerstätten (Bodenschätzen) entstanden sind (▷ Abb. 196.2).*

Steckbrief Transamazônica
- Bauzeit: 1970–1974
- Länge: ca. 5600 km von Recife bis zur peruanischen Grenze
- Breite: eigentliche Straße 8,60 m, Rodungsgasse 60–70 m
- Beschaffenheit: drainierte Lehmschotterpiste, nur Teilstücke (im Osten) asphaltiert
- Lage: im hochwassergeschützten Bereich
- Probleme: schnelles Zuwachsen der Schneisen; hohe Unterhaltungskosten (Wartung, Reparaturen), z. B. durch Erosionsschäden nach Starkregen

194.1: Waldzerstörung entlang der Transamazônica

194.2: Siedlerhütte

Holzeinschlag: Internationale Holzfirmen fällen die wertvollen Tropenbäume. Breite Transportschneisen zerstören den Regenwald

Serra dos Carajás: Das Supereisenerzvorkommen in der Serra dos Carajás birgt ca. 18 Mrd. t Erz (Eisengehalt 66 %). Bagger schürfen im Tagebau. Ein Teil der Erze wird im nahen Marabá verhüttet. Von Carajás wird der größte Teil über eine 900 km lange Erzbahn zum Erzumschlaghafen bei Sao Luís transportiert. Jeder Erzzug kann 160 Waggons zur Küste bringen. Angetrieben werden sie mit billigem Strom aus Tucuruí. Brasilien ist führendes Eisenexportland der Welt.

Serra Pelada: Östlich von Carajás liegt Brasiliens größte Goldgrube. Hier haben zeitweise über 100 000 Garimpeiros (Goldsucher) im Dreck gewühlt und ein 100 m tiefes Loch von über 1 km Durchmesser gegraben. Noch immer schleppen Tausende von ihnen pro Mann täglich rund eine Tonne Abraum aus der Tiefe. Um Arbeitsplätze zu erhalten, werden keine großen Maschinen eingesetzt.

Staudamm von Tucuruí: Am Rio Tocantins wurde ein Wasserkraftwerk mit einer Leistung von 8000 Megawatt gebaut, das Strom für die Erzbahn und für die Aluminiumhütten in Belém und Sao Luís liefert. Außerdem werden die Städte Marabá, Belém und Sao Luís von hier mit Strom versorgt. Der Tucuruí-Stausee bedeckt 3000 km² ehemalige Regenwaldfläche.

Rinderfarmen: Angelockt durch staatliche Förderung begannen multinationale Konzerne am Anfang der 1970er-Jahre Regenwald zu roden und als Weideland für riesige Rinderherden zu nutzen. Die Betriebsgrößen der Fazendas schwanken zwischen zehntausend und einigen Hunderttausend Hektar. Die Fazendas sind zwar verpflichtet, nicht mehr als die Hälfte des Besitzes zu roden, doch ist die Überwachung schwierig. Riesige Waldflächen werden zerstört.

Soja-Anbau: Die gerodeten Flächen werden von Großkonzernen zum Soja-Anbau genutzt. Brasilien ist so zum zweitgrößten Soja-Exporteur der Welt geworden (▷ Abb. 197.1).

195.1: Gefährdungen für den tropischen Regenwald

196.1: Yanomami auf der Jagd

Die Nutzung Amazoniens – Risiken und Chancen

Nach Angaben der brasilianischen Regierung ging der Bestand des Regenwaldes in der jüngsten Zeit um jährlich bis zu 25 000 km² zurück. Man schätzt, dass 16 % des insgesamt 4 Mio. km² großen amazonischen Regenwaldes bereits zerstört sind. Der Landhunger aber ist enorm, die Gier nach Reichtümern ebenso. Siedler, Rinderfarmen, Holzindustrie, Bergbauunternehmen, Goldgräber und Diamantenwäscher; sie alle wetteifern um die Landnutzung und dringen auch in entlegene Winkel vor.

Zur Zeit der Entdeckung lebten in ganz Brasilien vier bis sechs Millionen Indianer, heute sind es etwa 500 000. Als die Front der wirtschaftlichen Erschließung durch die Weißen unaufhaltsam vorrückte, wurden viele Indianervölker vertrieben oder getötet.

Stellvertretend für das Schicksal der Tieflandindianer kann hier die Geschichte der Yanomami im äußersten Norden Brasiliens erzählt werden, deren steinzeitliche Lebensweise sich in der Abgeschiedenheit nie geändert hat. Der Bau der Bundesstraße „Perimetral Norte“ (1973) durchschnitt ihr Territorium und veränderte das Leben der Yanomami nachhaltig. Als dort Gold gefunden wurde, fielen die Garimpeiros (Goldsucher) ein und begannen den Wald zu zerstören, indem sie breite Schneisen rodeten und tiefe Gruben anlegten. Sie durchwühlten den Schlamm der Urwaldflüsse und vergifteten das Quellwasser durch Quecksilber, das sie bei der Goldwäscherei verwendeten. Sie vertrieben das Wild und die Fische und wurden so allmählich zu den schlimmsten Feinden der Yanomami, indem sie deren Nahrungsgrundlage zerstörten. Als die Yanomami sich mit Pfeil und Bogen zu wehren begannen, wurden sie und ihre Dörfer bedroht. Die Garimpeiros begingen Massaker, vergewaltigten, töteten und brandschatzten. Der Kontakt mit den Weißen lieferte die Indianer Infektionskrankheiten wie Grippe oder Masern aus, gegen die sie keinerlei Abwehrkräfte hatten.

Die Indianer haben sich inzwischen Rechte erstritten. Indianerreservate wurden geschaffen, die aber praktisch noch ungesichert sind.

Nicht zuletzt wegen des großen Bevölkerungswachstums verfolgt die brasilianische Regierung weiter konsequent die Erschließung Amazoniens. Es wird auch über alternative Anbauformen für die Kleinbauern nachgedacht (Dauerkulturen, z. B. Kakao, Kaffee) und Wiederaufforstung gerodeter Flächen.

196.2: Die Erschließung Amazoniens – Nutzung und Gefährdung

Mord und Kahlschlag in Amazonien

Brasiliens Regierung hat die Entsendung von 2000 Soldaten in die Amazonas-Region angeordnet. Sie sollen die rapide Abholzung des Regenwaldes und die brutalen Morde wegen Landbesitzes im besonders stark betroffenen Bundesstaat Pará stoppen.
Bisherige Versprechen der Regierung, das Chaos zu beenden, blieben ohne Folgen. Meist illegal arbeitende Holzbetriebe verdrängen Kleinbauern mit gefälschten Grundbesitzurkunden und Waffengewalt von ihren Parzellen. Danach roden Holzfäller zunächst wertvolle Tropenhölzer. Wegen der rücksichtslosen Rodungsmethoden werden für einen gefällten Mahagonibaum z. B. 27 weitere Bäume zerstört. Das illegal geschlagene Holz wird mehrfach wiederverkauft, der Ursprung der Hölzer so verschleiert. Am Ende der Kette stehen oft Möbelfirmen in Europa oder den USA. Im ausgedünnten Regenwald beginnen dann kleinere Holzfirmen minderwertige Hölzer abzuschlagen. Als Nächstes drängen Viehzüchter in die Gegend und beseitigen die restlichen Waldbestände durch Brandrodung. Wenige Jahre später ziehen dann große Agrarbetriebe nach, die Sojabohnen pflanzen.
Durch die bereits beschlossene Asphaltierung von Straßen quer durch die Region beschleunigt Brasiliens Regierung den Prozess noch: Etwa 50 Kilometer rechts und links der Dschungelstraßen dringen Landschieber und Großgrundbesitzer rasch in den Regenwald ein. Sie verkaufen das illegal gerodete Land oft an Soja-Konzerne, die Brasilien bereits zum zweitgrößten Sojaexporteur der Welt gemacht haben.
(nach: SZ, 18. Februar 2005, von Bernd Radowitz)

197.1: Zeitungsbericht

Ⓐ

Bearbeitung der Kokosfasern

Ⓑ

Sammelstelle der Kokosnüsse

Geistesblitz im Regenwald

20 Familien lebten vor zehn Jahren in Praia Grande auf der Insel Marajó. Sie waren aus den Elendsquartieren der Großstädte geflüchtet, um hier ihr Glück zu suchen. Sie betrieben Wanderfeldbau. Sie fackelten ein Stück Wald ab und fällten die großen Bäume. Nach zwei bis vier Jahren mussten sie weiterziehen. Die kargen Böden waren ausgelaugt.
Heute leben 36 Familien in Praia Grande. Der Ort hat Strom und sauberes Trinkwasser. Sie bauen Kokosnüsse an. Bis zu 60 Nüsse trägt jeder ihrer Bäume heute, höchstens zwölf waren es vor zehn Jahren. In der eigenen kleinen Fabrik stellen die Dorfbewohner aus den Fasern der Nüsse Autokopfstützen her.
Die Geschichte dieses Erfolgs begann vor zehn Jahren mit dem Projekt Poema (Probreza e Meio Ambiente na Amazonia – Armut und Umwelt in Amazonien). Brasilianische Agrarwissenschaftler hatten den Kayapó-Indianern den Anbau in „Waldinseln" abgeschaut und diese Anbauweise den Bauern in Praia Grande vermittelt. Die Kayapó lassen unter dem „Dach" des Regenwalds Pflanzen wachsen, die der eigenen Ernährung dienen.
Was nun noch fehlte, war eine Verkaufsgarantie für ihre Produkte. Der DaimlerChrysler-Konzern unterstützte das Projekt Poema mit insgesamt 1,3 Mio. $. Heute nimmt das Mercedeswerk in São Paulo 8000 Stück der mit Latex veredelten Stützen ab. DaimlerChrysler ist führend auf dem Gebiet der Naturfaserverwendung. 20 bis 30 Kilogramm stecken heute in jedem Mercedes. Drei Kokosnüsse werden zur Herstellung einer Kopfstütze benötigt, vierzehn für die Rückenlehne, zehn für das Sitzkissen.
(nach: Die Zeit 10/2002, 7.3.2002, Michael Schwelien)

197.2: Das Poema-Projekt

ANREGUNGEN

1. *Erstelle eine Übersicht über die Folgen der Erschließung des Amazonasgebietes.*
2. *Für die Yanomami wurde erst durch das Eindringen der Weißen der Urwald zur „Grünen Hölle". Begründe.*
3. *Fasse die beiden Zeitungsartikel (Abb. 197.1 und 2) unter den Stichworten „Chancen" und „Risiken" der Nutzung Amazoniens zusammen.*
4. *Wodurch könnte das Ausmaß der Zerstörung des tropischen Regenwaldes verringert werden?*

198.1: Auf dem Land

Flucht in die Städte

In Entwicklungsländern verlassen pro Tag schätzungsweise 200 000 Menschen die ländlichen Gebiete, um in die Städte zu ziehen. Die meisten von ihnen kommen in Armutssiedlungen unter und leben dort schlechter als zuvor auf dem Land. Viele leben auf und von der Straße. Die Städte werden für Neuankömmlinge oftmals geradezu zu einer „Existenzfalle". Trotzdem hält der Zuzug in die Städte unvermindert an.
Dieses Phänomen der Land-Stadt-Wanderung ist weltweit in fast allen Entwicklungsländern anzutreffen und führt zu einem rapiden Wachstum der Großstädte in diesen Ländern. 1950 lagen erst drei der zehn größten Städte der Welt mit über zehn Mio. Einwohnern in Entwicklungsländern. Bis 2025 wird die Zahl dieser Megastädte nach Schätzungen der UN auf 27 steigen.

Der Bus fährt auf der BR116 mit hohem Tempo Richtung Rio. Es sind noch über 300 km. Mir gegenüber sitzt ein junger Caboclo, ein „Kupferfarbener", wie die Nachkommen aus der Verbindung portugiesischer Siedler mit indianischen Frauen bezeichnet werden. Da ich Portugiesisch spreche, kommen wir allmählich ins Gespräch. Sein Name ist Ricardo. Er ist auf dem Weg nach Rio, um Arbeit zu suchen.
Er kommt aus einem kleinen abgeschiedenen Bergdorf nahe dem Städtchen Ipanema im Bundesstaat Minas Gerais. Aufgewachsen ist er mit fünf Geschwistern auf einem kleinen Hof im Bergland der Serra da Chaparao. Seine Familie hatte das große Glück, überhaupt etwas Land zu besitzen, denn das meiste Land gehört wie seit Jahrhunderten noch immer den Großgrundbesitzern. „Auf den wenigen guten Weideflächen grasen ihre riesigen Viehherden. Damit machen sie das große Geld. Uns lassen sie auf den armseligen Böden verhungern." Sein Vater hatte in einer der zahllosen Gold- und Silberminen hart gearbeitet und war schon früh gestorben. So musste er mit seinen Geschwistern die kleine Ackerfläche bewirtschaften. Auf dem steinigen Boden bauten sie Mais, Bohnen und Kartoffeln an, gepflügt wurde mit dem Ochsen. Zur Schule konnte er daher nur gelegentlich gehen. Im Sommer kam es häufig zu Dürreperioden, die die ganze Ernte vernichteten. In der Regenzeit schwemmten Sturzbäche den Boden von den abgeholzten Berghängen.
Als die Mutter starb, übernahm der älteste Bruder mit seiner inzwischen mehrköpfigen Familie den kleinen Hof. Ricardo, der ebenfalls geheiratet hatte, musste sich eine andere Arbeit suchen, aber er fand keine, denn Verdienstmöglichkeiten außerhalb der Landwirtschaft gibt es nicht. Sein Dorf glich inzwischen einer Geistersiedlung: verlassene und verfallene Häuser, keine Kanalisation, schlechte Straßen, kein fließendes Wasser, keine Einkaufsmöglichkeiten.
Ob er schon einmal in Rio gewesen sei, frage ich ihn, doch er verneint. „Aber ich habe schon viel über die Stadt gehört und gelegentlich, vor allem zur Karnevalszeit, im Fernsehen gesehen. Aus unserem Dorf sind ja Hunderte, vor allem in meinem Alter, dorthin gezogen. Übrig bleiben nur die Alten." Was er über Rio gehört habe? „Nun, dort gibt es einfach alles. Arbeit, Geld, Schulen, Krankenhäuser, Parks, Discos, Kino, Theater, Karneval und die Samba. Und wenn du einkaufen willst, musst du nicht erst in die nächste Stadt fahren, sondern findest es gleich nebenan auf dem Markt oder in den tollen Supermärkten." Endlich wollte er einmal den Traumstrand von Rio kennenlernen, abends am Strand Fußball spielen, auf den Zuckerhut klettern und den Touristen beim Shopping zuschauen. Wie sehr er sich auf das neue Leben freute!
Wir erreichen den Stadtrand von Rio. Der Bus fährt auf der Avenida Brasil entlang der Bucht in die Stadt hinein. Ricardo ist von ihrem Anblick fasziniert. Am Busbahnhof Rodoviaria Novo Rio verabschieden wir uns. Ich wünsche ihm viel Glück auf der Suche nach dem Glück.

198.2: Reisebericht eines Journalisten aus Brasilien (2006)

198.3: Favela in Rio

„Von den 5,8 Millionen Einwohnern der Stadt Rio de Janeiro leben ein Fünftel oder 1,2 Millionen Menschen in diesen ärmlichen und oft vom Krieg der Drogenbanden gezeichneten Siedlungen. Die Stadt stand den massiven Einwanderungsströmen machtlos, mut- und lange auch interesselos gegenüber. Die Favelas breiteten sich unkontrolliert aus. Hier lebt man weitestgehend nach eigenen Gesetzen auf illegal (ungenehmigt) besetztem Boden und damit gezwungenermaßen außerhalb der bürgerlichen Gesellschaft.
Von Realitätssinn zeugt denn auch das von der Stadtregierung begonnene Projekt „Favela-Bairro". Anstatt Wunder, Glaube und Hoffnung bringt es schlichte Infrastruktur – Strom, Wasser, Kanalisation, Müllcontainer, Krippen und geteerte Straßen – in den Slum. Langsam beginnt so der Aufstieg des Armenviertels (Favela) zu einem Wohnquartier (Bairro).
Die Teerstraße hat den Leuten Selbstbewusstsein gegeben. Sie haben plötzlich festen Boden unter den Füßen, nicht mehr die rote Erde, die sich bei den heftigen tropischen Regengüssen in Matsch verwandelt und die Siedlung in abenteuerlicher Hanglage auf eine tödliche Rutschpartie schickte. Asphalt als Statussymbol. Der Grundbucheintrag, der das ehemals von ihnen illegal besetzte Fleckchen Erde nun zu ihrem rechtmäßigen und eigenen Grundstück macht, holt sie aus der Illegalität heraus."
(Neue Zürcher Zeitung vom 24. Dezember 2002)

199.1: Zeitungsbericht

Bei den Motiven für die Abwanderung vom Land in die Stadt (**Landflucht**) wird unterschieden in:
Push-Faktoren = Ursachen, welche die Landbevölkerung vom Land wegtreibt
Pull-Faktoren = Gründe, welche die Stadt attraktiv machen.

ANREGUNGEN

1. *Warum will Ricardo nach Rio (Abb. 198.2)? Nenne Gründe.*
2. *Was erfährst du über Armutssiedlungen? Informiere dich zusätzlich in einem Geographie-Lexikon und finde unterschiedliche regionale Bezeichnungen für solche Siedlungen.*
3. *Seit 1993 gibt es das Favela-Bairro-Projekt (Abb. 199.1). Wie bewertest du dieses Projekt?*
4. *Übertrage die Abb. 199.3 in dein Heft. Erstelle eine Liste der Push- und Pull-Faktoren und ergänze sie durch weitere mögliche Motive.*
5. *Welche Folgen ergeben sich aus der Abwanderung für die ländliche Region und für die Stadt? Übertrage die Abb. 199.3 in dein Heft und ergänze.*
6. *Besorgniserregend ist das explosive Wachstum der Millionenstädte in den Entwicklungsländern. Welche Probleme ergeben sich aus dieser Entwicklung?*

199.2: Rio de Janeiro – ein Traum?

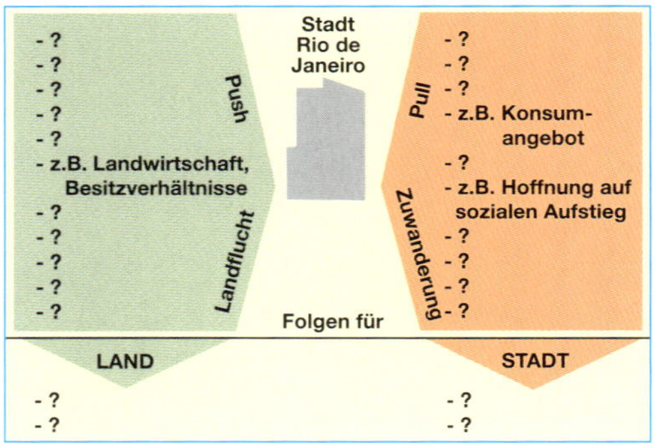

199.3: Land-Stadt-Wanderung – Faktoren und Folgen

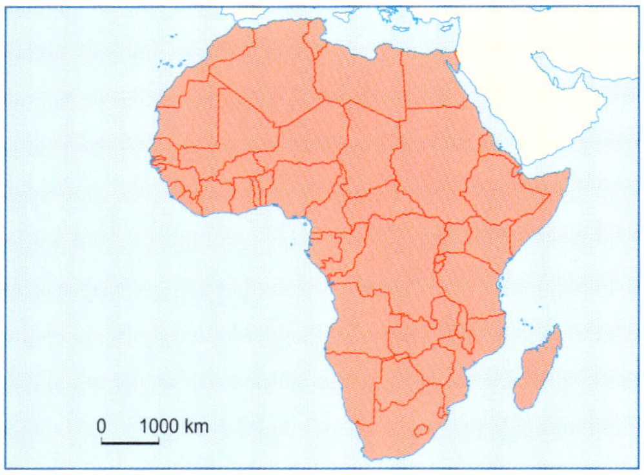

200.1: Die Lage Afrikas

Afrika – Kontinent mit vielen Problemen

Afrika ist ethnisch ein vielgestaltiger Kontinent. Im Norden, am Mittelmeer, dominiert das „arabische Element“, südlich der Sahara, der größten Wüste der Erde, beginnt Schwarzafrika. Bis ins 20. Jahrhundert war der Kontinent ein Spielball europäischer Kolonialmächte. Aus dieser Zeit stammen auch die willkürlichen Grenzziehungen. So kam es, dass Siedlungsgebiete einzelner Völker auseinandergerissen und sie in verschiedene Staaten gezwungen wurden. Nach der Unabhängigkeit gab es daher vielerorts innerstaatliche Konflikte und sogar Bürgerkriege. Viele Länder Afrikas sind sehr reich an Bodenschätzen, die weitverbreitete Korruption verhindert es jedoch meist, dass dieser Reichtum der gesamten Bevölkerung zugutekommt.

200.2: Aufziehender Sandsturm im Tschad

201.1: Oshodi-Markt in Lagos (Nigeria)

Malaria

Die Malaria ist eine schlimme Geißel Afrikas! Die Krankheitserreger werden von der Anophelesmücke beim Stich auf den Menschen übertragen und verursachen dort heftiges Fieber. In schweren Fällen endet die Krankheit tödlich. Jedes Jahr sterben über eine Million Menschen an Malariainfektionen, mehr als drei Viertel der Opfer sind Kinder. Die wirtschaftlichen Schäden betragen in Afrika jährlich fast zehn Milliarden Dollar.
Ein Mittel gegen die Malaria gibt es nicht. Es helfen nur die Vorsorge durch Desinfektion oder Moskitonetze. Da viele Menschen dafür kein Geld haben, ist die Malaria vor allem eine Krankheit der Armen.

PROJEKTIDEEN

❶ *Die Menschen, die auf die Natur angewiesen sind, „bekämpfen" sie. Siehst du eine Lösung gegen den Hunger? (▷ S. 202–203; auch S. 70ff.)*

❷ *Aids – der Kampf gegen die Unwissenheit. Gibt es einen Ausweg? (▷ S. 204–205)*

❸ *Entwicklungshilfe nutzt vor allem den Helfern. Nimm Stellung zu dieser Aussage. (▷ S. 206–207)*

❸ *„Armes reiches Nigeria"! Kannst du dir den Widerspruch erklären? (▷ S. 208–209)*

❹ *Das Wunder von Botsuana! Ist das Land ein Vorbild für Afrika? (▷ S. 210–211)*

Afrika

Kontinent und Einwohner	
Zahl der Staaten	53
Fläche (in km²)	30 300 000
Einwohnerzahl (in Mio.)	924,0
Bevölkerungsdichte (in Einw. pro km²)	22
städtische Bevölkerung (in %)	33
Bevölkerungswachstum (1994–2005) in %	2,4
Geburtenrate (in ‰)	46
Sterberate (in ‰)	17
Säuglingssterblichkeit pro 1000 Geburten	86
Lebenserwartung (in Jahren)	53
Wirtschaft	
Bruttoinlandsprodukt (BIP) (in Mrd. US-$)	793
Bruttonationaleinkommen (BNE) pro Kopf (in US-$)	858
Außenhandel: Export (in Mrd. US-$)	2,6
Import (in Mrd. US-$)	2,3
Umwelt und Entwicklung	
Energieverbrauch pro Kopf (in kg Öleinheiten)	338
Beispiel Nigeria	
Fläche (in km²)	923 768
Einwohner 2005 (in Mio.)	131,5
Einwohner 2050 (geschätzt, in Mio.)	298,0
Bevölkerungsdichte (in Einw. pro km²)	142
städtische Bevölkerung (in %)	48
Bevölkerungswachstum (1990–2005) in %	2,5
Geburtenrate (in ‰)	41
Sterberate (in ‰)	19
Säuglingssterblichkeit pro 1000 Geburten	100
Kindersterblichkeit pro 1000 Geburten	194
HIV/Aids (in %)	3,1
Lebenserwartung (in Jahren)	44
durchschnittliche Kinderzahl je Frau	6
Altersstruktur	44 % unter 15 J.; 3 % über 65 J.
ethnische Gruppen: Haussa, Fulbe, Yoruba, Ibo (zus. 65 %)	
Religionszugehörigkeit:	Muslime (50 %), Christen (40 %)
Bruttonationaleinkommen (BNE) pro Kopf (in US-$)	560
BNE pro Kopf, kaufkraftbereinigt (in US-$)	990
Bev.-Anteil mit weniger als 2 US-$ pro Tag	91 %
Erwerbstätige in der Landwirtschaft	31 %
Exporte	Erdöl (90 %), Erdgas (8 %)
Energieverbrauch pro Kopf (in kg Öleinheiten)	769
CO_2-Emissionen pro Kopf (in t)	0,4
Human Development Index* (HDI-Weltrang)	0,470 (158)

alle Daten aus dem Fischer Weltalmanach 2008,
* Daten aus dem Human Development Report 2007/2008

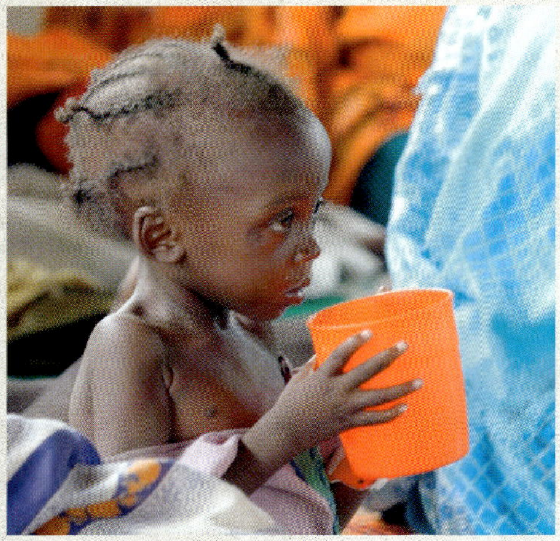

Warten auf den Regen
Quato hat ihre Enkelin Kabale auf dem Schoß und hält ihr einen Becher mit Wasser an den Mund. Gierig trinkt das zweijährige Mädchen. „Zehn Kilometer ist die Wasserstelle entfernt", berichtet Quato. Den schweren Wassercontainer transportiert sie die gesamte Strecke auf ihrem Kopf. „Ohne Kamele ist es wirklich sehr schwierig für uns, das Wasser zu transportieren", klagt ihr völlig abgemagerter Mann Ali. Sein einziger nennenswerter Besitz war sein Vieh. Fünf klapperdürre Schafe und Ziegen sind Ali und Quato Jarso noch geblieben. Die ehemals Hunderte von Tieren zählende Herde ist verhungert und verdurstet. Ende März hat es zwar vereinzelt geregnet, doch es war zu wenig, um das Vieh der Nomaden zu retten. „Wenn es nicht bald richtig regnet, wird kein einziges Tier übrig bleiben", sagt der 70-jährige Ali traurig.

(nach: Caritas Österreich, Pressearchiv 26. April 2006)

202.1: Leiden unter der Dürre

Der tägliche Kampf ums Überleben

202.2: Speiseplan eines Schülers im Dürregebiet von Kenia:
morgens:
meistens nichts
mittags:
Ugali (fester Maisbrei) mit Bohnen, dazu Wasser
abends:
meistens nur Wasser

In Ostafrika herrscht die größte Trockenheit seit Jahrzehnten. Nach drei Dürrejahren sind allein in Kenia über vier Mio. Menschen von Hungersnot und Wasserknappheit bedroht. In vielen Gebieten sind die Felder verdorrt, es gibt keine Ernte.
Die Massai leiden besonders unter der Dürre. Sie haben größtenteils ihren gesamten Viehbestand und damit ihre Lebensgrundlage verloren. Zahlreiche Tierkadaver liegen auf den Feldern und säumen die Straßen. Die Angst vor dem Verdursten ist groß. Es fehlen Lkws für Transporte in die Dürregebiete, sagt die Regierung. Sie hat diese Regionen jedoch vernachlässigt und weder in Straßen noch in Wasserversorgung, Bildung und Gesundheit investiert. Jetzt sind viele Massai in die Nähe von Städten gezogen und leben dort unter elenden Bedingungen in Hütten aus Reisig und Plastiksäcken ohne ausreichenden Schutz vor Sonne und Staub, ohne sanitäre Einrichtungen und medizinische Hilfe. Hilfsorganisationen versuchen, sie mit Nahrungsmittelspenden und Wasser zu versorgen.
An den wenigen noch nicht ausgetrockneten Wasserlöchern wird um das kostbare Wasser gestritten. Das Wasser ist verschmutzt, Krankheitserreger verbreiten sich schnell. Besonders die Kinder leiden. Viele von ihnen können nicht mehr regelmäßig zur Schule gehen. Sie müssen helfen, Kanister mit Wasser von den weit entfernten Wasserlöchern zu holen. Nur dort, wo eine von der Regierung und den Vereinten Nationen (World Food Program) finanzierte Schulspeisung eingeführt wird, steigen die Schülerzahlen rapide an. Das einfache Mittagessen ist oft die einzige tägliche Mahlzeit für die Schulkinder. Die Folgen der Unterernährung bzw. Mangelernährung sind:

- Nachlassen der körperlichen und geistigen Fortentwicklung (besonders bei Kindern),
- Schwächung der körperlichen Abwehrkräfte,
- höhere Anfälligkeit gegenüber Krankheiten.

Bis die Nomaden und verarmten Bauern wieder auf eigenen Füßen stehen, wird es selbst bei normalen Regenfällen Jahre dauern. Experten schätzen, dass in Kenia zwischen März 2006 und Februar 2007 mehr als 400 000 Tonnen zusätzlicher Nahrungsmittelhilfen benötigt werden.

ANREGUNGEN

1. *Ursache für die Dürrekatastrophe in Kenia sind nicht allein die ausbleibenden Niederschläge. Begründe.*
2. *Schreibe deinen Speiseplan für einen Tag auf. Vergleiche ihn mit dem Speiseplan in Abb. 202.2.*

Hunger trotz Überfluss

Auf dem Welternährungsgipfel in Rom (1996) setzte sich die internationale Staatengemeinschaft das Ziel, die Zahl der Hungernden auf der Welt bis zum Jahre 2015 auf 400 Millionen zu halbieren. Mit immer noch über 800 Millionen Hungernden ist man dem Ziel nach Ablauf von über zehn Jahren noch nicht nähergekommen.
Wir Deutschen aber dürfen uns zu der Milliarde Menschen zählen, die Nahrungsmittel im Überfluss haben. Das Angebot von Nahrungs- und Genussmitteln in den Industrieländern ist überreichlich, und eine raffinierte Werbung verführt uns dazu, mehr zu kaufen und zu verzehren, als wir eigentlich zum Leben brauchen. Mit durchschnittlich 3400 kcal liegt die Energiezufuhr in den Industrieländern um mehr als 1000 kcal über dem, was der Mensch täglich benötigt.
Ein erwachsener Mensch braucht je nach körperlicher Belastung zwischen 2300 und 3000 kcal. In vielen Regionen der Erde, vor allem in den Entwicklungsländern Afrikas, stehen den Menschen jedoch weniger als 2100 kcal pro Tag zur Verfügung. Sie sind deutlich unterernährt. Erschwerend kommt meistens hinzu, dass diese Menschen sich nur sehr einseitig ernähren können, d.h. ausschließlich mit Kohlehydraten. Weil sie auf Eiweiß (Milch, Fleisch, Fisch), Vitamine und Minerale weitgehend verzichten müssen, sind sie zusätzlich mangelernährt.

Worin liegen die Ursachen der ungleichen Verteilung der Nahrungsmittel auf der Erde?

Das große Bevölkerungswachstum in einigen Entwicklungsländern ist sicherlich eine wesentliche Ursache. Es ist aber auch ein Verteilungsproblem. Oft fehlen Transportmittel und -wege, um die betroffenen Hungergebiete zu versorgen. Ein großer Teil der armen Bevölkerung könnte sich die Nahrungsmittel ohnehin nicht leisten. Vor allem die Kleinbauern auf dem Land sind betroffen, da sie nicht gegen die Billigimporte aus Industrieländern konkurrieren können. Ungleiche und ungerechte (Land-)Besitzverteilung, politische Unruhen und Kriege, Naturkatastrophen, Seuchen und Krankheiten sowie ungünstige Bedingungen für die Landwirtschaft und falsche Anbauprodukte bzw. Übernutzung der Böden sind weitere Ursachen des Hungers.

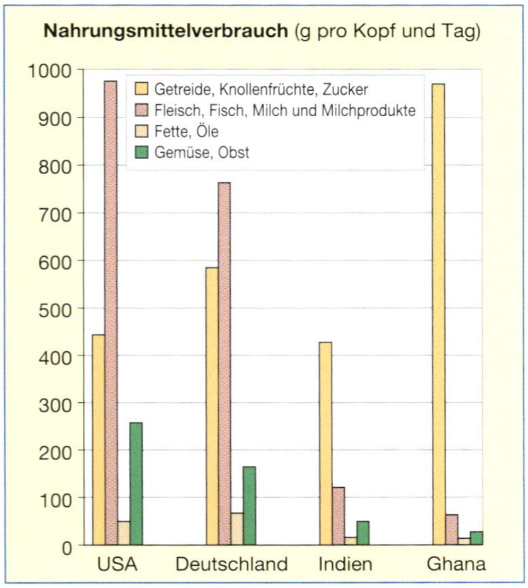

203.1: Nahrungsmittelverbrauch im Vergleich

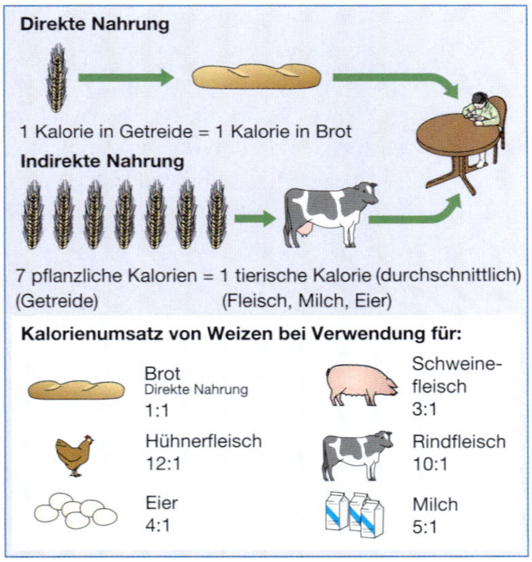

203.2: Unterschiedlicher Energieeinsatz

203.3: Umrechnung von kcal (Kilokalorien, veraltet, aber noch weit verbreitet) in kJ (Kilojoule):
kJ = kcal x 4,1868
kcal = kJ x 0,2 388

ANREGUNGEN

1. *Stelle in einer grafischen Übersicht (z. B. Mindmap) die Ursachen des Hungers in der Welt zusammen.*
2. *Beschreibe anhand der Abb. 203.1 die Unterschiede in der Ernährung in den dargestellten Ländern.*
3. *Erkläre mithilfe der Karte in Abb. 228.2 den Begriff „Hungergürtel". Beschreibe die besonderen naturgeographischen Bedingungen, die dort herrschen (Atlas).*
4. *Überlege, welchen Einfluss die Konsumgewohnheiten in den Industriestaaten auf die „Hungerproblematik" in den Entwicklungsländern haben können?*

Aids raubt Afrika die Zukunft

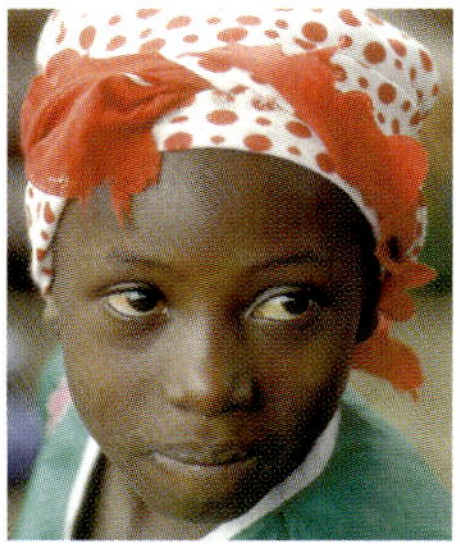
204.1: Claire

Claire ist 14 Jahre alt und lebt auf dem Land. Sie ist eine Aidswaise. Ihr Vater und ihre Mutter sind kurz nacheinander gestorben. Ihr Vater hatte in der Hauptstadt Harare (Simbabwe) gearbeitet und kam nur selten nach Hause. Die Feldarbeit wurde von der zurückgelassenen Familie erledigt. So war sogar genug Geld für die Schulkosten übrig. Da er nur selten mit seiner Frau zusammenkommen konnte, ging der Vater mehrmals zu Prostituierten und infizierte sich mit der tödlichen Krankheit. Lange Zeit wusste er selbst nicht, dass er infiziert war, und so steckte er schließlich seine Frau mit dem todbringenden Virus an. Für Claire begann eine schwere Zeit. Nach dem Tod der Eltern musste sie sich um ihre jüngeren Geschwister kümmern und mit ihnen auf dem Feld arbeiten. Für den Schulbesuch fehlten das Geld und die Zeit. Die Großeltern sind alt und schwach und auch die Nachbarn sind arm und können nicht mehr helfen. Ihre Familien sind selbst von der Krankheit betroffen. Claires Schicksal ist ungewiss. Ihre kleineren Geschwister werden wohl zu entfernten Verwandten gegeben. Sie selbst will versuchen, sich in der Stadt durchzuschlagen. Aber dort droht wirtschaftliche und sexuelle Ausbeutung.

204.3: „Eine afrikanische Familie"

In Afrika kämpfen Aids-Patienten nicht nur mit der Krankheit, sondern auch gegen ein Tabu. Über Aids wird nicht frei gesprochen. Wer erkrankt, wird ausgeschlossen. Für kostspielige Behandlungen fehlt das Geld. Viele Hilfsorganisationen engagieren sich inzwischen in den Entwicklungsländern im Kampf gegen Aids. Eine besondere Bedeutung hat dabei die Aufklärung der Jugendlichen über die Übertragungswege und möglichen Schutz, denn Aids ist nach wie vor nicht heilbar.

Aids (engl.: acquired immune deficiency syndrome, erworbene Immunschwäche): durch HIV hervorgerufene Krankheit, führt zum Zusammenbruch der körpereigenen Abwehrkräfte. Der Körper wird immer anfälliger gegenüber Krankheiten und immer schwächer, bis der Patient stirbt.

HIV (engl.: human immunodeficiency virus, menschliches Immunschwächevirus): Erreger von Aids. Übertragungswege: Geschlechtsverkehr, Mutter-Kind-Übertragung bei der Geburt oder beim Stillen, Bluttransfusion, verschmutzte Spritzen; noch keine Heilungsmöglichkeiten; Kondome und Partnertreue bislang bester Schutz

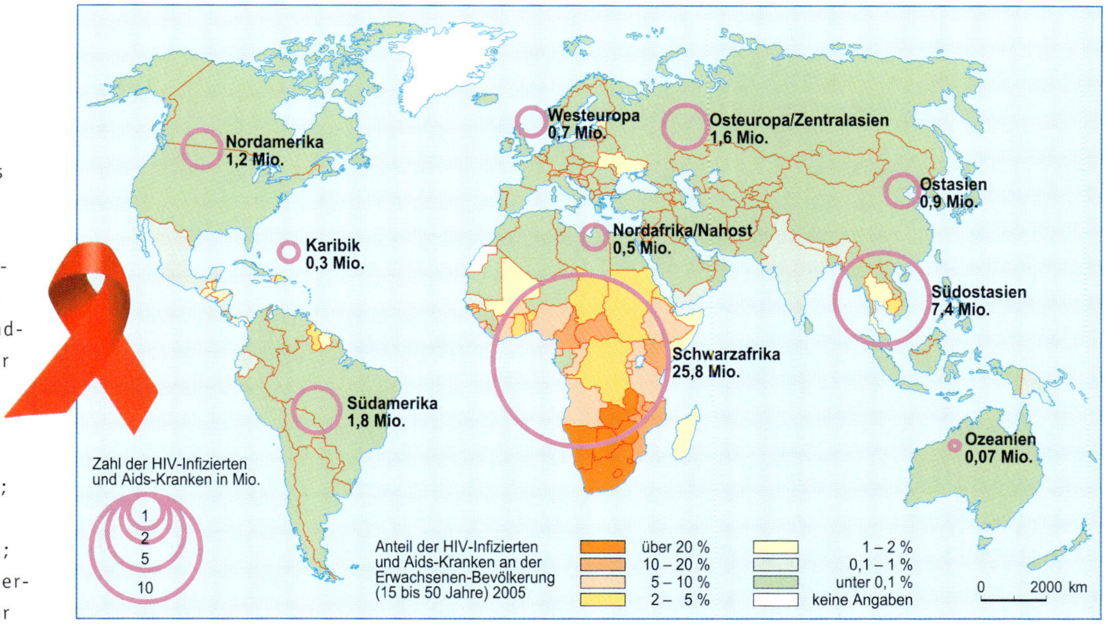

204.2: Weltweite Verbreitung von Aids

Wie kann man der Todesursache Nr. 1 in Afrika begegnen?

Namibia ist eines der am schlimmsten von Aids betroffenen Länder. Jeder fünfte Einwohner zwischen 15 und 49 Jahren ist HIV-infiziert. In Namibia hat UNICEF das Pogramm „My future is my choice" gestartet, das sich vor allem an Jugendliche zwischen 15 und 18 Jahren wendet. Speziell geschulte Jugendliche klären über HIV, Aids, Infektionswege und Schutzmaßnahmen auf. Sie sprechen die gleiche Sprache wie ihre Altersgenossen und diskutieren glaubhaft ihre Alltagsprobleme. Als Schüler leitete Brian Prince bereits solche Kurse, aber erst als einer seiner besten Freunde durch Aids starb, wurde ihm bewusst, dass er sich noch mehr engagieren musste. „Ich war so schockiert darüber, was diese Krankheit anrichten kann, dass ich alles versuchen wollte, um das Leben der jungen Generation zu ändern. Es gibt so viele Probleme für junge Menschen in Namibia: Teenager-Schwangerschaften, Gewalt, HIV. Ich will, dass die Heranwachsenden die Gefahr für ihr persönliches Leben erkennen und beginnen, gegen Aids zu kämpfen. Denn nur die Jugend selbst kann Lösungen für ihre Zukunft finden. Sie kann das Virus stoppen."
Brian Prince ist heute Mitarbeiter an der Zeitung „Open Talk". Neben wichtigen Informationen über Aids bekommen die Jugendlichen hier auch Antworten auf ihre Fragen. Leserbriefe und Umfragen fördern die Verständigung untereinander.

205.1: Eine Warnung!

Die Männer und das Kondom
Viele afrikanischen Männer stehen dem Gebrauch von Kondomen sehr kritisch gegenüber. So glauben z. B. viele, dass darin kleine Würmer leben, sie Unglück bringen oder ohnehin Löcher haben. Auch sind sie Kondomen gegenüber sehr misstrauisch, weil sie von Weißen propagiert werden. Viele Afrikaner glauben nämlich, dass die Weißen mithilfe der Kondome das Wachstum der schwarzen Bevölkerung stoppen wollen.

205.2: Kondome – Ängste und Mythen

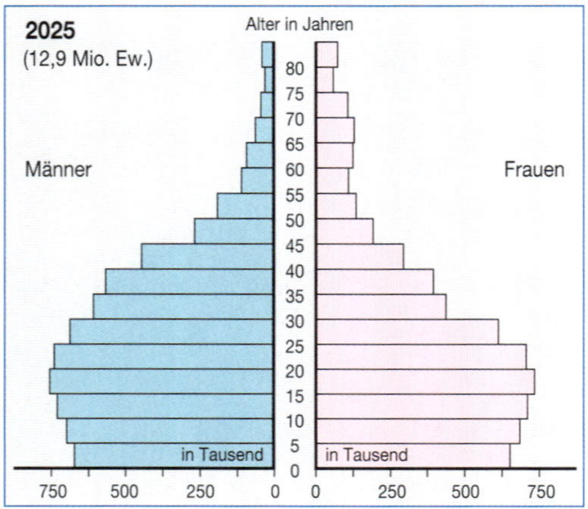

205.3: Bevölkerungspyramide von Simbabwe

Internet-Tipp

Internetadressen von Hilfsorganisationen:
www.gib-aids-keine-chance.de
www.unicef.de
www.aidswaisen-international.de
www.unaids.org
www.bmz.de
www.wfp.org

Informiere dich im Internet über Projekte der verschiedenen Organisationen.

205.4: Zahl der Aidswaisen weltweit: 14 Mio., davon 11 Mio. in den afrikanischen Ländern südlich der Sahara. Nach UN-Schätzungen wird die Zahl der Aidswaisen in Afrika bis zum Jahr 2010 auf 20 Mio. Kinder unter 15 Jahren ansteigen.

ANREGUNGEN

1. *Beschreibe die weltweite Verbreitung von Aids (Abb. 204.2).*
2. *Informiere dich über Aids in Deutschland (Zahl der Infizierten, Aufklärung, Schutzmaßnahmen, Todesfälle). Vergleiche mit Afrika.*
3. *Erkläre, warum Afrika besonders von Aids betroffen ist (Abb. 205.2, Internet).*
4. *Beurteile, was es für ein Land bedeutet, wenn ein Großteil der jungen Erwachsenen an Aids stirbt.*
5. *Beschreibe die Bevölkerungspyramide von Simbabwe (Abb. 205.3). In welcher Form spiegeln sich die Folgen von Aids im Altersaufbau Simbabwes im Jahr 2025 wider?*

GEO Praxis — Wir werten Karikaturen aus

206.1: Anteil nehmen – Verstehen – Mitgestalten – nur wie?

Was ist eine Karikatur?

Karikaturen sind mehr als ein Comic oder ein Gag. Auf eine witzig ironische Weise wollen sie übertreiben und bewusst provozieren, nachdenklich machen und dadurch Denkanstöße geben.

„Caricatura" bedeutet im Italienischen „Zerrbild, Spottbild". In einer Karikatur wird ein zentraler Sachverhalt mithilfe von Bildern und eventuell Text verfremdet dargestellt. Karikaturen heben bestimmte Aspekte eines Problems, eines Widerspruchs oder einer Aussage deutlich hervor, um auf diese Weise aufmerksam zu machen. Dabei wird ein bestimmtes Merkmal meist „überzeichnet", um die Hintergründe und oft komplizierten Zusammenhänge bildlich zu vereinfachen bzw. auf ein Kernproblem zuzuspitzen. Durch Verallgemeinerung werden „Typen" charakterisiert, die bekannten Klischeevorstellungen entsprechen (z. B. Reichtum und Macht werden durch überdimensional große Figuren, Armut und Hunger durch eher schmächtige Figuren dargestellt).

Eine Karikatur kommt nur dann gut an, wenn der Betrachter das Wesentliche spontan erfasst, weil ihm der Inhalt vertraut ist – er erkennt zustimmend: Ja, so ist es!

Fehlgeleitete Entwicklungshilfe: Die Mutter (1) sitzt mit ihren beiden Kindern (2) vor leeren Tellern (3) am Esstisch. Die Kinder erwarten das Essen, doch die Mutter starrt mit ernstem Blick (4) und gefalteten Händen (5) betend auf den Tisch. Auf die vermutlich täglich formulierte Frage „Was gibt's heute?" (6) antwortet sie mit dem „Fasten für die Dritte Welt" (7) und erntet bei ihrem Sohn großes Unverständnis (8).

206.2: Orientierung und Beschreibung der Karikatur in Abb. 206.1

Die Deutsche Welthungerhilfe hat dazu aufgerufen, das Millenniumziel zu unterstützen: bis 2015 Hunger und extreme Armut zu halbieren.
Für mehr als eine Milliarde Menschen bedeutet das die Chance einer grundlegenden Verbesserung ihrer Lebensbedingungen. Mehr als 850 Millionen Menschen gelten weltweit als unterernährt, 24 000 von ihnen sterben jährlich daran. Dabei sind die Frauen und Kinder am stärksten von Armut und Unterernährung betroffen. Die Ursache dafür liegt an den kulturellen Traditionen und sozialen Strukturen, die in vielen Ländern der Dritten Welt vorherrschen.
Die internationale Entwicklungspolitik hat zahlreiche Entwicklungsprogramme und Absichtserklärungen formuliert, doch deren Umsetzung stößt immer wieder auf Schwierigkeiten.

206.3: Hintergründe zur Karikatur in Abb. 206.1

206.4: Karikatur

Die Auswertung einer Karikatur – eine exakte Detektivarbeit!

Die Entschlüsselung des „Wer sagt was zu wem auf welche Weise mit welcher Wirkung?“ geschieht in folgenden Arbeitsschritten:

1. **Orientierendes Betrachten:**
- Welcher Gesamteindruck bzw. welches Thema verbirgt sich hinter der Karikatur? Versuche, Hintergrundwissen zu mobilisieren.
- Welche Details (Zeichen, Strukturen, Figuren, Tiere) sind dargestellt? Einzelelemente umkreisen, nummerieren, ordnen, Wechselwirkungen mit Pfeilen verdeutlichen.

2. **Beschreiben:**
- Welches Problem wird dargestellt?
- Welche Symbolbedeutung haben die Elemente?
- Welche Textinformationen sind gegeben?
- Wie ist der Bildaufbau gestaltet (Vorder-, Hintergrund, Perspektive)?
- Welche Gestaltungsmittel fallen auf?
- Welche Gesamtaussage lässt sich formulieren?

3. **Erklärung:**
- Welche Zusammenhänge und Hintergründe werden angesprochen (gegebenenfalls Zeitpunkt und Ort der Entstehung)?
- Welche Ziele verfolgt der Karikaturist?
- An wen wendet sich der Karikaturist?

4. **Wertung:**
- Wird die Aussage bzw. Kritik der Karikatur mithilfe der Darstellung präzise vermittelt?
- Welche zentrale Wirkung liegt vor (witzig, boshaft, komisch, beleidigend ...)?
- Ist die Karikatur überzeugend gelungen? Formuliere deine eigene Meinung.

1. Werte alle Karikaturen der S. 206/207 nach der Anleitung vollständig aus. Ergänze jeweils Fehlendes und formuliere einen passenden Titel.
2. Recherchiere in Tageszeitungen, Zeitschriften sowie dem Internet nach Karikaturen zu den vorgegebenen Unterrichtsthemen. Werte diese aus und präsentiere die Ergebnisse.
3. Erstelle selbstständig eine Karikatur.

207.1: Karikatur

207.2: Karikatur

207.3: Karikatur

208.1: Lagos – Hauptstadt von Nigeria

Bundesrepublik Nigeria

Von der Kolonie zum Staat

Nigeria ist der mit Abstand bevölkerungsreichste Staat Afrikas. Dort leben Mitglieder aus etwa 250 verschiedenen Stämmen, wobei zwei Drittel der Bevölkerung den vier großen Stämmen der Hausa, Yoruba, Ibo und Ibibio angehören.

Das heutige Nigeria ist eine Schöpfung der britischen Kolonialherren, die die verschiedenen Stämme unterwarfen und deren Territorien 1914 zu einer Kolonie zusammenfassten. Im Jahre 1960 wurde Nigeria unabhängig und der junge Staat stand vor der Aufgabe, die unterschiedlichen Völker in einer Nation zu vereinen. Mitglieder aller Stämme innerhalb der künstlichen Grenzen der ehemaligen Kolonie sollten sich fortan als Nigerianer fühlen.

Allerdings war und ist dies ausgesprochen schwierig, weil das Land von großen Gegensätzen geprägt ist. Die Gewohnheiten des islamischen Nordens unterscheiden sich stark von denen des überwiegend christlichen Südens. Die Kultur der noch sehr traditionell denkenden Landbevölkerung ist nur schwer mit den sehr viel moderneren Lebensformen in Millionenstädten wie Lagos zu vereinbaren.

Um den unterschiedlichen Interessen besser gerecht werden zu können und die Gegensätze zwischen den Stämmen zu verringern, wurde Nigeria in Bundesstaaten mit eigenen Regierungen gegliedert. Heute besteht Nigeria aus insgesamt 36 Bundesstaaten.

208.2: Nigeria: Landwirtschaft, Bergbau und Stammeszugehörigkeit

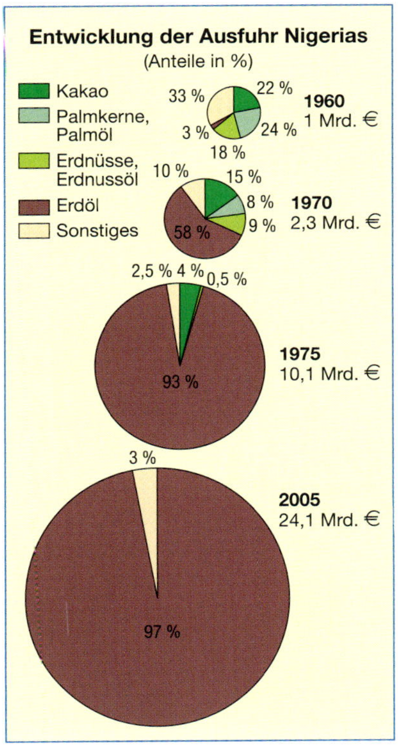

208.3: Entwicklung der Ausfuhren

Armes reiches Nigeria

Einerseits zählt Nigeria heute mit einer Erdölförderung von ca. 2,5 Mio. Barrel (1 Barrel = ca. 159 l) pro Tag zu den sechs wichtigsten Erdölexporteuren der Welt. Andererseits befindet sich das Land seit nunmehr 20 Jahren in einer schweren Wirtschaftskrise, wodurch Nigeria heute zu den ärmsten Ländern der Welt gehört. 90 Prozent der Bevölkerung leben unter der Armutsgrenze und verfügen über nur zwei US-$ pro Tag oder weniger. Ölreichtum und Massenarmut stellen in Nigeria zwei Seiten derselben Medaille dar.

Bis Mitte der 1970er-Jahre spielte die Landwirtschaft in Nigeria die entscheidende Rolle. Das Land war der weltgrößte Exporteur von Palmkernen sowie Palmöl und auch die Ausfuhr von Erdnüssen, Kakao, Kautschuk und tropischen Hölzern war bedeutend (Abb. 208.3). Neben diesen „cash crops“ stellte der Anbau von Hirse als „food crop“ die Ernährung der Bevölkerung sicher.
Infolge des Ölbooms der 1970er-Jahre änderte sich diese Situation grundlegend. Mit dem zunehmenden Export von Erdöl (Abb. 208.3) stiegen auch die Einkünfte aus dem Ölgeschäft rapide an und die Landwirtschaft verlor an Bedeutung. Vielerorts wurden Felder aufgegeben, da sich ein Anbau aufgrund sehr niedriger Weltmarktpreise nicht mehr lohnte. Die Versorgung der Menschen wurde immer schwieriger und es mussten sogar Nahrungsmittel importiert werden.

Mit den Einnahmen aus dem Erdölgeschäft wurden zwar Industrien aufgebaut und die Infrastruktur in Teilen des Landes erheblich verbessert, allerdings handelt es sich hierbei oft um zu große, wenig durchdachte Projekte. Diese verschlangen Unmengen von Geld, ohne der Bevölkerung des Landes zu nutzen. Gleiches gilt für die enormen Rüstungsausgaben der Militärherrscher, die mitverantwortlich für die anwachsende Schuldenlast Nigerias sind. Verschärfend kommt hinzu, dass die Erdölgesellschaften größtenteils staatlich kontrolliert werden, viele der Beamten aber die Belange ihres Stammes über die Interessen der Allgemeinheit stellen. Folglich werden die Erdölmillionen sehr ungleich verteilt, große Summen verschwinden in den Taschen korrupter Beamter und Politiker, die Masse der Bevölkerung dagegen geht leer aus.

209.1: „Erdölreichtum“

Ethnische und religiöse Konflikte
Zwischen dem 2. und 4. Mai 2004 griffen christliche Milizen in der Kleinstadt Yelwa die muslimischen Hausa an und töteten ca. 630 Muslime. Laut Augenzeugenberichten schritten Sicherheitskräfte erst ein, als das Blutbad beendet war.
Präsident Obasanjo wurde vorgeworfen, eine Mitschuld an dem Vorfall zu tragen, da er die muslimische Bevölkerung zu wenig geschützt habe. Daraufhin stationierte er Militäreinheiten in der Stadt und verhängte den Ausnahmezustand.
Als Reaktion auf das Massaker attackierten muslimische Jugendliche in der nördlichen Stadt Kano am 11. Mai 2004 Christen mit Messern und Macheten und ermordeten 36 Menschen, 22 000 Christen flüchteten.
(nach: Fischer Weltalmanach 2005, S. 317)

209.2: Gewalt in Nigeria

ANREGUNGEN

1. *Erstelle eine Tabelle, in der du die Vegetationszonen Nigerias mit deren landwirtschaftlicher Nutzung einträgst (Abb. 208.2).*
2. *Gib Gründe für die häufig aufflammenden ethnischen und religiösen Unruhen an (Abb. 209.2).*
3. *Beschreibe die Entwicklung der Ausfuhren Nigerias von 1960 bis heute (Abb. 208.3).*
4. *Erläutere die Bedeutung des Erdöls für die Wirtschaft Nigerias.*
5. *Erkläre, welche negativen Folgen das Erdölgeschäft für Nigeria mit sich bringt.*

GEO Praxis | **Wir werten einen Text aus – Botsuana**

Der Afrikanische Diamant

Botsuana hat sich dank seiner Bodenschätze und einer klugen Verteilungspolitik selbst auf die Beine geholfen – ohne Zuschüsse der UN

Gaborone – Es dauert eine Weile, bis man sieht, was Botsuanas Hauptstadt so außergewöhnlich macht. Als „langweiligste Stadt Afrikas" wird Gaborone gerne bezeichnet, als Ort, dem jegliche Anziehungskraft fehlt. Alles ist hier so sauber, so ruhig, so unaufgeregt, dass es fast schon gespenstisch wirkt. Nicht mal Zigarettenkippen liegen am Boden, die Abfalleimer sind geleert, die Straßenlaternen funktionieren, und selbst draußen, auf den Straßen, entdeckt man kein Auto, das alt aussieht oder verbeult ist. Dann aber fällt auf, was der große Unterschied zu jeder anderen afrikanischen Stadt ist: Es gibt keinen einzigen Bettler zu sehen, kein einziges Straßenkind – so etwas gibt es sonst nirgendwo auf dem Kontinent.

So langweilig Gaborone mit seinen 250 000 Einwohnern deshalb auch sein mag – die Stadt ist das Zentrum eines Landes, das gemeinhin als das leuchtende Beispiel Afrikas beschrieben wird, als Beweis dafür, dass es ein bettelarmer Staat alleine schaffen kann, ohne Entwicklungshilfe, Weltbank, Internationalen Währungsfonds oder UN-Gipfel zur Halbierung der Armut. Als das einstige britische Protektorat Betschuana-Land 1966 unabhängig wurde, gehörte der Staat zu den zehn ärmsten der Welt, Gaborone bestand gerade mal aus ein paar Kralhütten. Heute verzeichnet Botsuana mit 3300 Dollar pro Jahr das höchste Pro-Kopf-Einkommen in Afrika, im Jahr 2016 sollen es nach Regierungsplänen knapp 10 000 Dollar sein.

Botsuana, das zwischen den einstigen Apartheidstaaten Südafrika und Namibia und dem heutigen Horrorreich Simbabwe liegt, blickt auf 40 Jahre Demokratie zurück und auf ein ebenso ununterbrochenes Wirtschaftswachstum, das seit Jahrzehnten zu den höchsten der Welt zählt. In diesem Land darf jedes Kind kostenlos zur Schule gehen, jeder Student kostenlos zur Universität und jeder Bürger kostenlos zum Arzt. Und selbst die Krankenhausgebühren sind verschwindend gering: Für zwei Pula Eigenbeitrag, das sind 30 Cent, werden selbst aufwendige Operationen gemacht.

Diese Liste könnte lange fortgesetzt werden, und wenn man mit Kabelo Binns spricht, dann ist er über diese Errungenschaften so stolz, dass er gar nicht aufhören will, weitere Zahlen zu nennen: „Als wir unabhängig wurden, gab es fünf Kilometer asphaltierte Straße, heute sind es 6000 Kilometer, damals gab es vier höhere Schulen, heute sind es 400." Der 31-Jährige ist Sprecher beim Konzern Debswana, ein Gemeinschaftsunternehmen des Staates Botsuana und des südafrikanischen Bergbaukonzerns De Beers, das Diamanten fördert. Davon besitzt das Land mehr als jedes andere Land der Welt. Jeder dritte Edelstein kommt von hier, und die Vorräte scheinen noch lange nicht aufgebraucht zu sein. 2004 stellte Debswana mit 6000 Tonnen einen neuen Rekord auf, und in diesem Jahr sollen noch mehr Diamanten gefördert werden.

Nun ist ein Land mit solch einem Reichtum natürlich gesegnet, noch dazu, wenn es ungefähr so groß ist wie Frankreich und gerade mal 1,7 Millionen Einwohner hat. Aber selbst das ist noch keine Garantie für Wohlstand und Wachstum. Die jüngere Geschichte Afrikas zeigt, dass gerade rohstoffreiche Länder in Kriege gestürzt wurden – Angola, Liberia, Sierra Leone oder Kongo. Es braucht mehr, um ein Land trotz potenziellen Reichtums aus der Armut herauszuführen: eine politische Führung, der das Wohl der Menschen am Herzen liegt. Und auch hier scheint Botsuana gesegnet zu sein.

Nur ein paar Hundert Meter von der Debswana-Zentrale entfernt sitzt Robert Molefhabangwe im Parlament von Gaborone, und das Erste, was er sagt, ist: „Ehrlich, ich kann wirklich nicht viel Kritik an Präsident Festus Mogae üben." Das ist zwar verwunderlich, weil Molefhabangwe einer der bekanntesten Oppositionspolitiker ist, aber der Mann kann das erklären: Die Menschen in Botsuana, sagt der Parlamentarier, betrachteten sich als große Familie. Wenn es Konflikte gebe, setze sich die ganze Gemeinschaft zusammen und rede „die Probleme zu Tode". So konsultiere die Regierung die Opposition, bevor sie eine Entscheidung treffe, wenn aber Einigkeit erzielt sei, gäbe es daran nichts mehr zu rütteln. „Das entspricht unserer Tradition. Wir waren schon immer demokratisch."

Der Erfolg gibt dieser auf Gemeinschaft und Konsens ausgerichteten Politik recht. Als die ersten Diamanten in der Heimatregion des damaligen Präsidenten Seretse Khama entdeckt wurden, erklärte er sie sofort zum Allgemeinbesitz. Schon das war ungewöhnlich, da in anderen afrikanischen Staaten wie Kongo, Nigeria oder Togo die Herrscher nicht nur die Bodenschätze, sondern gleich das ganze Land als Privatbesitz in Beschlag nahmen. Aber auch der plötzliche Reichtum führte in Botsuana nicht zur Verschwendungssucht, seit Jahrzehnten wird eine sparsame Verteilungspolitik praktiziert. Der weitgehend schuldenfreie Staat verfügt über mehr als sechs Milliarden Dollar Devisenreser-

210.1: Zeitungsartikel

Diamantenmine in Botsuana

ven, die Korruption ist weniger ausgeprägt als in Italien oder Griechenland, und jeweils etwa 30% des Staatsetats fließen in Bildung und Gesundheit. Und sollte der Präsident auf Reisen gehen, dann kann er nicht, wie viele seiner afrikanischen Kollegen, auf einen Privatjet zurückgreifen, sondern steigt in eine Linienmaschine.

(gekürzt nach Michael Bitala, Süddeutsche Zeitung Nr. 213, 15. September 2005, Seite 7)

Es geht auch anders – geht es anders?

1. Fasse die Kernaussage des Zeitungsartikels (Abb. 210.1) zusammen und fertige eine einfache Skizze dazu an, indem du die sechs Schritte (Abb. 211.1) nacheinander durchläufst.
2. Überlege, welche Form der Textzusammenfassung (Kernaussage oder Skizze) sinnvoller ist. Begründe deine Meinung.
3. Erläutere wesentliche Gemeinsamkeiten und Unterschiede zwischen den Entwicklungen in Botsuana und den Problemen anderer Länder Schwarzafrikas.
4. Beurteile, ob es für andere schwarzafrikanische Staaten (z.B. Nigeria) möglich ist, Botsuana als Vorbild zu nehmen, um die eigene Situation zu verbessern.

Da vom Schreiben eines Buches bis hin zu seiner Veröffentlichung immer einige Zeit vergeht, können Bücher nie so aktuell sein wie ein Zeitungsartikel. Dies gilt übrigens auch für ein Geographiebuch. Zeitungen erscheinen täglich oder wöchentlich und wollen über das Tagesgeschehen informieren. Deshalb lohnt es sich schon als Schüler, Zeitungen zu lesen.

1. Schritt: Bevor du anfängst, den ganzen Text zu lesen, ist es sinnvoll, die Überschrift genau zu betrachten. Sie informiert dich in knapper Form über die Thematik des Textes. Meist erfährst du, wo was geschieht. Der Atlas hilft dir dann, dich zu orientieren. Suche das entsprechende Land und lass den Atlas während der Bearbeitung des Textes aufgeschlagen.

2. Schritt: Jetzt liest du den Text einmal ganz durch, wobei du unbekannte Fremdwörter und Fachbegriffe notierst oder farbig anstreichst. Für das Verständnis des Textes sollten Unklarheiten beseitigt werden, ein Lexikon oder dein Lehrer helfen dir dabei. Im Atlas kannst du die Lage von genannten Städten, Flüssen, Gebirgen oder Nachbarstaaten überprüfen.

3. Schritt: Während des zweiten Lesens versuchst du, den Artikel in zusammenhängende Abschnitte zu gliedern. In den meisten Fällen geben dir die Absätze des Artikels eine sinnvolle Gliederung vor.

4. Schritt: Nun empfiehlt es sich, den wesentlichen Inhalt eines jeden Abschnittes kurz und in Stichpunkten auf einem Notizblatt oder in deinem Erdkundeheft zusammenzufassen. Verzichte dabei auf alles Unwesentliche.

5. Schritt: Wirf nun einen Blick auf all deine Stichpunkte und streiche auftretende Wiederholungen. Überlege auch, ob die Reihenfolge der Punkte so sinnvoll ist oder ob Umstellungen nötig erscheinen.

6a. Schritt: Anhand der Zusammenfassungen kannst du jetzt die Kernaussage des Artikels in wenigen Sätzen formulieren.

6b. Schritt: Eine andere Möglichkeit besteht darin, eine einfache Skizze – ähnlich einem Tafelbild – zu entwerfen. Arbeite dabei mit Stichpunkten und Pfeilen.

211.1: So werte ich einen Zeitungsartikel aus

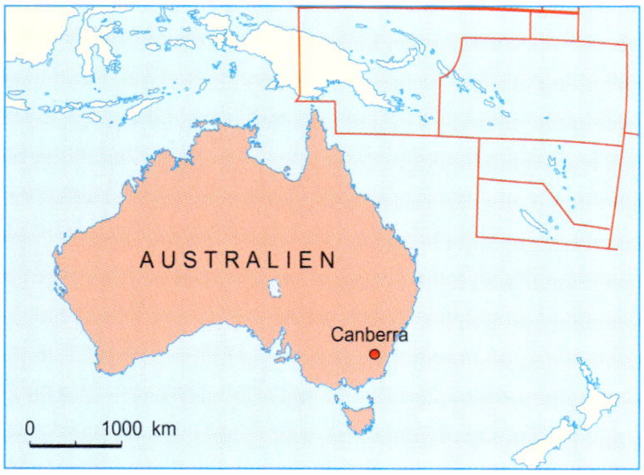

212.1: Die Lage Australiens

Australien – willkommen in „Down Under"

Australien ist der kleinste der Kontinente. Er wurde erst im 17. Jahrhundert entdeckt und im Folgenden von England in Besitz genommen und besiedelt. Neben freien Siedlern kamen auch unfreiwillige, wie zum Beispiel Sträflinge. Die Besiedlung konzentrierte sich auf die Küsten, vor allem auf die Ostküste. Dort leben heute zwei Drittel der Australier. Das flache Landesinnere zählt zu den Ungunsträumen und ist weitgehend unbesiedelt. Von den übrigen Kontinenten ist Australien seit Jahrmillionen getrennt. Daher entwickelte sich eine einzigartige Tier und Pflanzenwelt. Australiens wirtschaftliche Stärke beruht auf seinem Rohstoffreichtum. Diese wirtschaftliche Stabilität ließ Australien zu einem begehrten Einwanderungsland werden.

212.2: Dynamisches Australien

213.1: Asiatisches Leben in Sydney

Paradies im Meer

Das Great-Barrier-Riff ist das größte von Lebewesen errichtete Bauwerk der Erde. Die Aborigines Australiens nennen es „Waga Gaboo" – das Große Riff. Seine Fläche ist mit etwa 350 000 km² größer als die Italiens, seine Länge beträgt 2300 Kilometer. Sogar vom Mond ist es zu sehen.
„Baumeister" dieses Wunderwerkes sind winzige Polypen, die hier in Gemeinschaft mit Algen leben. Diese Polypen erzeugen jeden Tag auf einem Quadratkilometer vier Tonnen Kalk. Mit diesem errichten sie die Kalksteinbauten, in denen sie auch wohnen.
Das Riff dient heute als Lebensraum für mehr als 5000 Pflanzen und Tiere; durch Erwärmung und Umweltverschmutzung ist es aber stark gefährdet.

PROJEKTIDEEN

1. *Australien – ein ganz besonderer Kontinent? (▷ S. 214–216)*
2. *Australien – ein Einwanderungsland nur für Hochqualifizierte? (▷ S. 216–217)*
3. *Australiens geographische Lage – Vor- oder Nachteil in der globalisierten Welt? (▷ S. 218–219)*

Australien
Hauptstadt:
Canberra

Land und Einwohner

Fläche (in km²)		7 692 030
Einwohnerzahl (in Mio.)		20,3
Bevölkerungsdichte (in Einw. pro km²)		3
städtische Bevölkerung (in %)		88
größte Städte (Kernraum), Einw. in Mio.		
Sidney	(Großraum: 4,2)	3,6
Melbourne	(Großraum: 3,6)	3,4
Brisbane		1,8
Perth		1,5
Adelaide		1,1
Newcastle		0,5
Gold Coast Tweed		0,4
Bevölkerungswachstum (1990-2005) in %		1,2
Geburtenrate		13
Sterberate		6
Außengebiete:		
Weihnachtsinsel	135,0 km²	1506 Einw.
Kokos- bzw. Keelinginseln	14,2 km²	629 Einw.
Norfolkinsel	34,6 km²	2601 Einw.

Bildung und Gesundheit

Einschulungsrate in der Grundschule (m/w)	96 / 96
Alphabetisierungsrate (m/w)	k. A. / k. A.
HIV/Aids-Kranke (in %)	0,1
Ärzte pro 1000 Einw.	2,5
Säuglingssterblichkeit pro 1000 Geburten	5
Lebenserwartung (in Jahren)	81

Wirtschaft

Bruttoinlandsprodukt (BIP) (in Mrd. US-$)		732,5
Bruttonationaleinkommen (BNE) pro Kopf (in US-$)		33 120
Außenhandel:	Export (in Mrd. US-$)	106
	Import (in Mrd. US-$)	119
Erwerbstätigkeit:	in der Landwirtschaft (in %)	3,6
	in der Industrie (in %)	21
	im Dienstleistungsbereich (in %)	75
Arbeitslosigkeit (offizielle Angaben in %)		4,9

Umwelt und Entwicklung

Energieverbrauch pro Kopf (in kg Öleinheiten)	5762
CO_2-Emissionen pro Kopf (in t)	17,8
Human Development Index* (HDI-Weltrang)	0,962 (3)

alle Daten aus dem Fischer Weltalmanach 2008,
* Daten aus dem Human Development Report 2007/2008

214.1: Känguru mit Jungem

214.2: Koala

Besonderheiten der Natur

Australien war einst Teil des Großkontinents Gondwana. Seit dessen Zerbrechen und der Loslösung von Indien und der Antarktis vor etwa 70 Millionen Jahren hat er keinerlei Verbindung mehr mit den übrigen Kontinenten.

Durch diese Isolation und die sehr späte Besiedlung durch Europäer entwickelte sich in Australien eine ganz eigene Pflanzen- und Tierwelt mit sehr vielen endemischen, d.h. nur hier vorkommenden Arten. Bekannt sind die Beuteltiere, die ihre Jungen nach der Geburt in einer Hautfalte schützen und säugen. Das bekannteste Tier dieser Art ist das Känguru, eines der beiden Wappentiere Australiens. Weiterhin gehören dazu der Koala und einige schon ausgestorbene Arten wie z. B. der Beutelwolf. Daneben existieren noch eine Reihe sehr urtümlicher Formen, die sogenannten Kloakentiere, eierlegende niedere Säugetiere, wie z. B. das Schnabeltier. Es hat einen entenartigen Schnabel, der Schwanz erinnert wie das ganze Tier an einen Biber und zwischen den Krallen hat es Schwimmhäute. Das Aussehen des Tieres ist so ungewöhnlich, dass die ersten präparierten Exemplare, die nach Europa gelangten, für Fälschungen gehalten wurden.

214.3: Schnabeltier

Das zweite Wappentier ist der Emu, ein flugunfähiger Laufvogel und nach dem Strauß der größte dieser Art.

Die Tierwelt Australiens weist noch weitere Besonderheiten auf. So gibt es hier das größte Reptil der Erde, das Leistenkrokodil, der Kontinent hat mehr giftige als ungiftige Schlangen, und hier lebt auch der Steinfisch, der giftigste Fisch der Welt.

Von den Siedlern eingeschleppte Tiere, Hunde Katzen, Kaninchen, Füchse, Ratten und Mäuse stellen mittlerweile eine Gefährdung für viele einheimische Arten dar.

Von den 20 000 Pflanzenarten Australiens sind 85 % endemisch. Die bekanntesten Pflanzen sind Eukalyptus und Akazien, sie haben auch die größte Verbreitung. Seit der Einwanderung der Europäer und deren Landnutzung für Ackerbau, Weiden und Siedlungen sind bereits viele Pflanzenarten ausgestorben.

214.4: Eukalyptuswald

214.5: Wappen Australiens

Trockenheit im Innern Australiens

Australien ist der trockenste Kontinent der Erde. Durch die Lage im Passatgürtel wird der größte Teil von heißen, trockenen Luftmassen beeinflusst. Das führt zu extremen Temperaturen und geringen Niederschlägen im Kontinentinneren (Abb. 215.1). Nur ein Drittel der Fläche erhält daher genug Wasser für den Regenfeldbau. Die wenigen Niederschläge treten hier unregelmäßig auf, es kommt daher einerseits zu Dürren, andererseits zu Überschwemmungen, da der harte, ausgetrocknete Boden kaum Wasser aufnimmt.

An den Rändern Australiens, insbesondere im Osten (Steigungsregen) und im tropischen Norden (Monsun), fallen dagegen erhebliche Niederschläge. Der Südosten und der Südwesten verfügen im Winter über genug Feuchtigkeit.

Das Hauptproblem ist die extreme Trockenheit im Inneren. Dennoch kann Landwirtschaft be-

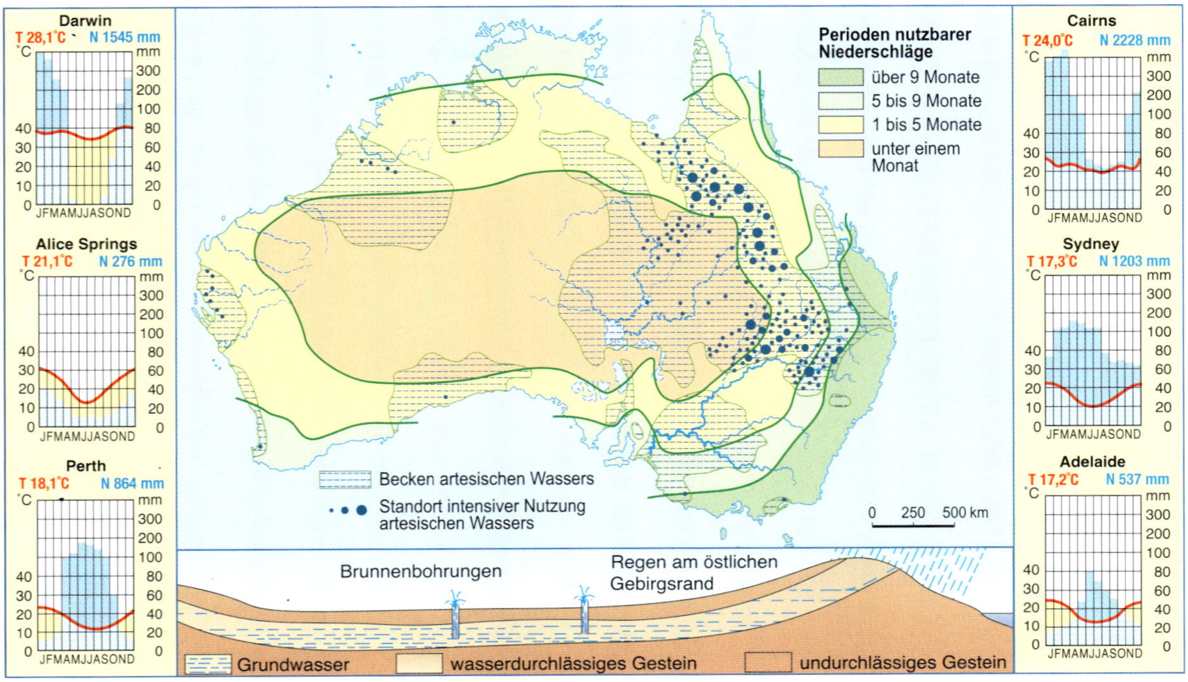

215.1: Das Klima Australiens und artesische Wasservorkommen

trieben werden. Durch die Beckenform des Mittelaustralischen Tieflands fließen versickerte Niederschläge in den Grundwasserschichten ins Innere dieser Ebene. Dort kommt das unter Druck stehende Wasser an natürlichen oder künstlichen Brunnen von selbst an die Oberfläche (Abb. 215.1). Solche Wasserstellen, artesische Brunnen genannt, ermöglichen eine landwirtschaftliche Nutzung.

ANREGUNGEN

1. *Erkläre die Besonderheiten der Tier- und Pflanzenwelt Australiens.*
2. *Australien wird als Kontinent der klimatischen Extreme bezeichnet. Erläutere diese Aussage und nenne Ursachen für derartige Erscheinungen.*
3. *Stelle mithilfe des Atlasses die Klima- und Vegetationszonen Australiens dar.*

GEO *Praxis* – Wir führen ein Wasserexperiment durch

Versuchsaufbau

Bohre in die Mitte eines etwa 1,50 m langen durchsichtigen Plastikschlauchs ein kleines Loch. Verschließe das Loch mit einem Zahnstocher. Halte den Schlauch an beiden Enden fest. Jetzt wird so viel Wasser wie möglich in den Schlauch gefüllt. Was passiert, wenn der Zahnstocher herausgezogen wird?

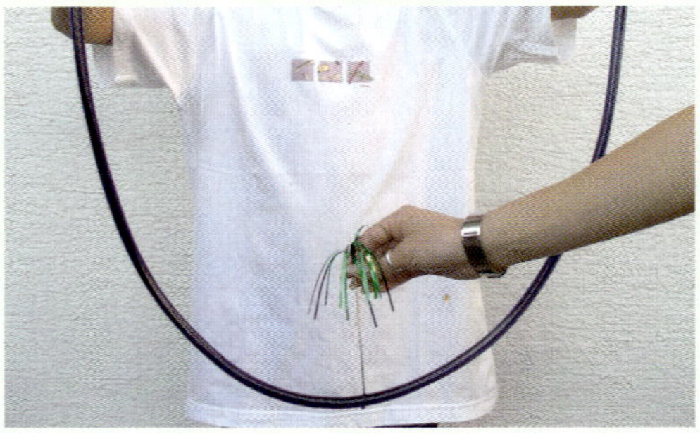

215.2: Versuchsdurchführung „artesischer Brunnen"

215.3: Materialliste
- 1,50 m durchsichtiger Plastikschlauch
- 1 Zahnstocher
- Wasser
- spitzes Messer

Die Aborigines (lat.: „von Beginn an", „abstammend") gelten als Australiens Ureinwohner. Sie kamen vermutlich vor ca. 60 000 Jahren über eine Landbrücke, die aufgrund der Meeresspiegelabsenkung während einer Kaltzeit entstanden war, aus Südostasien. Ähnlich wie die Indianer Nordamerikas ernährten sie sich vom Jagen und Sammeln, da sie weder Ackerbau noch Viehzucht betrieben. Ihre Beute erlegten sie mit Speeren und dem Bumerang, dem wohl bekanntesten Gegenstand Australiens.

Da sie Eigentumsansprüche nicht kannten und diese aufgrund ihrer Lebensweise auch nicht nötig waren, betrachteten die ankommenden Einwanderer Australien als eine „Terra Nullius", ein Land ohne Landbesitzer. Die Aborigines wurden daher von den Europäern rücksichtslos aus ihren angestammten Gebieten vertrieben oder durch eingeschleppte Krankheiten dahingerafft. Die wenigen verbliebenen Ureinwohner mussten lange Zeit mit Diskriminierungen und zurückgedrängt in Reservaten leben.

Ihre Situation verbesserte sich erst mit dem „Land rights act" (1976), als ihnen erstmals Grundbesitzrechte zugesprochen wurden. Das Mabo-Urteil aus dem Jahr 1992 sicherte ihnen dann Eigentumsrechte an Ländereien, zu welchen sie traditionelle Bindungen aufrechterhalten hatten. Der Uluru-Nationalpark mit dem Ayers Rock ist das wohl bekannteste Beispiel dafür. Von den hier erzielten Einnahmen leben heute viele der Aborigines. Dennoch haben die australischen Ureinwohner heute immer noch mit Diskriminierungen zu kämpfen, auch wenn das Verständnis für ihr Schicksal und ihre Traditionen stark gestiegen ist.

216.1: Aborigines – Ureinwohner Australiens

Willkommen in „Down Under" – die Europäer kommen

James Cook leitete mit der Ankunft der „Endeavour" im Jahre 1770 die europäische Landnahme ein. Zu Beginn war Australien allerdings lediglich eine Strafgefangenenkolonie der Briten. Nach dem Verbüßen ihrer Strafe blieben die meisten Häftlinge und nahmen Terra Nullius, das „herrenlose Land", in Besitz.

1793 kamen die ersten freien Siedler aus Schottland und Irland. Sie ließen sich zunächst im Bereich der Ostküste, später dann jenseits der Great Dividing Range nieder, um dort Landwirtschaft zu betreiben. Die klimatischen Bedingungen boten nur in dieser Region gute Voraussetzungen für die Schafhaltung. Lange Zeit stellte die hier gewonnene Wolle schließlich eine der Grundlagen für die britische Textilindustrie dar.

Eine ganz besondere Art des Reisens für junge Erwachsene ist das WHV, das Deutsche im Alter von 18 bis 30 Jahren beantragen können. Es ermöglicht, Australien auch mit kleinem Budget zu bereisen, da Jobben (z. B. als Erntehelfer, Kassierer) erlaubt ist. Die Bewerbung ist nur online und in englischer Sprache möglich und es fällt eine Gebühr von 170 A-$ an. Ab dem Einreisetag gilt das Visum zwölf Monate und spätestens alle drei Monate ist ein Jobwechsel vorgeschrieben.

216.2: Working Holiday Visum (WHV)

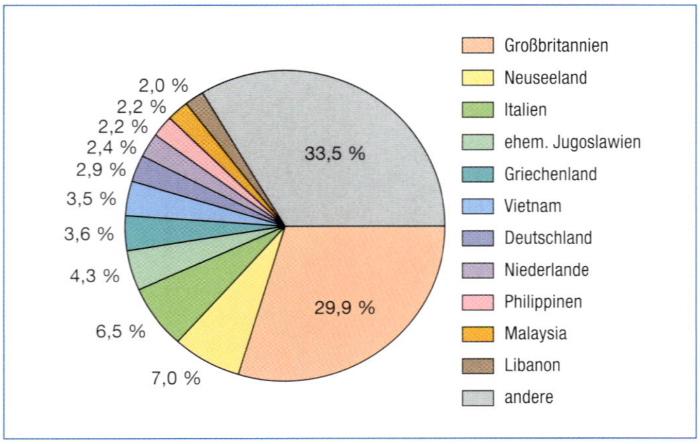

217.1: Geburtsländer in Australien lebender Ausländer (2006)

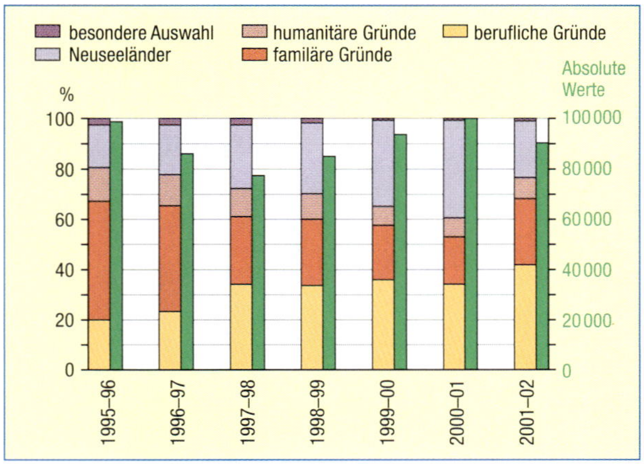

217.2: Immigranten nach Auswahlkriterien

Australien wird „gelb"

Im Jahr 1849 setzte nach Goldfunden in der Provinz Victoria auch in Australien der Goldrausch ein und sorgte für einen weiteren Zuwanderungsstrom. Großen Anteil daran hatten die Asiaten. Sie waren als billige Grubenarbeiter sehr gefragt. Da die Briten als neue „Landesherren" allerdings schnell eine Überfremdung durch die „Gelbe Gefahr" befürchteten, wurde deren Immigration stark reglementiert, was als „white Australia policy" bezeichnet wird. Die gesetzliche Grundlage dafür bildete der „Immigration Restriction Act" von 1901. Obwohl er weltweit scharf kritisiert wurde, hatte er bis 1958 Bestand. Während dieser Zeit führte Australien auch die sogenannte „10-pound Pom"-Kampagne durch. Als „Pommie" (Prisoner of Her Majesty) konnte man damals für lediglich zehn britische Pfund nach Australien auswandern, wovon rund eine Million Briten Gebrauch machten.
Nach der Abkehr von der „white policy" setzte zunächst ein gewaltiger Zustrom von Flüchtlingen und Emigranten aus dem Nahen Osten und aus Ostasien ein.

Crocodile Dundee ruft

Bislang sind die Australier hierzulande eher als Krokodiljäger bekannt, doch jetzt gehen sie auch auf die Suche nach qualifizierten Arbeitskräften: Rund 20 000 Ingenieure, Ärzte, Krankenschwestern, Industriemechaniker und qualifizierte Handwerker will das Land in Europa und Asien anheuern; vor allem in der Bauindustrie fehlen Arbeiter mit dem nötigen Know-how.
Dem Ruf Crocodile Dundees werden viele Deutsche nur allzu gerne folgen, auch wenn in einigen Branchen die Arbeitszeiten länger sind als hierzulande und die Stundenverdienste niedriger. Wer richtig ranklotzt, macht trotzdem seinen Schnitt: Mit einem kaufkraftbereinigten Pro-Kopf-Einkommen von 29 700 US-$ lag Down Under im letzten Jahr um 800 US-$ vor Deutschland.

nach: IWD, Nr. 43 vom 27.10.2005:8, Der fünfte Kontinent

217.3: Zeitungsartikel

„Wir wollen die Besten"

Aufgrund eines drohenden Arbeitskräftemangels versucht Australien in den letzten Jahren, gezielt qualifizierte Arbeitskräfte aus Europa und Asien anzuwerben. Wer in das Raster passt und die Auswahlkriterien erfüllt, darf einwandern. Abdul Rizvi, Mitarbeiter der Immigrationsbehörde, meint: „Egal von wo auf der Welt – wir nehmen ausgebildete Menschen, die unseren Anforderungen entsprechen." Etwa 65 Prozent der 2005 ins Land gekommenen Immigranten erhielten aufgrund ihrer besonderen Fähigkeiten im Rahmen eines sogenannten „skill stream" den Status eines „permanent resident".

ANREGUNGEN

1. *Stelle die Phasen und Gründe der Besiedelung bzw. Zuwanderung nach Australien tabellarisch dar.*
2. *Informiere dich mithilfe des Internets über die heutige Situation der australischen Ureinwohner.*
3. *Erläutere die Abb. 217.2.*
4. *Lege die Nachteile des beschriebenen „skill stream" für die abgebenden Länder dar.*

218.1: Rohstoffabbau in Queensland

218.2: Weinanbau Deutschstämmiger in Südaustralien

Australien – Wirtschaft und Handel

Der Außenhandel beschränkte sich aus historischen Gründen lange Zeit auf das ehemalige Mutterland Großbritannien. Die koloniale Bindung bei gleich-zeitig reichen Bodenschatzvorkommen und einem vergleichsweise kleinen Binnenmarkt mach(t)en das Land der Kängurus zu einem klassischen Exportland. Seit dem Ende des Zweiten Weltkrieges gewann aber schließlich der asiatisch-pazifische Raum immer mehr an wirtschaftlicher Bedeutung.

Der Außenhandel im Wandel der Zeit

War in den 1950er-Jahren Schafwolle, welche zwei Drittel der Exporteinnahmen bescherte, noch das wichtigste Exportgut, so hat sie heute nur noch eine marginale Bedeutung.
Rindfleisch und Weizen sind ein weiteres Standbein des landwirtschaftlichen Exports, wobei aber die Konkurrenz aus den USA und der EU gerade beim Weizen immer härter wird. Einen Lichtblick im primären Sektor stellt der Wein dar. Der australische Rebensaft erlebt auf dem Weltmarkt gerade einen regelrechten Nachfrageboom und wird immer beliebter.
Traditionelle Exportschlager sind Bergbauprodukte (Abb. 219.4) für die weiterverarbeitende Industrie auf der ganzen Welt. Sie können aufgrund ihrer flachen Lagerung kostengünstig im Tagebau gewonnen werden. Aufgrund der steigenden Weltmarktnachfrage erzielen sie weiterhin sehr gute Preise.
Problematisch ist allerdings in jüngster Zeit, dass die Entwicklung der technologiestarken Exportbranche, wie zum Beispiel im Bereich der Telekommunikation, Biotechnologie, Computersoftware und medizinischen Geräte, nicht so dynamisch verläuft wie in anderen Ländern. Da die Arbeitskosten in den asiatischen Nachbarländern deutlich unter australischem Niveau liegen, sind mehr als drei Viertel der in Australien erhältlichen Industrieprodukte (Kfz, Elektronik-/Elektroartikel) Importwaren.

ANREGUNGEN

1. *Beschreibe die Entwicklung des australischen Außenhandels (Abb. 219.3 und 4).*
2. *Erläutere die Außenhandelsstruktur (= Im- und Exporte) Australiens (Abb. 219.1 und 2).*
3. *Begründe, weshalb asiatische Länder heute mit an erster Stelle der australischen Handelspartner stehen.*
4. *Diskutiere, ob es nötig ist, Wein aus Australien zu importieren, wenn dieser auch in Deutschland wächst (Abb. 219.5).*

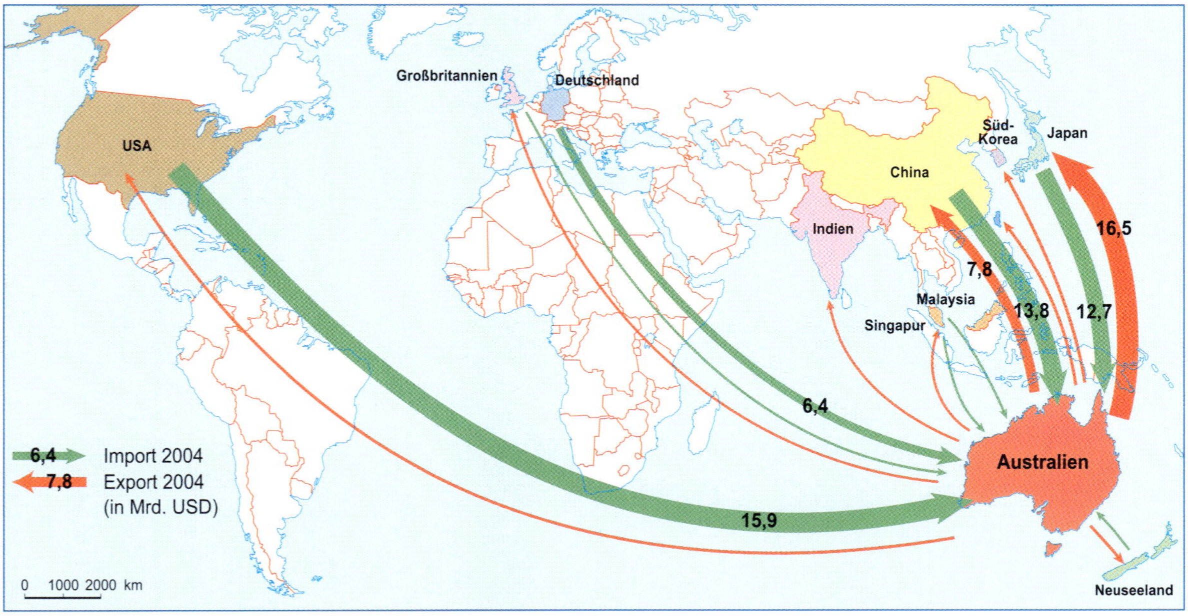

219.1: Australiens Außenhandel (wichtigste Handelspartner)

Importgüter (Auswahl)	2004 (in Mrd. US-$)	Anteil (in %)
Kfz/Elektronik	13,8	13
Maschinen	12,7	12
chemische Erzeugnisse	11,7	11
mineralische Brennstoffe	9,5	9
Elektrotechnik	4,2	4

Exportgüter (Auswahl)	2004 (in Mrd. US-$)	Anteil (in %)
Erze	11,6	12
Kohle	9,7	10
NE-Metalle	5,8	6
mineralische Brennstoffe/Fleisch und Getreide	4,9	5
chemische Erzeugnisse	3,9	4

219.2: Die wichtigsten Import- und Exportgüter Australiens im Vergleich

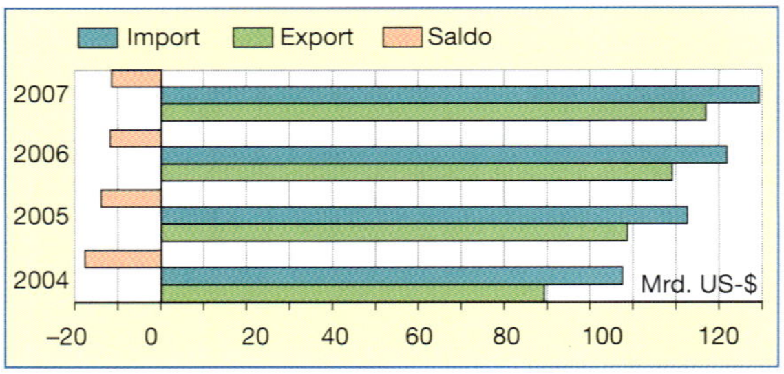

219.3: Entwicklung des australischen Außenhandels

Bauxit	1. Platz	Eisenerz	4. Platz
Blei	1. Platz	Gold	4. Platz
Nickel	1. Platz	Kupfer	4. Platz
Uran	1. Platz	Silber	4. Platz
Zink	2. Platz	Steinkohle	6. Platz
Aluminium	3. Platz		

219.4: Australiens Bodenschätze und ihre globale Bedeutung bezüglich der Produktion

Eine Flasche Wein aus Australien hat ca. 20 000 Kilometer Seeweg hinter sich, dann etwa 1000 Kilometer Lkw-Fahrt von Hamburg oder Rotterdam in den Shop. Dabei wird pro Flasche etwa 35 Gramm Treibstoff verbraucht, was einer CO_2-Emission von 110 Gramm entspricht. Bei einem 15-Kilogramm-Einkaufstrip mit dem Auto zum Supermarkt, nur 5 Kilometer vom Wohnort entfernt, kommen auf den Liter Wein nochmals so viel dazu, nämlich 120 Gramm CO_2. Betrachtet man die Kosten, ergibt sich folgendes Bild: Der Transport eines Containers von Perth nach Hamburg kostet weniger als 1200 US-$. Bei einem Inhalt von 12 000 Flaschen Wein entstehen pro Flasche Transportkosten von nicht einmal 10 US-Cent.
Umweltschützer fordern daher, dass Konsumenten künftig mehr Informationen über die CO_2-Bilanz der Waren bekommen sollen. In britischen Supermärkten wurde eine solche Einführung bereits umgesetzt: Tesco und das Unternehmen Marks & Spencer haben Produkte, die mit dem Flugzeug importiert worden sind, mit einem eigenen Label versehen.

219.5: Wein aus Salisbury – ökologisch verantwortlich?

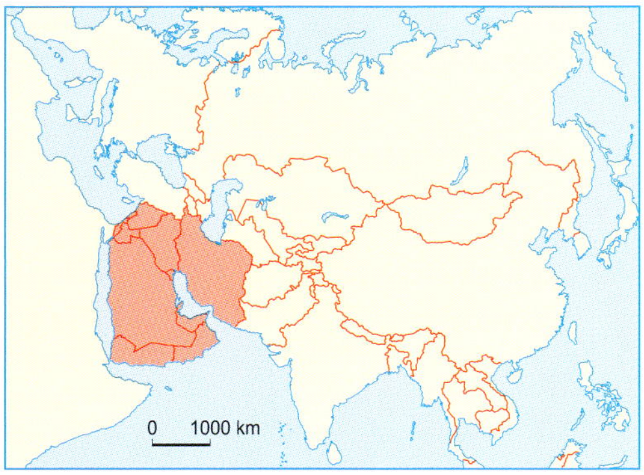

220.1: Die Lage des Nahen Ostens

Naher Osten – viel Öl, wenig Wasser

Der Nahe Osten mit der Hochkulturen im Zweistromland (Mesopotamien) ist eines der ältesten Kulturzentren der Erde. Mit Jerusalem und Mekka befinden sich hier auch wichtige Stätten dreier Weltreligionen. Heute ist der Nahe Osten gekennzeichnet durch Ölreichtum einerseits und Wasserarmut andererseits. Dabei verfügen nur wenige Staaten über den Rohstoff Öl, allen gemeinsam jedoch ist die Wasserarmut. Oftmals sind die Staaten von Fließgewässern abhängig, deren Quellen wiederum von anderen Staaten kontrolliert werden. Diese Situation kann zu Verteilungskonflikten führen. Politische Konflikte, insbesondere zwischen Israel und seinen arabischen Nachbarstaaten, belasten die Situation im Nahen Osten zusätzlich.

220.2: Erdölförderung in der Wüste

221.1: Felsendom in Jerusalem

Palästinenser wollen Himmel über Jerusalem verdunkeln

Zwei Minuten lang heulten die Sirenen in den Palästinensergebieten, Tausende Menschen marschierten in Ramallah (15 km nordwestlich von Jerusalem) durch die Straßen, 22 000 schwarze Luftballons wurden losgelassen – für jeden Tag des Bestehens Israels einer: So haben die Palästinenser heute am 15. Mai 2008 der Staatsgründung Israels vor 60 Jahren gedacht, um die Trauer und das Leiden der Palästinenser zu symbolisieren. Die Luftballons sollten, so die Idee, den Himmel über Jerusalem verdunkeln.

PROJEKTIDEEN

1. *Dubai investiert in die Zukunft und bezahlt mit Öl. Sind die Projekte gut gewählt?* *(▷ S. 222–223)*
2. *Konsum und Koran – gelingt Saudi-Arabien die Verbindung von Tradition und Moderne?* *(▷ S. 224–225)*
3. *Ist der Konflikt zwischen Israel und Palästina vor allem ein Kampf um das „Wasser“?* *(▷ S. 226–227)*

Wichtige Länder im Nahen Osten

Syrien

Fläche (km²): 185 180	Einwohner: 17 155 814
Bevölkerungsdichte (Einw. /km²):	93
BNE (in Mrd. US-$): 26,3	BNE/Kopf (US-$): 1380
Import / Export (in Mrd. US-$):	24,0 / 14,6
Anteil am Welterdölvorrat (%):	0
HDI* (Wert / Position):	0,726 / 108.

Libanon

Fläche (km²): 10 452	Einwohner: 3 677 780
Bevölkerungsdichte (Einw. /km²):	354
BNE (in Mrd. US-$): 24	BNE/Kopf (US-$): 5700
Import / Export (in Mrd. US-$):	9,6 / 2,2
Anteil am Welterdölvorrat (%):	0
HDI* (Wert / Position):	0,772 / 88.

Jordanien

Fläche (km²): 92 300	Einwohner: 5 307 470
Bevölkerungsdichte (Einw. /km²):	58
BNE (in Mrd. US-$): 28	BNE/Kopf (US-$): 5100
Import / Export (in Mrd. US-$):	10,6 / 3,7
Anteil am Welterdölvorrat (%):	0
HDI* (Wert / Position):	0,773 / 86.

Israel

Fläche (km²): 20 770	Einwohner: 7 184 000
Bevölkerungsdichte (Einw. /km²):	324
BNE (in Mrd. US-$): 233	BNE/Kopf (US-$): 33 299
Import / Export (in Mrd. US-$):	47,8 / 46,4
Anteil am Welterdölvorrat (%):	0
HDI* (Wert / Position):	0,932 / 23.

Irak

Fläche (km²): 437 072	Einwohner: 24 001 816
Bevölkerungsdichte (Einw. /km²):	55
BNE (in Mrd. US-$): 90	BNE/Kopf (US-$): 3600
Import / Export (in Mrd. US-$):	29,7 / 30,1
Anteil am Welterdölvorrat (%):	10
HDI* (Wert / Position):	k. A.

Saudi-Arabien

Fläche (km²): 1 960 852	Einwohner: 23 513 330
Bevölkerungsdichte (Einw. /km²):	12
BNE (in Mrd. US-$): 446	BNE/Kopf (US-$): 21 200
Import / Export (in Mrd. US-$):	50,7 / 193,2
Anteil am Welterdölvorrat (%):	23
HDI* (Wert / Position):	0,812 / 61.

alle Daten aus dem Fischer Weltalmanach 2008,
* Daten aus dem Human Development Report 2007/2008

222.1: Die Lage Dubais am Persischen Golf

Steckbrief Dubai:
- Fläche: 4000 km^2
- Einwohner: 1 Mio. (20 % Einheimische, 80 % Ausländer)

www.dubai-city.de
www.theworld.ae
dubai-city.de
www.thepalm.ae
www.burj-al-arab.com

Dubai – ein modernes Märchenland

Abflug Frankfurt 8 Uhr, Ankunft Dubai 17 Uhr Ortszeit nach sechs Stunden Flug. Landung mitten in der Wüste – in einem modernen Märchenland.

Über 7 Mio. Touristen kamen 2007 nach Dubai, einem der sieben Emirate am Persischen Golf, die seit 1971 die Vereinigten Arabischen Emirate (VAE) bilden. Weltberühmt wurde Dubai vor wenigen Jahren durch das mit 321 m Höhe höchste und luxuriöseste Hotel der Welt, dem Burj al Arab (Abb. 222.3), dessen äußere Form dem Segel der traditionellen Handelsschiffe, den Dhaus, nachempfunden ist.

Mit immer neuen Superlativen soll die Anziehungskraft des Emirats gestärkt und die Bedeutung als internationaler Handelsplatz ausgebaut werden. Dubai als Sprungbrett zur Erschließung neuer Märkte – Dubai Internet City (DIC) bietet dafür beste Voraussetzungen. Viele weltbekannte Firmen v.a. aus den Bereichen Informationstechnologie und Marketing haben bereits Niederlassungen in DIC mit insgesamt über 10 000 Beschäftigten. Das Emirat lockt Firmen mit Bedingungen, die sonst kaum zu finden sind, wie z. B. Zoll- und Steuerfreiheit, einer exzellenten Infrastruktur, niedrigen Energiepreisen, günstigen Preisen auch für das aufwendig aus dem Meerwasser gewonnene Trinkwasser sowie kostenloser medizinischer Versorgung und Schulbildung für alle hier Arbeitenden und ihre Familien.

Gigantische Bauvorhaben werden vorangetrieben: *Burj Dubai*, das mit voraussichtlich rund 800 m Höhe das höchste Gebäude der Welt werden soll,

222.3: Hotel Burj al Arab

Dubailand als riesiger Vergnügungspark mit Skihängen und einem Eishockeystadion und dem weltweit größten Shopping Center, *Palm I und II*, Luxusvillen und Hotels auf künstlichen Inseln, angelegt in Form einer Palme, und schließlich *The World*, eine Nachbildung der Welt auf etwa 300 vor der Küste aufgeschütteten Inseln (Abb. 222.2).

Alle diese Projekte kosten Milliarden Euro – doch Geld spielt keine Rolle dank des Erdöls, des „schwarzen Goldes", das 1966 vor der Küste Dubais entdeckt wurde. Da die Scheichs wissen, dass die Erdöl- und Erdgasquellen insgesamt nur noch etwa 50 Jahre lang sprudeln werden, investieren sie die Ölmilliarden in das „neue Dubai" und bauen es zu einem wichtigen Wirtschafts- und Touristenzentrum um.

Sie schaffen in der lebensfeindlichen Wüstenregion eine künstliche Welt mit einem künstlichen Klima durch Klimaanlagen, ohne die diese Entwicklung nicht möglich gewesen wäre. Sie wäre auch nicht zu verwirklichen ohne die vielen ausländischen Arbeitskräfte, die vorwiegend aus Süd- und Ostasien angeworben werden. Im Vergleich zu den Emiratis (den Einheimischen) genießen diese jedoch außer steuerfreiem Lohn kaum Rechte und können jederzeit wieder in ihre Heimatländer zurückgeschickt werden.

222.2: „The World" (Computersimulation)

Wandel durch Öl

Aus europäischer Sicht lag die Region um den Arabisch-Persischen Golf jahrhundertelang in einem Dornröschenschlaf. Den landhungrigen europäischen Mächten bot dieser Wüstenraum keinerlei Anreize.
Noch vor wenigen Jahrzehnten zählten die Länder am Golf zu den ärmsten der Erde und die Zeit schien in diesem Teil der Welt stehen geblieben zu sein. Doch fast über Nacht änderte sich das Leben am Golf, als zunächst im Iran und später in allen Golfstaaten Erdöl unter dem Wüstensand oder unter dem Meeresboden vor der Küste gefunden wurde – die Märchenwelt aus Tausendundeiner Nacht wurde plötzlich Wirklichkeit.
Nirgendwo auf der Welt vollzog sich der Übergang vom Mittelalter in die Moderne so rasant wie in der Golfregion. Innerhalb von nur wenig mehr als einer Generation wurden Beduinenzelte durch moderne Prachtbauten, Kamele durch Straßenkreuzer, Karawanenstraßen durch Autobahnen ersetzt. Ein unglaublicher Reichtum trat an die Stelle der früheren Armut. Dieses „Wunder“ ist allein auf Öl gebaut – und es ist ein teures Wunder. Allein die Trinkwassergewinnung aus Meerwasser verschlingt Unsummen in dieser wasserlosen Region – in Dubai wird dafür heute schon mehr Erdgas benötigt, als das Emirat fördert.

Die Golfstaaten verfügen über etwa 55 % aller bekannten Ölreserven; die vielen Ölquellen verwandelten die Region in die „Tankstelle der Erde“. Wie an einer Perlenschnur aufgereiht ragen die Bohrtürme überall entlang der Küste in den Himmel. Hinzu kommen die küstenfernen (= off shore) Lagerstätten. Das geförderte Erdöl wird nur zu einem kleinen Teil in den Golfländern selbst in Raffinerien verarbeitet. Der größte Teil wird durch Pipelines gepumpt oder mit Tankschiffen, die über die Straße von Hormus in den Golf gelangen, in alle Welt transportiert.

Die ständig steigende Nachfrage nach Öl stärkt die Macht der Ölstaaten. Um aber einen möglichen Preisverfall durch eine ungezügelte Ölförderung zu vermeiden, schlossen sich 1960 einige Förderländer zur OPEC zusammen. Das Ziel dieser Organisation ist ein stabiler Ölmarkt. Zweimal im Jahr treffen sich Vertreter der Mitgliedsländer, um über die Fördermengen und den angestrebten Richtpreis für ein Barrel Öl zu beraten.

Staat	Fläche (km^2)	Einwohner (Mio.)	Hauptstadt (Einwohner)
Bahrain	694	0,6	Manama (140000)
Katar	11000	0,6	Doha (240000)
Kuwait	17818	2,5	Kuwait-Stadt (193000)
Irak	438317	25,2	Bagdad (4,9 Mio.)
Iran	1640000	69,9	Teheran (6,7 Mio.)
Oman	212457	2,9	Maskat (0,5 Mio.)
Saudi-Arabien	2150000	24,2	Riad (2,1 Mio.)
Vereinigte Arabische Emirate	83600	3,0	Abu Dhabi (363000)
zum Vergleich: Deutschland	357022	82,5	Berlin (3,3 Mio.)

223.1: Die Golfstaaten in Zahlen

ANREGUNGEN

1. *Suche die OPEC-Staaten (Atlas) und trage sie in eine Weltkarte ein.*
2. *Zeichne anhand der Klimatabelle (Abb. 223.2) ein Klimadiagramm. Markiere im Diagramm zusätzlich die mittleren Tageshöchst- und -tiefstwerte mit einem „x“.*
3. *Berechne für die Golfstaaten die Einwohnerdichte (Einw./km^2) sowie den Prozentsatz der Einwohner, die in der Hauptstadt leben (Abb. 223.1). Vergleiche die Werte mit Deutschland und begründe die Unterschiede.*
4. *Beschreibe, wie Dubai sich für die Zeit „nach dem Öl“ rüstet. Nenne auch mögliche Probleme.*

OPEC = Organization of the Petroleum Exporting Countries

Internet-Tipp
www.opec.org

Monat	Temperatur (Monatsmittel) in °C	Niederschlag in mm	mittlere Tageshöchstwerte in °C	mittlere Tagestiefstwerte in °C
Januar	18,7	11	24,0	13,7
Februar	19,3	36	24,6	14,5
März	22,3	22	27,9	17,0
April	26,1	8	32,4	20,1
Mai	29,9	1	36,8	23,5
Juni	32,2	0	38,8	26,1
Juli	34,4	0	40,6	28,9
August	34,4	0	40,4	29,3
September	32,1	0	38,7	26,3
Oktober	28,7	0	35,1	22,7
November	24,3	2	30,5	18,3
Dezember	20,6	14	26,2	15,4
Jahr	**26,9**	**94**	**33,0**	**21,3**

223.2: Klima von Dubai

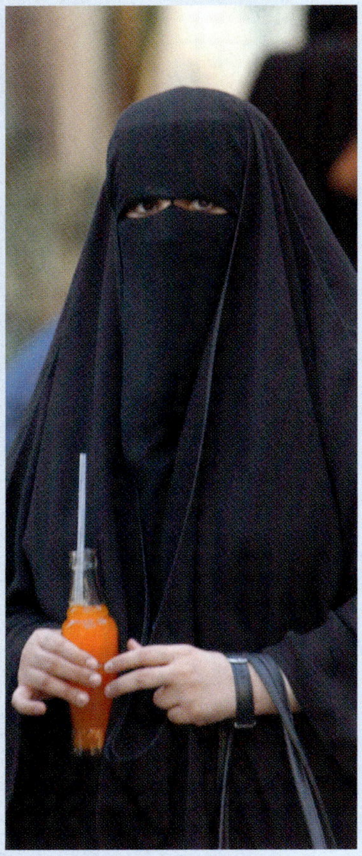

Der Wahhabismus, eine besonders konservative Richtung des Islam, dominiert das Alltagsleben. Leidtragende sind vor allem die Frauen. Zwar studieren mehr Frauen (65 %) als Männer, aber nur ein Bruchteil findet einen Job. Frauen können nicht wählen, dürfen nicht unverschleiert (der schwarze Abaja ist in der Öffentlichkeit Pflicht) und nur in Begleitung auf die Straße, dürfen nicht selbst Auto fahren, ein Konto oder ein Geschäft eröffnen oder ins Ausland reisen. Überall lauert die saudische Religionspolizei und wacht über die öffentliche Moral. Vor allem wird auf die strikte Trennung der Geschlechter geachtet. Jede Bank, jedes Restaurant, jedes Geschäft hat nach Geschlechtern getrennte Kassen.
Der Al Faisal Tower und das Kingdom Center in Riad integrieren neben modernen auch islamische Elemente in Konstruktion und Design. Die beiden Wolkenkratzer haben keine Bars, Discos und Kinos, dafür aber befinden sich unter dem Rasen riesige Festsäle, die 3000–4000 weiblichen Gästen vorbehalten sind, um bei einer Hochzeit unverschleiert und ohne Männer zu feiern.

224.1: Die Frauen von Riad

Saudi-Arabien – zwischen Konsum und Koran

Am 3. März 1938 drehen Ingenieure in der Stadt Dammam am Persischen Golf den Hahn der ersten lohnenden Ölquelle auf und verschaffen dem noch jungen Staat plötzliche weltwirtschaftliche Bedeutung. In den folgenden 60 Jahren veränderte sich Saudi-Arabien mehr als in den vorangegangenen 1000 Jahren. Heute werden die Menschen gleichzeitig in zwei völlig gegensätzliche Richtungen gezogen – westlicher Lebensstil und islamische Tradition prallen aufeinander. Wohin steuert Saudi-Arabien?

ANREGUNGEN

1. *Inwiefern kommt Saudi-Arabien eine Sonderrolle in der arabischen Welt zu?*
2. *Reichtum auf Zeit: Vergleiche die Saudi-Arabien und Dubai hinsichtlich ihrer Erfolge und Probleme.*
3. *Arbeite mit der Karte: Begründe die unterschiedlichen Entwicklungschancen der Staaten am Golf.*

224.2: Existenzgrundlagen: das schwarze und das blaue Gold

Kein Land verfügt über größere Erdölreserven als Saudi-Arabien. Unter seinem Wüstenboden liegen 20 Prozent aller bekannten Vorkommen. Bei der heutigen Fördermenge reicht das Öl noch für 90 Jahre. Die wirtschaftliche Zukunft Saudi-Arabiens wird daher noch überwiegend durch die Einnahmen aus dem Ölgeschäft geprägt. Erdölförderung und -verarbeitung sind mit Abstand die wichtigsten Wirtschaftszweige, sie tragen rund 90 Prozent zum Exporterlös bei. Saudi-Arabien verstärkt auch seine bergbauliche Tätigkeit. Zukunftsweisende Erfolge aber verspricht sich das Land vom Erdgas, dessen Vorräte auf 122 Jahre geschätzt werden. Es dient vor allem als Energieträger zum Beispiel zur Süßwassergewinnung. In Zukunft soll das Erdgas verstärkt als Rohstoff für die petrochemische Industrie eingesetzt werden, die das Gas bis zu den Endprodukten im eigenen Land verarbeiten kann. Die Regierung setzt große Hoffnungen in den Aufbau dieser Industrien, um damit auch die dringend benötigten Arbeitsplätze für die junge Bevölkerung zu schaffen.

225.1: Wirtschaft Saudi-Arabiens

Bevölkerungsentwicklung und Arbeitsplätze sind aus der Balance geraten: 1970 lebten 6,2 Millionen Menschen im Königsreich, heute sind es bereits über 24 Millionen. Jede saudische Frau gebärt durchschnittlich mehr als sechs Kinder. Die Arbeitslosigkeit liegt bei dreizehn Prozent. Bis 2020 müssen sechs Millionen neue Arbeitsplätze geschaffen werden. Seit Mitte der Achtzigerjahre des letzten Jahrhunderts bemüht sich die Regierung, die ausländischen Arbeitskräfte durch saudische Jugendliche zu ersetzen (Saudisierung). Ohne großen Erfolg. Immer noch erledigen die sechs Millionen Ausländer die Jobs, die viele Saudis meiden, weil ihnen die Arbeit zu minderwertig ist oder weil ihnen die fachlichen Kenntnisse fehlen. Bei den jungen Saudis hat sich eine „Unkultur" der Bequemlichkeit herausgebildet: Lediglich Stellungen im Staatsdienst sind gefragt. Diese Haltung führt dazu, dass bis zu 30 Prozent im Alter zwischen 20 und 24 Jahren arbeitslos sind. Mit dem Geld ihrer Väter, aber ohne Ehrgeiz und gelangweilt, ohne Discos, Kinos, Theater verbringen sie den Alltag mit Handyspielen, Autofahrten auf den Boulevards oder mit Shopping in der klimatisierten Welt der Einkaufszentren. Die einzigen Freizeitmöglichkeiten bieten sich in den vielfältigen Sportstätten. Kein Wunder, dass viele den Verlockungen des nahen „freizügigen" Dubai erliegen.

225.2: Bevölkerung und Gesellschaft

Saudi-Arabien ist die geistige Heimat für 1,3 Mrd. Muslime. Das Königreich sieht sich als Hüter der heiligen Stätten Mekka, dem Geburtsort, und Medina, dem Sterbeort von Mohammed (um 570–632), dem Gründer des Islam. Im Hof der großen Moschee in Mekka steht die Kaaba, ein riesiger „Würfel", darin eingelassen ein schwarzer Stein. Ihn zu berühren gilt den Pilgern als Ziel aller Mühen. Die Offenbarungen, die Mohammed von Allah erhielt, wurden nach seinem Tode in der heiligen Schrift des Koran zusammengefasst. Für seine Anhänger, die Muslime, ist der Koran das direkte Wort Gottes. Eine der fünf Hauptpflichten ist die Pilgerfahrt (der Hadsch) nach Mekka. Um seinen Führungsanspruch in der islamischen und arabischen Welt zu untermauern, richtet Saudi-Arabien alljährlich das große Pilgerfest aus. Vor allem wegen des Charterflugverkehrs strömen immer mehr Pilger zu den heiligen Stätten. Im Dezember 2006 waren es über 2 Mio. Sie alle müssen untergebracht und verpflegt werden. Im saudischen Kabinett ist dafür eigens ein Minister zuständig. In der Arafat-Ebene entsteht dann jedes Jahr eine Zeltstadt. Zehntausende Schafe müssen für das Opferfest importiert werden.

225.3: Die Welt des Islam

Saudi-Arabien liegt im Zentrum des Wüstengürtels der Alten Welt. Weite Teile des sommerheißen Innern der Rub al-Khali, des „leeren Viertels", bleiben oft jahrelang niederschlagsfrei. Nur ein Prozent des Landes ist nutzbar. Und dennoch werden in der Landesmitte mit modernen Bewässerungsmethoden Getreide, Obst und Gemüse erzeugt. 80 Prozent des Nahrungsmittelbedarfs werden aus heimischer Produktion gedeckt. Wie Konfetti verteilt, liegen riesige kreisrunde Flächen im Sand. Kreissprinkleranlagen bewässern den Boden. Das Wasser stammt aus Tiefbrunnen, zum Teil aus entsalztem Meerwasser. Eine Auffüllung der Grundwasservorräte ist selbst bei Rekordmengen von 300 Millimeter Jahresniederschlag unmöglich.

Im arabischen Raum fehlen nach Schätzungen jährlich etwa 30 Milliarden Kubikmeter Wasser. Tendenz steigend: Arabiens Brunnen ist das Meer. Die Entsalzung eines Kubikmeters Meerwasser kostet etwa einen Dollar. Würde man bei uns in gleicher Weise Wasser gewinnen, so würde eine Tomate zehn Euro kosten. Die Produktion von einem Kilogramm Orangen erfordert circa 55 000 Liter und für jeden im Land produzierten Liter Milch werden 11 000 Liter Wasser verbraucht. Doch solange billige Energie zur Entsalzung bereitsteht, sind solche Zahlen unwichtig. Bevölkerungswachstum und Verschwendungssucht machen den Rohstoff Wasser noch vor dem Öl zur Schicksalsfrage für die gesamte Region am Golf (Abb. 224.2).

225.4: Naturraum und Landwirtschaft

Landwirtschaft am Jordan

In den letzten Jahren wurden weltweit 37 bewaffnete Wasserstreitigkeiten ausgetragen. 27 davon fanden zwischen Israel und Syrien statt. Im Nahost-Konflikt spielen das Wasser des Flusses Jordan, die Quellen auf den Golanhöhen sowie das Grundwasserreservoir der Westbank eine zentrale Rolle.
Der Jordan entspringt im Hermongebirge, verläuft entlang der israelisch-jordanischen Grenze, fließt in Südrichtung durch das Jordanbecken zum Toten Meer und durchfließt auf dem Weg den See Genezareth.
Die Region im Jordanbecken ist ein sehr trockenes Gebiet, weshalb der Jordan für die Wasserversorgung sehr wichtig ist. Israel betrachtet den Jordan als das zentrale Element der Trinkwasserversorgung und kontrolliert auch einen Großteil der Wasservorkommen. Die Wasserknappheit erschwert die Situation zusätzlich.
Durch Kanäle werden etwa 90 % des Jordanwassers in israelisches Gebiet umgeleitet. Die Palästinenser haben bis heute (2008) keinen Zugang zum Jordanwasser, da Israel durch militärische Kontrolle verhindert, dass die Palästinenser im Bereich der Westbank Brunnen zum Grundwasser anlegen. Sie sind Wasserempfänger, deren Wasserentnahme aus den Brunnen begrenzt und durch Wasseruhren kontrolliert wird. So spiegelt die Regelung von Verteilungskonflikten die Machtverhältnisse wider. Israel kontrolliert das Wasser des Jordan, könnte diese Kontrolle aber bei der Gründung eines Palästinenserstaates verlieren. Ein Gebietsverlust wäre in diesem Fall für Israel gleichbedeutend mit einem großen Verlust in der eigenen Wasserversorgung.

Technische Projekte zur Lösung des Wasserproblems:
1. Seit mehr als 20 Jahren arbeitet die Türkei an einem gewaltigen Staudammprojekt im Kurdengebiet Südanatoliens. Die Quellflüsse des Euphrat und Tigris wurden aufgestaut. Seit 1994 existiert der Atatürk-Staudamm. Es liegen Pläne vor, bis zu 1 Mrd. m^3 Wasser über ein Kanalsystem („peace pipeline") nach Syrien, Jordanien und in die Westbank zu leiten. Nach einer umfassenden Friedensregelung, die zurzeit aber nicht sichtbar ist, wäre dies ein Projekt, das den Nahen Osten endgültig von der Wasserknappheit befreien könnte.
2. Jordanien und Israel haben sich 2002 dazu entschlossen, das allmählich austrocknende Tote Meer mit Wasser aus dem Roten Meer aufzufüllen. Dazu soll ein Kanal gebaut werden, dessen Wasser durch die Negev-Wüste fließt, um schließlich fast 600 Meter zum Toten Meer hinabzufallen. Da das Tote Meer etwa 400 Meter unter Normalnull liegt, wird dabei elektrische Energie gewonnen, mit deren Hilfe Teile des Meerwassers entsalzt und für Bewässerungszwecke genutzt werden könnten.

226.1: Der Palästina-Konflikt ist auch ein Konflikt um Wasser

Der Palästina-Konflikt

Seit der Antike wird mit Palästina das Gebiet bezeichnet, das in etwa den heutigen Staaten Israel und Jordanien entspricht. Hier wurde 1948 der unabhängige Staat Israel ausgerufen.
Seit mehr als 3000 Jahren leben in Israel Juden. Zumeist standen sie allerdings unter Fremdherrschaft (z.B. Perser, Griechen, Römer). Nachdem die Römer im Jahre 70 n.Chr. das größte Heiligtum der Juden, den Tempel in Jerusalem, zerstört hatten, zerstreute sich das jüdische Volk über Vorderasien, Nordafrika und das Mittelmeergebiet. Im Land selbst blieb nur eine kleine Minderheit zurück.
Im letzten Drittel des 19. Jahrhunderts entwickelte sich die moderne Nationalbewegung, der Zionismus, mit der Idee eines jüdischen Staates in Palästina. Zunehmender Antisemitismus in Deutschland nach 1933 ließ die Zahl der jüdischen Einwanderer nach Palästina ständig anwachsen. Zwischen diesen Einwanderern und der in Palästina lebenden arabischen Bevölkerung kam es zu politischen Spannungen. Die UN beschloss 1947 die Teilung Palästinas in ein jüdisches und arabisches Gebiet (Abb. 227.2 a). Da die Araber diesen Beschluss ablehnten, kam es bereits in den folgenden Tagen zu schweren Angriffen. Israel schlug im ersten arabisch-israelischen Krieg zurück und vergrößerte seine Fläche. Die arabische Bevölkerung musste fliehen und wurde dauerhaft in Flüchtlingslagern untergebracht. Das bis heute ungelöste Palästinenserproblem war entstanden.
Anhaltende Spannungen führten 1967 zum Sechs-Tage-Krieg zwischen Israel und den miteinander verbündeten Ländern Ägypten, Syrien und Jordanien. Israel besetzte die Sinai-Halbinsel, den Gazastreifen, das Westjordanland, Ost-Jerusalem und die Golanhöhen. 1979 schlossen Ägypten und Israel einen Friedensvertrag. Israel gab die Sinai-Halbinsel zurück (Abb. 227.2 b). In den anderen besetzten Gebieten errichteten die Israelis aber neue Siedlungen.
1991 begann nach monatelangen Vermittlungsbemühungen durch die USA die Nahost-Friedenskonferenz. Diese führte zur gegenseitigen Anerkennung Israels und der PLO (Palästinensische Befreiungsorganisation) und zu dem Abkommen, die israelischen Soldaten aus dem bisher besetzten Westjordanland und dem Gazastreifen abzuzie-

227.1: „Wir waren schon immer hier"

227.3: Sicherheitszaun

hen. Jedoch sind nicht alle Parteien mit diesem Abkommen einverstanden. So nahmen besonders ab 1995 die Gewalttätigkeiten wieder zu. Terroranschläge gegen Juden, der Bau neuer israelischer Siedlungen in den besetzten Gebieten und der Bau des Sicherheitszaunes (Abb. 227.3) verschärften den Konflikt wieder. Zunehmend mehr Israelis und Palästinenser treten aber für die Durchsetzung der Abkommen ein und hoffen auf ein friedliches Zusammenleben. Ein wichtiger Schritt war die Rückgabe des besetzten Gaza-Streifens an die Palästinenser im Jahr 2005.

ANREGUNGEN

1. *Informiere dich über Konflikte im Nahen Osten.*
2. *Erstelle eine tabellarische Übersicht zur zeitlichen Abfolge der Ereignisse und Veränderungen im Gebiet des heutigen Israel.*
3. *Erläutere Ursachen, die zum israelisch-arabischen Konflikt geführt haben.*
4. *Werte den Inhalt der Karikatur aus (Abb. 227.1).*
5. *Welche Rückschlüsse für den Palästina-Konflikt könnt ihr aus dem Karteninhalt von Abb. 227.2c ziehen? Überlegt Lösungsmöglichkeiten.*

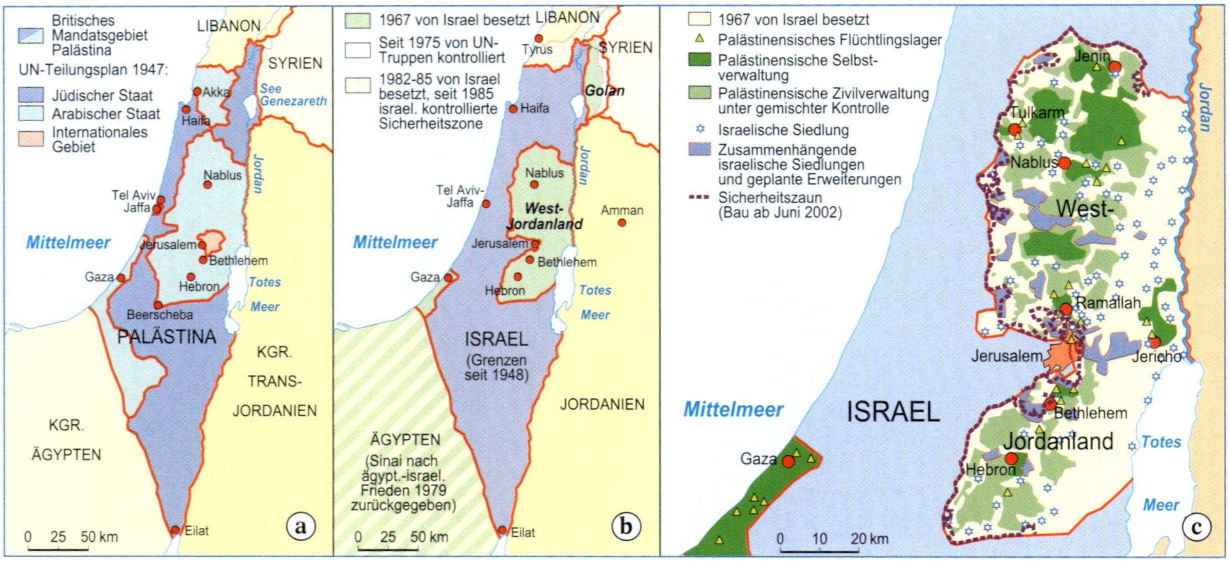

227.2a–c: Die Entwicklung im Nahen Osten

GEO Wissen

Strukturwandel und Entwicklungschancen

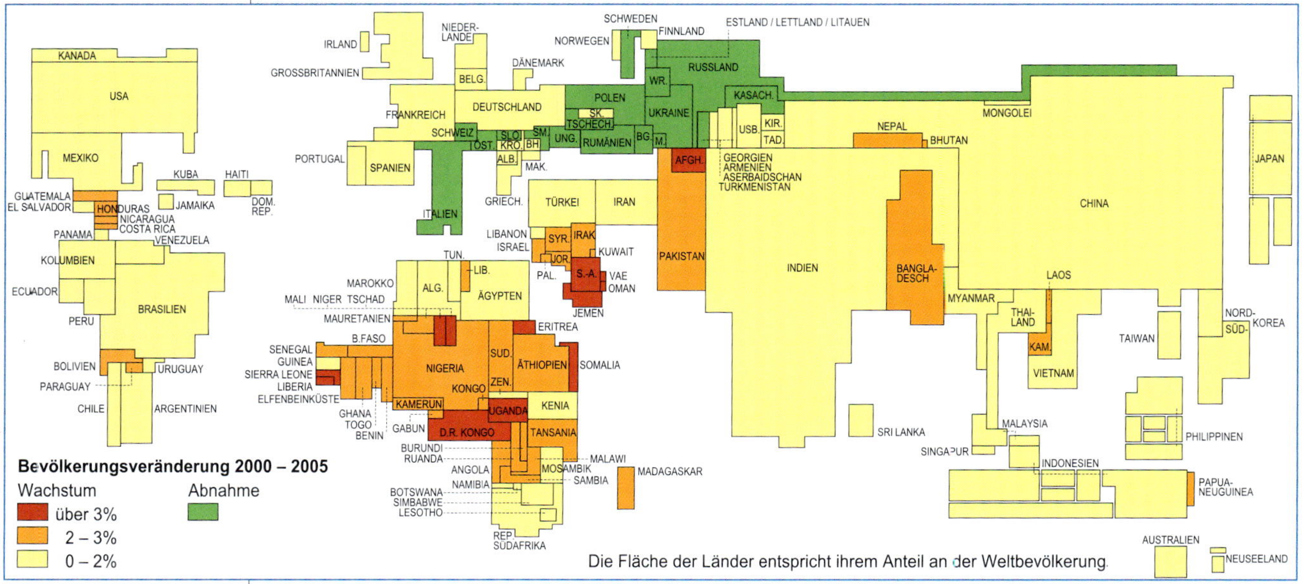

228.1: „Bevölkerungsriesen und -zwerge“

1. Ordnet euren Projektraum / -land mithilfe der Karten auf dieser Doppelseite ein. Nutzt dazu auch die Informationen auf den Seiten 98 bis 109.

2. Sucht im Internet unter *www.worldmapper.org* Karten, auf denen die hier dargestellten Sachverhalte verdeutlicht werden.

228.2: Versorgung mit Nahrungsmitteln weltweit

weltweit

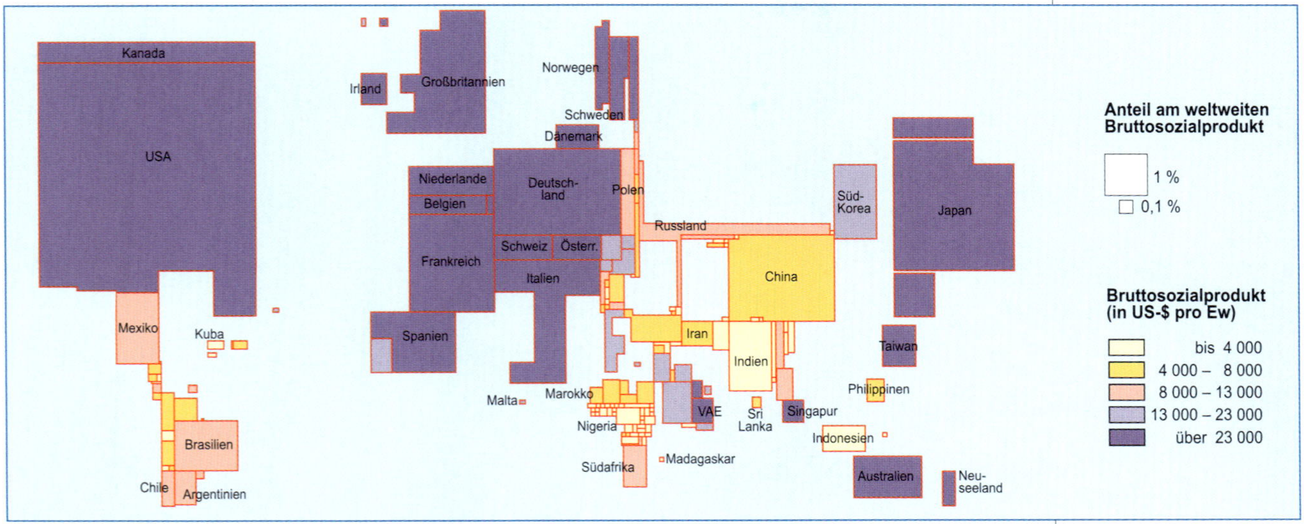

229.1: Die Staaten der Erde nach ihrer Wirtschaftskraft

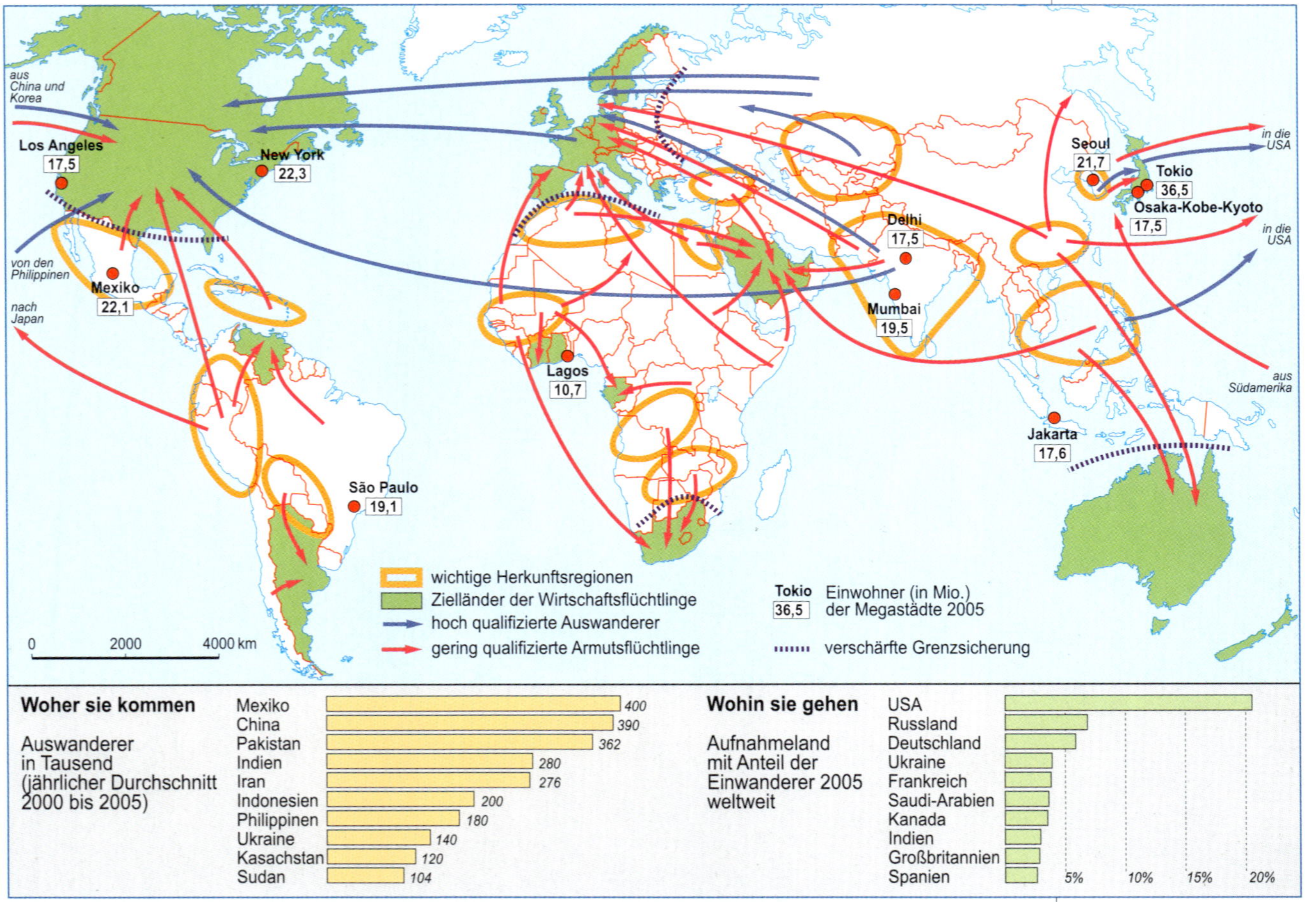

229.2: Große weltweite Wanderungsbewegungen 2000 – 2005 – ein deutliches Anzeichen für Disparitäten

Das Rhein-Main-Gebiet

Frankfurt am Main – Blick auf den Hauptbahnhof und die Skyline

Das Rhein-Main-Gebiet - eine europäische Metropolregion

232.1: Logo des Planungsverbands „Frankfurt/Rhein-Main“

Das hessische Rhein-Main-Gebiet ist ein dynamischer Wirtschaftsraum, der sich geographisch eingrenzen lässt durch die Städte Friedberg im Norden, Hanau im Osten, Darmstadt im Süden und Wiesbaden im Westen. Die Dynamik der Region zeigt sich in der – auch in Zeiten wirtschaftlicher Krisen – stetig steigenden Zahl der Beschäftigten und in der im Vergleich zum Bundesdurchschnitt seit vielen Jahren halbierten Arbeitslosenzahl (2007: Deutschland 10 % – Rhein-Main 5,5 %) Der 2008 beschlossene Flughafenausbau (▷ S. 238–241) unterstreicht die Konkurrenzfähigkeit der Region mit anderen europäischen Wirtschaftszentren: Das Rhein-Main-Gebiet liegt in der Wertschöpfung gleichauf mit London, der „Île de France“ und der „Lombardei“. Während in München im Bereich von „Forschung und Entwicklung“ (F & E) die produktionsbezogenen Beschäftigten überwiegen und den konjunkturellen Schwankungen unterliegen, dominieren im Rhein-Main-Gebiet die konjunkturunabhängigeren „F & E“-Leistungen in den Bereichen Vertrieb, Beratung und Ingenieurleistungen. Über 50 Prozent aller Hightech-Betriebe der Region sind Unternehmen der Informations-, Kommunikations-, Umwelt- und Messtechnik (Abb. 233.2). Diese innovativen Unternehmen sichern der Rhein-Main-Region einen Spitzenplatz in der Europäischen Union. Hochqualifizierte Arbeitskräfte, moderne Ausbildung und hohe Kaufkraft tragen mit dazu bei, dass „Rhein-Main“ auch in Zukunft zu den Gewinner-Regionen zählen wird.

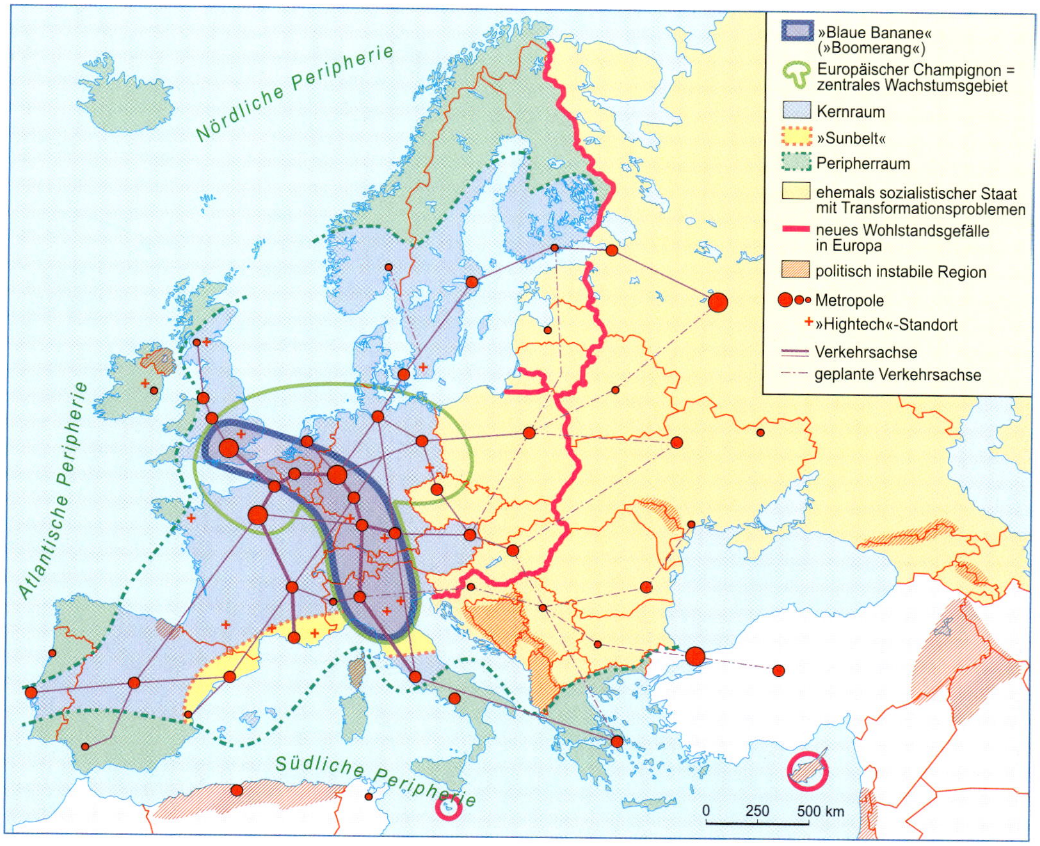

232.2: Aktiv- und Passivräume in Europa

233.1: Euro-Logo vor der Europäischen Zentralbank

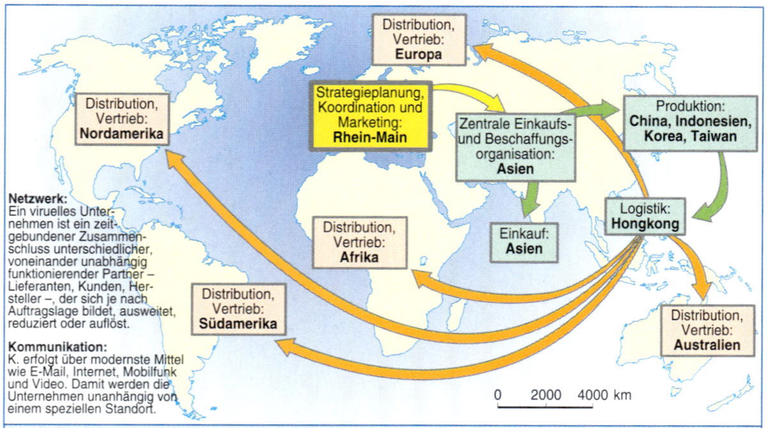

Moderne Unternehmen der Rhein-Main-Region sind sogenannte virtuelle Unternehmen, deren wesentliche Grundlage die globale Verflechtung ist. Gut ausgebaute Verkehrsnetze und modernste Kommunikationsmittel wie Mobilfunk, E-Mail und Internet befreien derartige Firmen von einem bestimmten Standort.
Was bisher an einem Acht-Stunden-Tag unter einem Firmendach geleistet wurde, läuft nun rund um die Uhr und rund um den Globus ab. Diesen Betrieben gehört die Zukunft. Sie bedienen sich der „F&E"-Leistungen in den Hightech-Räumen und sie sind flexibel und schnell. Je nach Auftrags- und Projektlage werden neue Kooperationsformen gebildet, ausgeweitet, reduziert oder aufgelöst.

233.3: Virtuelle Unternehmen – Prototyp künftiger Firmenorganisation (Modell)

AUFGABEN

1. *Versetzt euch in die Lage eines PR-Teams, das von der Stadt Frankfurt engagiert wurde, und erstellt eine Präsentation für Firmen, die sich im Rhein-Main-Gebiet ansiedeln wollen.*
2. *Erklärt euern Mitschülern an einem beliebigen Produkt (z.B. Jeans, Seife, Medikament) die Arbeitsweise eines „virtuellen" Unternehmens (Abb. 233.3). Geht hierbei auf die Vorzüge des Rhein-Main-Gebietes ein.*

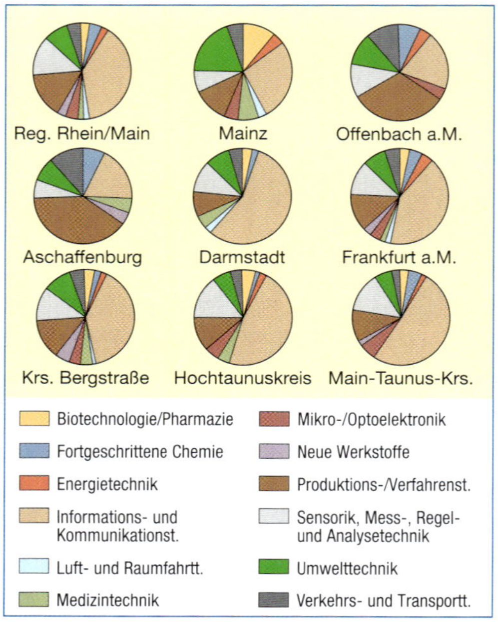

233.2: Regionales Spektrum der Technikfelder in der Region Rhein-Main

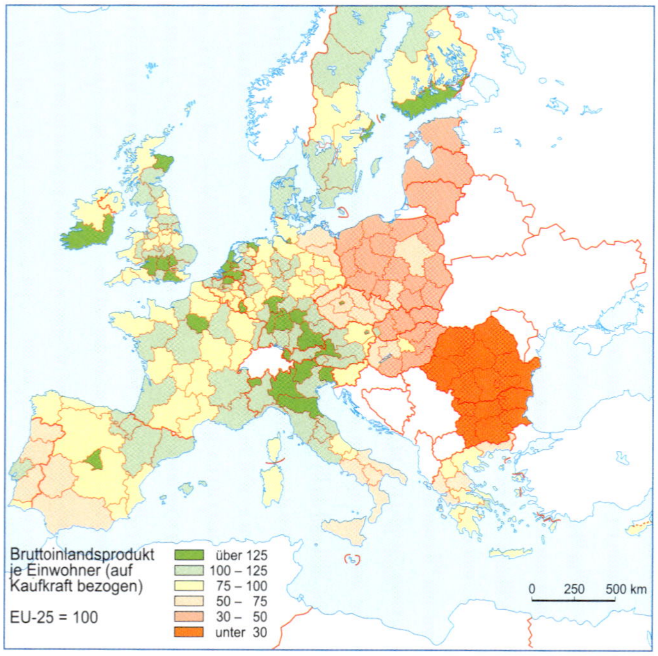

233.4: BIP pro Kopf in der EU (2004)

234.1: Luftbilder von Eschborn 1953 (Maßstab 1:40 000)

234.3: Alter Ortskern

Jahr	Landwirtschaft	Prod. Gewerbe	Dienstleistungen
1950	19	48	12
1960	4	53	43
1970	3	40	47
1981	0,2	18	60
1991	0,2	17	61
1999	0,1	13	71
2007	0,1	4,7	95

234.4: Anteile der Erwerbstätigen in verschiedenen Wirtschaftszweigen (in %)

234.2: Luftbilder von Eschborn 2007 (Maßstab 1:40 000)

Jahr	Einwohner
1950	4617
1960	5934
1970	15 195
1980	17 885
1992	18 463
2007	20 788

234.5: Einwohnerentwicklung Eschborns

234.6: Neues Gewerbegebiet

Die Verstädterung des Umlandes

Nach dem Zweiten Weltkrieg nahm der Prozess der Verstädterung des Umlandes beträchtlich zu. Hier wurden ausgedehnte neue Wohngebiete erschlossen, da die Wohnqualität in der Stadt aufgrund des Alters der Gebäude und der Belastungen durch Verkehr und Lärm vielen Menschen nicht mehr genügte. Aber auch für viele Gewerbebetriebe gewann das Umland als Standort an Bedeutung. Zum einen mussten Betriebe aufgrund ihrer Lärm- und Geruchsbelästigungen aus der Kernstadt ausgesiedelt werden, zum anderen gab es im Stadtgebiet nur wenige größere Gewerbeflächen, die zudem deutlich teurer als die im Umland waren. Vielen Betrieben war auch die Verkehrslage wichtig. Im Umland mit seiner guten Verkehrsanbindung waren sie leichter erreichbar als in der Stadt.
Viele Großmärkte nutzten dies aus, da sie im Umland nicht nur die großen Flächen für ihre Geschäftsgebäude zur Verfügung hatten, sondern auch ihren Kunden eine genügende Anzahl von Parkplätzen bieten konnten. Ein Beispiel dafür ist das Main-Taunus-Zentrum, das in den 1960er-Jahren auf der grünen Wiese errichtet wurde und eines der ersten derartigen Einkaufszentren in Deutschland war.
In den letzten Jahren haben sich in den Umlandgemeinden verstärkt auch solche Dienstleistungsbetriebe angesiedelt, für die der Platz in der Innenstadt zu teuer war. Selbst Banken, die ihren Hauptsitz in der City haben, lagerten Teile ihres Betriebes in Umlandgemeinden aus. Infolge dieser Entwicklung setzte dort ein vollständiger Wandel ein. Früher war das Umland von der Landwirtschaft geprägt, heute gibt es kaum noch Landwirte, viele Menschen arbeiten in der Stadt oder in den Betrieben der Gemeinde.
Ein besonderes Beispiel ist die Gemeinde Eschborn im Main-Taunus-Kreis. Fast am Stadtrand Frankfurts gelegen, mit hervorragender Verkehrsanbindung an die Stadt und auch an das überregionale Autobahnnetz hat sie sich in wenigen Jahren durch Gewerbeansiedlung zu einer der reichsten Gemeinden Hessens entwickelt (Abb. 234.1–6). Für Eschborn, die „Stadt im Grünen“, ist von großer Bedeutung, dass fast alle Firmen „rauchlos“ und „sauber“ sind. Sie haben Eschborn als Standort ihrer Hauptverwaltungen, für ihre Zentrallager und ihre Verkaufsniederlassungen gewählt.

Junge Familien verlassen die Großstädte

Die großen Städte in Ost- und Westdeutschland verlieren ihre kaufkräftigere Bevölkerung. Es sind vor allem junge Familien, die den Städten aus vielerlei Gründen den Rücken kehren. Das geht aus einer Untersuchung zur Umlandwanderung hervor, die der Bundesverband freier Wohnungsunternehmen vorgelegt hat. Rund 200000 Einwohner haben allein die sechs Großstädte Berlin, Hamburg, München, Köln, Frankfurt und Stuttgart seit 1992 verloren. Berlin verlor in dieser Zeit 53000 Einwohner, Hamburg 50000, München 45000, Köln 28000, Stuttgart 22000 und Frankfurt 20000. Um die Großstädte herum bilden sich im Umland immer mehr „Speckgürtel“, von denen die dort befindlichen Gemeinden erheblich profitieren. Der Suburbanisationsprozess macht selbst vor kleineren Großstädten wie Kassel mit 198000 Einwohnern nicht halt, in sechs Jahren verließen 5000 Personen die Stadt. Dennoch ist die Einwohnerzahl in vielen Städten nicht wesentlich gesunken oder hat sich sogar durch Zuzug erhöht wie in Köln um 12000. In allen Städten ist der Ausländeranteil an der Gesamtbevölkerung gestiegen. Als Hauptursache für die Stadtflucht wird die schon über Jahre andauernde unzureichende Baulandausweisung der Großstädte bezeichnet. Sie weisen Gewerbegebiete im Überfluss aus, nicht aber Wohnbauland, sodass bauwillige Familien ins Umland verdrängt werden. Die rigide Bodenrationierung für Wohnzwecke kommt den Städten teuer zu stehen, heißt es in der Untersuchung, denn trotz Einnahmeverlusten müssten die Großstädte die Mittel für ihre Infrastruktur finanzieren. Zugleich ist der Anteil der Einpersonenhaushalte weiter nach oben geschnellt und hat in München und Frankfurt die 50-Prozent-Schwelle überschritten.

(Quelle: F.A.Z. vom 29. Mai 1998)

235.1: Zeitungsartikel

1. Starnberg (Bayern)	145,6	27283 €
2. Hochtaunuskreis (Hessen)	145,61	27192 €
3. Main-Taunus-Kreis (Hessen)	138,5	25939 €
4. München (LK) (Bayern)	138,4	25931 €
5. München (Stadt) (Bayern)	137,2	25696 €

Legende:
145,6 = Kaufkraftindex je Ew. (Bundesdurchschnitt=100)
27283 € = Kaufkraft 2008 je Ew./Jahr

235.2: Die fünf kaufkräftigsten Stadt- und Landkreise in Deutschland

1995	
Eschborn	37710
Hessen	32460
Frankfurt	32700
2007	
Eschborn	45669
Hessen	37156
Frankfurt	41529

235.3: Steuereinkünfte je Steuerpflichtigem in Euro

1995		
20270 Euro	=	132,1 %
2007		
25939 Euro	=	138,5 %

(Deutschland = 100 %)

235.4: Kaufkraft je Einwohner Eschborns

AUFGABEN

1. *Werte die beiden Luftbilder von Eschborn auf der Seite 234 aus. Nenne die Veränderungen, die sich von 1950 bis 2007 ergeben haben.*
2. *Setze die statistischen Angaben in Abb. 234.4 und 234.5 in Diagramme um und werte sie aus.*
3. *Erläutere den Wandel, der sich in Eschborn vollzogen hat, und nenne die Gründe für diese Entwicklung.*
4. *Fasse die Kernaussagen des Zeitungsartikels zusammen (Abb. 235.1). Verdeutliche die Aussagen am Beispiel Frankfurts bzw. Eschborns.*
5. *Erkläre den Begriff „Speckgürtel“.*

Gewerbesteuer
Die Gewerbesteuer ist die wichtigste Einnahmequelle der Gemeinden. Versteuert wird der Reingewinn eines Unternehmens. Die Finanzbehörde setzt dabei einen Messbetrag (ca. 5 %) fest, der mit dem Hebesatz multipliziert wird. Diesen setzt allein die Gemeinde jährlich fest, er muss mindestens 200 % betragen. Seine Höhe entscheidet über die Höhe der Einnahmen. In Ballungsgebieten ist der Hebesatz in der Kernstadt oft höher als im Umland.

Gemeinde	Hebesatz (%)
Frankfurt a.M.	460
Main-Taunus-Kreis	
Eschborn	280
Kelkheim	310
Hofheim a.Ts.	315
Schwalbach a.Ts.	350
Hochtaunuskreis	
Kronberg	300
Oberursel	360
Königstein	345
Bad Homburg v.d.H.	350

236.1: Gewerbesteuer-Hebesätze

236.2: Alte Börse Frankfurt

Probleme im Rhein-Main-Gebiet

Die Deutsche Börse ist umgezogen. Um drei Kilometer hat sie ihren Hauptsitz aus dem Westen Frankfurts in das Gewerbegebiet Süd der Stadt Eschborn verlegt. Sie spart dadurch jährlich 63 Millionen Euro Gewerbesteuern. Dies hat weitreichende Folgen und führte auch zu einer handfesten Verstimmung zwischen beiden Kommunen. Frankfurt entgehen durch den Umzug jährlich bis zu 120 Millionen Euro an Gewerbesteuereinnahmen. Eschborn, ohnehin eine der reichsten Gemeinden Deutschlands, kann seine Finanzsituation weiter verbessern. Auch der an Frankfurt angrenzende Main-Taunus-Kreis – Eschborn gehört zu ihm – profitiert davon, denn die Gemeinden müssen einen Teil ihrer Einnahmen an ihn abführen.
Dieser Umzug ist kein Einzelfall. In den vergangenen Jahren hat eine ganze Reihe von Unternehmen ihren Hauptsitz aus der Kernstadt Frankfurt nach Eschborn bzw. in andere Gemeinden des Main-Taunus-Kreises oder des angrenzenden Hochtaunuskreises verlegt. Sichtbar wird der Zuwachs im neuen Gewerbegebiet Eschborn-Süd an den vielen Neubauten. Die Stadt Frankfurt ist über die Einnahmeverluste verärgert. Sie wirft den Umlandgemeinden vor, mit günstigen Grundstückspreisen sowie niedrigen Mieten und Gewerbesteuerhebesätzen Unternehmen anzulocken (Abb. 236.1). Weiterhin argumentiert sie damit, dass Frankfurt ein hochqualifiziertes Angebot an infrastrukturellen Einrichtungen bereitstelle, das die Attraktivität des Rhein-Main-Gebietes als Wirtschaftsstandort erst ausmache und weiterhin sichere. Davon profitiere auch das Umland, die Lasten müsse aber Frankfurt alleine tragen. Aus diesem Grunde sei eine Gebietsreform mit einer gerechteren Verteilung der Lasten notwendig. Über eine solche Reform wird schon länger verhandelt, es gibt auch Modellvorschläge, Entscheidungen sind aber noch nicht gefallen. Haupthinderungsgrund ist die Weigerung der Umlandgemeinden, Abstriche an ihren Vorteilen in Kauf zu nehmen.
Ein weiterer Streitpunkt ist das Schienenprojekt „Regionaltangente West" (Abb. 236.3). Es würde auch das Gewerbegebiet Eschborn-Süd direkt mit dem Flughafen verbinden und so diesen Standort weiter aufwerten. Bei der Finanzierung des 350-Millionen-Projektes trüge aber Frankfurt die Hauptlast, da die Trasse hauptsächlich über das Stadtgebiet verlaufen würde.

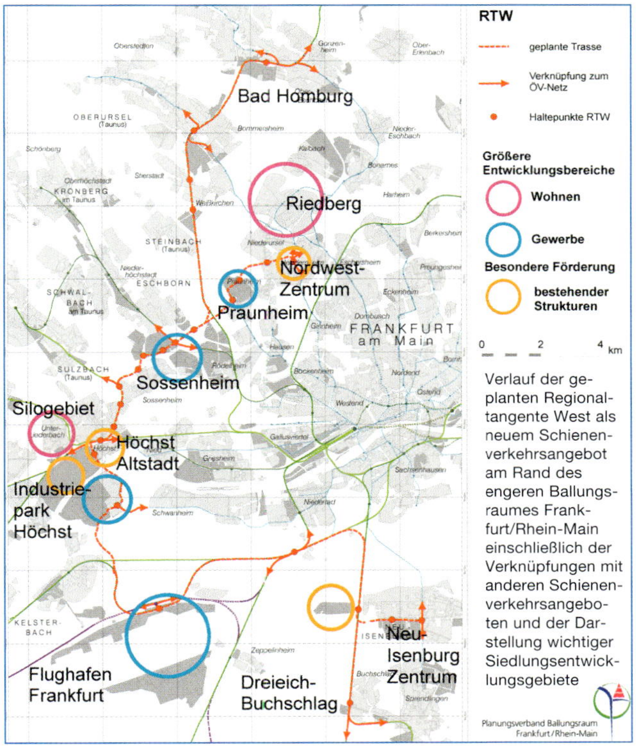

236.3: Regionaltangente West (RTW)

Offenbach beschließt Hafenbebauung – Frankfurt droht!

Am 31. Januar 2008 beschloss die Offenbacher Stadtverordnetenversammlung den Bebauungsplan für das 320 000 Quadratmeter große Areal des Offenbacher Hafens. Entlang des Nordrings und auf der Hafeninsel sollen innerhalb von drei Jahren Wohnungen für 1000 Menschen und Bürohäuser für 10 000 Beschäftigte entstehen. Möglicherweise soll auch die Hochschule für Gestaltung (HfG) auf der Hafeninsel ein neues Domizil erhalten. Die Probleme mit der Nachbarstadt Frankfurt sind augenfällig und ergeben sich aus den unterschiedlichen Nutzungskonzepten der Städte (Abb. 237.3). Fluglärm und Nutzungskonflikte engen die Planungsmöglichkeiten Offenbachs ein. Diese Einschränkungen sind ähnlich beengend für Offenbach wie die unattraktiv hohen Gewerbesteuern zur Sicherstellung zentralörtlicher Leistungen für die Main-Metropole Frankfurt (▷ S. 236). Bleibt Frankfurt nur der Klageweg gegen die eigenwilligen Planungen seiner Umlandgemeinden?

Hochwertige Zukunftslösungen für Wohnen und Arbeiten am Fluss

Moderne Büroräume, großzügige Wohnflächen und gepflegte Uferpromenaden. Im Norden Offenbachs mit bester Verkehrsanbindung, nur 20 Minuten bis zum Frankfurter Flughafen und mit einem hervorragenden Anschluss an das Verkehrsnetz, entsteht ab 2007 ein neues Stadtviertel direkt am Main. Das Projekt Hafen Offenbach gehört zu den bedeutendsten Bauvorhaben im Rhein-Main-Gebiet. Die Planungen sehen auf dem 25 Hektar großen Industriegelände Büro- und Dienstleistung, Einzelhandel, Gastronomie, Hotel und Wohnraum vor. Das Areal ist Eigentum der Stadtwerke Offenbach Holding GmbH und zählt zu den wenigen großen innerstädtischen Flächen in der Region Frankfurt/Rhein-Main, die mittelfristig zur Umnutzung zur Verfügung stehen. Hohe Planungssicherheit, schnelle Baugenehmigungsverfahren und ein attraktiver Gewerbesteuersatz schaffen zusätzliche Investitionsanreize.

(Projekt Hafen Offenbach, Mainviertel Offenbach GmbH & Co. KG, www.mainviertel-of.de)

237.1: Werbeprospekt – Projekt Hafen Offenbach

237.2: Luftbild Hafen

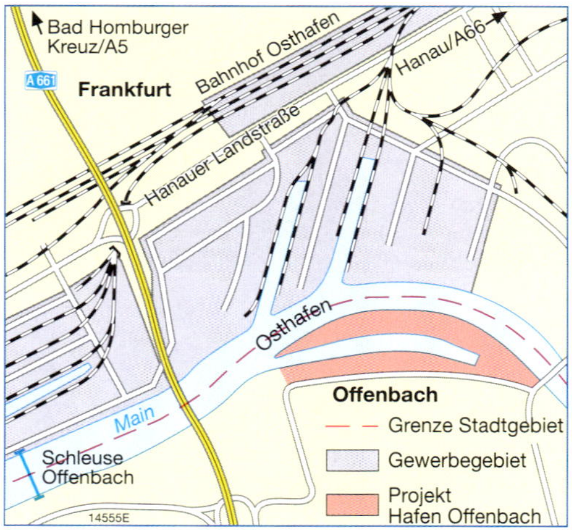

237.3: Übersicht Hafen

237.4: Intelligente Zwischenlösung Freizeit, Kultur, Wissenschaft

„Bereits heute ist das Gebiet im Norden Offenbachs sehr beliebt. Dazu trägt ein Zwischennutzungskonzept mit dem Dreiklang aus Freizeit, Kultur und Wissenschaft bei. Neben dem größten Beach-Club im Rhein-Main-Gebiet „King Kamehameha" ziehen u. a. die „Hafen 2 – Galerie" und ein Café mit angeschlossenem Clubhaus Besucher in den ehemaligen Industriehafen." (Offenbacher Stadtplanungsamt)

AUFGABEN

1. *Umlandgemeinden locken mit günstiger Gewerbesteuer und Frankfurt als „Global City" mit kostspieligen Angeboten, hochwertigen Bildungseinrichtungen und attraktiven Konsumgütern. Entwickle Lösungen für die „überforderte" Großstadt.*
2. *Offenbach plant gegen die Interessen Frankfurts. Stelle bei der Hafenbebauung die Interessen der beiden Städte gegenüber und entwickle eine Lösung.*

238.1: Frankfurter Kreuz und Flughafen

Flughafen	Passagiere in Mio.	Veränderungen zu 04/05 in %	Fracht in Mio. t	Veränderungen zu 04/05 in %
Atlanta/Hartsfield	85,9	+ 2,8	0,768	– 0,8
Chicago/O'Hare	76,5	+ 1,3	1,546	+ 4,8
London/Heathrow	67,9	+ 0,8	1,390	– 1,6
Tokio/Haneda	63,3	+ 1,6	0,799	+ 3,2
Los Angeles	61,5	+ 1,3	1,938	+ 1,3
Dallas/Fort Worth	59,2	– 0,4	0,742	– 0,1
Paris/Charles de Gaulle	53,8	+ 5,0	2,010	+ 7,2
Frankfurt/Rhein-Main	52,2	+ 2,2	1,968	+ 6,5
Amsterdam/Schiphol	44,2	+ 3,8	1,496	+ 2,0
Las Vegas/McCarran	44,0	+ 6,0	0,085	+ 0,2
Denver	43,4	+ 2,6	0,360	+ 2,2
Madrid/Barajas	41,9	+ 8,4	0,365	– 3,4
New York/J.F. Kennedy	41,9	+ 8,9	1,661	– 2,6
Phoenix/Sky Harbor	41,2	+ 4,3	0,338	+ 0,3
Peking	41,0	+ 17,0	0,782	+17,0

238.2: Verkehrsleistungen der 15 wichtigsten internationalen Flughäfen (2005)

Wirtschaftsmotor Flughafen Frankfurt Rhein-Main

Das Rhein-Main-Gebiet ist ein bedeutender europäischer Verkehrsknotenpunkt. Hier kreuzen zahlreiche Nord-Süd- und Ost-West-Straßen sowie -Eisenbahnverbindungen.

Von besonderer Bedeutung ist der Flughafen Frankfurt Rhein-Main, der größte Flughafen Deutschlands und der achtgrößte der Erde, gemessen an den Passagierzahlen. Als Umsteigeflughafen, Luftverkehrsdrehkreuz oder Hub belegt er weltweit sogar den ersten Platz. 155 Fluggesellschaften fliegen ihn an, 54 Millionen Passagiere nutzten ihn 2007. Jährlich finden rund eine halbe Million Starts und Landungen statt.

In den letzten Jahren ist sowohl die Zahl der Passagiere als auch die der Frachtmenge deutlich gestiegen. Dem weltweiten Trend folgend wird sich diese Entwicklung auch in den kommenden Jahren fortsetzen. Der Fughafeneigentümer und Betreiber, die Fraport AG, erwartet 88 Millionen Passagiere im Jahre 2020. Auch im Frachtverkehr wird mit einem Zuwachs von 70 Prozent gerechnet. Dieser Zuwachs wird noch deutlicher ausfallen als beim Passagieraufkommen.

Eine weitere Entwicklung im Flugverkehr ist die zunehmende Größe der Flugzeuge. Das derzeit größte Passagierflugzeug, der Airbus A 380, fasst über 800 Passagiere. Bereits für diese Großflugzeuge werden neue Abfertigungs- und Wartungsanlagen notwendig, da die vorhandenen zu klein sind.

Fraport plant daher einen tiefgreifenden Um- und Ausbau des Flughafens. Die beiden vorhandenen Start- und Landebahnen sowie die Startbahn West sind ausgelastet. Abhilfe soll eine neue Landebahn, die Landebahn Nordwest, schaffen. Damit werden insgesamt etwa 700 000 Starts und Landungen pro Jahr in Frankfurt möglich sein. Auch die Terminals 1 und 2 sind am Ende ihrer Kapazitäten angelangt und müssen erweitert werden, ein drittes Terminal soll Entlastung bringen. Der Hauptnutzer des Flughafens, die deutsche Lufthansa, hat bereits einen Teil der Wartungsanlagen für den A 380 fertiggestellt, weitere Ausbauten sind in diesem Bereich geplant. Es handelt sich beim Flughafen um die derzeit größte Infrastrukturmaßnahme in Deutschland. Bis 2015 sollen fünf Milliarden Euro investiert werden.

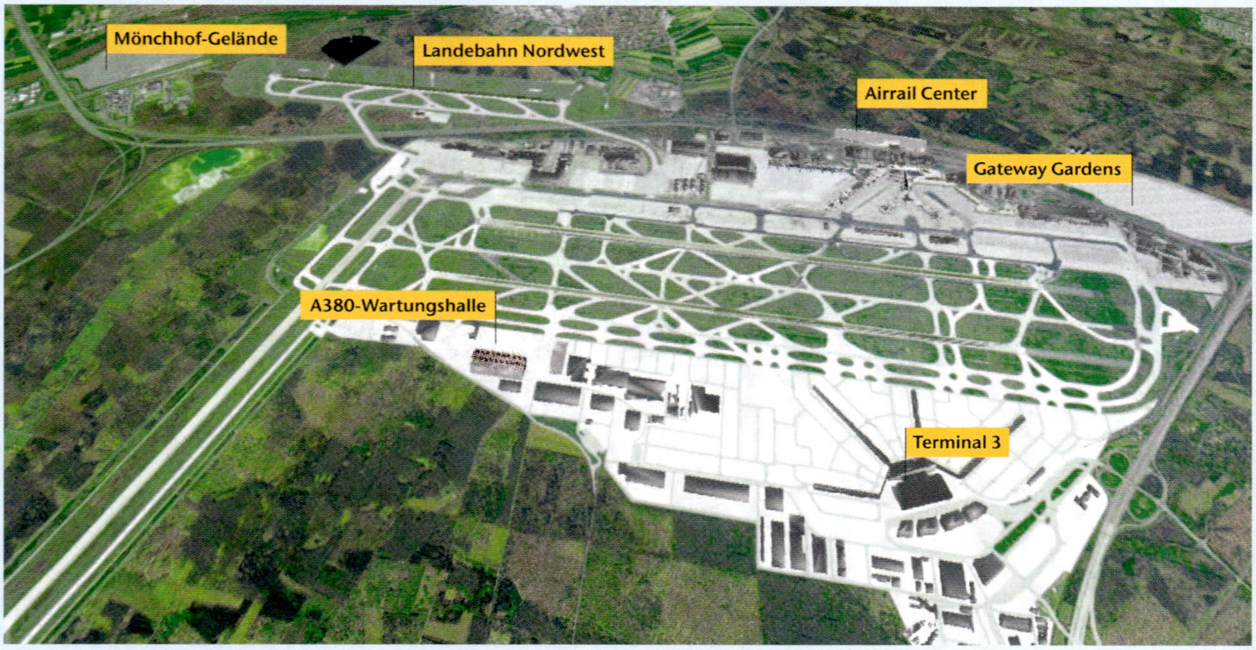

239.1a: Flughafenausbau Endzustand

„Die Kapazitätsengpässe in Frankfurt sind meine Hauptsorge." (Fraport-Chef Bender)
Die fehlenden Kapazitäten sind überall spürbar. Große internationale Flughäfen wachsen im Rhythmus des Wachstums, Frankfurt nicht. 2007 ist hier das Passagieraufkommen lediglich um 2,5 % gestiegen, das ist deutlich weniger als die internationale Steigerungsrate. Selbst in Deutschland betrug das Wachstum 6,2 %. Viele Fluggesellschaften, die den Rhein-Main-Flughafen als Stützpunkt wählen wollten, mussten aufgrund fehlender Kapazitäten abgewiesen werden. Deshalb wird der Ausbau als dringend notwendig angesehen.
Er soll nicht nur die Position des Flughafens im internationalen Luftverkehr behaupten und stärken, sondern er ist auch für die gesamte Wirtschaft des Rhein-Main-Gebietes von ausschlaggebender Bedeutung. Anfang 2008 waren 70 000 Menschen direkt am Flughafen vor allem in den Bereichen Verwaltung, Logistik, Sicherheit und Wartung beschäftigt. Hauptarbeitgeber ist die Lufthansa mit 35 000 Beschäftigten, gefolgt von Fraport mit 18 500. Damit ist der Flughafen Rhein-Main die größte lokale Arbeitsstätte in Deutschland. Neben den direkten Arbeitsplätzen hängen noch viele weitere von ihm ab, zum Beispiel in den Bereichen Bauwesen, Zulieferung oder Personenverkehr. Ein Bedeutungsverlust würde der Wirtschaftskraft der Region schaden und Arbeitsplätze gefährden. Schätzungen gehen davon aus, dass durch den geplanten Ausbau bis 2020 insgesamt etwa 20 000 neue Arbeitsplätze geschaffen werden.

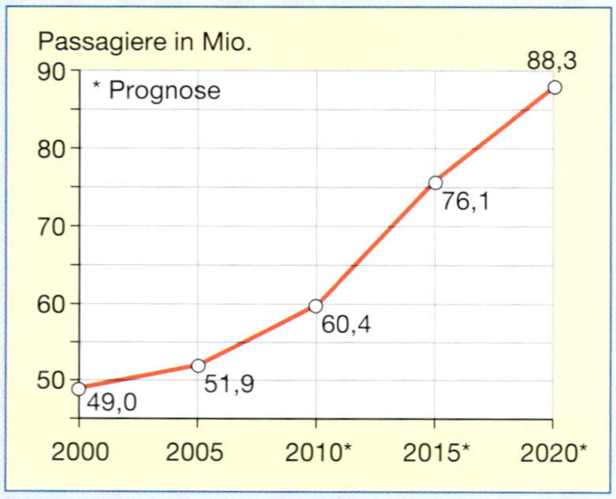

239.1b: Prognose der Passagierzahlen

Boeing 707	
Länge (m)	46,6
Höhe (m)	12,8
Passagiere	219
Boeing 747	
Länge (m)	70,6
Höhe (m)	19,4
Passagiere	416
Airbus A 380	
Länge (m)	72,3
Höhe (m)	24,1
Passagiere	853

239.1c: Flugzeuggröße

239.1: Flughafenausbau Frankfurt Rhein-Main

Probleme des Ausbaus

Befürworter und Gegner eines Ausbaus des Flughafens stehen sich unversöhnlich gegenüber. Erstere verweisen auf die wirtschaftlichen Vorteile, die ein Ausbau für die Region bringen würde, Letztere lehnen ihn ab, weil sie keine zunehmende Lärmbelästigung durch den verstärkten Luftverkehr haben wollen. Auch Umweltaspekte und Landschaftsverluste werden in der Diskussion vorgebracht.
Ein jahrelanges Mediationsverfahren, bei dem die verschiedenen Möglichkeiten des Ausbaus erörtert wurden, konnte nicht alle zufriedenstellen. Daran änderte auch das Angebot der hessischen Landesregierung nichts, die den Ausbau mit einem weitgehenden Nachtflugverbot von 23 bis 5 Uhr verbinden wollte. Gegen diesen Plan wandte sich allerdings die Vereinigung der in Deutschland tätigen Fluggesellschaften. Ende 2007 erteilte das hessische Wirtschaftsministerium die Baugenehmigung für die Landebahn Nordwest, dagegen wollen aber verschiedene Umlandgemeinden klagen. Dies wird den Bau verzögern, vor 2011 ist mit der Fertigstellung nicht zu rechnen.

Mediation
Mediation ist ein freiwilliges Verfahren zur Schlichtung oder Vermeidung eines Konfliktes. Das Ziel ist eine einvernehmliche Lösung.

240.2: Karikatur

AUFGABE

1. *Wertet die Materialien auf den Seiten 238–241 aus und erörtert in Gruppen die Notwendigkeit des Flughafenausbaus Frankfurt Rhein-Main.*

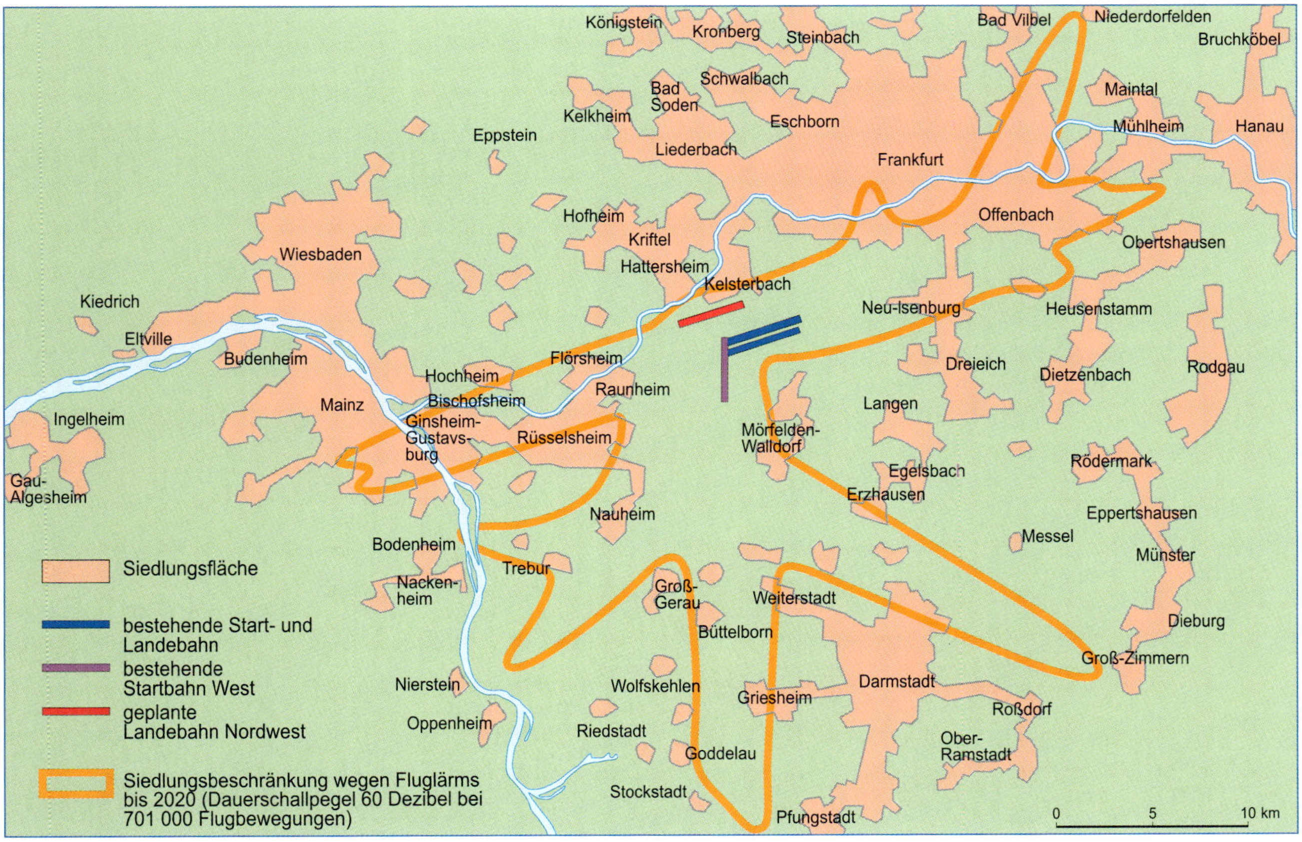

240.1: Karte der Lärmbelästigungen

- Aus 490 000 Flugbewegungen heute können bis zu 900 000 nach dem Ausbau werden. Das belegen seriöse Gutachten.
- Die Belastung durch Fluglärm, Abgase und Dreck nimmt weiter drastisch zu.
- Im Frankfurter Süden, Osten und Norden wird es so laut, dass die Stadt dort keine neuen Siedlungsgebiete mehr ausweisen darf. Im Behördendeutsch heißt das: „Siedlungsbeschränkung".

(Bürgerinitiative Sachsenhausen)

Ansatzpunkte für eine Klage sieht der BUND [...] in absehbaren Verstößen gegen das europäische und deutsche Naturschutzrecht. Mit den strengen europäischen Vorgaben zur Erhaltung besonderer Schutzgebiete werde die für die Nordwestbahn notwendige Abholzung des am Flughafen angrenzenden Kelsterbacher Waldes nicht zu vereinbaren sein.
(Bund für Umwelt und Naturschutz)

Der Frankfurter Flughafen fungiert als zentraler Motor für Wachstum und Beschäftigung im Rhein-Main-Gebiet. Am Flughafen finden jetzt schon mehrere Zehntausend Menschen eine Beschäftigung. Durch den Ausbau wird der Flughafen weiter zum Jobmotor in Hessen, der mit allen am Flughafen beteiligten Unternehmen und Zulieferern mehrere Zehntausend Stellen schaffen wird. Der Flughafen ist unverzichtbarer Bestandteil einer branchenübergreifenden Infrastruktur. Die Internationalisierung ist in Hessen schon weit fortgeschritten.
(Vereinigung der hessischen Unternehmerverbände)

241.1: Stellungnahmen zum Flughafenausbau

www.fraport.de (Flughafenbetreiber)
www.pro-flughafen.de (Ausbaubefürworter)
www.zukunft-rhein-main.de (Ausbaugegner)
www.frankfurt.main.ihk.de (Industrie- u. Handelskammer)
www.dialogforum-flughafen.de (regionales Dialogforum)
www.mediation-flughafen.de (Mediationsgruppe Flughafen)

Rhein-Main-Gebiet
Fläche: 14 700 km^2; Nord-Süd-Ausdehnung: ca. 110 km, Ost-West-Ausdehung: ca. 125 km; 18 Landkreise (14 aus Hessen, je zwei aus Rheinland-Pfalz und Bayern)
Kernstädte (Einw.): Frankfurt (667 468), Wiesbaden (275 740), Mainz (197 464), Darmstadt (141 471), Offenbach (117 555), Worms (82 212), Aschaffenburg (68 672)
Wertschöpfung pro Einw. (brutto in Mio. Euro): 30 013 (zum Vgl.: Deutschland: 24 190)
Messen: über 40 Messen mit 25 000 Ausstellern (u.a. Buchmesse, IAA)
Europäische Institutionen (Auswahl): Europäische Zentralbank (EZB), Europäisches Raumfahrtkontrollzentrum (ESOC), Europäische Agentur für Wettersatelliten (EUMETSAT)
wichtige Branchen: Automation (Maschinen, Elektronik, Messen, Steuern), Fahrzeugbau, Chemie/Biotechnologie, Consulting (Rechts-, Steuer-, Unternehmensberatung), Finanzwirtschaft (Banken, Versicherungen, Börse), Medizintechnik
wichtige Unternehmen: Flughafenbetreiber (Fraport), Adam Opel AG (Fahrzeugbau), Merck (Chemie), Schott (Glas), Deutsche Bank
Bildung: 14 Hochschulen mit ca. 164 000 Studenten

Bundesrepublik Deutschland
Hauptstadt: Berlin

Land und Einwohner		
Fläche (in km^2)		357 093
Einwohnerzahl (in Mio.)		82,5
Bevölkerungsdichte (in Einw. pro km^2)		231
städtische Bevölkerung (in %)		85
größte Städte (Kernraum), Einw. in Mio.		
Berlin		3,40
Hamburg		1,74
München		1,26
Köln		0,98
Frankfurt am Main		0,65
Stuttgart		0,59
Dortmund		0,58
Essen		0,58
Agglomerationen (Einw. in Mio.)		
Rhein-Ruhr		11,8
Berlin		4,0
Hamburg		3,3
Rhein-Main		3,1
Bevölkerungswachstum (1990 – 2005) in %		0,3
Geburtenrate		8
Sterberate		10
Bildung und Gesundheit		
Einschulungsrate in der Grundschule (m/w)		k. A. / k. A.
Alphabetisierungsrate (m/w)		k. A. / k. A.
HIV/Aids-Kranke (in %)		0,1
Ärzte pro 1000 Einw.		3,4
Säuglingssterblichkeit pro 1000 Geburten		4
Lebenserwartung (in Jahren)		79
Wirtschaft		
Bruttoinlandsprodukt (BIP) (in Mrd. US-$)		2794,9
Bruttonationaleinkommen (BNE) / Kopf (in US-$)		34 870
Außenhandel:	Export (in Mrd. US-$)	786,2
	Import (in Mrd. US-$)	625,6
Erwerbstätigkeit:	in der Landwirtschaft (in %)	2,2
	in der Industrie (in %)	25,8
	im Dienstleistungsbereich (in %)	71,9
Arbeitslosigkeit (offizielle Angaben in %)		10,8
Umwelt und Entwicklung		
Energieverbrauch pro Kopf (in kg Öleinheiten)		4218
CO_2-Emissionen pro Kopf (in t)		9,8
Human Development Index* (HDI-Weltrang)		0,935 (22)

alle Daten aus dem Fischer Weltalmanach 2008,
* Daten aus dem Human Development Report 2007/2008

GEO Wissen

Topographisches Grundwissen

Kennst du dich auf der Erde aus?

Auf den nächsten Seiten (▷ S. 242–249) findest du stumme Karten von Hessen, Deutschland, Europa und allen weiteren Kontinenten unserer Erde. Die Karten sollen dir ein topographisches Grundwissen vermitteln, d.h., wenn du die Namen der gefragten Staaten, Städte, Gebirge und Berge, Inseln, Gewässer usw. weißt, dann kennst du dich auf der Erde aus.

Dabei ist es nicht sinnvoll, sich alle Namen einer oder sogar mehrerer Karten auf einmal merken zu wollen, sondern immer wieder zu üben und nachzuschlagen.

Sicherlich wirst du dich fragen, warum du so viele Begriffe lernen sollst, wenn man doch alle Orte im Atlas nachschlagen kann. Aber diese topographischen Begriffe, die „Vokabeln der Geographie", sind notwendig, damit du ein globales Orientierungsraster entwickeln kannst, um geographische Fragestellungen schnell einordnen zu können.

Wenn du dir die meisten Begriffe eingeprägt hast, versuche einmal eine Kartenskizze von Hessen, Deutschland oder einem Kontinent zu zeichnen und die entsprechenden Begriffe in diese Skizze einzutragen.

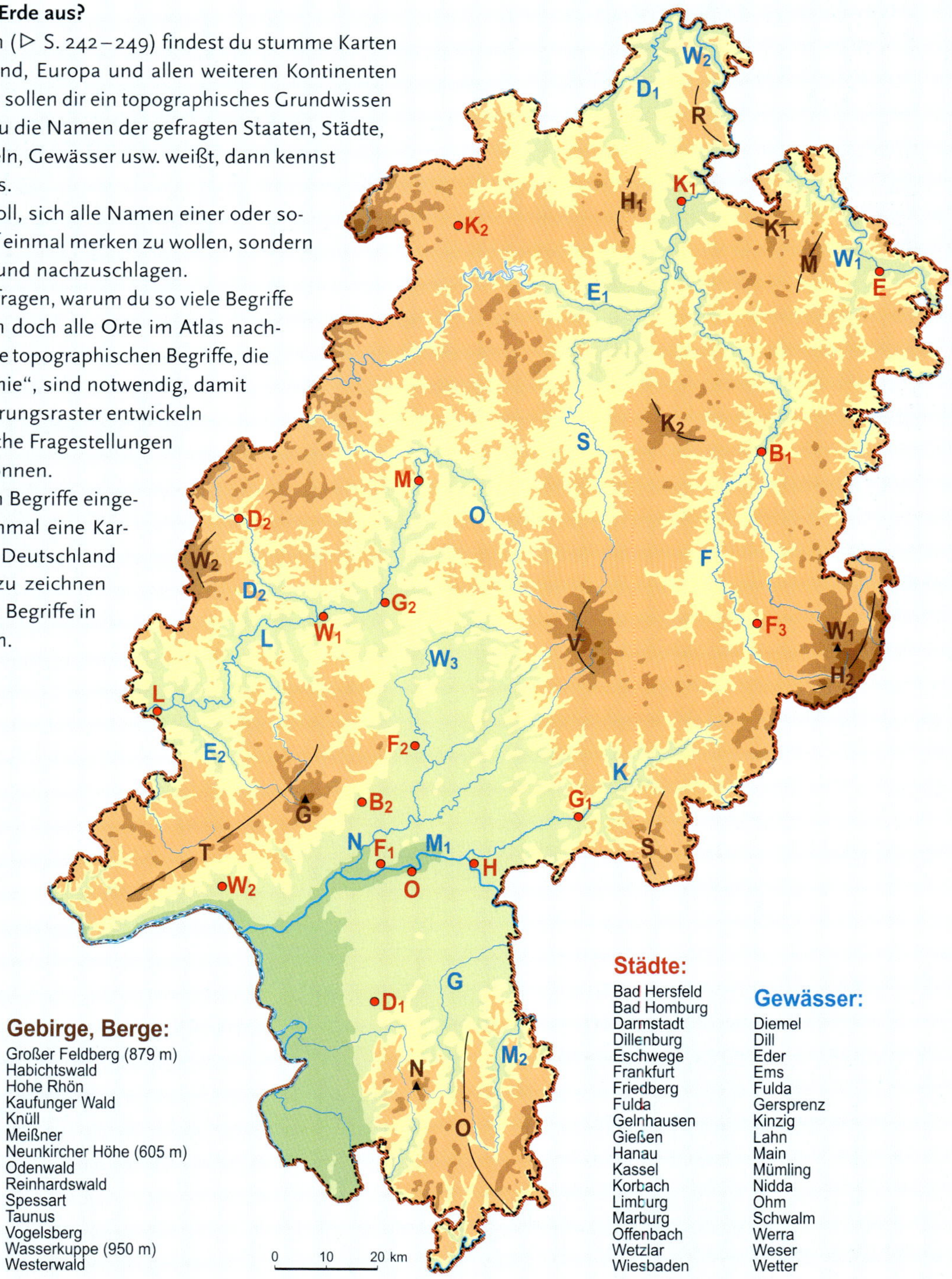

242.1: Topographisches Grundwissen Hessen

243.1: Topographisches Grundwissen Deutschland

GEO Wissen

Topographisches Grundwissen

Gebirge, Berge:
Alpen
Apenninen
Dinarisches Gebirge
Karpaten
Kaukasus
Mittelgebirgsschwelle
Mont Blanc
Penninen
Pyrenäen
Rhodopen
Sierra Nevada
Skandinavisches Gebirge
Ural
Zentralmassiv

Inseln:
Balearen
Fünen
Korsika
Kreta
Sardinien
Seeland
Sizilien

Gewässer:
Atlantischer Ozean
Ärmelkanal
Dnjepr
Donau
Ebro
Elbe
Loire
Mittelmeer
Nordsee
Ostsee
Po
Rhein
Rhône
Schwarzes Meer
Seine
Tajo
Weichsel
Weißes Meer
Wolga

Entfernungen:
Moskau-Lissabon (3500 km)
Nordkap-Sizilien (3500 km)

Hauptstädte (Staaten):
Amsterdam (Niederlande)
Ankara (Türkei)
Athen (Griechenland)
Belgrad (Serbien)
Berlin (Deutschland)
Bern (Schweiz)
Bratislava (Slowakei)
Brüssel (Belgien)
Budapest (Ungarn)
Bukarest (Rumänien)
Chişinău (Moldau)
Dublin (Irland)
Helsinki (Finnland)
Kiew (Ukraine)
Kopenhagen (Dänemark)
Lissabon (Portugal)
Ljubljana (Slowenien)
London (Großbritannien)
Luxemburg (Luxemburg)
Madrid (Spanien)
Minsk (Weißrussland)
Moskau (Russland)
Nikosia (Zypern)
Oslo (Norwegen)
Paris (Frankreich)
Podgorica (Montenegro)
Prag (Tschechien)
Priština (Kosovo)
Reykjavik (Island)
Riga (Lettland)
Rom (Italien)
Sarajevo (Bosnien u. H.)
Skopje (Mazedonien)
Sofia (Bulgarien)
Stockholm (Schweden)
Tallinn (Estland)
Tirana (Albanien)
Vilnius (Litauen)
Warschau (Polen)
Wien (Österreich)
Zagreb (Kroatien)

andere Wirtschaftszentren:
Barcelona
Birmingham
Breslau
Genf
Glasgow
Göteborg
Istanbul
Krakau
Lyon
Mailand
Marseille
Neapel
Rotterdam
St. Petersburg
Thessaloniki
Toulouse
Turin
Zürich

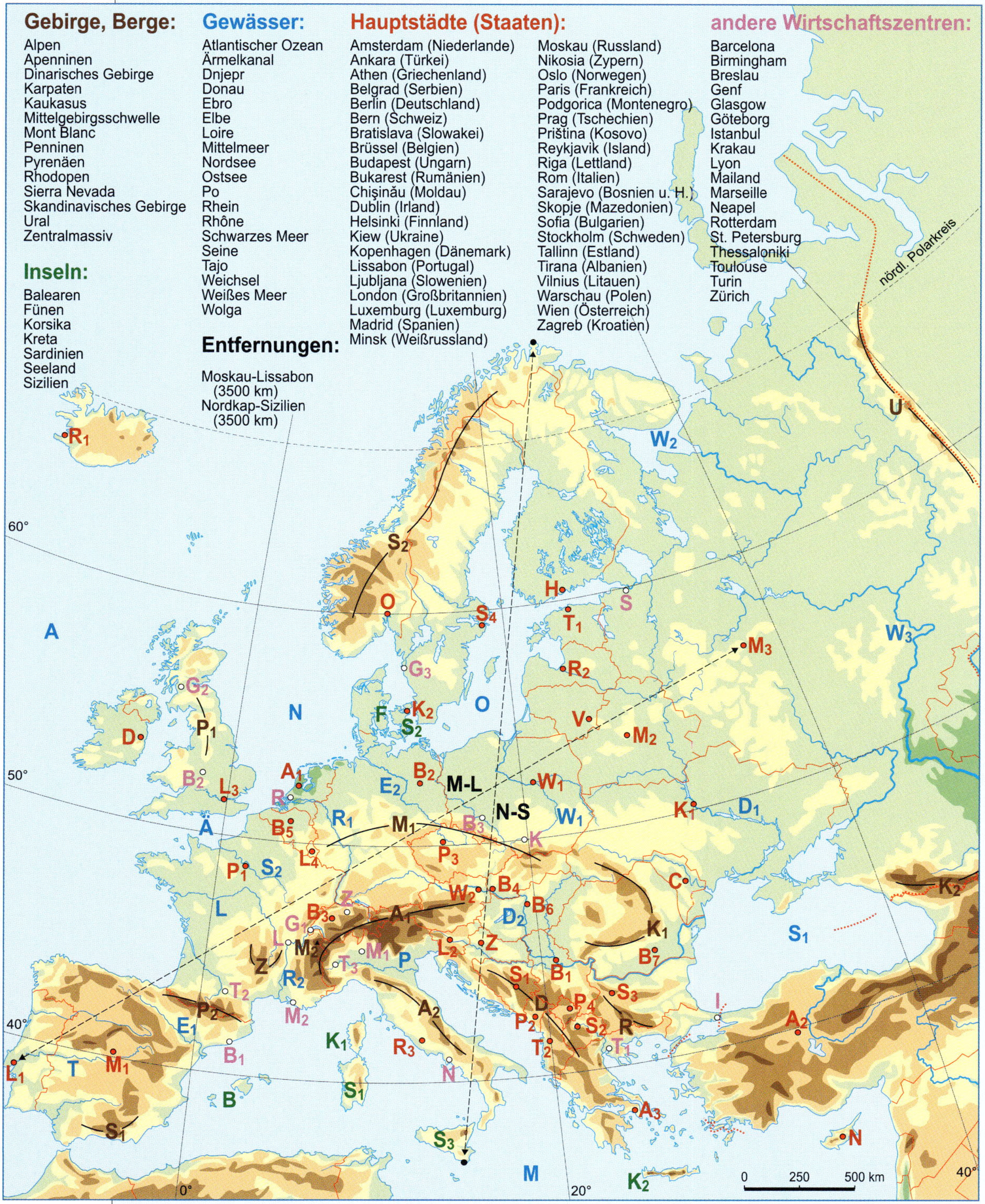

244.1: Topographisches Grundwissen Europa

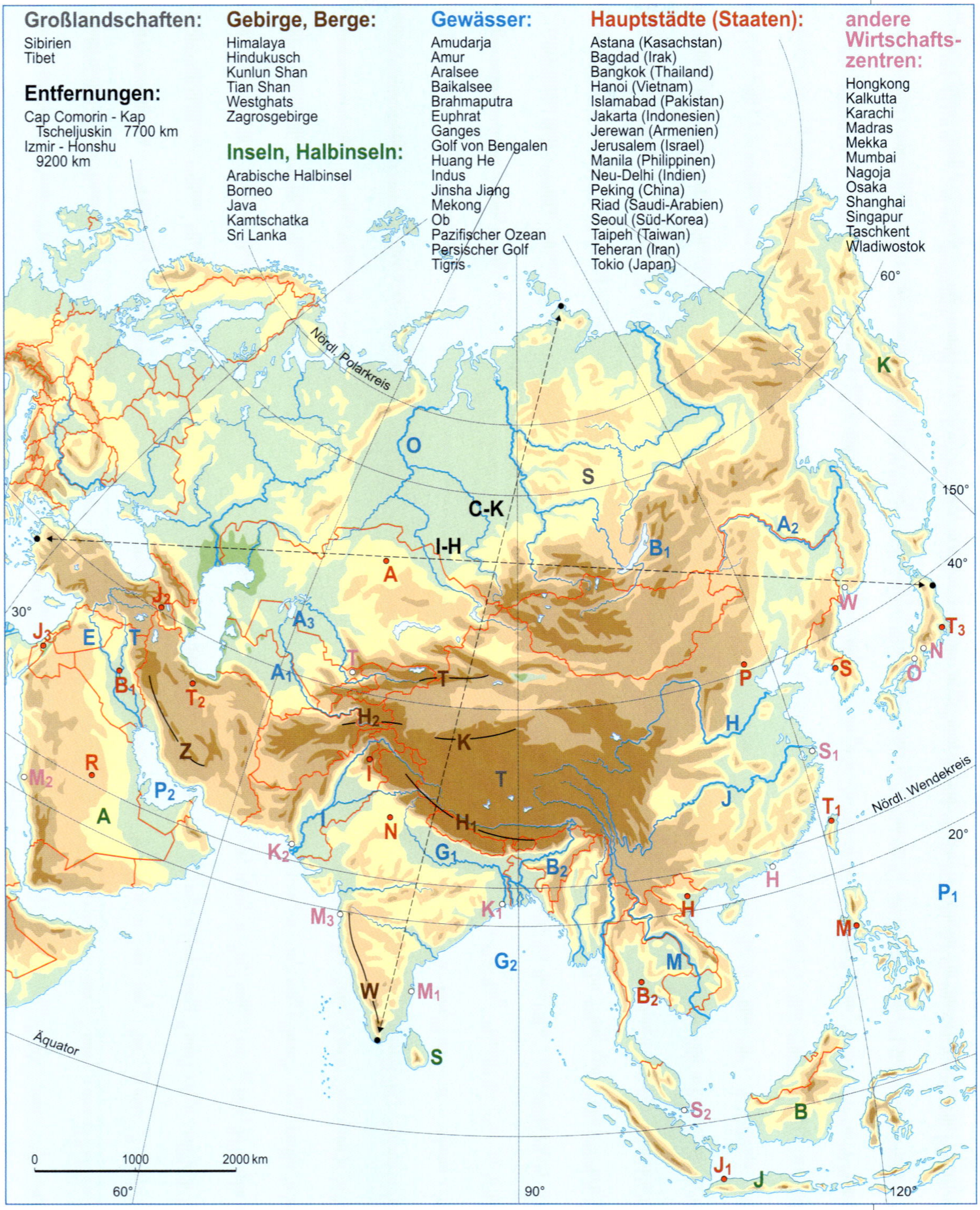

245.1: Topographisches Grundwissen Asien

GEO Wissen | Topographisches Grundwissen

246.1: Topographisches Grundwissen Afrika

247.1: Topographisches Grundwissen Südamerika

GEO Wissen

Topographisches Grundwissen

248.1: Topographisches Grundwissen Nordamerika

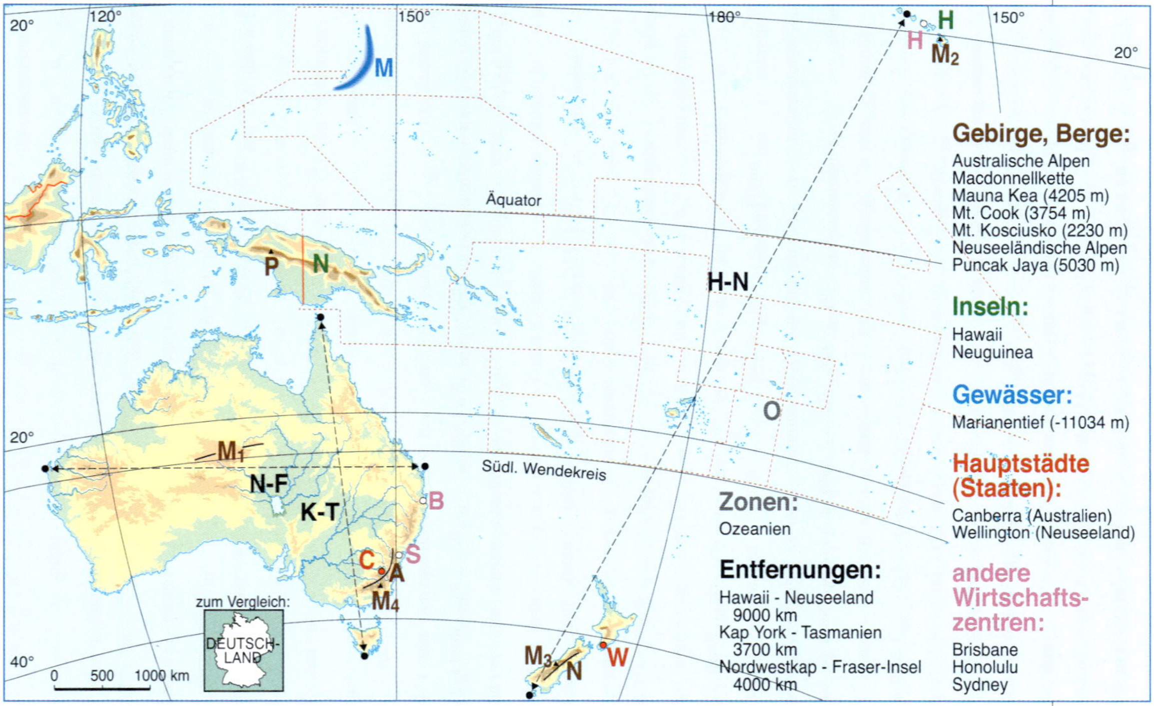

249.1: Topographisches Grundwissen Australien/Ozeanien

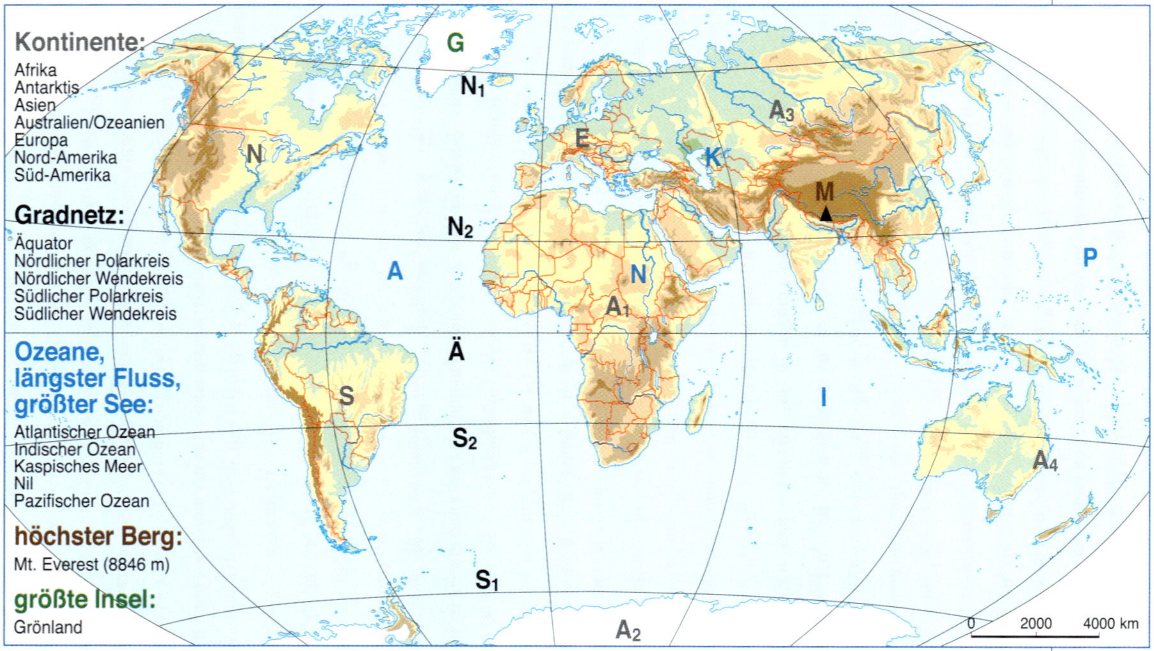

249.2: Topographisches Grundwissen Erde

GEO Lexikon

→ *Tundra*
Durch → und *Kursivdruck* sind Verweise innerhalb des Geo-Lexikons gekennzeichnet.

Aids (S. 201, S. **204**)
Durch **Fettdruck** ist die Seitenzahl hervorgehoben, auf der dieser Begriff erklärt wird.

Agglomeration (S. 184)
Große Städteballung.
Agrardreieck (S. **118**)
Agrarkolonisation (S. 194)
Erschließung bisher ungenutzter Gebiete für die Landwirtschaft, meistens in Verbindung mit Siedlungsneugründungen.
Agribusiness (S. **173**)
Aids (S. 201, S. **204**)
Alphabetisierungsrate/-grad (S. 102)
Prozentualer Anteil der Menschen eines Landes über 15 Jahre, die lesen und schreiben können.
Altersaufbau (S. 99)
Altersmäßige Zusammensetzung der Bevölkerung eines Landes zu einem bestimmten Zeitpunkt; die sich besonders gut anhand von → *Bevölkerungspyramiden* verdeutlichen lässt.
Antarktis (S. **90**)
Antisemitismus (S. 226)
Judenfeindliche Einstellung.
Arktis (S. **90**)
Armutssiedlung (S. 198)
Elendssiedlungen, meist in den Großstädten der → *Entwicklungsländer*; man unterscheidet die randstädtischen Marginalsiedlungen und die innerstädtischen Slums.
artesischer Brunnen (S. 215)
Natürlicher Brunnen zumeist in Tallagen, bei dem Grundwasser durch Überdruck an der Oberfläche austreten kann.
Asthenosphäre (Fließzone) (S. 40)
Zone im oberen Erdmantel, in dem das Gestein plastisch bzw. teilweise schmelzflüssig ist.
Außenhandelsbilanz (S. 177)
→ *Handelsbilanz*
Barrel (S. **95**, S. 209, S. 223)
Bevölkerungsdichte (S. 98)
Gibt die durchschnittliche Zahl der Einwohner eines Gebietes pro Flächeneinheit, meistens pro km^2 an.
Bevölkerungsexplosion (S. 98)
Bezeichnet das (beschleunigte) absolute Wachstum einer Bevölkerung in immer kürzeren Zeitabständen (z. B. Verdoppelungszeiten der Bevölkerung).
Bevölkerungspyramide (S. **100**)
Bewässerungsfeldbau (S. 78, S. 126)
Form der landwirtschaftlichen Nutzung, bei der die Niederschläge in der Wachstumszeit nicht ausreichen und deshalb zusätzlich künstlich bewässert wird.
Binnenmarkt (S. 174)
Meist der nationale Markt eines Landes; kann aber ausgeweitet werden, z. B. der EU-Binnenmarkt.

BIP (S. 124, S. 164, S. 174)
Wert aller Waren und Dienstleistungen, die in einem Jahr in einem Land von In- und Ausländern produziert werden.
Blizzard (S. **171**)
BNE (S. 102, S. 104)
Gesamtwert aller Waren und Dienstleistungen, die von den ständigen Bewohnern eines Staates (im In- und Ausland) in einem Jahr produziert werden; früher auch Bruttosozialprodukt (BSP) genannt.
Bodenversalzung (S. 78, S. 127)
Im Boden aufsteigendes Grundwasser führt gelöste Salze mit nach oben. Nach der Verdunstung des Wassers bleibt Salz zurück. Bodenversalzung tritt bei → *Bewässerungsfeldbau* v. a. in ariden (trockenen) Gebieten auf.
borealer Nadelwald (S. 27)
Nur auf der Nordhalbkugel auftretender Landschaftstyp mit ausgedehnten Nadelwäldern aus Tannen, Lärchen, Kiefern und Fichten. In Russland als Taiga bezeichnet.
Brandrodung (S. 83)
Rodung durch Fällen der Bäume mit anschließender Verbrennung der Stämme sowie der Restvegetation.
Brandrodungswanderfeldbau (S. 83)
→ *Wanderfeldbau* mit → *Brandrodung*
Breitenkreis (S. 16)
Teil des → *Gradnetzes* der Erde. Zwischen dem Äquator und dem Nord- bzw. Südpol zählt man jeweils 90 Breitenkreise.
Bruttoinlandsprodukt (BIP) (S. 124, S. 164, S. 174)
→ *BIP*
Bruttonationaleinkommen (BNE) (S. 102, S. 104)
→ *BNE*
Buddhismus (S. **136**)
Dauerfrostboden (Permafrostboden) (S. 122)
Ständig gefrorener Boden, der teilweise im Sommer nur an der Oberfläche geringfügig auftaut. Wegen der stauenden Wirkung des Bodeneises im Untergrund ist die Auftauschicht stark vernässt. In der → *Tundra* erreicht der Dauerfrostboden eine Tiefe von bis zu 300 Metern.
Delta (S. 61)
Aufgeschütteter Schwemmfächer eines Flusses bei der Mündung in einen See oder ins Meer.
Desertifikation (S. 71, S. 77)
Landschaftswandel in Trockengebieten, der durch menschliches Wirken (falsche oder übertriebene Nutzung eines Raumes) ausgelöst wird und ein Vordringen der Wüste begünstigt.

Disparitäten (S. 154, S. 166)
Ungleiche Bedingungen und Entwicklungen in verschiedenen Räumen.
Dornsavanne (S. 29, S. 69)
Ein-Kind-Politik (S. 144)
Eisberg (S. 90)
Entwicklungsländer (S. 98, S. 102, S. 198)
Im Gegensatz zu den → *Industrieländern* wenig entwickelte Länder. Die wichtigsten Kennzeichen sind ein hohes → *Bevölkerungswachstum*, ein geringer Bildungsgrad, eine nicht ausreichende Versorgung mit Nahrungsmitteln, Trinkwasser und Medizin sowie ein geringes → *Bruttonationaleinkommen* pro Kopf. Diese Länder wurden früher auch als „Dritte Welt" bezeichnet.
Entwicklungshilfe (S. 202, S. 206)
Erdachse (S. 18)
Die gedachte Linie, um die sich die Erde dreht, → *Erdrotation*. Wo diese die Erdoberfläche schneidet, liegen Nord- und Südpol.
Erdbeben (S. 39)
Erschütterung der Erdoberfläche durch Vorgänge in der Erdkruste.
Erdmantel (S. 40)
Erdrevolution (S. 18)
Umlauf der Erde um die Sonne. Ein Umlauf dauert rund ein Jahr (365 Tage, 5 Stunden, 48 Minuten und 46 Sekunden).
Erdrotation (S. 14)
Die Drehung der Erde um sich selbst. Eine Drehung dauert ca. 24 Stunden.
Erosion (S. 60, S. 77)
Abtragung von Verwitterungsprodukten.
Eruption (S. 48)
Vulkanausbruch, bei dem Gase, Wasserdampf, Aschen bzw. Schlacken oder Lava austreten können.
ethnische Konflikte (S. 209)
Gewaltsame Auseinandersetzung zwischen verschiedenen Volksgruppen (Ethnien).
Export (S. 108, S. 134, S. 218)
Die Lieferung von Waren und Dienstleistungen ins Ausland.
Faltengebirge (S. 44)
Gebirge, wie z.B. die Alpen, in dem die Gesteinsschichten stark zusammengeschoben und aufgefaltet sind.
Familienplanung (S. 160)
Maßnahmen, die darauf abzielen, durch Geburtenregelung die Kinderzahl den wirtschaftlichen und sozialen Verhältnissen der Eltern anzupassen. Dies geschieht z.B. durch Aufklärungskampagnen oder Familienplanungsprogramme. Verhütungsmittel und Verhütungstechniken sollen die hohe Geburtenzahl dauerhaft senken.
FAO (S. 86)
Die Ernährungs- und Landwirtschaftsorganisation (Food an Agriculture Organization) der → *Vereinten Nationen*.
Favela (S. 199)
Regionale Bezeichnung für → *Armutssiedlungen* in Brasilien.
Feedlots (S. 173)
Feuchtsavanne (S. 29, S. 69)
Freihandelszone (S. 150)
Gebiet innerhalb eines Landes (oder der Zusammenschluss mehrerer Länder), in dem es keine Einfuhrzölle und andere Handelshemmnisse gibt.
Fremdlingsfluss (S. 126)
Fluss in Trockengebieten, der in einem niederschlagsreichen Quellgebiet entspringt.
Fruchtbarkeitsrate (S. 98, S. 100, S. 160)
Gated Communities (S. 182)
Geburtenkontrolle (S. 145)
Maßnahmen zur Planung von Zahl und Zeitpunkt von Geburten von Kindern.
Geburtenrate (S. 98, S. 100)
gemäßigte Zone (S. 35)
Gestein (S. 54)
Das Baumaterial der Erdkruste. Gestein besteht aus verschiedenen Mineralien.
Gewerbesteuer (S. 236)
GIS (S. 30)
Abkürzung für Geographische Informationssysteme.
Global City (S. 134, S. 179)
Millionenstadt, die als Finanzmarkt, Bankenzentrum und Sitz bedeutender transnationaler Konzerne weltweite wirtschaftliche Bedeutung hat. Zurzeit gelten neben New York noch London und Tokio als Global Cities.
Global Player (S. 178, S. 172)
Weltweit tätige und verflochtene Unternehmen mit großer Wirtschaftsmacht und Einfluss.
Globalisierung (S. 106)
Die zunehmende weltweite Vernetzung von nationalen Märkten und Gesellschaften.
Gradnetz (S. 17)
Ein Netz aus (gedachten) → *Längen-* und → *Breitenkreisen*, das den Globus überzieht. Es dient der Orientierung und der genauen Bestimmung der Lage von Orten auf der Erdkugel.

Grüne Revolution (S. 157)
GUS (Gemeinschaft unabhängiger Staaten) (S. 120)
Nachfolgestaaten der → *UdSSR*, die mit Ausnahme der drei baltischen Staaten eine lockere politische und wirtschaftliche Interessengemeinschaft unter der Führung Russlands bilden.
Hackbau (S. 83)
Halbwüsten (S. 29)
Handelsbilanz (S. 104, S. 177)
In der Handelsbilanz werden wertmäßig die exportierten und importierten Güter gegenübergestellt.
Hartlaubvegetation (S. 29)
HDI (S. 102)
→ *Human Development Index*
Hinduismus (S. 162)
Sammelbezeichnung für mehrere indische Religionen, denen vor allem die Vorstellung von der Wiedergeburt und die enge Verbindung zum → *Kastensystem* gemeinsam ist.
HIV (S. 145, S. 204)
Höhenstufen (S. 190)
Durch bestimmte Klimaverhältnisse und die damit zusammenhängende Pflanzendecke und Wirtschaftsweise geprägte Höhenlagen im Gebirge. Ausschlaggebend für die Bildung von Höhenstufen ist die Abnahme der Temperatur um durchschnittlich 0,6 °C je 100 m sowie die Veränderung der Niederschlagsmenge in der Höhe.
Human Development Index (S. 102)
Wert, mit dem versucht wird, den Stand der menschlichen Entwicklung in den Ländern der Welt zu verdeutlichen; Berechnung s. Abb. 103.1.
Hurrikan (S. 171)
Hypozentrum (S. 52)
Zentrum eines → *Erdbebens* in der Tiefe.
Import (S. 108, S. 134, S. 218)
Die Einfuhr von Waren und Dienstleistungen aus dem Ausland.
Industrieland (S. 98, S. 192)
Land, das in der wirtschaftlichen Entwicklung weit fortgeschritten ist (im Gegensatz zum → *Entwicklungsland*). Der → *sekundäre* und → *tertiäre Wirtschaftssektor* sind von besonderer Bedeutung.
Inlandeis (S. 90)
Inuit (S. 92)
Islam (S. 224)
Die jüngste der großen Weltreligionen. Von Mohammed im 7. Jahrhundert n. Chr. gegründet. Er sah sich als Letzter in einer Reihe von Propheten, zu denen auch Abraham, Moses und Jesus gehören. Die Anhänger des Islam werden als Muslime bezeichnet.
IT-Industrie (S. 164)
IT steht für Informationstechnik (-technologie), ein Oberbegriff für die Informations- und Datenverarbeitung sowie die dafür benötigte Hardware.
Jäger und Sammler (S. 82)
Jahreszeiten (S. 20)
Als Jahreszeiten bezeichnet man den charakteristischen Wechsel der Klimaelemente und der Vegetation im Verlauf eines Jahres. Sie entstehen durch den Umlauf der Erde um die Sonne bei gleichbleibend schräg stehender → *Erdachse*.
Jahreszeitenklima (S. 20)
Klima, für dessen Ausprägung jahreszeitliche Schwankungen der Klimaelemente von höherer Bedeutung sind als die Veränderungen im Laufe eines Tages.
Joint Venture (S. 147)
Wirtschaftsunternehmen, das von zwei oder mehr Unternehmen gemeinsam gegründet wurde. So stellen beispielsweise in China einheimische Firmen häufig die Arbeitskräfte und ausländische Firmen das Kapital und das Know-how.
Karikatur (S. 206)
Zeichnerische Darstellung, die Menschen, Lebensverhältnisse bzw. Ereignisse in humorvoll ironischen Zerrbildern wiedergibt, um die Betrachter zu provozieren und nachdenklich zu machen.
Karussellbewässerung (S. 172)
Bewässerungsmethode, bei der die Wasserzufuhr zentral über ein sich um die Feldmitte drehendes Rohr ausgeht, das das Wasser kreisförmig verteilt.
Kastensystem/-wesen (S. 166)
Eine Kaste ist das Element der indischen Gesellschaftsordnung. Die Kastenzugehörigkeit hatte bis vor einigen Jahrzehnten Auswirkungen auf das gesamte Leben. Noch heute bestimmt sie weitgehend, wenn auch längst nicht mehr ausschließlich, unter anderem die Partnerwahl und die Berufswahl.
Kinderarbeit (S. 167)
Kindersterblichkeit (S. 104)
Anteil der Kinder, die im Zeitraum von der Geburt bis zum fünften Lebensjahr sterben.
Klimadiagramm (S. 24)
Klimazonen (S. 22)
Die in der Regel in etwa breitenkreisparallel angeordneten Zonen auf der Erde mit typischen allgemeinen Klimavoraussetzungen. Die Klimazonen sind durch die unterschiedlichen Einstrahlungsverhältnisse bedingt. Eine strenge zonale Anordnung (Nord-Süd) wird durch die Verteilung der Ozeane und Kontinente sowie der Hochgebirge überprägt.

Kommunismus (S. 141, S. 146)
Politisches System, mit dem Ziel einer klassen- und herrschaftslosen Gesellschaft, in dem der Einzelne zugunsten der Gemeinschaft auf privates Eigentum verzichtet. Kennzeichnend sind die Verstaatlichung der Produktionsmittel und eine starke Kontrolle aller Gesellschaftsmitglieder.
Kontinentaldrift (S. 40)
Kontinentalklima (S. 118, S. 122)
Das kontinentale Klima ist durch große Temperaturunterschiede, d.h. heiße Sommer und kalte Winter, sowie geringe Niederschläge gekennzeichnet.
Konvektionsströme (S. 41)
Durch Wärme verursachte aufsteigende Bewegungen.
Krater (S. 48)
Trichter- oder kesselförmige Mündung eines Vulkanschlotes.
Kung-fu-tse (Konfuzianismus) (S. 136)
Landflucht (S. 199)
→ *Land-Stadt-Wanderung*
Landschaftszone (S. 26)
Gebiete mit gleichen oder ähnlichen Pflanzen und an diesen Lebensraum angepassten Tieren.
Land-Stadt-Wanderung (S. 198)
Abwanderung vom Land in die Städte, wird auch als → *Landflucht* bezeichnet, Gründe sind die → *Push-* und → *Pull-Faktoren.*
Längenkreis (S. 16)
Ein Kreis im → *Gradnetz* der Erde, der durch beide Pole geht. Er setzt sich aus zwei gegenüberliegenden → *Meridianen* zusammen.
Lava (S. 48)
Glutflüssige Gesteinsschmelze (700–1250 °C), die als → *Magma* aus dem Erdinnern kommt und bei Vulkanausbrüchen austritt.
Lithosphäre (S. 40)
Durch festes Gestein geprägter Teil der Erde. Die Lithosphäre umfasst die Erdkruste und den oberen Teil des → *Erdmantels.*
LLDC (S. 103)
Luftbild (S. 49)
Man unterscheidet zwischen → *Schrägluftbildern* und → *Senkrechtluftbildern.*
Mäander (S. 61)
Fluss- oder Talschlingen in „Schlangenlinien", die vor allem im → *Unterlauf* eines Flusses auftreten.
Macchie (S. 29)
Nach Übernutzung durch Abholzung und Beweidung im Mittelmeerraum entstandene Vegetationsform mit überwiegend Gebüschvegetation.
Magma (S. 48)
Glutflüssige, gashaltige Gesteinsschmelze in den tieferen Teilen der Erdkruste mit Temperaturen um 1000 °C.
magmatische Gesteine (S. 54, S. 56)
Malaria (S. 201)
Mangelernährung (S. 202)
Ungenügende oder falsch zusammengesetzte Ernährung.
Megacity/-stadt (S. 130, S. 178, S. 184, S. 198)
Städte, die mehr als zehn Millionen Einwohner haben (rein quantitative Abgrenzung), z. T. werden auch Städte ab fünf Millionen Einwohner so benannt.
Mercalli-Skala (S. 53)
Meridian (S. 16)
Teil des → *Gradnetzes.* Die Linien verbinden Nord- und Südpol miteinander. Es gibt insgesamt 360 Meridiane.
metamorphe Gesteine (S. 55, S. 56)
Metropole (S. 140)
Eine Großstadt (meist mehr als 2 Mio. Ew.), die der überragende politische und wirtschaftliche Mittelpunkt eines Landes ist.
Migration (S. 121)
Bedeutet „Wanderung". In Bezug auf den Menschen ist hier ein längerfristiger Wohnortwechsel gemeint. Formen der Migration sind die Emigration (Auswanderung) und die Immigration (Einwanderung). Überschreitet ein Migrant eine Landesgrenze, spricht man von internationaler Migration. Ein Wohnortwechsel innerhalb eines Landes heißt Binnenwanderung/-migration. Hierzu zählt z. B. die → *Landflucht.* Ein Auswanderer wechselt den Aufenthaltsort freiwillig, ein Flüchtling wird dazu gezwungen.
Mittelbreiten (S. 18, S. 19)
Mittellauf (S. 61)
Der mittlere Abschnitt eines Flusses.
Mittelozeanische Rücken (S. 43)
Lang gestreckte Rücken in den Ozeanen, an denen neue ozeanische Gesteine entstehen.
Monsun (S. 132, S. 156, S. 158)
Mykorrhiza-Pilze (S. 85)
Im → *tropischen Regenwald* weit verbreitete Pilze, die mit ihrem Geflecht die Saugwürzelchen von mehrjährigen Pflanzen umspinnen. Sie versorgen diese mit aufgefangenen Nährstoffen und bekommen dafür im Austausch Kohlenhydrate. Pflanze und Pilz sind voneinander abhängig; stirbt ein Teil, überlebt auch der andere nicht.
Nährstofffalle (S. 85)
Nährstoffkreislauf (S. 85)

Oberlauf (S. 61)
Der obere Abschnitt eines Flusses.

OPEC (S. 223)
Organisation of the **P**etroleum **E**xporting **C**ountries (Organisation Erdöl exportierender Länder). Ihre Mitgliedstaaten verfügen etwa über drei Viertel der weltweiten Erdölreserven.

Packeis (S. **90**)

Passatkreislauf (S. 158)
Passate sind bodennahe Nordost- und Südostwinde, die auf beiden Erdhalbkugeln vorkommen. Sie wehen beständig zwischen den Hochdruckgebieten der → *Subtropen* und den Tiefdruckgebieten am Äquator. Sie bilden einen geschlossenen Kreislauf und verlagern sich mit den → *Jahreszeiten*. Dadurch entsehen in den → *Tropen* → *Regen*- und → *Trockenzeiten*.

Pfannkucheneis (S. **90**)

Planet (S. 12)
Himmelskörper, der sich auf einer festen Bahn um die Sonne bewegt. In unserem Sonnensystem gibt es acht Planeten. Einer davon ist unsere Erde.

Plattentektonik (S. 40, S. **41**)

polares Klima (S. 90)
Eis- und Schneeklima der → *Polarregionen* (jenseits der Polarkreise), aufgrund des Einstrahlungsdefizits.

Polarkreis (S. 18)
Die Breitenkreise auf $66\frac{1}{2}°$ Nord und Süd, an denen die Sonne zur Wintersonnenwende (21. Dezember) um Mittag den Horizont gerade berührt und zur Sommersonnenwende (21. Juni) um Mitternacht gerade noch sichtbar ist. Die Polarkreise sind die Grenzen zwischen den → *Polargebieten* von den → *Mittelbreiten*.

Polarregionen/-gebiete (S. 18, S. 19, S. 90)
Gebiete zwischen → *Polarkreisen* und Polen.

primärer Wirtschaftssektor (S. 102)
→ *Wirtschaftssektoren*

Primärwald (S. 84)
Naturwald, der noch keine oder nur geringe Veränderungen durch den Menschen erfahren hat.

Pull-Faktoren (S. 199)
Anziehungskräfte der großen Städte, vor allem in den → *Entwicklungsländern*, wie z.B. Hoffnung auf sozialen Aufstieg und größeren Wohlstand.

Push-Faktoren (S. 199)
Motive, die die Bevölkerung zum Abwandern bewegen, wie z. B. Hunger und Arbeitslosigkeit.

Raumanalyse (S. **110**)

Regenzeit (S. 29, S. 158)
Zeitraum im Jahresverlauf mit deutlich überdurchschnittlicher Niederschlagsmenge.

Relief (S. 64)
Allgemeine Bezeichnung für die Oberflächenformen der Erde.

Richterskala (S. **52**)

Säuglingssterblichkeit (S. **102**)

Savanne (S. 29, S. 69)
Hauptvegetationstyp der wechselfeuchten Tropen. Unterschieden werden folgende Typen: → *Feucht*-, → *Dorn*- und → *Trockensavannne*.

Schelfeis (S. **90**)

Schichtvulkan (S. 48)
Ein durch wechselhafte Ausbruchstätigkeit von ausgeworfenen Aschen bzw. Schlacken und ausfließenden → *Lava*strömen entstandener Vulkan. Dabei entstehen typische Vulkankegel.

Schrägluftbild (S. **49**)

Sedimentation (S. 60)
Ablagerung von Verwitterungsprodukten.

Sedimentgesteine (S. **55**, S. 56)

Segregation (S. **182**, S. 183)

sekundärer Wirtschaftssektor (S. 102)
→ *Wirtschaftssektoren*

Sekundärwald (S. 84)
Wald, der nach Rodung des → *Primärwaldes* nachwächst. Er ist artenärmer, kleinwüchsiger und enthält auf absehbare Zeit keine Edelhölzer (z. B. Mahagoni, Teakholz, Ebenholz).

Selbstversorger (S. 92)
Eine Wirtschaftsweise, deren Ziel die Eigenversorgung ist, d. h., es wird fast alles, was zum Leben benötigt wird, selbst erzeugt.

Senkrechtluftbild (S. **49**)

Shintoismus (S. **136**)

Software- und IT-Industrie (S. 164)
→ *IT-Industrie*

sommergrüner Laub- und Mischwald (S. **27**)

Sommermonsun (S. **158**)

Sonderwirtschaftszone (S. 146, S. 150)
Abgegrenzte Gebiete, wie z. B. in China, in denen ausländische Unternehmen zu günstigen Bedingungen (Steuererleichterungen, geringe Baukosten, billige Arbeitskräfte) produzieren können.

Sowjetunion (S. 120)
Andere Bezeichnung für → *UdSSR*.

Steppengebiete (S. 27)

Sterberate (S. 98, S. **100**)

Strukturwandel (S. 96, S. 173, S. 175)
Meist ist die grundlegende wirtschaftliche Veränderung einer Region gemeint, wie z.B. der Bedeutungsverlust der Landwirtschaft oder der Niedergang der Eisen- und Stahlindustrie.

Subduktionszone (S. 43)
Subtropen (**S. 19**, S. 35)
Suburbanisierung (S. **184**)
Subvention (S. 176)
Staatliche Finanzhilfe oder (Steuer-)Vergünstigung, die auf die wirtschaftliche Förderung einer Raumes oder eines Wirtschaftsbereiches abzielt.
Sunbelt (S. **176**)
Tageszeitenklima (S. 20)
Klima, für dessen Ausprägung tägliche Schwankungen der Klimaelemente von höherer Bedeutung sind als die jahreszeitlichen Veränderungen.
Taifun (S. 134, S. **139**)
tertiärer Wirtschaftssektor (S. 102)
→ *Wirtschaftssektoren*
thermische Jahreszeiten (S. **20**)
Tonminerale (S. 84)
Für den Nährstoffhaushalt von Böden und Pflanzen wichtige Minerale.
Tornado (S. **171**)
Transport (S. 60)
Hier: Beförderung von Verwitterungsprodukten.
Trockensavanne (S. 29, S. **69**)
Trockenzeit (S. 29, S. 158)
Zeitraum im Jahresverlauf mit deutlich unterdurchschnittlicher Niederschlagsmenge.
Tropen (S. 18, S. **19**, S. 35)
tropischer Regenwald (S. **29**, S. 89)
Tsunami (S. **50**, S. 138)
Tundra (S. 27)
Baumfreie bis baumarme Vegetation der Subpolarregionen mit Moosen, Flechten, Grasfluren und Zwergsträuchern.
UdSSR (S. 117, S. 120)
Union der Sozialistischen Sowjetrepubliken oder Sowjetunion. Die UdSSR war eine Großmacht in politischer, wirtschaftlicher und militärischer Konkurrenz zu den USA und existierte von 1917 bis 1991. Sie umfasste folgende Teilrepubliken: Russland als Kerngebiet, die Ukraine, Weißrussland, Estland, Lettland, Litauen, Moldau, Georgien, Armenien, Aserbaidschan, Kasachstan, Usbekistan, Turkmenistan, Kirgisistan und Tadschikistan. Diese ehemaligen Sowjetrepubliken sind heute unabhängige Staaten.
UN (United Nations) (S. 179)
Zusammenschluss von 192 Ländern der Erde; wichtigste Aufgaben sind die Sicherung des Weltfriedens, die Einhaltung des Völkerrechts, der Schutz der Menschenrechte und die Förderung der internationalen Zusammenarbeit; zahlreiche Sonderorganisationen.
UNICEF (S. 205)
Das Kinderhilfswerk der → *UN*.
Unterernährung (S. **202**)
Unterlauf (S. 61)
Der unterste Abschnitt eines Flusses.
Urbanisierung (S. **184**)
Vegetationszonen (S. **22**)
Vereinte Nationen (S. 179)
→ *UN (United Nations)*
Verstädterung (S. 184, S. 235)
→ *Urbanisierung*
Vulkan (S. 39, S. 48)
Ein Vulkan entsteht, wenn → *Magma* bis an die Erdoberfläche aufsteigt.
Wachstumsrate (S. 98, S. **100**)
Wanderarbeiter (S. 147, S. 149)
In China ziehen Millionen von Frauen und Männern vom Land in die Stadt in der Hoffnung auf Arbeitsplätze. Die Armut zwingt sie, jede Arbeit anzunehmen. Viele von ihnen verrichten für geringsten Lohn schwere Arbeiten.
Wanderfeldbau (S. 83)
Form der landwirtschaftlichen Nutzung (besonders im → *tropischen Regenwald* verbreitet), bei der die Anbauflächen nach wenigen Jahren aufgrund schnell abnehmender Ernteerträge aufgegeben werden.
Wasserkreislauf (S. **63**)
Weltbevölkerung (S. **98**)
Welthandel (S. 106, S. 108)
Wendekreis (S. 18)
Bei $23\frac{1}{2}°$ nördlicher und südlicher Breite gelegene Breitenkreise, an denen die Sonne einmal im Jahr (21. Juni am nördlichen W., 21. Dezember am südlichen W.) senkrecht, d.h. im → *Zenit*, steht. Die Wendekreise sind die Grenzen zwischen den → *Tropen* und den → *Mittelbreiten*.
Wintermonsun (S. **158**)
Wirtschaftssektoren (S. 102)
Die Gesamtwirtschaft wird in den primären, den sekundären und den tertiären Wirtschaftssektor eingeteilt. Zum primären Wirtschaftssektor gehören die Landwirtschaft, die Forstwirtschaft, die Fischerei und der Bergbau. Der sekundäre Wirtschaftssektor umfasst alle verarbeitenden Industrien und Gewerbe. Zum tertiären Wirtschaftssektor gehören alle Bereiche, in denen Dienstleistungen aller Art erbracht werden.
Wüsten (S. **29**)
Yanomami (S. **194**)
Zeitzone (S. **14**)
Zenit (S. **19**)

Bildquellenverzeichnis

A1Pix, Taufkirchen: 218.2 (JTB); actionpress, Hamburg: 94.1; akg-images, Berlin: 40 oben rechts: Alamy, UK-Abingdon: 134.1 (David Ball), 213.1 (Walls); Associated Press, Frankfurt/Main: 120.1 rechts, 122.1, 138.2, 163 unten (Bollen), 168.2 (Willens), 211 oben links; Astrofoto, Sörth: 13.2, 14.1, 14.2, 178.3; Bauer, Breisach: 55 C; Behrendt, NL-Amstelveen: 227.1; Bilderberg, Hamburg: 25.2 (Ginter); Blickwinkel, Witten: 214.3 (Hauke); BMW Group, München: 97.3; Böning, Oerlingshausen: 96.4; Bricks, Erfurt: 198.1; Bundesministerium für wirtschaftliche Zusammenarbeit, Bonn: 83.1; Burkard, H.-J., Hamburg: 114 unten links, 220.2; Bütow, Waren: 180.1; Caro Fotoagentur, Berlin: 125.2 (Andreas Bastian), Carstens, Tübingen: 196.1; CCC, www.c5.net: 207.3; Cech, Vechta: 136.1 C; Christoph & Friends / Das Fotoarchiv, Essen: 74 A, 90 B; Corbis, Düsseldorf: Titel (Probst), 44.3 (zefa), 48.2 (Alfio Scigliano/Sygma), 80.1, 82.1, 114 oben links (Mulvehill), 114 Mitte (Arthus-Bertrand), 114 unten rechts (Patrick Robert), 130.3 (Richard T. Nowitz), 148.1, 154.2 (Karnow), 158.1 (Kirloskar/Reuters), 169.1 (Mulvehill), 171.1 (Bourg/Reuters), 176.1 B, 184.1 (Howe), 198.3 (Jarman), 201.1 (Marshall), 226.1 (Nowitz); Degener, Birkenfeld: 15.3; Deters, Hannover: 108.2 B; Deutsche Welthungerhilfe, Köln: 206.4; Deutsches Rotes Kreuz, Berlin: 82.4; DLR, Oberpfaffenhofen: 96/97; Dubai-Tourismus, Frankfurt/Main: 222.2; Edmaier (www.geophot.de): 49.1; EG Solar, Altötting: 77.2; Englert, Freiburg: 60 B; F1 online, Frankfurt/Main: 218.1; Fabian, Hannover: 39.1, 97.2; Feiereis, Chemnitz: 186.1 rechts; Fiedler, Güglingen: 83.2; Focus, Hamburg: 65.2 (Tipsimages/Rossi), 115 oben links, 157 oben rechts, 158.2, 195 D; Forschungsinstitut und Naturmuseum Senckenberg, Frankfurt/Main: 59.1 rechts, 59.2; Forum Umwelt & Entwicklung, Desertifikation AG, Bonn: 74 C; Frantz, Innsbruck: 182 oben links; Fraport AG, Frankfurt/Main: 108.2 E, 239.1 A; Fremdenverkehrsamt Australien: 214.2; Gebel, Mönchengladbach: 151.2; Gehrke, Mahlberg: 21.1, 63 F; Gerster, G., CH-Zumikon: 70.1; Getty Images, München: 50.1 (Stringer/AFP); Godpold, Göttingen: 85.2; Gottscheber, Pepsch, München: 124.1 unten; Grabowski, Münster: 108.2 F, 186.1 links; Greenpeace, Hamburg: 82.2, 188.2; Greser & Lenz, Aschaffenburg: 240.2; Gruschke, Freiburg: 142.1, 142.3; Gustavo Stephan, Rio de Janeiro: 102 A; Hapag Lloyd AG, Hamburg: 108.2 D; Härle, Wangen: 46.2, 55 D, 69 A; Hebel, Freiburg: 45.4, 54.2, 55.1, 56.2, 57.1, 61.1, 166.6; Herbert, Ch. W., USA-Tuscon: 47.1; Herzig, Wiesenburg: 44.1; Hessisches Landesamt für Bodenmanagement und Geoinformation, Wiesbaden: 234.1, 234.2 (Dig. Orthophoto 2008); Hessisches Landesmuseum, Darmstadt: 59.4; Hof, Harbach: 54 B; IFA Bilderteam, Ottobrunn: 136.2; Imaginechina, Shanghai: 149.1 Imago stock&people GmbH, Berlin: 122.3, 130.1; Interfoto, München: 192.1 (Bildarchiv Hansmann); Junge, Hannover: 28.7, 35.2, 61 D, 62.3, 150.1 groß; Junker, T., Moritzburg: 119.1; Kirner, Baldham: 127.3; Klohn, Vechta: 78.3, 173.1; Knecht, Freiburg: 28.6; Krings, Freiburg: 77.4, 77.5; Kuhli, Oerlinghausen: 27.2; laif, Köln: 92.1, 93.1; 97.4, 146.1 (Wolf), 147.2 (Wolf), 150.3 (Bialobrzeski), 165.3 (Molores), 177.1, 183.2 (The NewYork Times/Redux), 189.1 (Meyer), 197 A (Linke), 204.1 (Bermes), 208.1 (Grabka); Landesmedienzentrum Rheinland-Pfalz, Koblenz: 63 D; Langbein, Freiburg: 157 oben links, 166.4; Look, München: 133.1 E (Per-Andre Hoffmann); Mager, Gengenbach: 28.8, 68.2, 69 C, 81.1, 84.1, 88.3, 88.4, 136.1 A, 136.1 B, 142.2, 146.2; Mauritius, Mittenwald 67, 74 unten, 98.1 A (photolibrary), 98.1 B (Umstätter), 117.1, 129.1, 145.1 (Vidler), 163 oben, 171.2 (Photo Researchers), 194.1, 194.2, 195 A, 195 B, 195 F (Torino), 214.1, 216.1 oben, 216.1 unten, 225.3; Max-Planck-Institut für Züchtungsforschung, Köln: 133.1 C (Kalda); Mayr/CCC, www.c5.net: 206.1; McDonalds, München: 144.4; Media Art & Science, Ascheberg: 52.4; mediacolors, CH-Zürich: 137.1; Meier, Dresden: 61 C; Mester/CCC, www.c5.net: 207.2; Milimo, B., Baldham: 75 E; Mühlberger, Emerkingen: 113.2; Müller, Berlin: 142.4; Müller, Hameln: 15.1; Münchener Rückversicherungs-Gesellschaft, München: 36/37; NASA, USA-Houston: 3.1, 3.2, 10/11, 73.1, 73.2, 139.2, 171.3, 172.1; NOAA, CAN-Vancouver: 65.1, 90 A, 91 D, 91 E; Ochsenwadel, Möckmühl: 46.3, 47.2, 47.3, 47.4; Okapia, Frankfurt/Main: 66, 67 rechts unten (Postl), 212.2 (Ferrero/Auscape/SAVE); Picture Press, Hamburg: 137.3, Picture-Alliance, Frankfurt/Main: 38.1 (epa/Nordfoto), 38.2, 39.2, 65.3, 106.2 (dpa), 107.1 (Peter Kneffel), 114 oben rechts (Jeff Zelevansky/epa), 115 oben rechts, 120.1 links (zb/Tom Schulze/Transit), 122.2 (epa/Yuri Kochetkov), 127.2, 128.2, 135.1 (Xinhua/Landov), 137.2, 140.2, 141.1 (dpa), 152.1 (dpa/epa/Wu), 160.3, 179.2 (Justin Lane/epa), 185.2, 195 C, 202.1 (dpa-fotoreport), 205.1, 209.1 (epa afp / Ekbei), 221.1 (KPA/Müller), 224.1 (MAI/Greg E. Mathieson /Landov), 227.3 (epa Hollander); Pinkall, Brake: 222.3; Planungsverband Ballungsraum Frankfurt/Rhein-Main: 236.3; Poitschke, Eibau: 133.1 D; Raach, Merzhausen: 27.1, 90 C, 92.3, 93.2, 93.4; Rathgeb, Markgröningen: 197 B; RESTEC, J-Tokio: 131.1; Richter, U., Malsch: 63 G; Rieke, Braunschweig: 28.5, 60 A, 102 C; RMJM Achritekturbüro, GB-Edinburgh: 124.1 oben; Rugmark, Göttingen: 96.3, 167 unten rechts; Rupprecht, Frankfurt/Main: 58.1, 58.3, 110.2, 112.2, 112.3, 149.2, 150.1 klein, 155.1, 156.1, 162 oben links, 230/231, 233.1, 234.3, 234.4, 236.1; SASI Group (University of Sheffield) and Mark Newman (University of Michigan), GB-Sheffield: 107.3, 107.4, 107.5; Schapowalow, Bildagentur, Hamburg: 115 unten rechts (Heaton); Schlingmann GmbH, Dissen: 30.1; Schmidt, Teningen: 15.2, 48.1, 49.2, 54 A, 63 A, 78.1, 78.4, 107.2, 215.2; Schmidtke, Melsdorf: 66 Mitte, 74 B, 84.2, 96.1; Scholz, U., Gießen: 190.3, 191.1, 191.2; Schroedel aktuell/ Tegra: 51.1; Schubert, Zwickau: 148.3; Siemens AG, Erlangen: 195 E; Spiegel Online, Hamburg: 125.1 (Matthias Streitz); Stadt Mannheim: 108.2 C; Steinberger, K., Lochham: 76.1; stillpictures, Berlin: 102 B (Schytte); Stutz, Kamen: 27.4; Superbild, München: 63 E (Alaska-Stock); terre des hommes Deutschland, Osnabrück: 160.2; Thiem, Mühlberg: 75 D; Tischler Fotografen, Emmenbrücke: 115 Mitte; Tönnies, Laatzen: 108.2 A; transit, Leipzig: 115 unten links (Silke Wedler); TravelWorks.de: 216.2 oben; Trobitzsch, Buchholz-Trelde: 63 C; UNICEF, Köln: 204.3 (Giacomo Pirozzi); Vahldieck, Böhme: 77.3; Vermessungsamt Offenbach: 237.2; Visum, Hamburg: 116.2 (Ludwig), 144.1 (Henley), 151.1 (Thies Raetzke), 163 Mitte, 164 oben (Panos Pictures); Vulkaneifel Touristik und Werbe GmbH: 53 B; Wagner, Amberg: 97.1; Waldeck, Dannenberg: 28.9, 143.1; Washington Post, USA-Washington: 200.2 (Jahi Chikwendiu); Wetzel, Freiburg: 71.2, 132 oben rechts, 162 unten links, 186.1 Mitte, 193, 199.2; Windhorst, Vechta: 176.1 A; Wissenschaftliche Buchgesellschaft (WBG); Darmstadt: 38.3 (Frisch/Meschede); Worldsat, Princeton: 126.3; Wostok, Berlin: 27.3, 121.2 oben; 121.2 unten; Wüst, Braunschweig: 134.4; Xertifix, Freiburg: 167.1, 167.2, 167.3.

Grafiken: Computerkartografie, Computergrafik Heidolph, Kottgeisering

Karten: Freier Redaktionsdienst Güttler, Berlin